高职高专土建类专业"十四五"规划教材

U0747816

Building

Installation engineering measurement and valuation

安装工程计量与计价

主 编 曾澄波 高 莉

副主编 孟 锋 吴 渝 高 华

鄢维峰 吕杰文 黄桂芳

中南大学出版社
www.csupress.com.cn
·长沙·

内容简介

　　本书依据教育部该课程教学基本要求，采用新国标《建设工程工程量清单计价规范》（GB50500—2013），结合安装工程造价员岗位资格考试进行编写。

　　本书共分四个学习情境，主要介绍安装工程定额、安装工程计价、安装工程计量、安装工程计量计价软件等内容，并列举大量实例，编写力求做到讲解全面、深入浅出，实用性与操作性强。

　　本书可作为高等职业院校和中等职业学校建筑工程管理（工程造价）、设备安装专业等建筑设备安装工程预算课程教材及相关专业人员的自学参考书，还可作为全国安装工程造价员培训教材。

高职高专土建类"十四五"规划"互联网＋"创新系列教材编审委员会

主任

（按姓氏笔画为序）

王运政　玉小冰　刘霁　刘孟良　宋国芳　郑伟

赵慧　赵顺林　胡六星　彭浪　谢建波　颜昕

副主任

（按姓氏笔画为序）

向曙　庄运　刘文利　刘可定　刘锡军　孙发礼

李玲萍　李娟　胡云珍　徐运明　黄桂芳　黄涛

委员

（按姓氏笔画为序）

万小华　王四清　卢滔　叶姝　吕东风　伍扬波

刘靖　刘小聪　刘可定　刘汉章　刘旭灵　刘剑勇

许博　阮晓玲　阳小群　孙湘晖　杨平　李龙

李奇　李侃　李鲤　李亚贵　李延超　李进军

李丽君　李海霞　李清奇　李鸿雁　肖飞剑　肖恒升

何珊　何立志　何奎元　宋士法　张小军　张丽姝

陈晖　陈翔　陈贤清　陈淳慧　陈婷梅　林孟洁

欧长贵　易红霞　罗少卿　周伟　周晖　周良德

项林　赵亚敏　胡蓉蓉　徐龙辉　徐运明　徐猛勇

高建平　黄光明　黄郎宁　曹世晖　常爱萍　彭飞

彭子茂　彭仁娥　彭东黎　蒋荣　蒋建清　喻艳梅

曾维湘　曾福林　熊宇璟　魏丽梅　魏秀瑛

出版说明 INSTRUCTIONS

为了深入贯彻党的十九大精神和全国教育大会精神，落实《国家职业教育改革实施方案》（国发〔2019〕4号）和《职业院校教材管理办法》（教材〔2019〕3号）有关要求，深化职业教育"三教"改革，全面推进高等职业院校土建类专业教育教学改革，促进高端技术技能型人才的培养，依据国家高职高专教育土建类专业教学指导委员会高等职业教育土建类专业教学基本和国家教学标准及职业标准要求，通过充分的调研，在总结吸收国内优秀高职高专教材建设经验的基础上，我们组织编写和出版了这套高职高专土建类专业规划教材。

高职高专教学改革不断深入，土建行业工程技术日新月异，相应国家标准、规范，行业、企业标准、规范不断更新，作为课程内容载体的教材也必然要顺应教学改革和新形式的变化，适应行业的发展变化。教材建设应该按照最新的职业教育教学改革理念构建教材体系，探索新的编写思路，编写出版一套全新的、高等职业院校普遍认同的、能引导土建专业教学改革的系列教材。为此，我们成立了规划教材编审委员会。规划教材编审委员会由全国30多所高职院校的权威教授、专家、院长、教学负责人、专业带头人及企业专家组成。编审委员会通过推荐、遴选，聘请了一批学术水平高、教学经验丰富、工程实践能力强的骨干教师及企业专家组成编写队伍。

本套教材具有以下特色：

1. 教材符合《职业院校教材管理办法》（教材〔2019〕3号）的要求，以习近平新时代中国特色社会主义思想为指导，注重立德树人，在教材中有机融入中国优秀传统文化、四个自信、爱国主义、法治意识、工匠精神、职业素养等思政元素。

2. 教材依据教育部高职高专教育土建类专业教学指导委员会《高职高专土建类专业教学基本要求》及国家教学标准和职业标准（规范）编写，体现科学性、综合性、实践性、时效性等特点。

3. 体现"三教"改革精神，适应高职高专教学改革的要求，以职业能力为主线，采用行动导向、任务驱动、项目载体，教、学、做一体化模式编写，按实际岗位所需的知识能力来选取教材内容，实现教材与工程实际的零距离"无缝对接"。

4. 体现先进性特点，将土建学科发展的新成果、新技术、新工艺、新材料、新知识纳入教材，结合最新国家标准、行业标准、规范编写。

5. 产教融合，校企双元开发，教材内容与工程实际紧密联系。教材案例选择符合或接近真实工程实际，有利于培养学生的工程实践能力。

6. 以社会需求为基本依据，以就业为导向，有机融入"1+X"证书内容，融入建筑企业岗位(八大员)职业资格考试、国家职业技能鉴定标准的相关内容，实现学历教育与职业资格认证的衔接。

7. 教材体系立体化。为了方便教师教学和学生学习，本套教材建立了多媒体教学电子课件、电子图集、教学指导、教学大纲、案例素材等教学资源支持服务平台；部分教材采用了"互联网＋"的形式出版，读者扫描书中的二维码，即可阅读丰富的工程图片、演示动画、操作视频、工程案例、拓展知识等。

高职高专土建类专业规划教材

编 审 委 员 会

前 言 PREFACE

本书以《国务院关于加快发展现代职业教育的决定》（国发〔2014〕19号）："加快现代职业教育体系建设，深化产教融合、校企合作，培养数以亿计的高素质劳动者和技术技能人才。"为指导思想，依据国家高职高专教育土建类专业教学指导委员会工程管理类专业分指导委员会《高等职业教育工程造价专业教学基本要求》、国家标准《建设工程工程量清单计价规范》（GB 50500—2013）、《全国统一安装工程预算定额》（2000）以及《广东省安装工程综合定额》（2018）、《广东省安装工程计价办法》（2018）进行编写，力图更好体现现行国家和行业标准规定。

本书重点介绍建设工程定额、预算的基本理论，设备安装工程预算的编制方法；以电气、给排水、管道、通风空调专业为主线，系统阐述各个专业的常用设备和材料、施工工艺技术、施工图识读方法等专业基础知识和施工图预算与工程量清单计价文件的编制方法。包括各专业预算基价的内容介绍、适用范围、使用方法以及应注意的问题，专业施工图预算的编制及实例。对建筑安装工程计价编制方法作了较详细的叙述，并将工程定额计价方式中定额的套用与工程量计算、工程量清单计价方式中工程量清单的编制与工程量清单计价这两条主线贯穿于全教材，所列工程案例可供计价编制时参考。本书可作为职业教育安装类专业的工程造价类教学用书，也可作为设备安装工程概预算人员资格考试的培训用书，对于从事概预算工作的专业人员也有一定的参考和指导价值。

参加本教材编写工作的有：广东工程学院高莉（学习情景1项目1-1、项目1-2）；广东环境保护职业学院吴渝（学习情境2项目2-1、项目2-2、项目2-3）；广东建设职业技术学院孟锋（学习情境4项目4-1）；广州城建职业学院曾澄波（学习情境3项目3-1、项目3-2、项目3-3、项目3-4、项目3-5、项目3-6、项目3-7、学习情境4项目4-2）。编写过程中广州市江城建设公司设备安装部、广州城建职业学院做了大量的指导工作。

在编写过程中参考了很多同行专家的著作、成果，以及之前版本的各位参编老师的工作成果。案例所用的计算软件由广联达公司提供，在此一并表示衷心的感谢！

由于编者水平有限，编写时间仓促，书中难免有错漏之处，恳请读者提出宝贵意见，以便修订时进一步充实完善。

编　者

目 录 CONTENTS

学习情境 1　安装工程定额

项目 1-1　安装工程计量与计价概述

教学导航

项目任务	任务 1-1-1：认识安装工程计量与计价	学时	2
	任务 1-1-2：安装工程施工图预算的编制步骤		
	任务 1-1-3：安装工程施工图预算的编制方法		
教学载体	多媒体课室、教学课件及教材相关内容		
教学目标	知识目标	了解安装工程计量与计价；熟悉安装工程施工图预算的编制步骤；掌握安装工程施工图预算的编制方法	
	能力目标	能够编制安装工程施工图预算	
过程设计	任务布置及知识引导—学习相关新知识点—解决与实施工作任务—自我检查与评价		
教学方法	项目教学法		

任务 1-1-1　认识安装工程计量与计价

一、工程建设相关知识

安装工程是指建筑设备和工业设备系统的施工安装，它是工程建设的重要组成部分。建筑设备是指为建筑物的使用者提供生活和工作服务的各种设施和设备系统的总称，包括给排水、变配电、照明、通风空调、供暖、燃气、消防、通信、音响、电视、保安安防及智能化系统。工业设备安装主要是指项目生产能力的建筑设备，主要包括机械设备、锅炉、制冷、工业管道与压力容器安装，大型设备、化工塔类设备、建筑钢结构吊装等。

（一）工程建设

工程建设是一种形成固定资产的宏观经济活动，包括新建、扩建、改建、迁建等多种形式。

工程建设程序指建设项目从设想、选择、评估、决策、勘察、设计、施工、竣工验收到投入生产整个建设过程中的各项工作过程及其先后次序。

按照我国现行规定，一般大中型及限额以上工程项目的建设程序可以分为以下几个阶段：

（1）根据国民经济和社会发展长远规划，结合行业和地区发展规划的要求，提出项目建议书。

（2）在勘察、试验、调查研究及详细技术经济论证的基础上编制可行性研究报告。

（3）根据咨询评估情况，对工程项目进行决策。

（4）根据可行性研究报告，编制设计文件。

（5）初步设计经批准后，做好施工前的各项准备工作。

（6）组织施工，并根据施工进度，做好生产前的准备工作。

（7）项目按批准的设计内容完成，经投料试车验收合格后正式投产交付使用。

（8）生产运营一段时间（一般为1年）后，进行项目后评价。

工程建设的核心思想是：先勘察，再设计，然后施工。与其相背的是"三边工程"，即边勘察、边设计、边施工的工程，极易导致重大工程事故。

工程建设程序是人们在认识客观规律的基础上制定出来的，是建设项目科学决策和顺利进行的重要保证。

在工程建设程序划分中，施工图预算主要发生在生产前准备工作阶段，紧跟设计阶段，一般在施工图（或招标图）审查后，贯穿整个招投标工作流程，这个阶段的施工图预算内容主要包括依据施工图（或招标图）编制工程量清单、编制招标控制价、编制投标报价、合同价款的确定等。根据工程建设核心思想要求，招投标阶段还应对招标图的合理性和材料设备性能价值提出合理化建议。

（二）建设项目的划分

建设项目是指按照一个总体设计或初步设计进行施工的一个或几个单项工程的总体。如一所学校、一所医院、一座工厂等均为一个建设项目。

建设工程项目划分为建设项目、单项工程、单位工程、分部工程、分项工程五个层次。

1）建设项目。一个具体的基本建设工程，通常就是一个建设项目。它是由一个或几个单项工程组成。

2）单项工程（又称工程项目）。单项工程是指在一个建设项目中，具有独立的设计文件，竣工后可以独立发挥生产能力或效益的工程。民用建筑中，如一所学校里的教学楼、图书馆、食堂均为一个单项工程。

3）单位工程。单位工程是指在竣工后一般不能独立发挥生产能力或效益，但具有独立设计文件，可以独立组织施工的工程。一个生产车间（单项工程）的建造可分为厂房建造、电气照明、给水排水、机械设备安装、电气设备安装等若干单位工程。

4）分部工程。分部工程是单位工程的组成部分，是单位工程的进一步细化。按照工程部位，如房屋的土建工程，按其不同的工种、不同的结构和部位可分为基础工程、砖石工程、混凝土及钢筋混凝土工程、电缆敷设工程、防雷接地工程、管道安装工程等。

5）分项工程。分项工程是分部工程的组成部分。按照不同的施工方法、不同的材料、不同的规格，可将一个分部工程分解为若干个分项工程。如管道安装工程（分部工程），其中室内管道又可按材料不同分为镀锌钢管、塑料给水管等分项工程。

分项工程是建设项目划分的最小单位，分项工程是计算单位价格和实物工程量的最基本的构成要素。

（三）建设项目工程造价的组合

建设项目的划分是由总到分的过程，而建设工程造价的组合是由分到总的过程，其具体组合过程如下：

首先，确定各分项工程的造价（分项工程的造价＝分项工程工程量×综合单价），由若干分项工程的造价组合成分部工程的造价；由若干分部工程的造价组合成单位工程的造价；由若干单位工程的造价组合成单项工程的造价；最后，由若干单项工程的造价汇总成建设项目的总造价。

安装工程在整个建设项目中属占重要地位的单位工程，在很多大型建设项目中建筑设备安装工程造价占整个建设项目造价的 40% 以上，而且随着人们对日常生活环境、工作办公条件的要求越来越高，对各种建筑设施要求更加完善，对机电安装工程的标准和技术要求也越来越高，安装工程工程量相对会越来越大，安装工程在建安工程中所占有的地位会逐年加重，工程造价所占比例也会逐渐增多。

二、安装工程造价的含义及内容

工程造价有两种含义：

(1)第一种含义：是指建设一项工程预期开支或实际开支的固定资产总投资额。一般指静态投资，由工程费(包括建安工程费、设备及工器具购置费两部分)、工程建设其他费、基本预备费三部分组成。

这一含义是从投资者(或业主)的角度来定义的，从这个意义上说，工程造价就是建设项目的固定资产投资，工程造价就是工程造价的投资费用。

(2)第二种含义：是指工程建设价格，即建设一项工程，在市场交易活动中所形成的建筑安装工程的价格，又称为建安工程费用。它是在建筑市场中通过招投标过程，由投资者(需求主体)和承包商(供给主体)共同认可的价格，也称承发包价格(或合同价)。这种价格是依据相关规范规定，通过计量计价方式确定的。

工程造价第一种含义包括了第二种含义的内容。

安装工程造价计价活动主要包括以下内容：

①工程招投标阶段计价活动主要有：编制工程量清单、编制招标控制价、最高限价、编制投标报价、确定合同价。

②施工阶段计价活动主要有：预付款及进度款支付、合同价款的调整等。

③工程竣工阶段计价活动主要是竣工结算。

三、安装工程计量计价依据的组成

安装工程造价专业基本技能就是要求初学者学会"计量与计价"。"计量"主要是依据施工图纸及相关规范图集等编制工程量清单、计算清单工程量；"计价"主要是依据施工图纸、相关的计价定额和计价办法及造价信息形成各阶段工程造价。安装工程施工图预算主要采用工程量清单计价法，主要依据文件包括计量和计价两类文件依据。

(一)工程计量

工程计量是以指某工程项目的工程设计文件、工程签证等为依据，按照一定的计算规范规则对分项工程的数量做出正确的计算、对分项工程的特征进行详细描述，并以一定的计量单位表述，进行工程量的计算，并以此作为确定工程造价的基础。主要包括依据相关计量文件编制工程量清单和计算工程量两项内容。

计量依据文件主要有：

(1)《建设工程工程量清单计价规范》(GB 50500—2013)、《通用安装工程计量规

范》(GB 500854—2013);

（2）建设工程设计文件；

（3）与建设工程项目有关的标准、规范、技术资料；

（4）招标文件及其补充通知、答疑纪要；

（5）施工现场情况、工程特点及常规施工方案；

（6）竣工资料(如竣工图、工程变更指令、索赔、工程签证等)；

（7）其他相关资料。

（二）工程计价

工程计价是指根据《建设工程工程量清单计价规范》(GB 50500—2013)的工程量计算规则编制的工程量清单，套用相关定额并依据相关的市场价格对定额中的费用组成进行调整，组合综合单价，进而完成工程量清单计价要求的相关费用内容。工程量清单计价使用于施工图预算编制阶段(招投标阶段)。

工程量清单计价是指投标人完成由招标人提供的工程量清单所需的全部费用，包括分部分项工程费、措施项目费、其他项目费和规费、税金。

工程计价方式主要是指工程量清单计价，另外还有少量工程采用定额计价。

工程造价计价的顺序：

分部分项工程造价→单位工程造价→单项工程造价→建设项目总造价。

（三）广东省安装工程计价依据的组成

广东省安装工程计价依据主要包括《建设工程工程量清单计价规范》(GB 50500—2013)、《通用安装工程计量规范》(GB 500854—2013)、《关于贯彻《通用安装工程工程量计算规范》(GB 50856—2013)的实施意见》(粤建造发〔2014〕4 号)、《广东省通用安装工程工程量清单计价指引(2013)》《住房城乡建设部 财政部关于印发《建筑安装工程费用项目组成》的通知》(建标〔2013〕44 号)和《广东省安装工程综合定额(2012)》。

《建设工程工程量清单计价规范》(GB 50500—2013)是根据《中华人民共和国建筑法》《中华人民共和国合同法》《中华人民共和国招标投标法》等法律法规，在总结《建设工程工程量清单计价规范》(GB 50500—2008)实施以来的经验和执行过程中存在问题的基础上修编的。自 2013 年 7 月 1 日起实施执行。

这一规范适用于建设工程发承包及实施阶段的计价活动。主要包括招标工程量清单、招标控制价、投标报价、工程计量、合同价款调整、合同价款结算与支付以及工程造价鉴定等整个项目工程实施过程的工程造价文件的编制与核对。

任务 1-1-2　安装工程施工图预算的编制步骤

安装工程施工图预算的编制步骤如图 1.1.1。

（一）收集资料，熟悉图纸

（1）熟悉施工图纸。

全面、系统地阅读图纸，是计算工程造价的第一步，需注意以下几点：

1)认真整理编排图纸，了解施工顺序，全局性图纸在前，局部图纸在后；先施工的图纸在前，后施工的图纸在后；重要的图纸在前，次要图纸在后。

2)认真阅读设计说明，掌握安装构件的部位和尺寸，安装施工要求及特点。

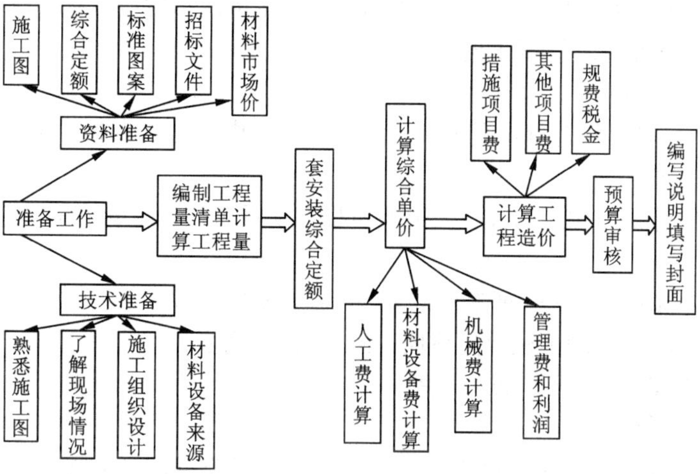

图 1.1.1 安装工程施工图预算的编制步骤

3）根据设计说明要求，了解设计所采用的设计及质量规范；收集图纸选用的标准图、大样图。

4）了解图纸的施工范围、各系统的工作原理、平面图与系统图的对应关系。

5）了解各专业施工工序之间的关系。

6）了解施工难点、施工重点。

7）对图纸中的错、漏以及表示不清楚的地方进行记录，及时向建设单位和设计单位咨询解决。

（2）阅读工程招标或合同条件。

了解工程招标或合同条件，首先特别要仔细地阅读招标文件的技术要求，熟悉主要材料设备的性能要求和图纸要求是否对应；再次招标文件中很多内容在图纸上是反映不出来的，如材料设备的供货方式、工程包干方式、结算方式、工期及相应奖罚措施等内容，而这些恰是影响工程造价的关键因素之一。

（3）熟悉清单工程量计算规则。

依据《通用安装工程计量规范》（GB 500854—2013）、《关于贯彻《通用安装工程工程量计算规范》（GB 50856—2013）的实施意见》（粤建造发〔2014〕4 号）等相关规范规则要求，计算图纸工程量。

（4）了解施工组织设计。

施工组织设计的内容影响工程造价的合理性，特别是施工难点、施工重点及对应的专项施工方案是编制措施项目费的不可或缺的依据。各分部分项工程的施工方法，土方工程中余土外运方式、运距，总平面图上对建筑材料、构件等堆放点到施工操作地点的距离等等，以便能正确计算工程量和正确套用或确定某些分项工程的基价。这些有利于提高施工图审读质量，提高工程造价合理性。

（5）明确主材和设备的来源情况。

材料及工程设备的价格占整个安装工程造价60%左右，材料设备价格的合理性严重影响工程造价。首先要明确材料设备品牌、档次、规格；然后根据要求，查询相应季度的相关造价站发布的价格信息、参考厂商指导价、市场询价。尽量做到材料设备价格合理、性价比高。

（二）编制工程量清单，计算工程量

（1）编制工程量清单。

（2）计算工程量是工程造价最基础的工作，在计算中要做到依据充分，数据合理。在计算时要遵循以下原则：

1）图纸工程量计量与相应的计量规范的项目在项目名称、计量单位、项目特征、计算规则上要一致；

2）工程量计算精度要统一；要避免漏算、错算、重复计算；

3）要将相同分项工程的工程数量整理、合并、汇总列表。

（三）计算综合单价、分部分项工程费

（四）计算措施项目费

措施项目是指为完成工程项目施工，发生于该工程施工准备和施工过程中的技术、生活、安全、环境保护等方面的项目。

（五）计算其他项目费、规费、税金

（六）各专业单位工程造价汇总成单项工程造价汇总

（七）编制说明、完成封面的填写

（八）审核、校对、打印、装订、出造价成果文件

任务1-1-3 安装工程施工图预算的编制方法

住建部《建筑工程施工发包与承包计价管理办法》（中华人民共和国住房和城乡建设部令第16号）第六条规定：全部使用国有资金投资或者以国有资金投资为主的建筑工程（以下简称国有资金投资的建筑工程），应当采用工程量清单计价；非国有资金投资的建筑工程，鼓励采用工程量清单计价。

依据上述规定，安装工程施工图预算主要采用工程量清单计价办法。目前还存在少量采用工料单价法的情况。综合单价法是工程量清单计价模式采用的计价方式，工料单价法是传统计价模式采用的计价方式。

（一）综合单价法

综合单价法也称工程量清单计价方法，是编制招标控制价、投标报价、新增项目综合单价，完成相应工程造价活动的重要方法。包括编制工程量清单、计算综合单价、计算分部分项工程费、计算措施项目费、计算其他项目费、计算规费和税金等内容。

（1）工程量清单设置方法。

工程量清单是指载明建设工程分部分项项目、措施项目、其他项目的名称和相应数量以及规费、税金项目等内容的明细清单。

依据《通用安装工程计量规范》（GB 500854—2013）（以下简称《13安装规范》）、《关于贯彻《通用安装工程工程量计算规范》（GB 50856—2013）的实施意见》（粤建造发〔2014〕4号）等相关规范规则要求，按图纸单位工程的专业分类，按施工工艺、结构部位或材料类型编制工程量清单。

工程量清单应根据规定的项目编码、项目名称、项目特征、计量单位和计算规则进行编制。

1）项目编码采用用十二位阿拉伯数字表示。一至九位应按规范规定设置；十至十二位应

根据拟建工程的工程量清单项目名称和项目特征设置，通用安装工程工程量清单编码前两位为 03。同一招标工程的项目编码不得有重码。

2）项目名称及项目特征描述应按《13 安装规范》清单设置要求并结合拟建项目的实际情况进行描述。

3）计量单位应按《13 安装规范》清单设置要求，采用基本单位编制。

4）工程量应按《13 安装规范》规定的工程量计算规则计算。

例 1　某九层高防雷工程，设计天面避雷网采用镀锌热轧圆盘条 $\phi10$ 沿女儿墙支架敷设，按设计图示长度为 480 m。试按 13 安装规范编制工程量清单。

查阅《通用安装工程计量规范》（GB 500854—2013），得出：

天面避雷网九位的项目编码为"030409005"；项目名称为"避雷网"；计量单位为"m"；计算规则为"按设计图示尺寸以长度计算（含附加长度）"；

查阅《通用安装工程计量规范》（GB 500854—2013），天面避雷网的附加长度 = 按接地母线、引下线、避雷网全长 ×3.9%。

计算天面避雷网的清单工程量为 480×（1+3.9%）= 498.72 m。

工程量清单如表 1.1.1。

表 1.1.1　分部分项工程和单价措施项目清单与计价表

工程名称：天面防雷　　　　　　　　标段：

序号	项目编码	项目名称	项目特征描述	计量单位	工程量	综合单价	合价	其中暂估价
						金额（元）		
		分部工程						
1	030409005001	避雷网	1. 名称：天面避雷网 2. 材质：镀锌热轧圆盘条 3. 规格：$\phi10$ 4. 安装形式：沿女儿墙支架敷设	m	498.72			
2	……							
小计								

（2）综合单价编制方法。

综合单价是指完成一个规定计量单位的分部分项工程和措施清单项目所需的人工费、材料和工程设备费、施工机具使用费和企业管理费、利润以及一定范围内的风险费用。

1）依据《广东省安装工程综合定额（2010）》（以下简称《10 安装定额》）的定额工程量计算规则，计算定额工程量。

2）查阅《10 安装定额》，根据定额工程量与清单工程量的比例关系调整定额工程量，并根据对应时期价格信息调整人、材、机价格计算综合单价。

3）分部分项工程费 = $\sum$（清单工程量 × 综合单价）。

（3）措施项目费的编制方法。

措施项目费主要包括专业措施项目费、安全文明施工及其他措施项目费，根据《13 安装规范》规定"措施项目中列出了项目编码、项目名称、项目特征、计量单位、工程量计算规则的项目，编制工程量清单时，应按分部分项工程的规定执行"，这种情况属单价项目，计算工程量，清单明细列入分部分项工程工程量清单计价表，按实际发生的工程量进行结算；其他措施项目属总价项目，根据工程特点，按规定的系数×计费基数计算，在整个项目实施过程中费用一般不调整。

（4）其他项目费的编制方法。

其他项目费包括暂列金额、暂估价、计日工、总包服务费等，依据《13 安装规范》规定计取。

（5）规费和税金的编制方法：

规费主要包括工程排污费、社会保障费、住房公积金和工伤保险。其费用 ＝（分部分项工程人工费×费率）。费率采用施工企业所在地造价管理部门所规定的费率。

税金 ＝［（分部分项工程人工费 ＋ 措施项目费 ＋ 其他项目费 ＋ 规费）×费率］。费率采用施工企业所在地造价管理部门所规定的费率。

安装工程计价程序如表 1.1.2。

表 1.1.2　单位工程计价费用组成及计价程序表

序号	名称	计算方法
1	分部分项工程费	$\sum$（清单工程量×综合单价）（包括利润）
2	措施项目费	2.1 ＋ 2.2
2.1	安全防护、文明施工措施项目费	按照规定计算（包括利润）
2.2	其他措施费	按照规定计算（包括利润）
3	其他项目费	按照规定计算
4	规费	（1 ＋ 2 ＋ 3）×费率
5	税金	按税务部分规定计算
6	含税工程造价	1 ＋ 2 ＋ 3 ＋ 4 ＋ 5

（6）单位工程造价 ＝ 分部分项工程费 ＋ 措施项目费 ＋ 其他项目费 ＋ 规费 ＋ 税金

单项工程造价 ＝ $\sum$ 单位工程造价

建设项目造价 ＝ $\sum$ 单项工程造价

（二）工料单价法

工料单价法主要适用小型项目、零星维修工程、编制企业定额测算成本、施工企业成本等造价活动。

工料单价法是指以分部分项工程单价为直接工程费单价，用分部分项工程量乘以对应分部分项工程单价后的合计为单位工程直接工程费。直接工程费汇总后另加措施费、间接费、利润、税金生成工程承发包价。计算公式如下：

分项工程工料单价 ＝ 工日消耗量×日工资单价 ＋ $\sum$（材料消耗量×材料预算单价）＋ $\sum$（机械台班消耗量×机械台班单价）＋ 直接工程费 ＝ $\sum$（工程量×分项工程工料单价）

工程发包价、承包价 ＝ 直接工程费 ＋ 措施费 ＋ 间接费 ＋ 利润 ＋ 税金

施工企业成本价 ＝ 直接工程费 ＋ 措施费 ＋ 间接费 ＋ 税金

练习题

一、选择题

1. 工程造价的第一种含义是从投资者或业主的角度定义的,按照该定义,工程造价是指( )。

　A. 建设项目总投资　　　　　　　　　B. 建设项目固定资产投资

　C. 建设工程其他投资　　　　　　　　D. 建设安装工程投资

2. 工程造价的第二种含义是指为建设某项工程,预计或实际在土地市场、设备市场、技术劳务市场、承包市场等交易活动中,形成的工程承发包(交易)价格。它是从( )的角度定义的。

　A. 投资者　　　　　B. 业主　　　　　C. 承包商　　　　　D. 政府

3. 具有独立的设计文件,可独立组织施工,但建成后不能独立发挥生产和效益的工程是指( )。

　A. 建设项目　　　　B. 单位工程　　　C. 分项工程　　　D. 单项工程

4. 具有独立的设计文件,可以独立组织施工,将建成可以独立发挥生产或效益的工程是指( )。

　A. 建设工程　　　　B. 分项工程　　　C. 单项工程　　　D. 单位工程

5. 从工程费用计算角度分析,工程造价计价的顺序是( )。

　A. 单位工程造价→分部分项工程单价→单项工程造价→建设项目总造价

　B. 单位工程造价→单项工程造价→分部分项工程单价→建设项目总造价

　C. 分部分项工程单价→单位工程造价→单项工程造价→建设项目总造价

　D. 分部分项工程造价→单项工程造价→单位工程造价→建设项目总造价

6. 影响工程造价计价的两个主要因素是( )。

　A. 单位价格和实物工程量　　　　　　B. 单位价格和单位消耗量

　C. 资源市场单价和单位消耗量　　　　D. 资源市场单价和措施项目工程量

7. 以下属于建设项目的是( )。

　A. 某一办公楼的土建工程　　　　　　B. 某一化工厂

　C. 某一大型体育馆　　　　　　　　　D. 教学楼的安装工程

　E. 某教学楼装修工程

8. 下列哪些不是分部分项工程项目清单的内容( )。

　A. 工程量　　　　B. 项目名称　　　C. 清单工作内容

　D. 综合单价　　　E. 项目特征

9. 招标工程量清单的项目编码采用( )位阿拉伯数字表示。

　A. 12　　　　　　B. 9　　　　　　C. 10　　　　　　D. 8

10. 单位工程计价费用组成及计价程序表包括下列( )费用。

　A. 分部分项工程费　B. 措施项目费　　C. 其他项目费

　D. 分部工程费　　　E. 规费及税金

二、简述题

1. 如何理解"安装工程计量计价"?
2. 简述安装工程造价计价活动的主要内容。
3. 综合单价

三、案例题

已知某三层建筑室内给水用 DN50 镀锌钢塑管,螺纹连接,设计图示管道中心线长度为 50 m,试依据《通用安装工程计量规范》(GB 500854—2013)编制工程量清单。

表 1.1.3 给排水、采暖、燃气管道(编码:031001)

项目编码	项目名称	项目特征	计量单位	工程量计算规划	工作内容
031001001	镀锌钢管	1. 安装部位 2. 介质 3. 规格、压力等级 4. 连接形式 5. 压力试验及吹、洗设计要求		按设计图示管道中心线以长度计算	1. 管道安装 2. 管件制作、安装 3. 压力试验 4. 吹扫、冲洗
031001002	钢管				
031001003	不锈钢管				
031001004	钢管				
031001005	铸铁管	1. 安装部位 2. 介质 3. 材质、规格 4. 连接形式 5. 接口材料 6. 压力试验及吹、洗设计要求 7. 警示带形式	m	按设计图示管道中心线以长度计算	1. 管道安装 2. 管件安装 3. 压力试验 4. 吹扫、冲洗 5. 警示带铺设
031001006	塑料管	1. 安装部位 2. 介质 3. 材质、规格 4. 连续形式 5. 压力试验及吹、洗设计要求 6. 警示带形式			1. 管道安装 2. 管件安装 3. 塑料卡固定 4. 压力试验 5. 吹扫、冲洗 6. 警示带铺设
031001007	复合管				

参考答案:

1. B 2. C 3. B 4. C 5. C 6. A 7. BC 8. C 9. A 10. ABCE

查阅《通用安装工程计量规范》(GB 500854—2013),得出:

"镀锌钢塑管"九位的项目编码为"031001007";项目名称为"复合管";计量单位为"m";计算规则为"按设计图示管道中心线长度计算"。

工程量清单如表 1.1.4。

表 1.1.4　分部分项工程和单价措施项目清单与计价表

工程名称：给排水　　　　　　　　　标段：

序号	项目编码	项目名称	项目特征描述	计量单位	工程量	综合单价	合价	其中 暂估价
		分部工程						
1	031001007001	复合管	1.安装部位：室内 2.介质：给水 3.材质规格：镀锌钢塑管，DN50 4.连接方式：螺纹连接 5.压力试验及冲洗设计要求：压力试验、消毒冲洗	m	50.00			
2	……							
			小计					

项目1-2 安装工程定额应用

教学导航

项目任务	任务1-2-1：认识安装工程定额	学时	4
	任务1-2-2：套用安装工程定额		
	任务1-2-3：安装工程定额换算		
教学载体	多媒体课室、教学课件及教材相关内容		
教学目标	知识目标	了解安装工程定额；熟悉套用安装工程定额；掌握安装工程定额换算	
	能力目标	能够套用安装工程定额，并进行换算	
过程设计	任务布置及知识引导—学习相关新知识点—解决与实施工作任务—自我检查与评价		
教学方法	项目教学法		

任务1-2-1 认识安装工程定额

（一）定额的产生和发展

（1）定额，即规定的额度，是在正常的生产（施工）组织和先进的生产（施工）技术条件下，采用科学的方法制定每完成一定计量单位质量合格产品所必须消耗的人工、材料、机械台班和资金的数量标准。

定额具有科学性、系统性、统一性、权威性、稳定性和时效性等特点。

（2）定额的分类。

1）按照定额编制程序和用途可分为施工定额、预算定额、概算定额、概算指标、投资估算指标等。

2）按照定额反映的生产要素消耗内容可分为劳动消耗定额、机械消耗定额和材料消耗定额三种。

3）按照专业性质来划分，工程建设定额可分为通用定额、行业通用定额和专业定额三种。

4）按主编单位和管理权限分类，工程建设定额可以分为全国统一定额、行业统一定额、企业定额、补充定额等。

综合定额是确定一定计量单位的扩大分项工程或扩大结构构件的人工、材料、机械消耗量的标准，同时以计价为主，取代预算定额。综合定额是作为编制施工图预算（招标控制价）、合同价款调整、办理竣工结算、调解工程造价纠纷和鉴定工程造价的依据；是合理确定和有效控制工程造价、衡量投标报价合理性的基础；也是编制概算定额和概算指标的基础。

（二）《广东省安装工程综合定额（2010）》

《广东省安装工程综合定额（2010）》（以下简称《10安装定额》）是在《全国统一安装工程

预算定额》(第一～十一册、十三册)和《广东省安装工程综合定额(2006)》基础上,结合本省设计、施工、招投标的实际情况编制而成。自 2010 年 4 月 1 日施行。

(1)适用范围与组成。

《10 安装定额》适用于全省行政区域内新建、扩建和改建的工业与民用安装工程,共 12 册。该定额组成如表 1.2.1。

表 1.2.1 《10 安装定额》组成

册号	册名称	册号	册名称
第一册	机械设备安装工程	第七册	消防及安全防范设备安装工程
第二册	电气设备安装工程	第八册	给排水、采暖、燃气工程
第三册	热力设备安装工程	第九册	通风空调工程
第四册	炉窑砌筑工程	第十册	自动化控制装置及仪表安装工程
第五册	静置设备与工艺金属结构制作安装工程	第十一册	刷油、防腐蚀、绝热工程
第六册	工业管道工程	第十二册	建筑智能化系统设备安装工程

(2)内容。

《10 安装定额》每册均包括总说明、册说明、工程量计算规则,供使用者参考;每册定额计价的内容包括分部分项工程项目、措施项目、其他项目、规费和税金,也是构成该定额的主要内容。

分部分项项目编制了各种安装工程的分项工程(或结构构件)的消耗量标准,以定额子目的形式表现,包括子目名称、工作内容、计量单位、计价明细表、附注等。如表 1.2.2。

工作内容列于定额子目表左上角,是指该定额子目所含的工作内容、施工方法和质量要求等,该内容简单扼要地说明了主要施工工序,对次要的工序虽然没有具体说明,但已综合考虑在定额子目费用中。如"镀锌电线管砖、混凝土结构明配 公称直径(×××以内)"定额子目列出了"测位、划线、打眼、埋螺栓、锯管、套丝、煨弯、配管、接地、穿引线、补漆"等工作内容。根据该定额子目的材料消耗量明细可以看出"安装管卡子、管接头"等次要工序已包含在"配管"的工作内容中。

计量单位列于定额子目表右上角,由于某些分项工程基本单位所需要人材机消耗量很少,因此根据实际情况,定额子目中除以基本单位作为计量单位外,部分还使用扩大单位来计量,如"10 m、10 m²、100 m、100 kg"等。

定额子目明细表由定额编号、子目名称、基价三部分组成。《10 安装定额》子目名称是按不同分项工程子目的规格、步距列表分类的;基价包括定额人工费、定额材料费、定额机械费、管理费。

消耗量明细是对定额基价的各项费用展开,人材机消耗内容以"编码"的形式统一,以方便统一管理、识别及调整信息价。

附注是指对某些定额子目的使用加以必要补充说明。

表1.2.2 避雷网安装

工作内容：平直、下料、测位、打眼、埋卡子、焊接、固定、补漆。 计量单位：10 m

定额编号				C2-9-62	C2-9-63
子目名称				避雷网安装	
				沿混凝土块敷设	沿折板支架敷设
基价(元)			一类	64.81	185.11
			二类	63.43	181.04
			三类	62.26	177.60
			四类	61.25	174.60
其中		人工费(元)		37.18	109.85
		材料费(元)		8.73	27.28
		机械费(元)		8.21	16.41
	管理费		一类	10.69	31.57
			二类	9.31	27.50
			三类	8.14	34.06
			四类	7.13	21.06

编号	名称	单位	单价(元)	消耗量	
00010001	综合工日	工日	51.00	0.729	2.154
0341001	低碳钢焊条(综合)	kg	4.90	0.250	1.000
0401014	复合普通硅酸盐水泥 P.C32.5	kg	0.32	0.780	—
0403021	中砂	m³	49.98	0.002	—
1103151	防锈漆 C53-1	kg	16.64	0.040	0.045
1111581	铅油	kg	6.50	0.020	0.027
1141181	清油	kg	12.00	0.010	0.012
1537196	扁铁卡子25×4	kg	4.40	1.360	0.500
0365271	钢锯条	条	0.56	—	2.000
3001091	镀锌扁钢支架40×3	kg	6.31	—	2.800
9946131	其他材料费	元	1.00	0.26	0.32
9925001	交流电焊机容量21(kV·A)	台班	63.12	0.130	0.260

注：未计价材料：避雷线。

（3）定额基价的组成。

1）人工费。

人工不分工种和技术等级，采用综合用工形式，工日数已包括基本用工、辅助用工人工幅度差、现场运输及清理现场等用工。

人工费为直接从事工程施工的生产工人开支的各项费用，包括基本工资、工资性补贴、生产工人辅助工资、职工福利费、生产工人劳动保护费以及单位为生产工人和生产工人个人缴纳的养老保险费、医疗保险费、失业保险费、工伤保险费、生育保险费、住房公积金。人工每工日按 8 小时工作制计算。发生签证用工（借工、时工、停工、窝工）每 4 小时内按半个工日、4 小时外至 8 小时内按一个工日计算。

人工单价采用 2009 年第二季度四类地区综合用工水平 51 元/工日，各市的水平差异和幅度差应通过发布动态人工单价进行调整。

2）材料费。

材料消耗量包括直接消耗在施工中的原材料、辅助材料、构配件、零件和半成品等的费用和周转使用材料的摊销（或租赁）费用，并计入了相应损耗，其内容和范围包括：从工地仓库、现场集中堆放地点或现场加工地点到操作或安装地点的运输损耗、施工操作损耗、施工现场堆放损耗。

定额子目内未注明单价的材料均为未计价材料，基价中不包括其价格，应根据"［　］"内所列的用量，按规定计算。

其他材料费是指用量很少，占材料费比重很小的零星材料。

周转性材料已按相应的材料周转次数摊销计入定额内。

材料费中已综合考虑材料、成品、半成品、设备自施工单位现场仓库或现场指定地点运至安装地点的水平和垂直运输，除定额另有说明外不需要另行计算。

材料价格是按 2009 年第二季度全省综合水平确定的到工地价格，包括材料原价（或供应价）、供销部门手续费、包装费、材料自来源地运至指定堆放地点的装卸运输费、运输途中的损耗、采购费、保管费以及施工企业自行对材料进行一般鉴定、检查所发生的检验试验费（包括自设试验室进行试验所耗用的材料和化学药品等费用，以及技术革新和研究试制试验费），但不包括根据有关国家标准和施工验收规范要求对具有出厂合格证明的进场材料送检发生的费用。

建设单位采购供应到现场或施工单位指定地点的材料设备，由施工单位负责保管的，施工单位按照材料设备价格的 1.50% 收取保管费；单价 5 万元以上的材料设备保管费由双方协商约定计算。

3）机械费（含施工机械和施工仪器仪表费用）。

机械台班消耗量是按正常合理的机械配备和大多数施工企业的装备程度综合取定；施工仪器仪表消耗量是按大多数企业的现场校验仪器仪表配备情况综合取定的。

凡单位价值在 2000 元以内，使用年限在两年以内的不构成固定资产的工具、用具、施工仪器仪表等未进入综合定额机械费内，但已计在综合定额管理费内。

施工机械、施工仪器仪表台班单价是按 2009 年第二季度全省综合水平确定的，施工机械台班包括折旧费、大修理费、经常修理费、安拆及场外运输费、燃料动力费、人工费和其他费用等；施工仪器仪表台班包括折旧费、经常修理费、校验费和动力费等。

施工机械、施工仪器仪表每台班按8小时工作制计算。

4）管理费。

管理费是根据不同类别地区的施工企业为组织施工生产经营活动所发生的费用测算确定的。根据广东省经济社会发展状况，综合考虑近年来经济增长、就业状况、物价水平等因素将全省划分为四个地区类别，分别为：

一类地区：广州、深圳；

二类地区：珠海、佛山、东莞、中山；

三类地区：汕头、惠州、江门；

四类地区：韶关、河源、梅州、汕尾、阳江、湛江、茂名、肇庆、清远、潮州、揭阳、云浮。

管理费主要包括管理人员工资、办公费、差旅交通费、固定资产使用费、工具用具使用费、劳动保险费、工会经费、职工教育经费、财产保险费、财务费、税金、单位为管理人员和管理人员个人缴纳的养老保险费、医疗保险费、失业保险费、工伤保险费、生育保险费、住房公积金以及其他费用等。

管理费以定额人工费为计算基础，按不同标准分摊到各册相应项目中，实际执行时不得因人工、材料、机械等价格变动而调整。

5）定额分部分项工程增加费。

分部分项工程增加费是指在特殊环境下为完成分部分项工程施工而发生的技术、安全、生活等方面费用，即对人工降效、材料、机械消耗费用的补偿，该部分费用以人工费形式计入定额基价。

可能发生的这部分费用如表1.2.3。

表1.2.3　分部分项工程增加费

序号	分部分项工程增加费名称	计算方法
1	安装与生产同时增加费	人工费×费率
2	在有害身体健康的环境中增加费	人工费×费率
3	在洞内、地下室内、库内或暗室内进行施工增加费	人工费×费率
4	在管井内、竖井内、封闭天棚内进行施工增加费	人工费×费率
5	工程超高增加费	人工费×费率
6	高层建筑增加费	人工费×费率
7	制冷站（库）、空气压缩站、乙炔发生器、水压机蓄势站、小型制氧站、煤气站等工程的系统调试费	人工费×费率
8	采暖工程调整费	人工费×费率
9	系统调整费	人工费×费率
10	厂区1~10 km施工增加费用	人工费×费率
11	全系统联调费	人工费×费率

6)其他注意事项:

定额子目明细表中注有"×××以内"或"×××以下"者,均包括×××本身;"×××以外"或"×××以上"者,则不包括×××本身。

定额子目内的规格按长×宽×高(厚)、长×宽(厚)或宽×高(厚)的顺序表示,未有显示计量单位的均表示该长度为 mm。

(4)利润。

利润 = 分部分项工程费×利润率(18%)

注意:编制施工图预算(招标控制价)按18%考虑,投标报价及结算根据实际情况考虑。

(5)措施项目费、其他项目费、规费和税金。

措施项目费、其他项目费、规费和税金:与工程量清单计价方法项目。

任务1 – 2 – 2 套用安装工程定额

1)直接套用定额。

当分项工程设计要求的工程内容、性能特征、施工方法、设备材料名称规格等与拟套的定额子目规定的工程内容、性能特征、施工方法、设备材料名称规格等完全一致或基本相似时,可以直接套用该定额子目。拟建工程的分项工程大多数都可以直接套用定额。

例1 沿混凝土结构暗敷 DN20 镀锌电线管 500 m,DN20 镀锌电线管的材料单价 8.40 元/m,计算广州地区定额分项工程费。

解:查《10 安装定额》可知:该分项工程设计要求与定额(编号为 C2 – 11 – 8)的工作内容一致,可直接套用该定额。

查得一类地区该定额基价为 391.25 元/100 m。

查得敷设 1 m DN20 镀锌电线管,需要消耗 1.03 米管材。

定额分项工程费为:391.25 × 500/100 + 8.40 × 500 × 1.03 = 1956.25 + 4326.00 元 = 6282.25 元。

2)补充定额子目。

定额存在时效性等特点,当分项工程设计要求与定额子目的相关条件完全不相符,或由于采用新技术、新工艺、新材料而《10 安装定额》没有类似子目或缺项时,就需要补充定额。具体方法有:

定额替代法:利用性能要求、材料类型相似、施工方法接近的定额子目,按一定的系数调整使用。一定的系数要经过施工实践、反复测算、测定,才能保证所补充定额的科学性。

定额组合法:若新增分项工程项目的施工工艺与消耗是已有定额子目的组合或分解,在补充制定新定额项目时,就可以直接利用现行定额子目的全部或部分内容,将原综合定额子目进行叠加或拆分,补充成新定额。

计算补充法:依据综合定额编制原则和方法进行计算补充。参考设计图纸构件或材料做法算出相应的施工数量,材料消耗量 = 施工数量 + 损耗量;再按劳动定额和机械台班定额计算人工和机械消耗量。

任务1-2-3 安装工程定额换算

(1)计算定额工程量。

按设计图纸计算工程量,根据《10安装定额》工程量计算规则,调整定额工程量。

例2 敷设一根由低压柜至总配电箱的铜芯电力电缆VV-3×35+1×16,设计图示长度为500 m,根据《10安装定额》计算定额工程量。

解:查得《10安装定额》敷设铜芯电力电缆的定额在第二册上册,查该册第15~17页《工程量计算规则》计算电缆附加长度(仅考虑电缆头和低压柜、总配电箱的预留):

1)电缆终端头2个:预留定额工程量1.5 m×2=3 m

2)低压柜及配电箱,预留定额工程量2.0 m×2=4 m

3)"电缆敷设驰度、波形弯度、交叉"的预留长度:(500+3+4)×2.5%=12.675 m

所以该根电缆定额工程量为:500+3+4+12.675=519.675 m。

(2)安装定额换算的内容。

1)直接换算定额子目基价:

当施工图设计要求与拟建定额子目的工程内容、材料规格、施工工艺等不完全相符时,就不能直接套用定额,如果定额规定允许换算的话,就按照定额的规定进行换算;如果定额规定不允许换算的话,就不能对该项定额子目进行换算。可以补充定额。

例3 如例2,若铜芯电力电缆VV-3×35+1×16材料价格为75.23元/m,计算广州地区定额分项工程费。

解:查得《10安装定额》敷设铜芯电力电缆的定额子目在第二册第297页,子目名称及规格只有电缆截面10 mm² 以下、35 mm² 以下、120 mm² 以下、240 mm² 以下、400 mm² 以下5种规格,与本题要求的三芯加二芯的电缆规格不完全相符,就要进行定额的换算。首先看第二册"C.2.8电缆"的说明,了解能否换算,查得定额第255页第2.8.6条"电力电缆敷设均按三芯(包括三芯连地)考虑的,五芯电缆敷设定额乘以系数1.30"。符合定额换算的条件。

查定额第二册第297页得知:定额编号是C2-8-145

人工费:综合工日消耗量5.568工日、定额人工费283.97元/100 m;定额材料费142.90元/100 m;定额机械费7.80元/100 m;管理费81.61元/100 m。

本页附注说明"未计价材料:电缆",还要加上电缆的材料价。未计价材料费计算方法如下:

未计价材料费=∑(材料消耗量×当时当地材料价格)

＝∑[定额工程量×(1+损耗率)×当时当地材料价格]

首先要查明电缆的定额消耗量是多少,第二册定额下册第867页附录中查出电力电缆的损耗率是1.0%,计算定额消耗量公式为:100+100×1.0%=101 m

电缆主要材料费:75.23×101=7598.23元/100 m

所以定额分项工程费=[人工费+材料费(主要材料和材料)+机械费+管理费]×定额

工程量/定额计量单位工程量

＝(283.97+7598.23+142.90+7.80+81.61)×519.675/100

＝42169.08元。

计算定额分项工程费时要注意以下三点：

①定额与拟建定额子目的工程内容、材料规格、施工工艺等不完全相符时，需要查找定额的换算系数，定额的换算系数在分部工程(如电缆)章节说明里面查找；

②未计价材料的损耗率，在对应册的附录里面查找。

③注意定额消耗量是指安装定额计量单位的工程量(如100 m)所消耗材料总量，消耗量＝施工量＋损耗量。

2)人材机市场价格的调整换算。

根据拟建工程时期对定额分项工程人工、材料、机械单价进行调整，形成拟建工程当期的人工费、材料费、机械费、管理费组价费用，再加上利润，从而完成编制工程量清单综合单价分析表的"单价"工作。

人工价格的换算：定额人工单价采用2009年第二季度四类地区综合用工水平51元/工日，拟建工程应根据各时期各市发布动态人工单价进行调整换算；

材料价格的换算：定额材料价格是按2009年第二季度全省综合水平确定的到工地价格，拟建工程应根据各时期各市发布造价材料价格信息进行调整换算，信息价上没有的材料设备应根据当期的市场价进行调整。

机械台班单价的换算：根据拟建项目的人工、材料当期价格，依据《广东省施工机械台班费用定额(2010)》调整机械台班单价。实际工作中，在软件操作中该部分人工、燃油费用等调价工作与人工、材料价格方法一致，而且可以实现同时调整，这里就不再阐述，具体调整方法详见《项目4-2：计价软件》。

例4　如例2，若拟建工程当地当时人工单价为90元/工日，铜芯电力电缆VV-3×35+1×16材料价格为75.23元/m，其中机械费中所含的人工费不调整。计算敷设该根电缆的人工费、材料费、机械费、管理费。

解：人工费：查得C8-2-145综合工日5.568工日/100 m，按市场价调整如下：

人工费=90×5.568×519.675/100=2604.20元；

材料费=未计价材料费+材料费=(7598.23+142.90)×519.675/100=40228.72元；

机械费=7.80×519.675/100=40.53元；

管理费=81.61×519.675/100=424.11元。

练习题

一、选择题

1.若完成某分项工程需要某种材料的净耗量为0.95 t，损耗率为5%，那么，必需消耗量为(　　)。

A.1.0 t　　　　　　　B.0.95 t　　　　　　　C.1.05 t　　　　　　　D.0.9975 t

2.《广东省安装工程综合定额(2010)》规定，建筑企业的劳动保险费应计入(　　)。

A.企业管理费　　　　　　　　　　B.其他直接费

C.工程建设其他费用　　　　　　　D.现场经费

3.依据《广东省安装工程综合定额(2010)》，下列(　　)应计入措施项目费。

A. 安装与生产同时增加费　　　　　　　B. 脚手架搭拆费

C. 工程超高增加费　　　　　　　　　　D. 高层建筑增加费

4. 某种材料价为 145 元/吨，不需包装，运输费为 37.28 元/吨，运输损耗为 14.87 元/吨，采购及保率为 2.5%，则该材料价格为(　　)元/吨。

A. 200.78　　　　　　B. 202.08　　　　　　C. 201.71　　　　　　D. 201.15

5. 定额按主编单位和管理权限划分，可有(　　)。

A. 全国统一定额　　　　B. 企业定额　　　　　C. 土建定额

D. 安装定额　　　　　　E. 地方定额

6. 机械台班单价的组成内容包括(　　)。

A. 折旧费　　　　　　　B. 大修理费　　　　　C. 经常修理费

D. 安拆及场外运输费　　E. 施工机构迁移费

7. 《广东省安装工程综合定额(2010)》管理费的计算基础为(　　)。

A. 人工费　　　　　　　　　　　　　　B. 定额人工费 + 定额机械费

C. 定额人工费　　　　　　　　　　　　D. 直接费

8. 依据《广东省安装工程综合定额(2010)》，下列(　　)费用不应计入分部分项工程费。

A. 材料二次搬运费　　　　　　　　　　B. 乙供材料保管费

C. 施工企业自行对材料进行一般鉴定、检查所发生的检验试验费

D. 供销部门手续费

二、简述题

1. 人工费主要包括哪些内容?

2. 《广东省安装工程综合定额(2010)》的定额分部分项工程增加费主要包括哪些内容?

参考答案

1. D　2. D　3. B　4. B　5. ABE　6. ABCD　7. C　8. A

职业活动训练

某九层高防雷工程，设计天面避雷网采用镀锌热轧圆盘条 φ10 沿女儿墙支架敷设，按设计图示长度为 480 m。镀锌热轧圆盘条 φ10 材料价格 3.8 元/m。试依据《广东省安装工程综合定额(2010)》计算一类地区天面避雷网的分部分项工程费(利润按人工费的 18% 计算)。

解:

第一步：计算清单工程量和定额组价工程量

清单工程量由"任务 1 - 1 - 3"得知天面避雷网的清单工程量为 480 × (1 + 3.9%) = 498.72 m;

定额组价工程量由定额的工程量计算规则得知，定额组价工程量同清单工程量。

表1.2.4　分部分项工程和单价措施项目清单与计价表

工程名称：天面防雷　　　　　　　　　标段：

序号	项目编码	项目名称	项目特征描述	计量单位	工程量	金额(元)		
						综合单价	合价	其中
								暂估价
		分部工程						
1	030409005001	避雷网	1.名称：天面避雷网 2.材质：镀锌热轧圆盘条 3.规格：φ10 4.安装形式：沿女儿墙支架敷设	m	498.72			
2		……						
小计								

第二步：依据《10 安装定额》"计价"，即计算表 1.2.4 中的综合单价。

查阅《10 安装定额》得知，该定额子目为 C2 - 9 - 63，定额单位"10 m"：其中定额人工费 109.85 元、材料费 27.28 元、机械费 16.41 元、一类地区管理费 31.57 元。

注意定额下面的备注"未计价材料：避雷线"，即"镀锌热轧圆盘条 φ10"为未计价材料；查《10 安装定额》下册附录，得知镀锌热轧圆盘条 φ10 的损耗率为 5%（即型钢损耗率）；计算得出该材料定额单位的：

消耗量 = 10 + 10 × 5% = 10.5 m；

材料单价 = 10.5 × 3.8 = 39.90 元/10 m。

定额单位利润 = 人工费 × 18% = 109.85 × 18% = 19.77 元/10 m

第三步：计算综合单价。

综合单价 = (109.85 + 27.28 + 16.41 + 31.57 + 19.77)/10 = 20.49 元/m

第四步：计算分部分项工程费。

分部分项工程费 = 清单工程量 × 综合单价 = 20.49 × 498.72 = 10218.77 元

综合单价分析表如表 1.2.5：

工程名称：电气安装工程

表 1.2.5　工程量清单综合单价分析表

项目编码	030409005001	项目名称	避雷网	计量单位	m	工程量	498.72

清单综合单价组成明细

定额编号	子目名称	定额单位	数量	单价				合价			
				人工费	材料费	机械费	管理费和利润	人工费	材料费	机械费	管理费和利润
C2-9-63	避雷网，沿女儿墙支架敷设	10 m	0.1	109.85	27.28	16.41	51.34	10.99	2.73	1.64	5.13
人工单价			小计					10.99	2.73	1.64	5.13
综合工日：			未计价材料费						3.99		
	清单项目综合单价							20.49			

材料费明细	主要材料名称、规格、型号	单位	数量	单价（元）	合价（元）	暂估单价（元）	暂估合价（元）
	镀锌热轧圆盘条 φ10	m	1.05	3.8	3.99	—	
	材料费小计			—	3.99		0

学习情境 2　安装工程计价

项目 2-1　建设工程费用项目

教学导航

项目任务	任务 2-1-1：建设工程费用组成	学时	4
	任务 2-1-2：建设工程费用计算		
教学载体	机房、教学课件及教材相关内容		
教学目标	知识目标	熟悉建设工程费用组成；掌握建设工程费用计算	
	能力目标	能够计算安装工程各项费用	
过程设计	任务布置及知识引导—学习相关新知识点—解决与实施工作任务—自我检查与评价		
教学方法	项目教学法		

任务 2-1-1　建设工程费用组成

根据住房城乡建设部、财政部关于印发《建筑安装工程费用项目组成》的通知，建标〔2013〕44 号文。该文件在总结原建设部、财政部《关于印发〈建筑安装工程费用项目组成〉的通知》（建标〔2003〕206 号）执行情况的基础上，对《建筑安装工程费用项目组成》进行了修订和调整。其中建安工程费用组成的主要内容如下。

一、建安工程费用组成

建筑安装工程费用项目按费用构成要素组成划分为：人工费、材料费（包含工程设备）、施工机具使用费、企业管理费、利润、规费和税金。其中人工费、材料费、施工机具使用费、企业管理费和利润包含在分部分项工程费、措施项目费、其他项目费中（详见表 2.1.1）。

（一）人工费

是指按工资总额构成规定，支付给从事建筑安装工程施工的生产工人和附属生产单位工人的各项费用。内容包括：

1. 计时工资或计件工资：是指按计时工资标准和工作时间或对已做工作按计件单价支付给个人的劳动报酬。

2. 奖金：是指对超额劳动和增收节支支付给个人的劳动报酬。如节约奖、劳动竞赛奖等。

3. 津贴补贴：是指为了补偿职工特殊或额外的劳动消耗和因其他特殊原因支付给个人的

津贴,以及为了保证职工工资水平不受物价影响支付给个人的物价补贴。如流动施工津贴、特殊地区施工津贴、高温(寒)作业临时津贴、高空津贴等。

4.加班加点工资:是指按规定支付的在法定节假日工作的加班工资和在法定日工作时间外延时工作的加点工资。

5.特殊情况下支付的工资:是指根据国家法律、法规和政策规定,因病、工伤、产假、计划生育假、婚丧假、事假、探亲假、定期休假、停工学习、执行国家或社会义务等原因按计时工资标准或计时工资标准的一定比例支付的工资。

(二)材料费

是指施工过程中耗费的原材料、辅助材料、构配件、零件、半成品或成品、工程设备的费用。内容包括:

1.材料原价:是指材料、工程设备的出厂价格或商家供应价格。

2.运杂费:是指材料、工程设备自来源地运至工地仓库或指定堆放地点所发生的全部费用。

3.运输损耗费:是指材料在运输装卸过程中不可避免的损耗。

4.采购及保管费:是指为组织采购、供应和保管材料、工程设备的过程中所需要的各项费用。包括采购费、仓储费、工地保管费、仓储损耗。

工程设备是指构成或计划构成永久工程一部分的机电设备、金属结构设备、仪器装置及其他类似的设备和装置。

(三)施工机具使用费

是指施工作业所发生的施工机械、仪器仪表使用费或其租赁费。

1.施工机械使用费:以施工机械台班耗用量乘以施工机械台班单价表示,施工机械台班单价应由下列七项费用组成:

(1)折旧费:指施工机械在规定的使用年限内,陆续收回其原值的费用。

(2)大修理费:指施工机械按规定的大修理间隔台班进行必要的大修理,以恢复其正常功能所需的费用。

(3)经常修理费:指施工机械除大修理以外的各级保养和临时故障排除所需的费用。包括为保障机械正常运转所需替换设备与随机配备工具附具的摊销和维护费用,机械运转中日常保养所需润滑与擦拭的材料费用及机械停滞期间的维护和保养费用等。

(4)安拆费及场外运费:安拆费指施工机械(大型机械除外)在现场进行安装与拆卸所需的人工、材料、机械和试运转费用以及机械辅助设施的折旧、搭设、拆除等费用;场外运费指施工机械整体或分体自停放地点运至施工现场或由一施工地点运至另一施工地点的运输、装卸、辅助材料及架线等费用。

(5)人工费:指机上司机(司炉)和其他操作人员的人工费。

(6)燃料动力费:指施工机械在运转作业中所消耗的各种燃料及水、电等。

(7)税费:指施工机械按照国家规定应缴纳的车船使用税、保险费及年检费等。

2.仪器仪表使用费:是指工程施工所需使用的仪器仪表的摊销及维修费用。

(四)企业管理费

是指建筑安装企业组织施工生产和经营管理所需的费用。内容包括:

1.管理人员工资:是指按规定支付给管理人员的计时工资、奖金、津贴补贴、加班加点工资及特殊情况下支付的工资等。

2. 办公费：是指企业管理办公用的文具、纸张、账表、印刷、邮电、书报、办公软件、现场监控、会议、水电、烧水和集体取暖降温（包括现场临时宿舍取暖降温）等费用。

3. 差旅交通费：是指职工因公出差、调动工作的差旅费、住勤补助费，市内交通费和误餐补助费，职工探亲路费，劳动力招募费，职工退休、退职一次性路费，工伤人员就医路费，工地转移费以及管理部门使用的交通工具的油料、燃料等费用。

4. 固定资产使用费：是指管理和试验部门及附属生产单位使用的属于固定资产的房屋、设备、仪器等的折旧、大修、维修或租赁费。

5. 工具用具使用费：是指企业施工生产和管理使用的不属于固定资产的工具、器具、家具、交通工具和检验、试验、测绘、消防用具等的购置、维修和摊销费。

6. 劳动保险和职工福利费：是指由企业支付的职工退职金、按规定支付给离休干部的经费，集体福利费、夏季防暑降温、冬季取暖补贴、上下班交通补贴等。

7. 劳动保护费：是企业按规定发放的劳动保护用品的支出。如工作服、手套、防暑降温饮料以及在有碍身体健康的环境中施工的保健费用等。

8. 检验试验费：是指施工企业按照有关标准规定，对建筑以及材料、构件和建筑安装物进行一般鉴定、检查所发生的费用，包括自设试验室进行试验所耗用的材料等费用。不包括新结构、新材料的试验费，对构件做破坏性试验及其他特殊要求检验试验的费用和建设单位委托检测机构进行检测的费用，对此类检测发生的费用，由建设单位在工程建设其他费用中列支。但对施工企业提供的具有合格证明的材料进行检测不合格的，该检测费用由施工企业支付。

9. 工会经费：是指企业按《工会法》规定的全部职工工资总额比例计提的工会经费。

10. 职工教育经费：是指按职工工资总额的规定比例计提，企业为职工进行专业技术和职业技能培训，专业技术人员继续教育、职工职业技能鉴定、职业资格认定以及根据需要对职工进行各类文化教育所发生的费用。

11. 财产保险费：是指施工管理用财产、车辆等的保险费用。

12. 财务费：是指企业为施工生产筹集资金或提供预付款担保、履约担保、职工工资支付担保等所发生的各种费用。

13. 税金：是指企业按规定缴纳的房产税、车船使用税、土地使用税、印花税等。

14. 其他：包括技术转让费、技术开发费、投标费、业务招待费、绿化费、广告费、公证费、法律顾问费、审计费、咨询费、保险费等。

（五）利润

是指施工企业完成所承包工程获得的盈利。

（六）规费

是指按国家法律、法规规定，由省级政府和省级有关权力部门规定必须缴纳或计取的费用。包括：

1. 社会保险费。

（1）养老保险费：是指企业按照规定标准为职工缴纳的基本养老保险费。

（2）失业保险费：是指企业按照规定标准为职工缴纳的失业保险费。

（3）医疗保险费：是指企业按照规定标准为职工缴纳的基本医疗保险费。

（4）生育保险费：是指企业按照规定标准为职工缴纳的生育保险费。

（5）工伤保险费：是指企业按照规定标准为职工缴纳的工伤保险费。

2.住房公积金：是指企业按规定标准为职工缴纳的住房公积金。

3.工程排污费：是指按规定缴纳的施工现场工程排污费。

其他应列而未列入的规费，按实际发生计取。

（七）税金

是指国家税法规定的应计入建筑安装工程造价内的营业税、城市维护建设税、教育费附加以及地方教育附加。

表2.1.1　建筑安装工程费用项目组成表
（按费用构成要素划分）

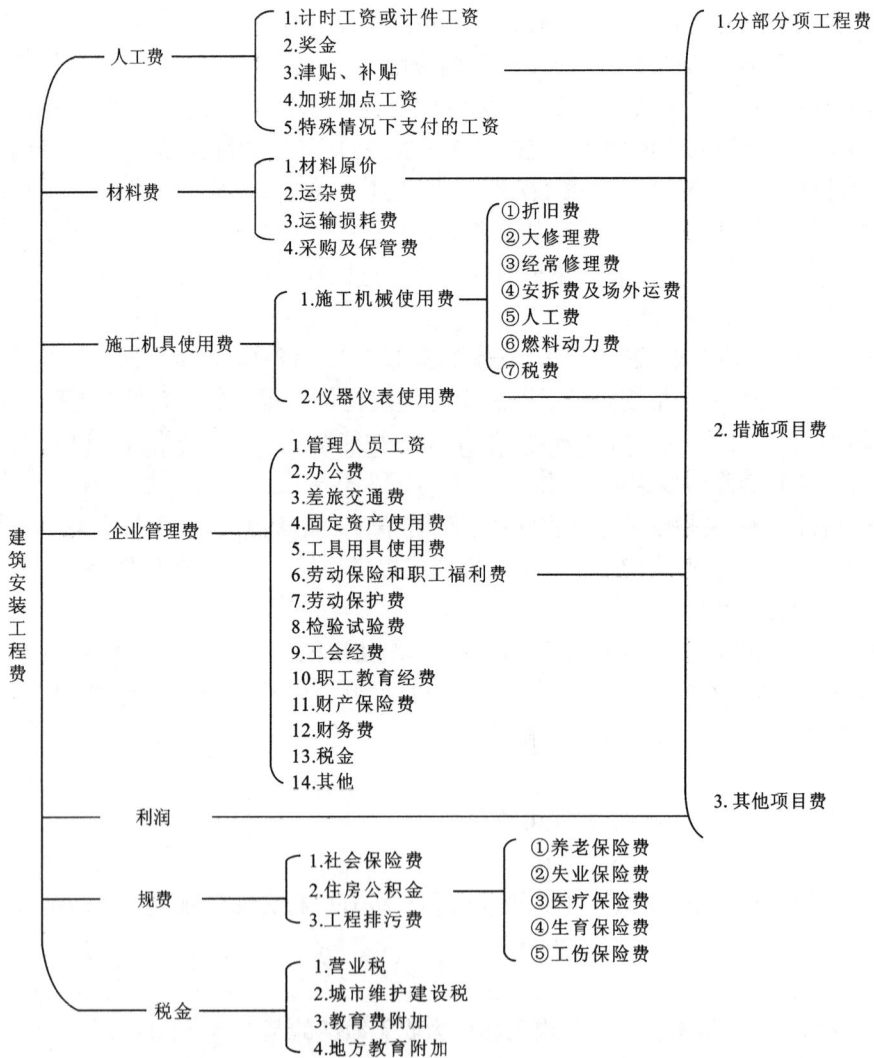

二、建筑安装工程费用形成顺序

为指导工程造价专业人员计算建筑安装工程造价，将建筑安装工程费用按工程造价形成顺序划分为：分部分项工程费、措施项目费、其他项目费、规费和税金。分部分项工程费、措施项目费、其他项目费包含人工费、材料费(包含工程设备)、施工机具使用费、企业管理费和利润(详见表2.1.2)。

表2.1.2　建筑安装工程费用项目组成表
(按造价形成划分)

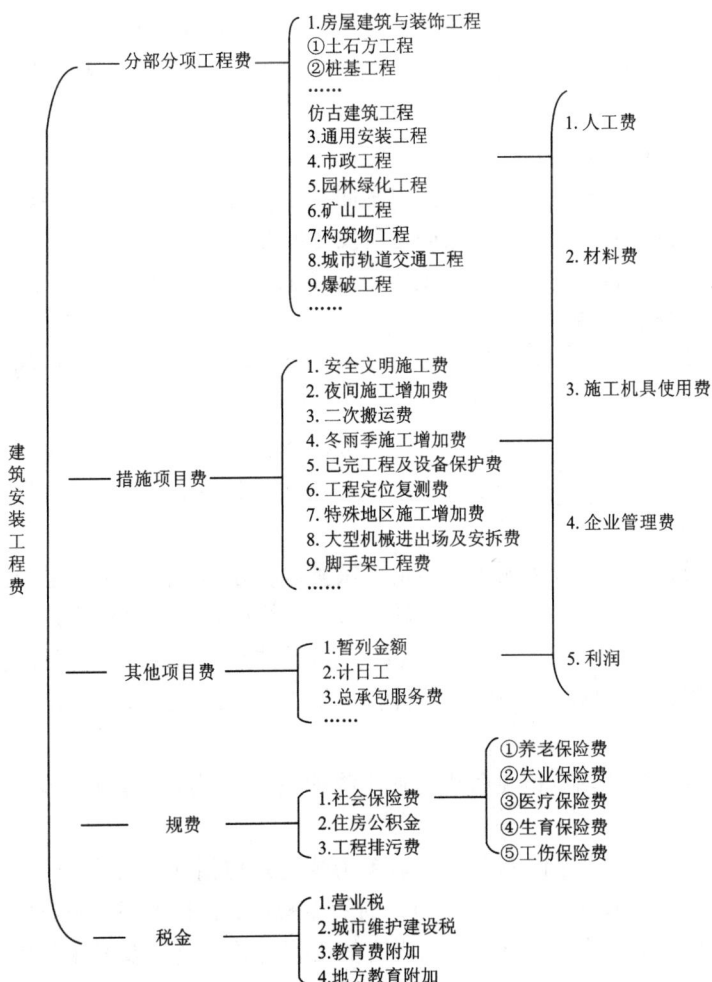

(一)分部分项工程费

是指各专业工程的分部分项工程应予列支的各项费用。

1. 专业工程：是指按现行国家计量规范划分的房屋建筑与装饰工程、仿古建筑工程、通用安装工程、市政工程、园林绿化工程、矿山工程、构筑物工程、城市轨道交通工程、爆破工程等各类工程。

27

2. 分部分项工程：指按现行国家计量规范对各专业工程划分的项目。如房屋建筑与装饰工程划分的土石方工程、地基处理与桩基工程、砌筑工程、钢筋及钢筋混凝土工程等。

各类专业工程的分部分项工程划分见现行国家或行业计量规范。

（二）措施项目费

是指为完成建设工程施工，发生于该工程施工前和施工过程中的技术、生活、安全、环境保护等方面的费用。内容包括：

1. 安全文明施工费。

①环境保护费：是指施工现场为达到环保部门要求所需要的各项费用。

②文明施工费：是指施工现场文明施工所需要的各项费用。

③安全施工费：是指施工现场安全施工所需要的各项费用。

④临时设施费：是指施工企业为进行建设工程施工所必须搭设的生活和生产用的临时建筑物、构筑物和其他临时设施费用。包括临时设施的搭设、维修、拆除、清理费或摊销费等。

2. 夜间施工增加费：是指因夜间施工所发生的夜班补助费、夜间施工降效、夜间施工照明设备摊销及照明用电等费用。

3. 二次搬运费：是指因施工场地条件限制而发生的材料、构配件、半成品等一次运输不能到达堆放地点，必须进行二次或多次搬运所发生的费用。

4. 冬雨季施工增加费：是指在冬季或雨季施工需增加的临时设施、防滑、排除雨雪，人工及施工机械效率降低等费用。

5. 已完工程及设备保护费：是指竣工验收前，对已完工程及设备采取的必要保护措施所发生的费用。

6. 工程定位复测费：是指工程施工过程中进行全部施工测量放线和复测工作的费用。

7. 特殊地区施工增加费：是指工程在沙漠或其边缘地区、高海拔、高寒、原始森林等特殊地区施工增加的费用。

8. 大型机械设备进出场及安拆费：是指机械整体或分体自停放场地运至施工现场或由一个施工地点运至另一个施工地点，所发生的机械进出场运输及转移费用及机械在施工现场进行安装、拆卸所需的人工费、材料费、机械费、试运转费和安装所需的辅助设施的费用。

9. 脚手架工程费：是指施工需要的各种脚手架搭、拆、运输费用以及脚手架购置费的摊销（或租赁）费用。

措施项目及其包含的内容详见各类专业工程的现行国家或行业计量规范。

（三）其他项目费

1. 暂列金额：是指建设单位在工程量清单中暂定并包括在工程合同价款中的一笔款项。用于施工合同签订时尚未确定或者不可预见的所需材料、工程设备、服务的采购，施工中可能发生的工程变更、合同约定调整因素出现时的工程价款调整以及发生的索赔、现场签证确认等的费用。

2. 计日工：是指在施工过程中，施工企业完成建设单位提出的施工图纸以外的零星项目或工作所需的费用。

3. 总承包服务费：是指总承包人为配合、协调建设单位进行的专业工程发包，对建设单位自行采购的材料、工程设备等进行保管以及施工现场管理、竣工资料汇总整理等服务所需的费用。

（四）规费

是指按国家法律、法规规定，由省级政府和省级有关权力部门规定必须缴纳或计取的费用。包括：

1.社会保险费。

（1）养老保险费：是指企业按照规定标准为职工缴纳的基本养老保险费。

（2）失业保险费：是指企业按照规定标准为职工缴纳的失业保险费。

（3）医疗保险费：是指企业按照规定标准为职工缴纳的基本医疗保险费。

（4）生育保险费：是指企业按照规定标准为职工缴纳的生育保险费。

（5）工伤保险费：是指企业按照规定标准为职工缴纳的工伤保险费。

2.住房公积金：是指企业按规定标准为职工缴纳的住房公积金。

3.工程排污费：是指按规定缴纳的施工现场工程排污费。

其他应列而未列入的规费，按实际发生计取。

（五）税金

是指国家税法规定的应计入建筑安装工程造价内的营业税、城市维护建设税、教育费附加以及地方教育附加。

任务2-1-2 建设工程费用计算

根据建标〔2013〕44号文，建筑安装工程费用参考计算方法如下：

一、各费用构成要素参考计算方法

（一）人工费

公式1：

人工费 = $\sum$（工日消耗量 × 日工资单价）

$$日工资单价 = \frac{生产工人平均月工资（计时计件）+ 平均月（奖金 + 津贴补贴 + 特殊情况下支付的工资）}{年平均每月法定工作日}$$

注：公式1主要适用于施工企业投标报价时自主确定人工费，也是工程造价管理机构编制计价定额确定定额人工单价或发布人工成本信息的参考依据。

公式2：

人工费 = $\sum$（工程工日消耗量 × 日工资单价）

日工资单价是指施工企业平均技术熟练程度的生产工人在每工作日（国家法定工作时间内）按规定从事施工作业应得的日工资总额。

工程造价管理机构确定日工资单价应通过市场调查、根据工程项目的技术要求，参考实物工程量人工单价综合分析确定，最低日工资单价不得低于工程所在地人力资源和社会保障部门所发布的最低工资标准的：普工1.3倍、一般技工2倍、高级技工3倍。

工程计价定额不可只列一个综合工日单价，应根据工程项目技术要求和工种差别适当划分多种日人工单价，确保各分部工程人工费的合理构成。

注：公式2适用于工程造价管理机构编制计价定额时确定定额人工费，是施工企业投标报价的参考依据。

（二）材料费（包含工程设备）

1.材料费。

材料费 = ∑(材料消耗量×材料单价)

材料单价 = {(材料原价 + 运杂费)×[1 + 运输损耗率(%)]}×[1 + 采购保管费率(%)]

2.工程设备费。

工程设备费 = ∑(工程设备量×工程设备单价)

工程设备单价 = (设备原价 + 运杂费)×[1 + 采购保管费率(%)]

（三）施工机具使用费

1.施工机械使用费。

施工机械使用费 = ∑(施工机械台班消耗量×机械台班单价)

机械台班单价 = 台班折旧费 + 台班大修费 + 台班经常修理费 + 台班安拆费及场外运费 + 台班人工费 + 台班燃料动力费 + 台班车船税费

注：工程造价管理机构在确定计价定额中的施工机械使用费时，应根据《建筑施工机械台班费用计算规则》结合市场调查编制施工机械台班单价。施工企业可以参考工程造价管理机构发布的台班单价，自主确定施工机械使用费的报价，如租赁施工机械，公式为：施工机械使用费 = ∑(施工机械台班消耗量×机械台班租赁单价)

2.仪器仪表使用费。

仪器仪表使用费 = 工程使用的仪器仪表摊销费 + 维修费

（四）企业管理费费率

（1）以分部分项工程费为计算基础。

$$企业管理费费率(\%) = \frac{生产工人年平均管理费}{年有效施工天数×人工单价}×人工费占分部分项工程费比例(\%)$$

（2）以人工费和机械费合计为计算基础

$$企业管理费费率(\%) = \frac{生产工人年平均管理费}{年有效施工天数×(人工单价 + 每一工日机械使用费)}×100\%$$

（3）以人工费为计算基础。

$$企业管理费费率(\%) = \frac{生产工人年平均管理费}{年有效施工天数×人工单价}×100\%$$

注：上述公式适用于施工企业投标报价时自主确定管理费，是工程造价管理机构编制计价定额确定企业管理费的参考依据。

工程造价管理机构在确定计价定额中企业管理费时，应以定额人工费或(定额人工费 + 定额机械费)作为计算基数，其费率根据历年工程造价积累的资料，辅以调查数据确定，列入分部分项工程和措施项目中。

（五）利润

1.施工企业根据企业自身需求并结合建筑市场实际自主确定，列入报价中。

2.工程造价管理机构在确定计价定额中利润时，应以定额人工费或(定额人工费 + 定额机械费)作为计算基数，其费率根据历年工程造价积累的资料，并结合建筑市场实际确定，以单位(单项)工程测算，利润在税前建筑安装工程费的比重可按不低于5%且不高于7%的费率计算。利润应列入分部分项工程和措施项目中。

（六）规费

1. 社会保险费和住房公积金。

社会保险费和住房公积金应以定额人工费为计算基础，根据工程所在地省、自治区、直辖市或行业建设主管部门规定费率计算。

社会保险费和住房公积金 = $\sum$（工程定额人工费 × 社会保险费和住房公积金费率）

式中：社会保险费和住房公积金费率可以每万元发承包价的生产工人人工费和管理人员工资含量与工程所在地规定的缴纳标准综合分析取定。

2. 工程排污费。

工程排污费等其他应列而未列入的规费应按工程所在地环境保护等部门规定的标准缴纳，按实计取列入。

（七）税金

税金计算公式：

税金 = 税前造价 × 综合税率（%）

综合税率：

①纳税地点在市区的企业。

综合税率（%）= $\dfrac{1}{1-3\%-(3\%\times7\%)-(3\%\times3\%)-(3\%\times2\%)}-1$

②纳税地点在县城、镇的企业。

综合税率（%）= $\dfrac{1}{1-3\%-(3\%\times5\%)-(3\%\times3\%)-(3\%\times2\%)}-1$

③纳税地点不在市区、县城、镇的企业。

综合税率（%）= $\dfrac{1}{1-3\%-(3\%\times1\%)-(3\%\times3\%)-(3\%\times2\%)}-1$

④实行营业税改增值税的，按纳税地点现行税率计算。

二、建筑安装工程计价参考公式

（一）分部分项工程费

分部分项工程费 = $\sum$（分部分项工程量 × 综合单价）

式中：综合单价包括人工费、材料费、施工机具使用费、企业管理费和利润以及一定范围的风险费用（下同）。

（二）措施项目费

1. 国家计量规范规定应予计量的措施项目，其计算公式为：

措施项目费 = $\sum$（措施项目工程量 × 综合单价）

2. 国家计量规范规定不宜计量的措施项目计算方法。

（1）安全文明施工费。

安全文明施工费 = 计算基数 × 安全文明施工费费率（%）

计算基数应为定额基价（定额分部分项工程费 + 定额中可以计量的措施项目费）、定额人工费或（定额人工费 + 定额机械费），其费率由工程造价管理机构根据各专业工程的特点综合确定。

（2）夜间施工增加费。

夜间施工增加费 = 计算基数 × 夜间施工增加费费率(%)

（3）二次搬运费。

二次搬运费 = 计算基数 × 二次搬运费费率(%)

（4）冬雨季施工增加费。

冬雨季施工增加费 = 计算基数 × 冬雨季施工增加费费率(%)

（5）已完工程及设备保护费。

已完工程及设备保护费 = 计算基数 × 已完工程及设备保护费费率(%)

上述(2)～(5)项措施项目的计费基数应为定额人工费或(定额人工费 + 定额机械费)，其费率由工程造价管理机构根据各专业工程特点和调查资料综合分析后确定。

（三）其他项目费

1.暂列金额由建设单位根据工程特点，按有关计价规定估算，施工过程中由建设单位掌握使用、扣除合同价款调整后如有余额，归建设单位。

2.计日工由建设单位和施工企业按施工过程中的签证计价。

3.总承包服务费由建设单位在招标控制价中根据总包服务范围和有关计价规定编制，施工企业投标时自主报价，施工过程中按签约合同价执行。

（四）规费和税金

建设单位和施工企业均应按照省、自治区、直辖市或行业建设主管部门发布标准计算规费和税金，不得作为竞争性费用。

三、相关问题的说明

1.各专业工程计价定额的编制及其计价程序，均按建标〔2013〕44 号文实施。

2.各专业工程计价定额的使用周期原则上为 5 年。

3.工程造价管理机构在定额使用周期内，应及时发布人工、材料、机械台班价格信息，实行工程造价动态管理，如遇国家法律、法规、规章或相关政策变化以及建筑市场物价波动较大时，应适时调整定额人工费、定额机械费以及定额基价或规费费率，使建筑安装工程费能反映建筑市场实际。

4.建设单位在编制招标控制价时，应按照各专业工程的计量规范和计价定额以及工程造价信息编制。

5.施工企业在使用计价定额时除不可竞争费用外，其余仅作参考，由施工企业投标时自主报价。

练习题

一、单项选择题

1.下列费用中不属于规费的是(　　　)。

A.养老保险费　　　　B.失业保险费　　　　C.医疗保险费　　　　D.意外伤害保险费

2.下列费用中不属于建筑安装工程费中企业管理费的是(　　　)。

A. 差旅交通费　　　　B. 劳动保护费　　　　C. 职工教育经费　　　D. 教育附加费

3. 下列费用中不属于建筑安装工程费中税金的是(　　)。

A. 营业税　　　　　　B. 房产税　　　　　　C. 城市维护建设税　D. 地方教育附加

4. 下列费用中不属于建筑安装工程费中规费的是(　　)。

A. 住房公积金　　　　B. 工程排污费　　　　C. 总承包服务费　　D. 社会保险费

5. 下列费用中属于措施项目费的是(　　)。

A. 冬雨季施工增加费　B. 总承包服务费　　　C. 工程排污费　　　D. 计日工

6. 工人夜间施工导致的夜间施工降效费应该属于(　　)。

A. 直接工程费　　　　B. 措施项目费　　　　C. 规费　　　　　　D. 企业管理费

7. 因施工场地条件限制而发生的材料一次运输不能到达堆放地点,必须进行二次以上搬运所发生的费用是(　　)。

A. 直接工程费　　　　B. 规费　　　　　　　C. 二次搬运费　　　D. 企业管理费

8. 按我国现行的《建筑安装工程费用组成》(建标〔2013〕44号文)规定,建筑安装工程费用项目按费用构成要素组成划分为(　　)。

A. 直接费、间接费、计划利润、税金

B. 人工费、材料费(包含工程设备)、施工机具使用费、企业管理费、利润、规费和税金

C. 人工费、材料费(包含工程设备)、施工机具使用费、总包管理费、计划利润、规费和税金

D. 直接费、间接费、利润、税金

9. 按我国现行的《建筑安装工程费用组成》(建标〔2013〕44号文)规定,建筑安装工程费用项目按造价形成划分为(　　)。

A. 直接费、间接费、计划利润、税金

B. 分部分项工程费、措施项目费、其他项目费、规费和税金

C. 人工费、材料费(包含工程设备)、施工机具使用费、总包管理费、计划利润、规费和税金

D. 直接费、间接费、利润、税金

10. 按我国现行的《建筑安装工程费用组成》(建标〔2013〕44号文)规定,分部分项工程费、措施项目费、其他项目费包含(　　)。

A. 人工费、材料费、施工机具使用费、企业管理费和利润

B. 人工费、材料费、施工机具使用费、税金和利润

C. 人工费、材料费、企业管理费、规费和利润

D. 人工费、材料费、施工机具使用费、企业管理费

二、多项选择题

1. 按我国现行的《建筑安装工程费用组成》(建标〔2013〕44号文)规定,安全文明施工费包含(　　　)

A. 大型机械进出场及安拆费　　　　　　B. 安全施工费

C. 临时设施费　　　D. 文明施工费　　　E. 环境保护费

2. 按我国现行的《建筑安装工程费用组成》(建标〔2013〕44号文)规定,以下属于夜间施

工增加费的是(　　　　)

  A.夜班补助费　　　　　　　　　　　　B.夜间施工照明用电费

  C.夜间施工降效费　　　　　　　　　　D.夜间打桩费

  3.按我国现行的《建筑安装工程费用组成》(建标〔2013〕44号文)规定,建筑安装工程费用项目按造价形成划分组成(　　　　)

  A.分部分项工程费　　　　B.人工费、材料费、施工机具使用费

  C.其他项目费　　　　　　D.措施项目费　　　　E.规费和税金

  4.按我国现行的《建筑安装工程费用组成》(建标〔2013〕44号文)规定,建筑安装工程费用项目按费用构成要素划分由(　　　　)组成

  A.人工费、材料费、施工机具使用费

  B.分部分项工程费、措施项目费、其他项目费

  C.利润　　　　　　　　D.企业管理费　　　　E.规费和税金

  5.按我国现行的《建筑安装工程费用组成》(建标〔2013〕44号文)规定,以下(　　　　)属于分部分项工程费

  A.地基处理与桩基工程　　　　B.钢筋及钢筋混凝土工程

  C.建筑工程的监理工程费　　　D.门窗工程　　　　E.砌筑工程

  6.按我国现行的《建筑安装工程费用组成》(建标〔2013〕44号文)规定,以下(　　　　)属于措施项目费

  A.总承包服务费　　　B.冬雨季施工增加费　　　C.夜间施工增加费

  D.脚手架工程费　　　E.工程定位复测费

  7.按我国现行的《建筑安装工程费用组成》(建标〔2013〕44号文)规定,以下(　　　　)属于其他项目费

  A.冬雨季施工增加费　　B.总承包服务费

  C.夜间施工增加费　　　D.暂列金额　　　　E.计日工

  参考答案:

  一、单选:D、D、B、C、A、B、C、B、B、A

  二、多选:

  1.BCDE　2.ABC　3.ACDE　4.ACDE　5.ABDE　6.BCDE　7.BDE

项目 2 – 2　安装工程定额计价

教学导航

项目任务	任务 2 – 2 – 1：安装工程定额计价的费用组成	学时	4
	任务 2 – 2 – 2：安装工程定额计价程序		
教学载体	机房、教学课件及教材相关内容		
教学目标	知识目标	熟悉安装工程定额计价的费用组成；掌握安装工程定额计价程序	
	能力目标	能够对安装工程进行定额计价	
过程设计	任务布置及知识引导—学习相关新知识点—解决与实施工作任务—自我检查与评价		
教学方法	项目教学法		

一、定额的产生和发展

定额，简单地讲，"定"即规定，"额"即额度、数量。建设工程定额是指在正常的施工条件下，完成一定计量单位的合格产品所必须消耗的人工、材料和施工机械台班的数量标准。

（一）定额的特点

定额具有以下特点：

①科学性特点；②系统性特点；③统一性特点；④权威性特点；⑤稳定性和时效性。

（二）定额的分类

（1）按照定额编制程序和用途分为：施工定额、预算定额、概算定额、概算指标、投资估算指标等五种。

（2）按专业可分为：建筑装饰定额、安装定额、市政定额、园林绿化定额等。

二、定额计价方式和使用

定额计价是指以概（预）算定额为基准确定各分部分项工程的人、材、机消耗量和定额直接费，从而确定单位工程造价的计价方法。当分项工程设计要求的工程内容、技术特征、施工方法、材料规格等与拟套用的定额分项工程规定的工作内容、技术特征、施工方法、材料规格等完全相符时，则可直接套用定额，这种情况是编制施工图预算的大多数情况。

三、广东省安装工程定额计价的依据

一般包括如下内容：

1.《广东省建设工程计价通则》（2010）；

2.《建设工程工程量清单计价规范》（GB 50500—2013）；

3.《建筑工程建筑面积计算规范》（GB/T 50353—2005）；

4.《建筑安装工程费用项目组成》（建标〔2013〕44 号）；

5.《广东省安装工程综合定额》（2010）；

6. 经批准和会审的施工图设计文件和经批准的概算文件；

7. 材料预算价格、各地区材料市场信息价或指导信息价；

8. 经批准的施工组织设计或施工方案；

9. 现行国家建设工程有关标准图集、施工验收规范、安全操作规程、质量评定标准和有关专业相关资料；

10. 其他有关资料。

四、安装工程定额计价与建筑工程定额计价的区别

（一）安装工程的主材以及设备均属未计价材料

1. 例如镀锌钢管、焊接钢管、钢管、铸铁管的管道安装定额子目中，其主材即各种管道均属未计价材料。同时管道安装定额中不包括支架的制作、安装，应另行计算。

2. 例如截止阀、减压阀、安全阀的阀门安装定额子目中，其主材即各种阀门均属未计价材料。

3. 各类设备、仪表、器具，例如配电箱、卫生器具、压力表、温度计等，在其安装定额中均属未计价材料。

（二）技术措施项目费（脚手架搭拆费、高层增加费等）按定额说明中系数或当地的文件计取

五、安装工程定额计价内容

（一）广东省安装工程定额简介

1.《广东省安装工程综合定额（2010）》（以下简称本综合定额）是在《全国统一安装工程预算定额》（第一～十一册、十三册）（GYD－201—2000～GYD－211—2000、GYD－213—2003）和《广东省安装工程综合定额（2006）》基础上，结合我省设计、施工、招投标的实际情况，根据现行国家产品标准、设计规范和施工验收规范、质量评定标准、安全操作规程编制的，共分十二册。

2. 本综合定额适用于全省行政区域内新建、扩建和改建的工业与民用安装工程。

3. 本综合定额是完成单位工程量所需的人工、材料、机械、管理费和必要的施工措施费的计量标准，它反映了社会平均消耗水平。

4. 本综合定额的管理费是根据不同类别地区的施工企业为组织施工生产经营活动所发生的费用测算确定的。根据我省经济社会发展状况，综合考虑近年来经济增长、就业状况、物价水平等因素将全省划分为四个地区类别，分别为：

一类地区：广州、深圳；

二类地区：珠海、佛山、东莞、中山；

三类地区：汕头、惠州、江门；

四类地区：韶关、河源、梅州、汕尾、阳江、湛江、茂名、肇庆、清远、潮州、揭阳、云浮。

管理费主要内容包括管理人员工资、办公费、差旅交通费、固定资产使用费、工具用具使用费、劳动保险费、工会经费、职工教育经费、财产保险费、财务费、税金、单位为管理人员和管理人员个人缴纳的养老保险费、医疗保险费、失业保险费、工伤保险费、生育保险费、住房公积金以及其他费用等。

（二）安装工程定额计价文件包括的主要内容

（1）封面。反映工程概况，填写内容包括：建设单位、单位工程名称、工程规模、结构类型；预算总造价、单方造价；编制单位名称、技术负责人、编制人和编制日期；审查单位名称、技术负责人、审核人和审核日期等。

（2）编制说明。包括编制依据、工程性质、内容范围、所用定额、有关部门的调价文件、套用单价或补充单位估价方面的情况及其他需要说明的问题。

（3）工程预（结）算表。

指组成单位工程预（结）算造价各项费用的汇总表。包括分部分项费（直接费）、措施项目费、其他项目费、规费、税金等。

任务 2 - 2 - 1　安装工程定额计价的费用组成

一、安装工程定额计价费用组成

根据建标〔2013〕44 号文，安装工程定额计价费用按照工程造价形成由分部分项工程费、措施项目费、其他项目费、规费、税金组成，其中分部分项工程费、措施项目费、其他项目费包含人工费、材料费、施工机具使用费、企业管理费和利润。

二、定额计价费用的组成及计算

（一）分部分项工程费

分部分项工程费由定额分部分项工程费、价差和利润三部分组成。

（1）定额分部分项工程费。

定额分部分项工程费 = $\sum$（分项工程量×子目基价）

①分项工程的工程量，是按广东省安装综合定额规定的工程量计算规则计算出来的各分项工程的量。

②子目基价，是为完成《广东省安装工程综合定额》分部分项工程项目所需的人工费、材料费、机械费、管理费之和。本综合定额内未注明单价的材料均为未计价材料，基价中不包括其价格，应根据"[　]"内所列的用量，按各市的规定计算。

管理费按不同城市分一、二、三、四类标准制定，管理费按工程所在地标准执行。

- 一类：广州、深圳
- 二类：珠海，佛山，东莞，中山
- 三类：汕头，惠州，江门
- 四类：韶关，河源，梅州，汕尾，阳江，湛江，茂名，肇庆，清远，潮州，揭阳，云浮

（2）价差。

价差包括人工价差、材料价差和机械价差三部分。

①人工价差 =（分部分项工程所需人工数量总和）×人工单价差

分部分项工程所需人工数量总和 = $\sum$（每一分项工程的工程量×定额消耗量/定额单位）

人工单价差：是工程所在地当时的人工单价与定额所规定的人工单价（51 元/工日）之差。

②材料价差。

材料价差＝∑(分部分项工程所需某种材料数量和×相应材料单价差)

分部分项工程所需某种材料数量和＝∑(每一分项工程的工程量×定额中某种材料消耗量/定额单位)

材料单价差：是工程所在地当时的某种材料的单价与定额所规定的这种材料单价之差。

③机械价差。

机械价差＝∑(分部分项工程所需某种机械数量和×相应机械单价差)

分部分项工程所需某种机械数量和＝∑(每一分项工程的工程量×定额中某种机械消耗量/定额单位)

机械单价差：是工程所在地当时的某种机械的单价与定额所规定的这种机械单价之差。

（二）措施项目费

措施项目费由两部分组成：安全文明施工费和其他措施项目费。广东省安装工程计价办法2006第9页2.2.6条明确说明——安全防护、文明施工措施费包含"环境保护费、文明施工费、安全施工费、临时设施费"。安装工程的安全文明施工费用多数按费率计算。

1.按费率计算的安全文明施工费：其费用＝分部分项工程的人工费合计×费率,《广东省安装工程综合定额》(2010)规定的费率为30.7%。

2.其他措施项目费：按《广东省安装工程综合定额》(2010)的规定计算。

（三）其他项目费用

包括暂列金额、材料购置费、总承包服务费、计日工等费用。

(1)与招标人有关的费用有：暂列金额、甲供材料费、计日工等。这部分费用按招标人事先在招标文件中说明规定计算。

(2)与投标人有关的费用有：总承包服务费等,这部分费用由投标人竞争报价确定,也可按定额规定计算。

（四）规费和税金

其中规费主要由社会保险费、住房公积金、工程排污费组成；税金主要由营业税、城市维护建设税、教育费附加、地方教育附加组成。

规费和税金的费用＝(分部分项工程费＋措施项目费＋其他项目费)×费率。费率采用工程所在地当地造价管理部门(规费)和税务管理部门(税金)所规定的费率。

任务2-2-2　安装工程定额计价程序

一、定额计价费用组成及计价程序见表2.2.1

表2.2.1　安装工程费用组成及计价程序表

序号	名　称	计算方法	金额(元)
1	分部分项工程费	1.1＋1.2＋1.3	
1.1	定额分部分项工程(直接)费	∑(工程量×子目基价)	
1.2	价差	∑[数量×(编制价－定额价)]	
1.3	利润	人工费×利润率	

续上表

序号	名 称	计算方法	金额(元)
2	措施项目费	2.1 + 2.2	
2.1	其中:安全文明施工费	按照规定标准计算(包括利润)	
2.2	其中:其他措施项目费	按照规定标准计算(包括利润)	
	……		
3	其他项目费	按照规定标准计算(包括利润)	
3.1	其中:暂列金额	按计价规定估算	
3.2	其中:专业工程暂估价	按计价规定估算	
3.3	其中:计日工	按计价规定估算	
3.4	其中:总承包服务费	按计价规定估算	
	……		
4	规费	(1+2+3)×按当地文件规定的费率	
5	税金(扣除不列入计税范围的工程设备金额)	(1+2+3+4)×按当地税务部门规定的税率	
6	含税工程造价	1+2+3+4+5	

二、安装工程定额计价预(结)算文件编制步骤

(1)收集各种编制依据及资料,包括施工图纸、施工组织设计、现行预算定额书、取费文件、相关价格信息等。

(2)熟悉定额和施工图纸,充分了解施工组织设计和施工方案。

(3)列出分项工程名称,根据定额规定的计量单位,运用定额规定的工程量计算规则计算分项工程量。

(4)套用消耗量定额及其价目汇总表编制预(结)算表。注意分项工程的名称、规格、计量单位必须与定额计价表所列内容一致;注意未计价主材费用、定额总说明及分册说明中有关系数的调整,计费的规定和材料的换算等。

(5)工、料、机分析以及动态调整。

(6)套取当地相应的费用定额,按规定标准计算其他各项费用,汇总得出工程造价。

(7)撰写编制说明、填写封面、装订成册。

练习题

一、单项选择题

1.以下不属于《广东省安装工程综合定额(2010)》中管理费内容的是( )。

A.养老保险费　　　　B.劳动保险费　　　　C.职工教育经费　　　D.管理人员工资

2.以下不属于《广东省安装工程综合定额(2010)》中价差内容的是( )。

A.人工价差　　　　　B.利润价差　　　　　C.材料价差　　　　　D.机械价差

3. 以下是属于安装工程定额计价费用组成部分的是(　　)。

A. 直接费、间接费、计划利润、税金

B. 分部分项工程费、措施项目费、其他项目费、规费和税金

C. 人工费、材料费(包含工程设备)、施工机具使用费、总包管理费、计划利润、规费和税金

D. 直接费、间接费、利润、税金

4. 机械单价差是(　　)。

A. 工程所在地当时的某种机械的单价与定额所规定的这种机械单价之差

B. 工程所在地政府所规定的单价与当时的某种机械的单价与这种机械单价之差

C. 工程所在地造价管理部门的某种机械的单价与市场信息的这种机械单价之差

D. 工程所在地市场的某种机械的单价与政府部门所规定的这种机械单价之差

5. 安装工程定额计价费用组成里面的措施项目费包括(　　)。

A. 环境保护费和其他措施项目费

B. 安全文明施工费和其他项目费

C. 文明施工费和安全施工费

D. 安全文明施工费和其他措施项目费

6.《广东省安装工程综合定额(2010)》是完成单位工程量所需的人工、材料、机械、管理费和必要的施工措施费的计量标准,它反映了(　　)。

A. 社会中高端的消耗水平　　　　　　　B. 政府部门发布的价格

C. 社会平均消耗水平　　　　　　　　　D. 政府部门规定的平均水平

二、多项选择题

1. 以下属于建设工程定额的特点有(　　)。

A. 科学性特点　　　　B. 系统性特点　　　　C. 统一性特点

D. 权威性特点　　　　E. 不稳定性特点

2. 安装工程定额计价费用组成部分包含(　　)。

A. 规费和税金　　　　B. 措施项目费　　　　C. 分部分项工程费

D. 企业管理费　　　　E. 其他项目费

3. 规费和税金的费用的计算基数由(　　)组成。

A. 措施项目费　　　　B. 其他项目费　　　　C. 直接工程费

D. 其他措施费　　　　E. 分部分项工程费

参考答案:

一、单选:A、B、B、A、D、C

二、多选:1. ABCD　2. ABCE　3. ABE

项目2-3　安装工程清单计价

教学导航

项目任务	任务2-3-1：安装工程清单计价的费用组成	学时	4
	任务2-3-2：安装工程清单计价程序		
教学载体	机房、教学课件及教材相关内容		
教学目标	知识目标	熟悉安装工程清单计价的费用组成；掌握安装工程清单计价程序	
	能力目标	能够对安装工程进行清单计价	
过程设计	任务布置及知识引导—学习相关新知识点—解决与实施工作任务—自我检查与评价		
教学方法	项目教学法		

一、工程量清单计价方式

工程量清单计价方式是在建设工程招投标中，招标人按照《建设工程工程量清单计价规范》(GB 50500—2013)的工程量计算规则提供工程量，由投标人依据工程量清单自主报价，并按照经评审合理低价中标的工程造价计价方式。

二、工程量清单的组成

工程量清单是工程量清单计价的基础，是作为标准招标控制价、投标报价、计算工程量、支付工程款、调整合同价款、办理竣工结算及工程索赔的依据。工程量清单编制主要由招标人来完成，作为招标文件组成部分，是招标工程信息的载体。为了使投标人能对工程有全面充分的了解，工程量清单的内容应全面、准确。

根据国家标准《建设工程工程量清单计价规范》(GB 50500—2013)规定，工程量清单主要包括以下几个部分：

总说明、分部分项工程量清单、措施项目清单、其他项目清单、规费税金清单。

三、《建设工程工程量清单计价规范》强制性条文摘录

《建设工程工程量清单计价规范》(GB 50500—2013)对"分部分项工程项目清单的组成及其编制"中常用的强制性条文(摘录)如下：

1. 条款3.1.1 使用国有资金投资的建设工程发承包，必须采用清单计价。

2. 条款3.1.5 措施项目中的安全文明施工费必须按照国家或省级、行业建设主管部门的规定计算，不得作为竞争性费用。

3. 条款3.1.6 规费和税金必须按照国家或省级、行业建设主管部门的规定计算，不得作为竞争性费用。

4. 条款3.4.1 建设工程发承包，必须在招标文件、合同中明确计价中的风险内容及其范围，不得采用无限风险、所有风险或类似语句规定计价中的风险内容及其范围。

5. 条款 4.1.2 招标工程量清单必须作为招标文件的组成部分，其准确性和完整性由招标人负责。

6. 条款 4.2.1 分部分项工程项目清单必须载明项目编码、项目名称、项目特征、计量单位和工程量。

7. 条款 4.2.2 分部分项工程项目清单必须根据相关工程现行国家计量规范规定的项目编码、项目名称、项目特征、计量单位和工程量计算规则进行编制。

8. 条款 4.3.1 措施项目清单必须根据相关工程现行国家计量规范的规定编制。

9. 条款 5.1.1 国有资金投资的建设工程招标，招标人必须编制招标控制价。

10. 条款 6.1.3 投标报价不得低于工程成本。

11. 条款 6.1.4 投标人必须按招标工程量清单填报价格。项目编码、项目名称、项目特征、计量单位、工程量必须与招标工程量清单一致。

12. 条款 8.1.1 工程量必须按照相关工程现行国家计量规范规定的工程量计算规则计算。

13. 条款 8.2.1 工程量必须以承包人完成合同工程应予计量的按照现行国家计量规范规定的工程量计算规则计算得到的工程量确定。

14. 条款 11.1.1 工程完工后，承发包双方必须在合同约定时间内办理工程竣工结算。

四、安装工程在清单计价规范中主要专业分类

目前安装工程清单计量和计价主要执行《建设工程工程量清单计价规范》（GB 50500—2013）、《通用安装工程计量规范》（GB 500854—2013）、《通用安装工程工程量计算规范》（GB 50856—2013）。通用安装工程专业分类如下：

- C.1 机械设备安装工程
- C.2 热力设备安装工程
- C.3 静置设备与工艺金属结构制作安装工程
- C.4 电气设备安装工程
- C.5 建筑智能化工程
- C.6 自动化控制仪表安装工程
- C.7 通风空调工程
- C.8 工业管道工程
- C.9 消防工程
- C.10 给排水、采暖、燃气工程
- C.11 通信设备及线路工程
- C.12 刷油、防腐蚀、绝热工程

任务 2-3-1 安装工程清单计价的费用组成

一、工程量清单的编制

工程量清单是招标文件不可分割的一部分，清单计价离不开工程量清单的编制，它体现了招标人要求投标人完成的工程项目及相应工程数量，全面反映了投标报价要求，是编制标底和投标报价的依据，是签订合同、调整工程量和办理工程结算的基础。

工程量清单应由具有编制招标文件能力的招标人，或受其委托具有相应资质的中介机构进行编制。

二、安装工程清单计价的费用组成及设置

前面提到过根据国家标准《建设工程工程量清单计价规范》（GB50500—2013）规定，工程量清单的费用组成主要包括：分部分项工程量清单费用、措施项目清单费用、其他项目清单费用、规费和税金清单费用。

（一）分部分项工程量清单费用的项目设置

工程量清单的项目设置规则是为了统一工程量清单项目名称、项目编码、计量单位和工程量计算而制定的，是编制工程量清单的依据。

分部分项工程量清单名称的设置，应考虑三个因素：

- 一是附录中的项目名称；
- 二是附录中的项目特征；
- 三是拟建项目的实际情况。工程量清单编制时，以附录中的项目名称为主体，考虑该项目的规格、型号、材质等特征要求，结合拟建工程的实际情况，使其工程量清单项目名称具体化、细化，能够反映影响工程造价的主要因素。

（1）项目编码。

项目编码是以五级编码设置，用12位阿拉伯数字表示。一、二、三、四级编码统一，第五级编码由工程量清单编制人区分具体工程的清单项目特征而分别编码。同一招标工程的项目编码不得有重复。

第五级项目编码由工程量清单编制人自行设置。

（2）项目名称。

项目名称原则以形成工程实体而命名。这里所指的工程实体，有些项目是可用适当的计量单位计算的简单完整的分部分项工程，也有些项目是分部分项工程的组合。不论是上述的哪一种，项目名称的命名应规范、准确、通俗，以避免投标人报价的失误。

（3）项目特征。

项目特征是在工程量清单栏目中描述该项目的特征和包括的分项工程。为方便施工企业计价的需要，工程量清单还应按规定要求考虑项目规格、型号、材质等特征要求，结合拟建工程的实际情况，使工程量清单项目名称具体化，能够反映与工程造价有关的因素，避免投标人产生歧义理解而影响招标的公平性。

（4）计量单位：按清单规范规定的单位确定。

（5）工程量：严格按照国家清单计价规范计算规则计算出来的量，是投标单位投标报价的共同平台。

（二）措施项目清单费用的项目设置

措施项目是指为完成工程项目施工，发生于该工程施工前和施工过程中技术、生活、安全等方面的非工程实体项目。措施项目应根据拟建工程的实际情况列项。

措施项目清单包括为完成分部实体工程而必须采用的一些措施性工作，如安装设备和管道过程中发生的施工排水、脚手架、垂直运输等内容。如果有清单中未包括但实际建设过程中需要采用的措施，在投标报价时可自行补充，否则按无其他措施认定。

措施项目列项应注意：

(1)通用措施项目可按清单规范规定的内容选择列项。(详见表2.3.1)。

(2)专业工程的措施项目可按附录中规定的项目选择列项。

(3)若出现本规范未列的项目，可根据工程实际情况补充。

(4)可以计算工程量的项目清单宜采用分部分项工程量清单的方式编制，列出项目编码、项目名称、项目特征、计量单位和工程量计算规则；不能计算工程量的项目清单，以"项"为计量单位。

表2.3.1　安装工程措施项目费用组成

序号	项目名称
1　通用项目	
1	安全文明施工费(含环境保护、文明施工、安全施工、临时设施)
2	夜间施工
3	二次搬运
4	冬雨季施工
5	大型机械设备进出场及安拆
6	施工排水
7	施工降水
8	地上、地下设施，建筑物的临时保护设施
9	已完工程及设备保护
	……
2　安装工程	
1	按附录中规定的项目选择列项
	……

(三)其他项目清单费用的项目设置

其他项目清单应根据拟建工程的具体情况，包括暂列金额、材料购置费、总承包服务费、计日工等。

计日工应根据拟建工程的具体情况，详细列出人工、材料、机械的名称、计量单位和相应数量，并随工程量清单发至投标人。

与招标人有关的费用有：暂列金额、甲供材料费，计日工这部分费用由招标人事先在招标文件中说明。

与投标人有关的费用包括总承包服务费等，这部分费用由投标人竞争报价确定。

任务2－3－2　安装工程清单计价程序

一、安装工程清单计价费用组成和计价程序如表2.3.2。

表2.3.2　安装工程清单计价费用组成及计价程序表

序号	名　称	计 算 方 法	金额(元)
1	分部分项工程费	∑(清单工程量×综合单价)	
2	措施项目费	2.1 + 2.2	
2.1	其中:安全文明施工费	按照规定标准计算(包括利润)	
2.2	其中:其他措施项目费	按照规定标准计算(包括利润)	
	……		
3	其他项目费	按照规定标准计算(包括利润)	
3.1	其中:暂列金额	按计价规定估算	
3.2	其中:专业工程暂估价	按计价规定估算	
3.3	其中:计日工	按计价规定估算	
3.4	其中:总承包服务费	按计价规定估算	
	……		
4	规费	(1 + 2 + 3)×按当地文件规定的费率	
5	税金(扣除不列入计税范围的工程设备金额)	(1 + 2 + 3 + 4)×按当地税务部门规定的税率	
6	含税工程造价	1 + 2 + 3 + 4 + 5	

二、各项费用的计算方法

(一)分部分项工程费

1.计算方法:

投标报价时:分部分项工程费 = ∑(清单工程量×综合单价)

实际结算时工程,分部分项工程费 = ∑(予以计量的实际完成工程量×综合单价)

2.综合单价:是指完成一个规定计量单位的分部分项工程量清单项目或措施项目所需的人工费、材料费、机械费、企业管理费和利润,以及一定范围内的风险费用。

(二)措施项目费

措施项目费由两部分组成:安全文明施工费和其他措施项目费。广东省安装工程计价办法2006第9页2.2.6条明确说明,安全防护、文明施工措施费包含"环境保护费、文明施工费、安全施工费、临时设施费"。安装工程的安全文明施工费用多数按费率计算。

1.按费率计算的安全文明施工费:其费用 = 分部分项工程的人工费合计×费率,《广东省安装工程综合定额》(2010)规定的费率为30.7%。

2. 其他措施项目费：按《广东省安装工程综合定额》（2010）的规定计算。

（三）其他项目费用

包括暂列金额、材料购置费、总承包服务费、计日工等费用。

（1）与招标人有关的费用有：暂列金额、甲供材料费、计日工等。这部分费用按招标人事先在招标文件中说明规定计算。

（2）与投标人有关的费用有：总承包服务费等，这部分费用由投标人竞争报价确定，也可按定额规定计算。

（四）规费和税金

其中规费主要由社会保险费、住房公积金、工程排污费组成；税金主要由营业税、城市维护建设税、教育费附加、地方教育附加组成。具体见费用组成附表一、二。

规费和税金的费用＝（分部分项工程费＋措施项目费＋其他项目费）×费率。费率采用工程所在地当地造价管理部门（规费）和税务管理部门（税金）所规定的费率。

三、工程量清单计价的一般规定

（1）措施项目清单计价应根据拟建工程的施工组织设计，可以计算工程量的措施项目，应按分部分项工程量清单的方式采用综合单价计价。

（2）其余的措施项目可以"项"为单位的方式计价，应包括除规费、税金外的全部费用。

（3）措施项目清单中的安全文明施工费应按照国家或省级、行业建设主管部门的规定计价，不得作为竞争性费用。

（4）规费和税金应按国家或省级、行业建设主管部门的规定计算，不得作为竞争性费用。

（5）采用工程量清单计价的工程，应在招标文件或合同中明确风险内容及其范围（幅度），不得采用无限风险、所有风险或类似语句规定风险内容及其范围（幅度）。

四、清单计价文件中应列的表格内容

采用工程量清单计价，建设工程造价由分部分项工程费、措施项目费、其他项目费、规费和税金组成。造价人员在编制投标报价或预算书时应提交以下内容：

1. 封面。按规定的内容填写、签字、盖章，造价员编制的工程量清单应有负责审核的造价工程师签字、盖章。

2. 总说明。包括：工程概况；工程招标与分包范围；工程量清单编制依据；工程材料、质量、施工等的特殊要求；其他需要说明的问题。

3. 分部分项工程量清单与计价表。

4. 措施项目清单与计价表。

5. 其他项目清单与计价汇总表。

6. 暂列金额明细表。

7. 材料暂估单价表。

8. 专业工程暂估价表。

9. 计日工表。

10. 总承包服务费计价表。

11. 规费、税金清单项目清单与计价表。

练习题

一、单项选择题

1.项目编码是以五级编码设置，用(　　)表示。同一招标工程的项目编码(　　)有重复。

A.9位中文数字，不得　　　　　　　　　B.12位阿拉伯数字，可以

C.9位英文字母，可以　　　　　　　　　D.12位阿拉伯数字，不得

2.根据《建设工程工程量清单计价规范》(GB 50500—2013)第3.1.1条，使用国有资金投资的建设工程发承包(　　)。

A.必须采用清单计价　　　　　　　　　B.可以采用清单计价

C.可以采用定额计价　　　　　　　　　D.可以采用清单或定额计价

3.根据《建设工程工程量清单计价规范》(GB 50500—2013)第3.1.5条，措施项目中的安全文明施工费必须按照国家或省级、行业建设主管部门的规定计算(　　)。

A.可以作为竞争性费用　　　　　　　　B.不得作为投标费用

C.不得作为竞争性费用　　　　　　　　D.可以不作为投标费用

4.根据国家标准《建设工程工程量清单计价规范》(GB 50500—2013)规定，以下属于安装工程清单计价费用组成部分的是(　　)

A.直接费、间接费、计划利润、税金

B.分部分项工程费用、措施项目费用、其他项目费用、规费和税金

C.人工费、材料费(包含工程设备)、施工机具使用费、总包管理费、计划利润、规费和税金

D.直接费、间接费、利润、税金

5.根据国家标准《建设工程工程量清单计价规范》(GB 50500—2013)规定，第6.1.3条投标报价(　　)。

A.可以低于工程成本　　　　　　　　　B.不得低于工程成本

C.不得低于市场平均价　　　　　　　　D.不得高于企业成本

6.(　　)是指完成一个规定计量单位的分部分项工程量清单项目或措施项目所需的人工费、材料费、机械费、企业管理费和利润，以及一定范围内的风险费用。

A.市场价格　　　　B.综合合价　　　　C.成本价格　　　　D.综合单价

二、多项选择题

1.工程量清单是工程量清单计价的基础，是作为(　　)的依据。

A.投标报价　　　B.招标控制价　　　C.支付工程款

D.计算工程量　　　E.办理竣工结算及工程索赔

2.安装工程清单计价费用组成部分包含(　　)。

A.规费和税金　　　B.措施项目费用　　　C.分部分项工程费用

D.企业管理费　　　E.其他项目费用

3. 投标人必须按招标工程量清单填报价格。其中(　　)必须与招标工程量清单一致。

A. 项目名称　　　　　　B. 项目特征　　　　　C. 工程量

D. 项目编码　　　　　　E. 计量单位

4. 其他项目费用:包括(　　)等费用。

A. 材料购置费　　　　　B. 总承包服务费　　　C. 工程量

D. 暂列金额　　　　　　E. 计日工

5. 其他项目费用中与招标人有关的费用有(　　)等。这部分费用按招标人事先在招标文件中说明规定计算。

A. 暂列金额　　　　　　B. 总承包服务费　　　C. 工程量

D. 甲供材料购置费　　　E. 计日工

6. 安装工程工程量清单计价中的规费主要由(　　)组成。

A. 暂列金额　　　　　　B. 总承包服务费　　　C. 住房公积金

D. 社会保险费　　　　　E. 工程排污费

7. 安装工程工程量清单计价中的税金主要由(　　)组成。

A. 营业税　　　　　　　B. 城市维护建设税　　C. 教育费附加

D. 地方教育附加　　　　E. 社会保险费

参考答案:

一、单选: D、A、C、B、B、D

二、多选:

1. ABCDE　2. ABCE　3. ABCDE　4. ABDE　5. BDE　6. CDE　7. ABCD

学习情境3　安装工程计量

项目3-1　给排水工程计量

教学导航

项目任务	任务3-1-1：基础知识	学时	12
	任务3-1-2：基价使用		
	任务3-1-3：工程量计算规则		
教学载体	多媒体课室、教学课件及教材相关内容		
教学目标	知识目标	了解给排水工程基础知识；熟悉给排水工程基价使用；掌握给排水工程工程量计算规则	
	能力目标	能够计算给排水工程工程量，套用基价，编制预算书	
过程设计	任务布置及知识引导—学习相关新知识点—解决与实施工作任务—自我检查与评价		
教学方法	项目教学法		

任务3-1-1　基础知识

一、室内给水系统

自建筑物的给水引入管至室内各用水及配水设施部分，称为室内给水系统。

（一）给水系统的分类

按用途可分三类：

1. 生活给水系统。

供给民用建筑和公共建筑内的饮用、烹调、盥洗、洗涤、淋浴等生活用水，其水质必须符合国家规定的饮用水水质标准。

2. 生产给水系统。

供给生产设备冷却、原料和产品的洗涤，以及各类产品制造过程中所需的生产用水。生产用水应根据工艺要求，提供所需的水质、水量和水压。

3. 消防给水系统。

供给各类消防设备灭火用水。消防用水对水质要求不高，但必须按照建筑防火规范保证供给足够的水量和水压。

上述三类给水系统可独立设置，也可根据实际条件和用户需要，组合成不同的共用给水系统，如：生活—生产共用给水系统、生活—消防共用给水系统、生产—消防共用给水系统、生活—生产—消防共用给水系统等。

（二）室内给水系统的组成

室内给水系统如图 3.1.1 所示，由下面几个部分组成：

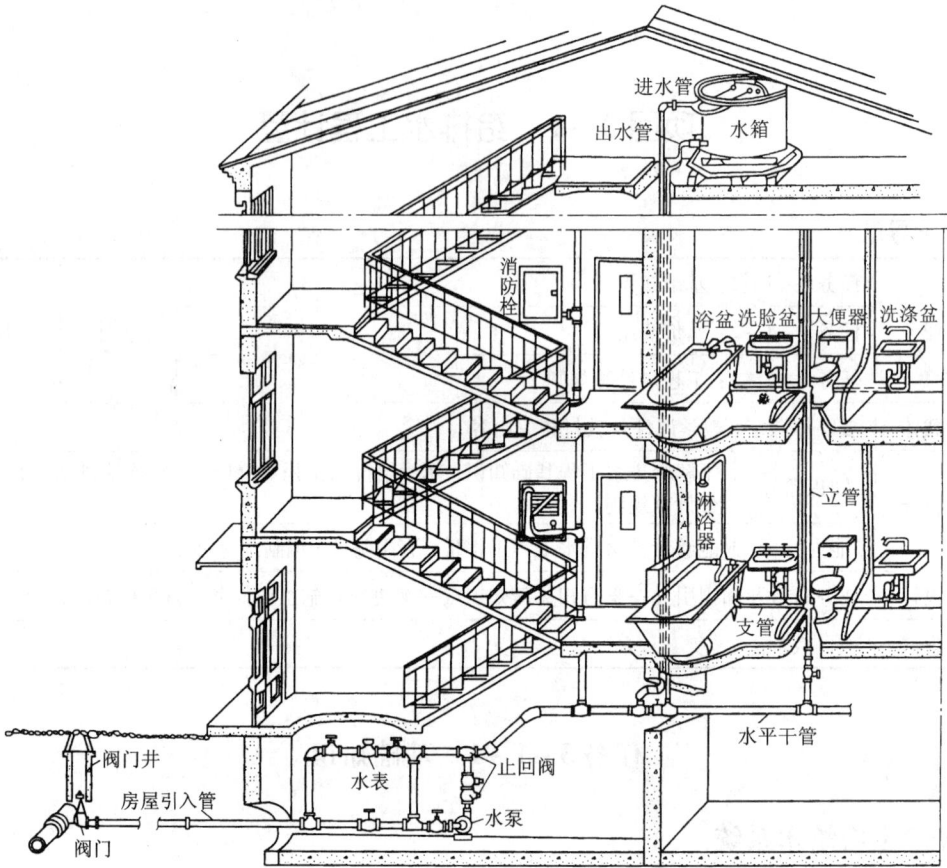

图 3.1.1 室内给水系统

1. 引入管。

是指将室外供水管网的水引入建筑内部的联络管段，也称进户管。

2. 水表节点。

水表节点是指引入管上装设的水表及其前后设置的阀门及泄水装置的总称，如图 3.1.2 所示。水表用以计量建筑用水量。在建筑内部给水系统中，广泛采用流速式水表，它是根据管径一定时水流速度和流量成正比的原理进行计量的。流速式水表按翼轮构造不同可分为两类：叶轮转轴与水流方向垂直的为旋翼式水表，适用于用水量较小的用户；叶轮转轴与水流方向平行的为螺翼式水表，适用于用水量大的用户。

水表前后的阀门用于水表检修、拆换时关闭管路，泄水口主要用于系统检修时放空管网的余水，也可用于检测水表精度和测定管道进户时的水压值。

3. 给水管网。

50

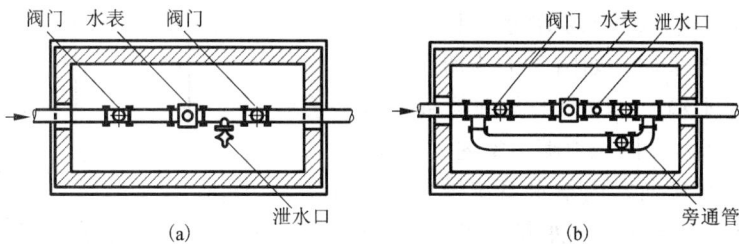

图 3.1.2　水表节点

(a)水表节点；(b)有旁通管的水表节点

给水管道包括干管、立管和配水支管。干管是连接引入管和给水立管的管段；立管是将干管供给来的水沿垂直方向输送至各楼层配水支管的管段；配水支管是将水从立管输送至各个用水设备的管段。

4.配水装置和用水设备。

各类卫生器具和用水设备的配水龙头和生产、消防等用水设备。如：球形阀式配水龙头、旋塞式配水龙头、普通洗脸盆配水龙头、单手柄洗脸盆水龙头等。

5.给水附件。

给水附件是用以调节系统内水量、水压，控制水流方向，以及关断水流，便于管道、仪表和设备检修的各类阀门。如：截止阀、闸阀、蝶阀、止回阀、浮球阀、液位控制阀等。

6.升压和贮水设备。

当室外给水管网的水压、水量不能满足建筑用水要求，或要求供水压力稳定、确保供水安全可靠时，应根据需要，在给水系统中设置水泵、气压给水设备和水池、水箱等升压和贮水设备。

（三）室内给水系统的给水方式

给水方式就是建筑内部给水系统的供水方案。合理的供水方案应综合工程涉及的各项因素，如技术因素包括：供水可靠性、水质、节水节能效果、管理操作、自动化程度等；经济因素包括：基建投资、年经常费用等；社会环境因素包括：对城市观瞻的影响、对结构和基础的影响、占地面积、对环境的影响等，采用综合评判法确定。在初步确定给水方式时，对层高不超过 3.5 m 的民用建筑，给水系统所需的压力，可用以下经验法估算：1 层为 100 kPa，2 层为 120 kPa，3 层以上每增加 1 层，增加 40 kPa。

给水方式的基本类型有以下几种：

1.直接给水方式。

由室外管网直接供水，即室内给水管道系统与室外供水管网直接相连，是最为简单、经济的给水方式，如图 3.1.3 所示。适用于室外供水管网的水量和水压充足，能全天满足用水要求的建筑。

这种给水方式的优点是：给水系统简单，投资少，安装维修方便，充分利用了室外管网压力，供水较为安全可靠。缺点是：此种系统内无贮备水量。当室外管网停水时，室内系统立即断水。

2.设水箱的给水方式。

设水箱的给水方式宜在室外管网的供水压力周期性不足，且室内给水系统要求水压稳定，且允许设置水箱的建筑内采用。如图 3.1.4 所示，建筑物在屋顶设有高位水箱、室内给水系统与室外供水管网连接。当室外供水管网压力满足室内用水要求时，由室外供水管网直接向室内给水系统供水，并向高位水箱充水，从而贮备一定的水量。当用水高峰时，室外供水管网的压力不足，则由水箱向室内给水系统补充供水。为防止水箱中的水回流至室外管网，应在引入管上设置止回阀。

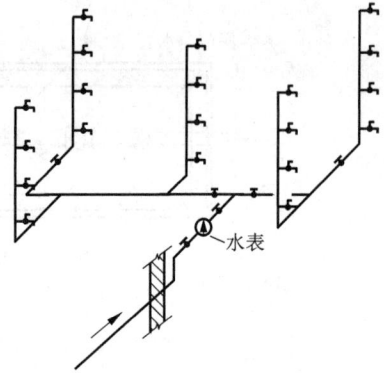

图 3.1.3　直接给水方式

这种给水方式的优点是：系统比较简单，投资较能充分利用室外管网的压力供水，节省电耗；具有一定的贮备水量，供水可靠性较好。

缺点是：由于设置了高位水箱，增加了建筑结构荷载，并给建筑的立面处理带来了一定困难。

在室外供水管网压力周期性不足的多层建筑中，也可以采用如图 3.1.5 所示的给水方式，即建筑物下部几层由室外管网直接供水，上部几层采用有水箱的给水方式，这样可以减小水箱的容积。

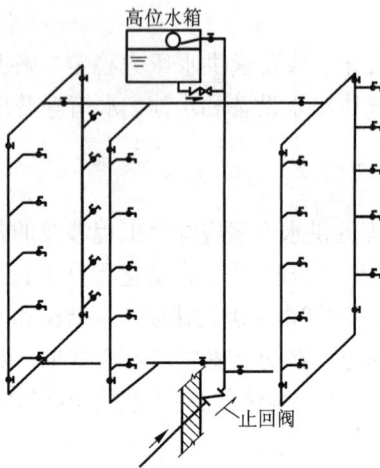

图 3.1.4　设有水箱的给水方式

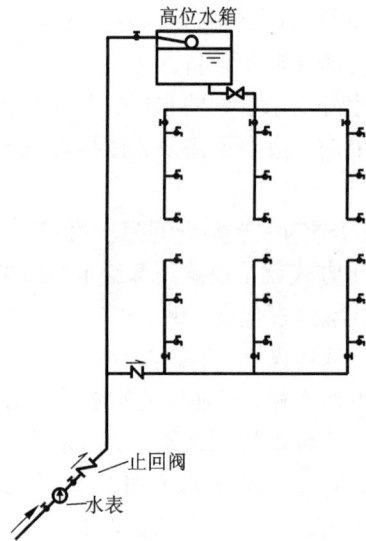

图 3.1.5　下层直接供水、上层设水箱的给水方式

3. 设水泵的给水方式。

设水泵的给水方式宜在室外给水管网的水压经常不足时采用。当建筑内用水量大且较均匀时，可用恒速水泵供水；当建筑内用水不均匀时，宜采用一台或多台水泵变速运行供水，以提高水泵的工作效率。

水泵直接从室外供水管网吸水时，应设旁通管，在旁通管上设阀门，如图 3.1.6 所示。

当室外供水管网压力足够大时，可停泵，由室外管网直接向室内系统供水。应在水泵出水口和旁通管上设止回阀，以防止水泵停止运行时，室内系统中的水回流至室外管网，这样设置的优点是充分利用了室外管网压力，节省了电能。

因水泵直接从室外管网抽水，会使外网压力降低，影响附近用户用水，严重时还可能造成外网负压，在管道接口不严密时，其周围土壤中的渗漏水会吸入管内，污染水质。当采用水泵直接从室外管网抽水时，必须经供水部门同意，并在管道连接处采取必要的防护措施，以免水质污染。为避免上述问题，可在系统中增设断流水池，如图 3.1.7 所示，采用水泵与室外管网间接连接的方式，断流水池可以兼作贮水池使用，也增加了供水的可靠性。

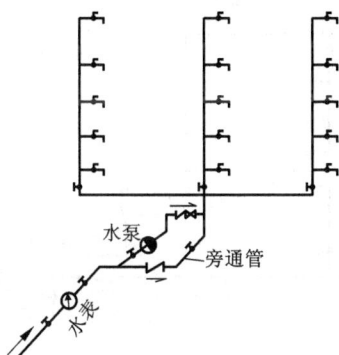

图 3.1.6　设有水泵的供水方式

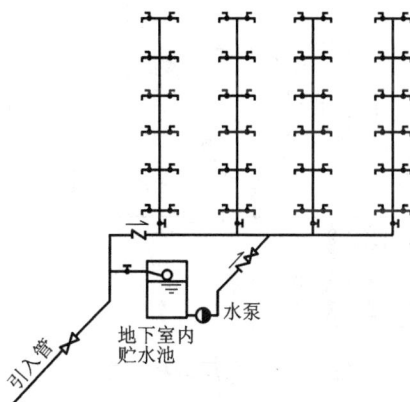

图 3.1.7　水泵从断流水池吸水

4. 设贮水池、水泵和水箱联合工作的给水方式。

设贮水池、水泵和水箱联合工作的给水方式宜在室外供水管网压力经常不能满足室内给水系统需要，并且不允许水泵直接从室外管网吸水且室内用水又不均匀时采用，如图 3.1.8 所示。

水泵从贮水池中吸水，经加压后供给室内系统。当水泵供水水量大于系统用水量时，多余的水流入水箱贮存；当水泵供水水量小于系统用水量时，则由水箱向系统补充供水，以满足室内给水系统要求。此外，贮水池和水箱又起到了贮备一定水量的作用，提高了供水可靠性。

该给水方式的优点是：水泵能及时向水箱充水，可缩小水箱的容积，同时在水箱的调节下，水泵的出水量稳定，能保持在高效区运行，节省电耗。

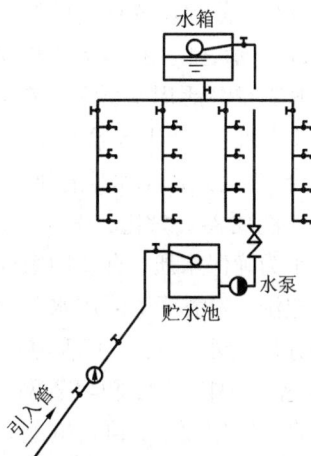

图 3.1.8　贮水池、水泵和水箱
联合工作的给水方式

5. 气压给水方式。

气压给水方式即在给水系统中设置气压给水设备，利用该设备的气压水罐内气体的可压缩性，升压供水。气压水罐的作用相当于高位水箱，但其位置可根据需要设置在高处或低处。该给水方式宜在室外给水管网压力低于或经常不能满足建筑内给水管网所需水压，室内用水不均匀，且不宜设置高位水箱时采用，如图 3.1.9 所示。

6. 分区给水方式。

当室外给水管网的压力只能满足建筑下层供水需求时，可采用分区给水方式，如图 3.1.10 所示，室外给水管网水压线以下楼层为低区由外网直接供水，以上楼层为高区由升压贮水设备供水。可将两区的 1 根或几根立管相连，在分区处设阀门，以备低区进水管发生故障或外网压力不足时，打开阀门由高区水箱向低区供水。

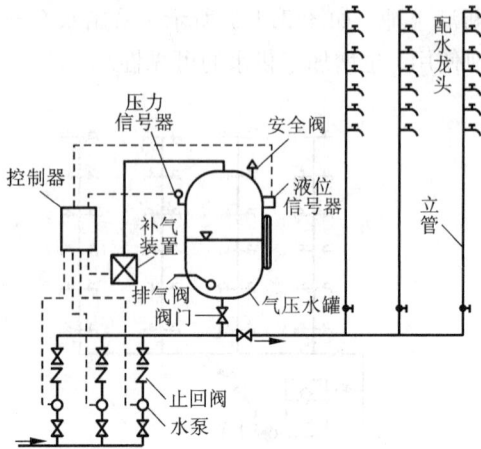

图 3.1.9　气压给水方式

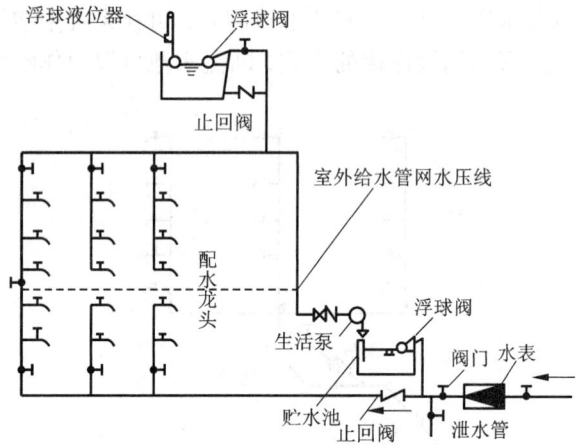

图 3.1.10　分区给水方式

7. 分质给水方式。

分质给水方式即根据不同用途所需的不同水质，分别设置独立的给水系统。如图 3.1.11 所示，饮用水给水系统供饮用、烹饪、盥洗等生活用水，水质符合"生活饮用水卫生标准"，杂用水给水系统，水质较差，仅符合"生活杂用水水质标准"，只能用于建筑内冲洗便器、绿化、洗车、扫除等用水。近年来为确保水质，有些国家还采用了饮用水与盥洗、沐浴等生活用水分设两个独立管网的分质给水方式。生活用水均先入屋顶

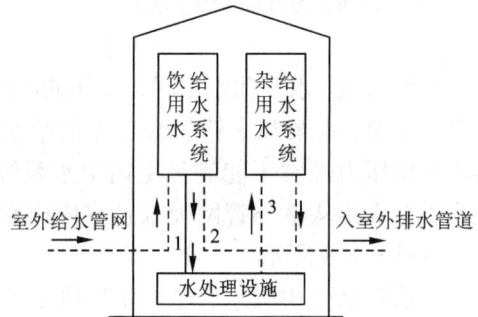

图 3.1.11　分质给水方式
1—生活废水；2—生活污水；3—杂用水

水箱(空气隔断)后，再经管网供给各用水点，以防回流污染。饮用水则根据需要，深度处理达到直接饮用要求，再行输配。

(四)室内给水管道的布置与敷设

1. 给水管道的布置。

(1)引入管的布置。

从配水平衡和供水可靠考虑，宜从建筑物用水量最大处和不允许断水处引入。

当建筑物内卫生用具布置比较均匀时，应在建筑物中部引入，以缩短管网向最不利点的输水长度，减少管网的水头损失。

引入管的埋深应考虑当地的气候、水文地质条件和地面荷载情况，应在当地冰冻线以下0.15米。

在北方地区，引入管通常从采暖地沟中引入室内，当引入管穿越承重墙或基础时，为避免墙基下沉压坏管道，应预留孔洞。

给水引入管跟其他管道应保持一定距离，它与污水排出管的平行间距应大于 1.0 m，与电线管的平行间距应大于 0.75 m。

（2）室内给水管道的布置。

室内给水管道的布置与建筑物性质、建筑物外形、结构状况、卫生用具和生产设备布置情况以及所采用的给水方式等有关，并应充分利用室外给水管网的压力。

应力求长度最短，尽可能呈直线走向，与墙、梁、柱平行敷设，兼顾美观，并要考虑施工检修方便。

按水平干管的敷设位置可分为上行下给、下行上给和中分式三种形式。

埋地管道应尽量避免穿越设备基础、烟道、风道、橱窗、壁柜、大便槽、小便槽等，必须穿越时应在全长范围内加套管或采取其他相应措施。

给水管道不宜穿越伸缩缝、沉降缝，如必须穿越时，应采取相应的技术措施。

2. 室内给水管道的敷设。

（1）明装：即管道在室内沿墙、梁、柱、天花板下、地板旁暴露敷设。明装管道造价低，施工安装、维护修理均较方便。缺点是由于管道表面积灰、产生凝水等影响环境卫生，有碍房屋美观。

（2）暗装：即管道敷设在地下室天花板下或吊顶中，或在管井、管槽、管沟中隐蔽敷设。卫生条件好，房间美观。暗装的缺点是造价高，施工、维护均不便。

一般的民用建筑及厂房采用明装，对装饰及卫生要求较高的建筑可采用暗装。

给水管道与其他管道同沟敷设时，应在热水管和蒸汽管下方、排水管上方。给水立管穿楼板时，应预留空洞。

二、室内排水系统

（一）室内排水系统的分类

室内排水系统按所接纳污、废水的性质不同，可以分三类：

1. 生活污水排水系统，可分为：

（1）粪便污水排水系统：排除大、小便器及用途与此相似的卫生设备污水的管道系统。

（2）生活废水排水系统：排除盥洗、沐浴、洗涤等废水的管道系统。

2. 工业废水排水系统：排除生产污水或生产废水的管道系统。

3. 屋面雨水排水系统：排除降落在屋面的雨、雪水的管道系统。

（二）室内生活排水系统

1. 室内排水系统的组成

室内排水系统如图 3.1.12 所示，包括下面几个组成部分。

（1）污（废）水收集器。

用来收集污（废）水的器具，如洗脸盆、便器、地漏等各卫生器具，雨水斗，生产污（废）水的排水设备。

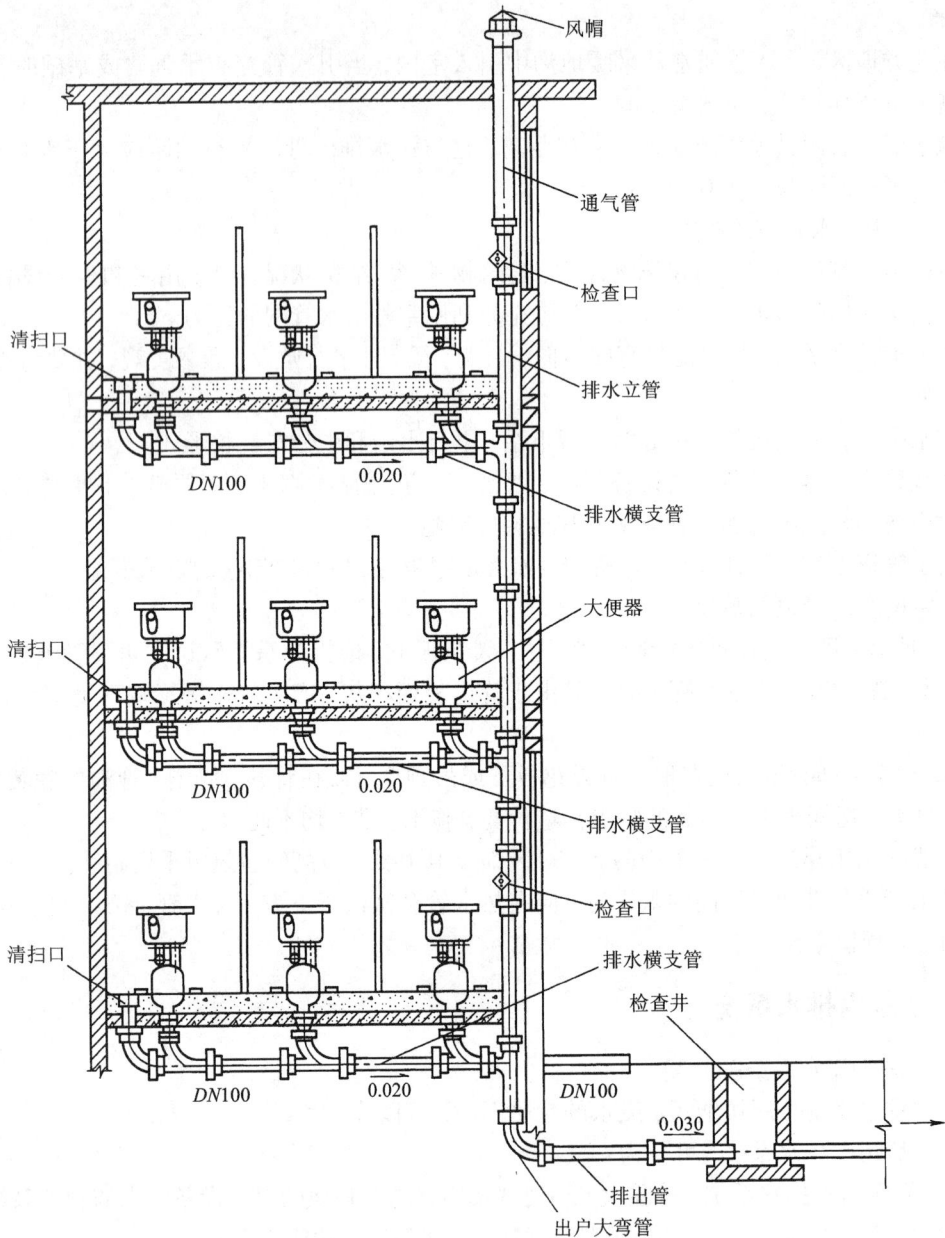

风帽

通气管

检查口

排水立管

清扫口

排水横支管

DN100   0.020

清扫口

大便器

DN100   0.020

排水横支管

清扫口

检查口

排水横支管

检查井

DN100   0.020

DN100   0.030

排出管

出户大弯管

图 3.1.12　排水系统的组成

（2）排水管道。

由器具排水管、排水横支管、排水立管和排出管等组成。

器具排水管：卫生器具和排水横支管之间的管段，将各卫生器具的污水接纳下来送入排水横支管。除坐式大便器外，器具排水管上应设存水弯等水封装置。

排水横支管：器具排水管和排水立管之间的管段，将各器具排水管的污水送入排水立管。

排水立管：排水横支管和排水干管或排出管之间的管段，将各横支管的污水送入排出管。

排出管：将各排水立管的污水排至室外排水管网中去。

（3）通气管。

通气管的作用是将管道内产生的有害气体排至大气中，以免影响室内的环境卫生；减轻废水、废气对管道的腐蚀；在排水时向管内补充空气，减轻立管内气压变化的幅度，防止卫生器具的水封遭到破坏，保证水流畅通。

（4）清通设备。

清通设备的作用是疏通排水管道，保证水流畅通。一般包括检查口、清扫口、检查井等，其构造如图 3.1.13 所示。

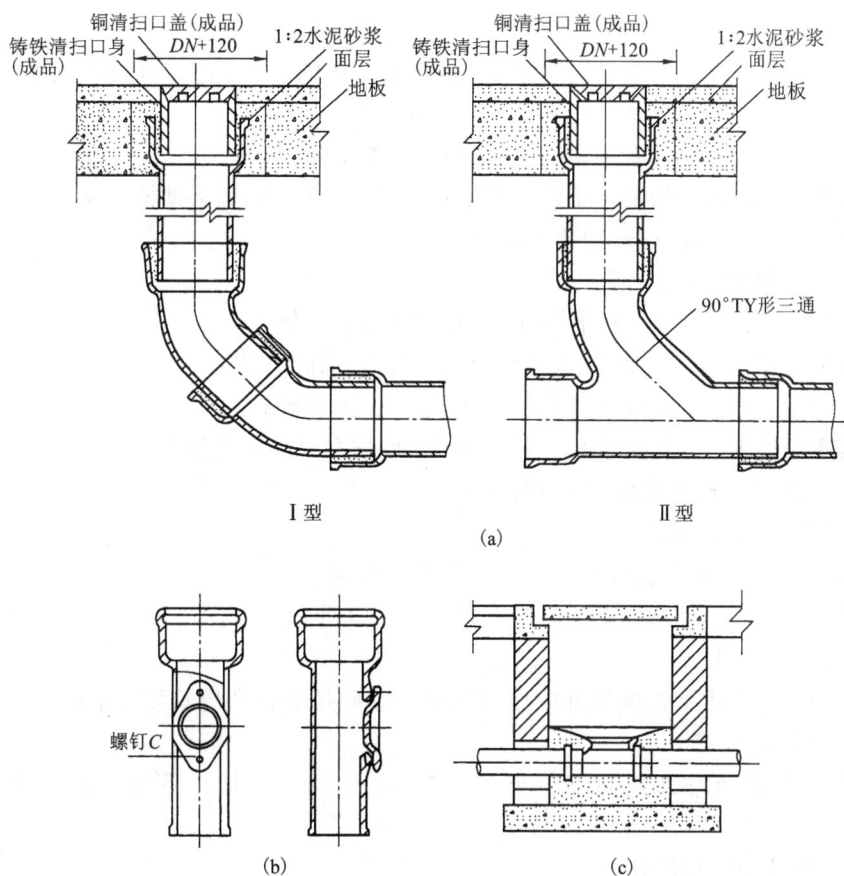

Ⅰ型　　　　　　　　　Ⅱ型

（a）

（b）　　　　　（c）

图 3.1.13　清通设备

（a）检查口；（b）清扫口；（c）室内检查井

（5）抽升设备。

一些民用和公共建筑内部标高低于室外地坪和其他用水设备的房间，污水难以自流排至室外，需要将低位污水抽升至高位。常见的抽升设备有水泵、空气扬水器、水射器等。

（6）局部处理构筑物。

在污水不允许直接排入市政排水管网或水体时设置的小型污水处理构筑物。如化粪池、沉淀池、隔油池、降温池等。

2. 排水附件。

存水弯：存水弯的作用是在其内形成一定高度的水封，通常为 50～100 mm，阻止排水系统中的有毒有害气体或虫类进入室内，保证室内的环境卫生。

3. 室内排水管道布置与敷设。

（1）排水横管的布置与敷设：

①排水横支管不宜太长，尽量少转弯，一根支管连接的卫生器具不宜太多。

②横支管不得穿过沉降缝、烟道、风道。

③横支管不得穿过有特殊卫生要求的生产厂房、食品及贵重商品仓库、通风小室和变电室。

④横支管不得布置在遇水易引起燃烧、爆炸或损坏的原料、产品和设备上面，也不得布置在食堂、饮食业的主副食操作烹调的上方。

⑤横支管与楼板和墙应有一定的距离，便于安装和维修。

⑥当横支管悬吊在楼板下，排水铸铁管接有 2 个及 2 个以上大便器，或 3 个及 3 个以上卫生器具时，横支管顶端应升至上层地面设清扫口。

（2）排水立管的布置与敷设。

①立管应靠近排水量大，水中杂质多，最脏的排水点处。

②立管不得穿过卧室、病房，也不宜靠近与卧室相邻的内墙。

③立管宜靠近外墙，以减少埋地管长度，便于清通和维修。

④立管应设检查口，其间距不大于 10 m，但底层和最高层必须设。

⑤排水立管穿越现浇楼板时应预留孔洞。

（3）排出管的布置与敷设。

①排出管以最短的距离排出室外，尽量避免在室内转弯。

②埋地管穿越承重墙或基础处，应预留洞口，且管顶上部净空不得小于建筑物的沉降量，一般不宜小于 0.15 m。

③排出管与室外排水管连接处应设检查井，检查井中心到建筑物外墙的距离不宜小于 3 m，不大于 10 m。

④排出管管顶距室外地面不应小于 0.7 m，生活污水排出管的管底可在冰冻线以上 0.15 m。

（4）通气管的布置与敷设。

①通气管高出屋面不得小于 0.3 m，且必须大于最大积雪厚度。通气管顶端应装设风帽或网罩。

②通气管的管径一般与排水立管相同或小一号。

（5）排水管道坡度的确定。

排水系统属于重力流系统，因此排水横管在敷设时应有一定的坡度。建筑物内生活排水铸铁管道的通用坡度、最小坡度和最大设计充满度按表 3.1.1 确定。

表 3.1.1   排水管道坡度表

管径	通用坡度	最小坡度	最大设计充满度
50	0.035	0.025	
75	0.025	0.015	
100	0.020	0.012	0.5
125	0.015	0.010	
150	0.010	0.007	0.6
200	0.008	0.005	

建筑排水塑料管排水横支管的标准坡度应为 0.026。

4. 卫生器具安装。

（1）卫生器具的分类。

卫生器具是用来满足日常生活中洗涤等卫生要求以及收集、排除生活与生产污、废水的设备。常用的卫生器具按用途可分为三类。

①便溺卫生器具：包括大便器、大便槽、小便器、小便槽等。

②盥洗、沐浴用卫生器具：包括洗脸盆、盥洗槽、浴盆、淋浴器、妇女卫生盆等。

③洗涤用卫生器具：包括洗涤盆、污水盆、化验盆、地漏等。

（2）卫生器具的安装。

卫生器具的安装可按《全国通用给水排水标准图集》S3 中的 S342 执行。

三、给排水管材、管件及其连接

室内排水用管材，主要有排水铸铁管、硬聚氯乙烯管、陶土管、混凝土管、钢筋混凝土管和钢管等。

1. 排水铸铁管。

排水铸铁管价格便宜，但不能承受高压，自重大，质地脆，运输破损率高，管径一般为 50 ~ 200 mm，一般采用承插连接。常用的接口形式有铅接口、普通水泥接口、石棉水泥接口、膨胀水泥接口等。

2. 硬聚氯乙烯排水管。

硬聚氯乙烯（UPVC）排水管，具有良好的化学稳定性、耐腐蚀、轻、内壁光滑、不易结垢、易切割、节约金属管材等优点，但耐温性差，日晒易老化，抗压强度低。适用于连续排放污水温度不大于 40℃，瞬时温度不大于 80℃ 的生活污水管道，也可用于生产污水管道。硬聚氯乙烯管一端带有扩口，可以采用胶圈承插接，也可以粘接。

3. 石棉水泥管。

石棉水泥管重量轻、不易腐蚀、表面光滑、易割锯钻孔、脆、强度低、抗冲击力差、易破损。多作为屋面通气管、外排水雨落管。

4. 给水铸铁管。

高度大于 30 米的生活污水立管的下段和排出管，微酸性生产废水管道常用给水铸铁管代替排水铸铁管。

铸铁排水管常用管件如图 3.1.14 所示。

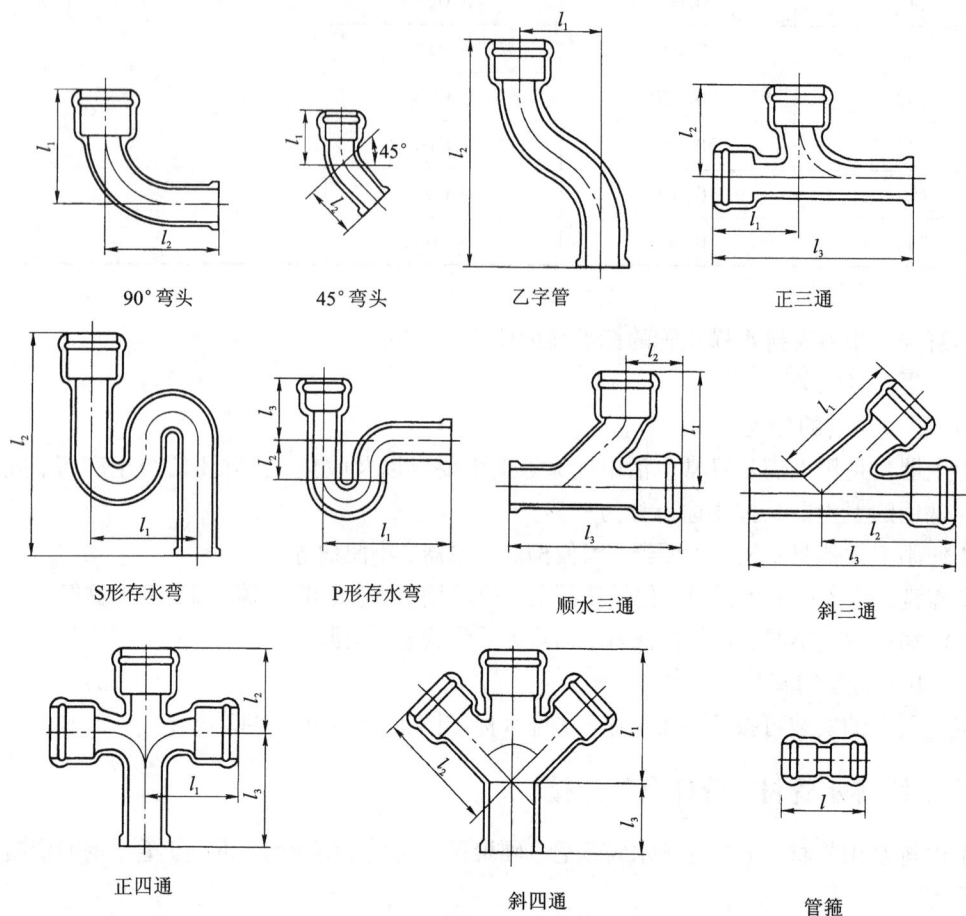

90°弯头	45°弯头	乙字管	正三通
S形存水弯	P形存水弯	顺水三通	斜三通
正四通	斜四通	管箍	

图 3.1.14　排水铸铁管管件

四、室内给排水施工图阅读

1. 室内给排水工程施工图的组成。

建筑给水排水施工图一般由图纸目录、设计说明、设备及主要材料明细表、给水排水平面图、给水排水系统图和详图组成。

（1）图纸目录。

图纸目录应以工程单体项目为单位进行编写。一般包括工程项目的图纸目录和使用的标准图目录。

图纸图号应按下列顺序编排：

①系统原理图在前，平面图、系统图、详图依次在后；

②平面图中应地下各层在前，地上各层依次在后。

（2）设计说明。

设计图纸上用图线或符号表达不清楚的问题，均须用文字加以说明。如系统的形式、水量及所需水压、管材及其连接形式、管道的防腐和保温、卫生器具的类型、所采用的标准图集、施工验收要求等。

（3）设备及主要材料明细表。

为了使施工准备的材料和设备等符合设计要求，对重要工程中的材料和设备，应编制设备及主要材料明细表，列出设备、材料的名称、规格、型号、单位数量及附注说明等项目，将在施工中涉及的管材、仪表、设备均列入表中，不影响工程进度和质量的辅助性材料可以不列入表中。

（4）给排水平面图。

室内给水排水管道平面图一般画在一起，如果是楼房，至少应绘制底层和标准层平面图。平面图常用的比例为 1∶100，如果图形比较复杂，也可采用 1∶50。

室内给水排水平面图主要表示卫生器具和管道布置情况。建筑物的轮廓线和卫生器具用细实线表示；给水管道用粗实线表示；排水管道用粗虚线；平面图中的立管用小圆圈表示；阀门、水表、清扫口等均用图例表示。

（5）给排水系统图。

给水排水系统图一般是按正面斜等测的方式绘制的。给水和排水应分别绘制，常用 1∶100 或 1∶50 的比例绘制。它主要表明了管道系统的空间走向。

（6）详图。

当某些设备的构造或管道之间的连接情况在平面图或系统图上表示不清楚又无法用文字说明时，应将这些部位进行放大，做成详图。详图常用的比例为 1∶50 ~ 1∶10。有的节点可直接采用标准图集的详图。

2. 识图时应注意的问题：

①先总后分，先粗后细；

②沿着水流方向识读；

③平面图与系统图相互对照；

④别忘了看说明。

温馨提示：读图时先易后难，熟能生巧。

任务 3 - 1 - 2　基价使用

一、工作任务布置

编制某住宅楼给排水工程施工图预算。

【工程概况】

1. 本例题为广州市市区××住宅楼的室内给水排水工程，本住宅楼共 5 层，由三个布局完全相同的单元组成，每单元一梯两户。因对称布置，所以只画出了 1/2 单元的平面图和系统图。如图 3.1.15 - 图 3.1.18 所示。图中标注尺寸标高以米计，其余均以毫米计。所注标高以底层卧室地坪为 ± 0.00 m，室外地面为 - 0.60 m。

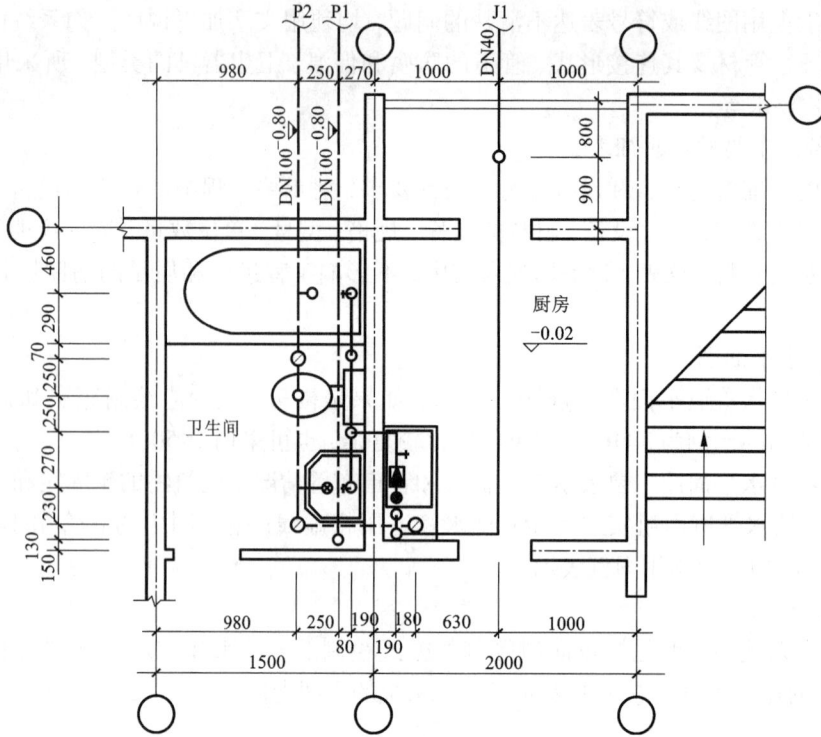

图 3.1.15　底层平面图

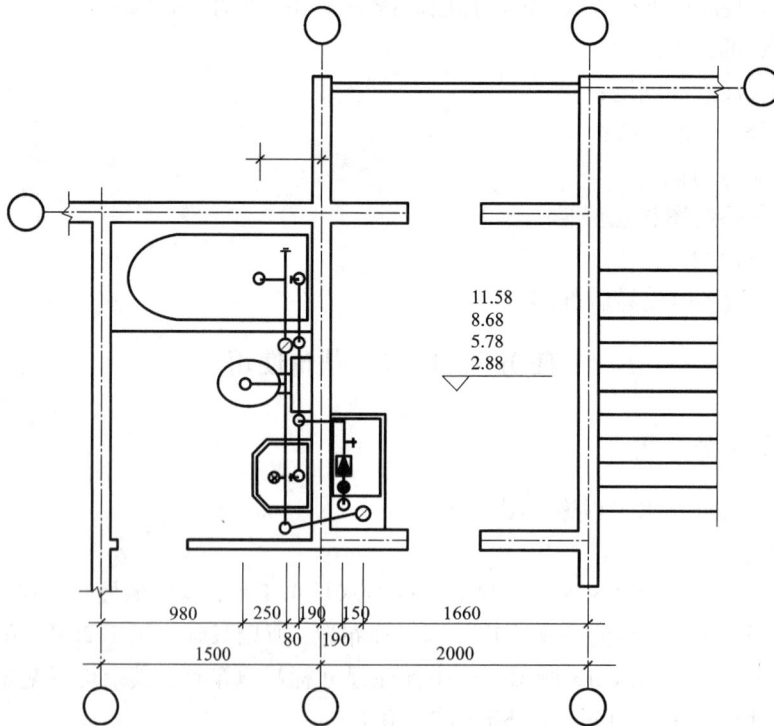

图 3.1.16　标准层平面图

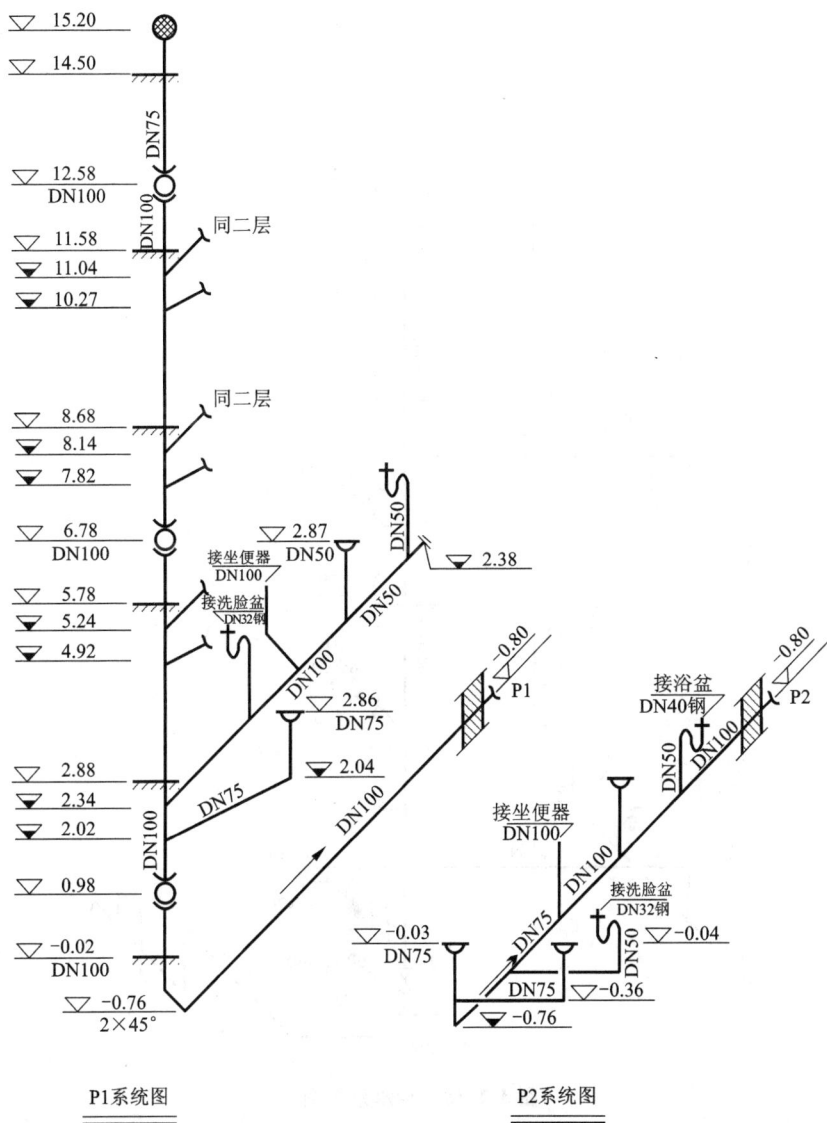

图 3.1.17　排水系统图

2. 给水管采用镀锌钢管，丝扣连接。排水管地上部分采用 UPVC 螺旋消声管，粘接连接。埋地部分采用铸铁排水管，承插连接，石棉水泥接口。

3. 卫生器具安装均参照《全国通用给水排水标准图集》的要求，选用节水型。洗脸盆龙头为普通冷水嘴；洗涤盆水龙头为冷水单嘴；浴盆采用 1200×650 的铸铁搪瓷浴盆，采用冷热水带喷头式（暂不考虑热水供应）。给水总管下部安装一个 J41T-1.6 螺纹截止阀，房间内水表为螺纹连接旋翼式水表。

4. 施工完毕，给水系统进行静水压力试验，试验压力为 0.6 MPa，排水系统安装完毕进行灌水试验，施工完毕再进行通水、通球试验。排水管道横管严格按坡度施工，图中未注明坡度者依管径大小分别为 DN75，$i=0.025$；DN100，$i=0.02$。

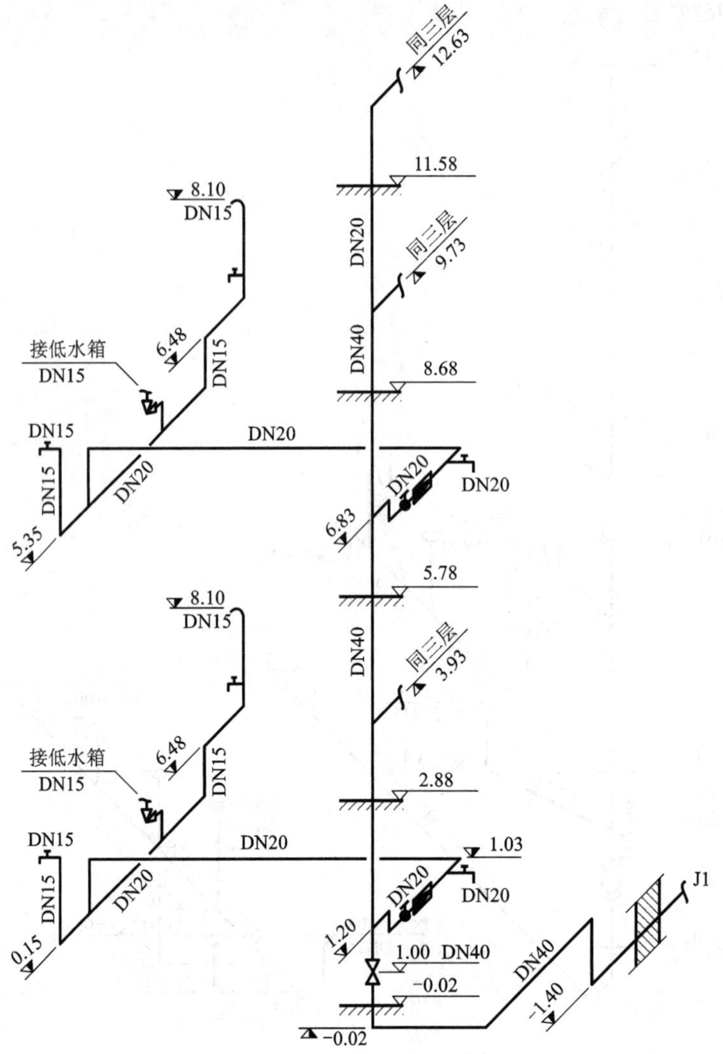

图 3.1.18　给水系统图

5.给排水埋地干管管道做环氧煤沥青普通防腐，进户道穿越基础外墙设置刚性防水套管，给水干、立管穿墙及楼板处设置一般钢套管。本题暂不计刷油及管道套管等工作内容。

6.未尽事宜，按现行施工及验收规范的有关内容执行。

【本题要求】

1.按照 2010 年版《广东省安装工程综合定额》的有关内容，计算工程量。

2.套用 2010 年版《广东省安装工程综合定额》，计算直接工程费。（本题主材只计算其消耗量，暂不计主材费。）

二、学习相关新知识点

给排水工程相关定额与工程量计算：

1. 给排水工程相关的定额介绍；
2. 第八册定额相关费用的规定；
3. 工程量计算规则。

三、给排水工程相关的定额

安装工程定额第八册介绍

章目	各章内容
第一章　采暖管道安装	按室外、室内管道分别设置有镀锌钢管和焊接钢管丝接、钢管焊接项目，另外还设有管道支架制作安装以及室内地板辐射采暖管道等项目，共73个子目。
第二章　供暖器具安装	列有各种常见的铸铁与钢制散热器安装及光排管散热器制作安装，以及暖风机、热空气幕设备安装等，共42个子目。
第三章　空调水管道安装	共编列了室内镀锌钢管、室内焊接钢管丝接与室内钢管焊接等33个子目。
第四章　给排水管道安装√	列有室外、室内各种材质(镀锌钢管、焊接钢管、钢管、铸铁管、塑料管、铝塑复合管等)、各种连接方式(丝接、焊接、承查连接、胶圈连接、卡套连接、粘接、热熔与电熔连接等)的给水、排水、雨水排水管安装等项目，共289个子目。
第五章　卫生器具安装√	列有各种卫、浴洁具以及水龙头、排水栓、地漏、排水口等排水器具安装，共88个子目。
第六章　阀门、法兰、水位标尺等安装√	列有各种阀门、法兰、排气装置、套筒式补偿器及橡胶挠性接头安装，以及浮标液面计和水塔、水池水位标尺制作安装等项目，共141个子目。
第七章　低压器具、水表组成与安装√	列有减压器、疏水器及水表组成安装以及分水器安装等项目，共66个字目。
第八章　开水炉及箱、罐√	列有电加热或蒸气加热的开水炉、加热器、消毒锅等安装以及矩形与圆形钢板水箱等小型容器制作安装等项目，共6个子目。
第九章　燃气管道、附件、器具安装	列有室外、室内低压燃气管道及附件、燃气表、燃气开水炉、热水器等燃气加热设备以及各类燃气灶具等项目，共103个子目。

四、第八册定额相关费用的规定

1. 置于管道间、管廊、已封闭的地沟、吊顶内的管道系统(含阀门、法兰、支架、刷油、绝热等全部工程)，定额人工乘以系数1.3。

2. 超高增加消耗量：定额中操作高度以距楼地面3.6 m为限，如超过3.6 m时，其定额人工消耗量(含3.6 m)乘以表3.1.2中的系数。

表3.1.2　超高系数表

操作物高度(m)	≤10	≤15	≤20	>20
系数	1.10	1.15	1.20	1.40

3.在洞库、暗室内施工时,其定额人工、机械的消耗量增加15%。

4.高层建筑(指高度在6层或20 m以上的工业与民用建筑)增加费,可按表3.1.3计算(其中人工工资占70%,其余为机械费)。

表3.1.3　高层建筑增加费

层数 (高度 m)	9层以 下(30)	12层以 下(40)	15层以 下(50)	18层以 下(60)	21层以 下(70)	24层以 下(80)	27层以 下(90)	30层以 下(100)	33层以 下(110)
按定额人 工费的%	17	22	25	28	32	35	40	45	50
层数 (高度 m)	36层以 下(120)	39层以 下(130)	42层以 下(140)	45层以 下(150)	48层以 下(160)	51层以 下(170)	54层以 下(180)	57层以 下(190)	60层以 下(200)
按定额人 工费的%	55	58	62	66	69	72	75	78	80

5.脚手架搭拆费可按定额人工费的5%计算,其中人工工资占25%。

任务3-1-3　工程量计算规则

一、管道定额的界线划分

1.给水管道。

(1)室内外界线:入口处设阀门者以阀门为界,无阀门者以建筑物外墙皮1.5 m为界。

(2)与市政管道界线以水表井为界,无水表井者,以与市政管道碰头点为界。

2.排水管道。

(1)室内外以出户第一个排水检查井为界。

(2)室外管道与市政管道界线以与市政管道碰头井为界。

二、管道安装工程量计算

1.给排水管道:镀锌钢管、钢管、承插铸铁管、柔性抗震铸铁管、塑料管、塑料复合管、不锈钢管、铜管、金属软管,按设计图示管道中心线长度以延长米计算,不扣除阀门、管件(包括减压器、疏水器、水表、补偿器等组成安装)及各种井类所占长度;方形补偿器以其所占长度按管道安装工程量计算,以米为计量单位。

2.钢管(沟槽连接)、直埋保温管、铜管管道安装不包括管件安装,应根据不同的管径,按设计图示数量计算,以个为计量单位。

3.管道消毒、冲洗,依据不同的管径,按管道延长米计算,以米为计量单位。

管道定额应用中的注意事项:

1.本章管道安装定额内均包括管道与管件安装、水压试验及消毒冲洗(排水管道则为灌水试验）；室内管道安装（室内铸铁给水管和 $DN \geq 200$ 的排水管道除外）定额内已包括了管卡（座）、托钩、支吊架制安及支吊架的除锈刷漆（防锈漆与银粉各二道）。若室内上述两类管道以及室外给水管道需要设置支（吊）架时，可按本册定额第一章管道支架项目计算。

2. 室内外给水碳钢管（非镀锌）、室内排水铸铁管及雨水钢管已包括除锈和刷底漆（防锈漆二道），其面漆或防腐层按设计要求另行计算。室外排水铸铁管已包括除锈、刷底漆和沥青防腐（各二道），不要重复计算。

3. 钢制雨水管定额中已包括钢制雨水斗的制作、安装；其他雨水管道的雨水斗已含在相应管件含量内。

4. 室内给水铝塑复合管、塑料管等，若设计规定嵌墙或楼（地）面暗敷时，定额人工乘以系数 0.80，同时按实调整管件及管卡、扣座、支架类材料用量。

5. 管道安装中不包括法兰、阀门、水表以及铝塑管、塑料管分水器件安装，使用本册定额第六、七章相应项目计算。

6. 管道穿墙（楼板）采用钢套管，管道穿越地下室墙体、基础外墙、储水池壁等采用防水套管时，按第六册相应项目计算。

7. 管道保温绝热及绝热外保护层，按第十一册相应项目计算。

8. 给水铸铁管（包括采用给水铸铁管材的雨水管）按已带有沥青防腐层考虑，若实际发生现场防腐或加强防腐时，按设计要求另行计算。

9. 室内外管沟、土方、井类砌筑、管道基础以及墙（地）面暗敷管道水泥砂浆保护层等，应按建筑工程消耗量定额相应项目计算。

10. 其他：

（1）塑料管热熔、电熔连接定额综合列为一项，使用时管件价格可按实换算，其余不变。

（2）室外管道安装不分地上与埋设，均使用同一定额。

（3）室外排水管道工程量计算时，一般检查井所占长度可不扣除，但化粪池所占长度应予扣除。

（4）如设计采用本定额未编列的材质，如不锈钢等，或者超出本定额最大规格的管道，可按第六册相应项目计算。

三、卫生器具安装工程量计算

1. 浴盆、净身盆、洗脸盆、洗手盆、化验盆，依据不同材质、组装形式、型号、开关，按设计图示数量计算，以组为计量单位。

2. 淋浴器、大便器、小便器依据不同材质、组装方式、型号、规格，按设计图示数量计算，以套为计量单位。

3. 水龙头、地漏、地面扫除口依据不同材质、型号、规格，按设计图示数量计算，以个为计量单位。

4. 小便槽冲洗管制作安装，依据不同材质、型号、规格，按设计图示数量计算，以米为计量单位。

5. 热水器依据不同能源种类、规格、型号，按设计图示数量计算，以台为计量单位。

6. 开水炉、容积式热交换器依据不同类型、型号、规格、安装方式，按设计图示数量计算，以台为计量单位。

7.蒸汽—水加热器、冷热水混合器、电消毒器、消毒锅、饮水器，依据不同类型、型号、规格，按设计图示数量计算，以套或台为计量单位。

8.感应式冲水器依据不同安装方式（明装、暗装），按设计图示数量计算，以组为计量单位。

卫生器具安装定额说明：

卫生器具安装项目，均参照了《全国通用给水排水标准图集》中有关标准图，包括各种浴盆、洗脸(手)盆、洗涤盆与化验盆、淋浴器，各式大、小便器及自动冲洗水箱、冲洗水管，以及水龙头、排水栓、地漏、扫除口等供、排水配件，附件安装，新增水力按摩浴盆和整体式淋浴房安装项目，共编列88个子目。除定额另有说明者外，设计无特殊要求均不作调整。

四、阀门、法兰安装工程量计算

此处所指的阀门、法兰等与本册其他章各类管道安装项目配套使用，不适用于工业生产管道。

1.阀门安装。

（1）项目设置：包括螺纹阀、螺纹法兰阀、焊接法兰阀、法兰阀、螺纹浮球阀、法兰浮球阀和法兰液压式水位控制阀等。

（2）工程量计算规则：各种阀门安装均以"个"为计量单位。

（3）注意事项：

①螺纹阀门项目适用于各种内、外螺纹连接的阀门安装。

②法兰阀门安装适用于各种法兰阀门安装，定额中已包括与其配套安装的一副法兰（或铸铁承盘短管）及相应的成套螺栓消耗量；法兰阀（带短管甲乙）安装，如接口材料不同时，可做调整。

2.法兰安装。

（1）项目设置：包括螺纹法兰、焊接法兰两大类。

（2）工程量计算规则：各种法兰安装均以"副"为计量单位。

（3）注意事项：

①法兰安装定额中已包括了螺栓消耗量。

②各种法兰连接用垫片，均按石棉橡胶板计算，如用其他材料可作调整。

③法兰阀门安装如仅为一侧法兰连接时，定额所列法兰、带帽螺栓及垫圈数量减半，其余不变。

五、水表安装工程量计算

水表安装的工程量，均以"组"为计量单位。

螺纹水表组成安装，包括表前闸阀；法兰水表安装是按《全国通用给水排水标准图集》S145编制的，分为带旁通管及止回阀、带旁通管无止回阀、无旁通管有止回阀、无旁通管无止回阀四种形式。可根据设计选用相应项目。

六、水箱工程量计算

1.项目设置。

水箱属于小型容器制作安装项目，定额分列了矩形和圆形钢板水箱制作、矩形和圆形钢板水箱安装、大小便槽冲洗水箱制作等项目。

2.工程量计算规则

。(1)矩形和圆形钢板水箱制作,按施工图所示尺寸,包括箱体、入孔及连接短管的重量,以"100 kg"为计量单位;其水位计安装和内、外入梯制作安装可按相应定额另行计算。

(2)钢板水箱安装,均以"个"为计量单位,按国家标准图集水箱容量"m³"使用相应定额。

3.定额应用中的注意事项。

(1)各种水箱制作定额中已包括水箱的给水、出水、排污、溢流等连接短管的制作及焊接,其材料(包括法兰件)应按设计的种类、规格、数量计入主材用量。水箱制作定额中未包括支架制作安装,小容量水箱的型钢支架可使用本册定额第一章管道支架项目,混凝土或砖漆支座则应按建筑工程消耗量定额相应项目计算。

(2)钢板水箱制作定额中已将箱体内除锈刷底漆(防锈漆二道)综合在内;其面漆或保温绝热按设计要求另计。大、小便冲洗水箱制作定额中的底漆与面漆已包括(各二道)。详见表3.1.4。

表3.1.4　给排水工程工程量计算规则汇总表

工作内容	工程量计算规则
给排水管道	1.给排水管道:镀锌钢管、钢管、承插铸铁管、柔性抗震铸铁管、塑料管、塑料复合管、不锈钢管、铜管、金属软管,按设计图示管道中心线长度以延长米计算,不扣除阀门、管件(包括减压器、疏水器、水表、补偿器等组成安装)及各种井类所占长度;方形补偿器以其所占长度按管道安装工程量计算,以米为计量单位。 2.钢管(沟槽连接)、直埋保温管、铜管管道安装不包括管件安装,应根据不同的管径,按设计图示数量计算,个为计量单位。 3.管道消毒、冲洗,依据不同的管径,按管道延长米计算,以米为计量单位。
管道支架制作安装	管道支架制作安装按图示重量计算,以千克为计量单位。
管道附件安装	1.螺纹阀门:螺纹法兰阀门、焊接法兰阀门带短管甲、乙的法兰阀、自动排气阀、安全阀,依据不同类型、材质、型号、规格,按设计图示数量计算(包括浮球阀、手动排气阀、液压式水位控制阀、不锈钢阀门、煤气减压阀、液相自动转换阀、过滤阀等),以个为计量单位。 2.减压器、疏水器、水表依据不同材质、型号、规格、连接方式,按设计图示数量计算,以组为计量单位。 3.法兰安装依据不同材质、型号、规格、连接方式,按设计图示数量计算,以副为计量单位。 4.塑料排水管消声器依据不同型号、规格,按设计图示数量计算,以个为计量单位。 5.补偿器依据不同类型、材质、型号、规格、连接方式,按设计图示数量计算,以个为计量单位(方形补偿器的两臂,按臂长的2倍合并在管道安装长度内计算)。 6.浮标液面计依据不同型号、规格,按设计图示数量计算,以组为计量单位。 7.浮漂水位标尺依据不同用途、型号、规格,按设计图示数量计算,以套为计量单位。 8.排水管阻水圈依据不同型号、规格,按设计图示数量计算,以个为计量单位。 9.橡胶软接头依据不同型号、规格、连接方式,按设计图示数量计算,以个为计量单位。

工作内容	工程量计算规则
卫生器具制作安装	1. 浴盆、净身盆、洗脸盆、洗手盆、化验盆，依据不同材质、组装形式、型号、开关，按设计图示数量计算，以组为计量单位。 2. 淋浴器、大便器、小便器依据不同材质、组装方式、型号、规格，按设计图示数量计算，以套为计量单位。 3. 水箱制作依据水箱的重量、型号、规格，按设计图示尺寸计算重量，以千克为计量单位。 4. 水箱安装依据不同材质、类型、型号、规格，按设计图示数量计算，以套为计量单位。 5. 排水栓依据不同材质、型号、规格、是否带存水弯，按设计图示数量计算，以组为计量单位。 6. 水龙头、地漏、地面扫除口依据不同材质、型号、规格，按设计图示数量计算，以个为计量单位。 7. 小便槽冲洗管制作安装，依据不同材质、型号、规格，按设计图示数量计算，以米为计量单位。 8. 热水器依据不同能源种类、规格、型号，按设计图示数量计算，以台为计量单位。 9. 开水炉、容积式热交换器依据不同类型、型号、规格、安装方式，按设计图示数量计算，以台为计量单位。 10. 蒸汽—水加热器、冷热水混合器、电消毒器、消毒锅、饮水器，依据不同类型、型号、规格，按设计图示数量计算，以套或台为计量单位。 11. 感应式冲水器依据不同安装方式（明装、暗装），按设计图示数量计算，以组为计量单位。

七、解决与实施工作任务

给排水工程施工图预算案例讲解。

（一）工程量计算（1/2 单元）

1. 给水管道。

（1）DN40 镀锌钢管丝扣连接（埋地部分）：

$L = 1.5 + 0.8 + 0.9 + 0.46 + 0.29 + 0.07 + 0.25 + 0.25 + 0.27 + 0.23 + 0.13/2 + 0.63 + 0.18 + (-0.02) - (-1.4) = 7.275(m)$。

（2）DN40 镀锌钢管丝扣连接（地上部分）：

$L = 9.73 - (-0.02) = 9.75(m)$。

（3）DN20 镀锌钢管丝扣连接：

$L = 12.63 - 9.73 = 2.9(m)$。

（4）1~5 层 DN20 镀锌钢管丝扣连接：

$L = (0.13/2 + 0.23 + 0.27 + 0.19 + 0.19 + 0.25 + 1.2 - 1.03 + 1.03 - 0.15) \times 5 = 11.225(m)$

（4）1~5 层 DN15 镀锌钢管丝扣连接：

$L = (0.25 + 0.07 + 0.29 + 0.27 + 0.68 - 0.15) \times 5 = 7.05(m)$。

说明：由干管到洗脸盆、到大便器低位水箱、到浴盆、到淋浴器的支管尺寸包含在定额内。

2. 排水管道。

排出管中心线的平均标高 $= [(-0.8) + (-0.76)] \div 2 + 0.1 \div 2 = -0.73(m)$。

P2 系统：

（1）DN100 大便器到排出管的距离 = （ - 0.02 ） - （ - 0.73 ） = 0.71（m）。

（2）DN75 洗脸盆地漏到排出管的距离 = （ - 0.03 ） - （ - 0.73 ） = 0.70（m）。

DN75 洗涤盆地漏到排出管的距离 = 0.18 + 0.19 + 0.19 + 0.08 + 0.25 + （ - 0.03 ） - （ - 0.36 ） = 1.22（m）。

DN75 大便器地漏到排出管的距离 = （ - 0.03 ） - （ - 0.73 ） = 0.70（m）。

（3）DN50 洗脸盆、浴盆到排出管的距离 = [（ - 0.02 ） - （ - 0.73 ）] × 2 + 0.22（估） = 1.64（m）。

（4）DN75 埋地铸铁管：

$L = 0.23 + 0.27 + 0.25 = 0.75（m）$。

（5）DN100 埋地铸铁管：

$L = 1.5 + 0.12 + 0.46 + 0.29 + 0.07 + 0.25 = 2.69（m）$。

P1 系统：

（1）DN100 埋地铸铁立管 = （ - 0.02 ） - （ - 0.73 ） = 0.71（m）。

（2）DN100 埋地铸铁管：

$L = 1.5 + 0.12 + 0.46 + 0.29 + 0.07 + 0.25 + 0.25 + 0.27 + 0.23 = 3.44（m）$。

（3）2 ~ 5 层 UPVC 螺旋消声管：

排水横支管中心线的平均标高 = （2.38 + 2.34）÷ 2 + 0.1 ÷ 2 = 2.41（m）。

DN100 大便器到排水横支管的距离 = （2.88 - 2.41 + 0.25）× 4 = 2.88（m）。

洗涤盆地漏中心线的平均标高 = （2.04 + 2.02）÷ 2 + 0.075 ÷ 2 = 2.07（m）。

DN75 洗涤盆地漏到排水横支管的距离 = （2.86 - 2.07 + 0.15 + 0.19 + 0.19 + 0.08）× 4 = 5.6（m）。

DN50 大便器地漏到排水横支管的距离 = （2.87 - 2.41）× 4 = 1.84（m）。

DN50 洗脸盆、浴盆到排水横支管的距离 = （2.88 - 2.41）× 2 × 4 = 3.76（m）。

DN50 排水横支管：

$L = （0.07 + 0.29 + 0.46 ÷ 2）× 4 = 4.88（m）$。

DN100 排水横支管：

$L = （0.25 + 0.25 + 0.27 + 0.23 + 0.13）× 4 = 4.52（m）$。

DN100 排水立管：

$L = 12.58 - （ - 0.02 ） = 12.60（m）$。

DN75 通气管：

$L = 15.20 - 12.58 = 2.62（m）$。

3. 卫生器具。

（1）洗脸盆（普通冷水嘴）：5 组。

（2）洗涤盆（单嘴）：5 组。

（3）连体水箱式坐便器：5 套。

（4）搪瓷浴盆（冷热水带喷头式）：5 组。

（5）DN75 铸铁地漏：3 个。

（6）DN75 塑料地漏：1 × 4 = 4 个。

（7）DN50 塑料地漏：$1 \times 4 = 4$ 个。

（8）DN50 地面扫除口：$1 \times 4 = 4$ 个。

4. 阀门、水表安装。

（1）DN40 螺纹截止阀：1 个。

（2）DN20 螺纹旋翼式水表：5 组。

5. 给排水埋地干管管道做环氧煤沥青普通防腐。

本例暂不计算。

6. 套管。

本例暂不计算。

（二）工程量汇总表 3.1.5（3 个单元工程量合计）

表 3.1.5　给排水工程量汇总表

项目名称	单位	数量	计算式
DN40 镀锌钢管丝扣连接	m	102.15	$(7.275 + 9.75) \times 2 \times 3$
DN20 镀锌钢管丝扣连接	m	84.75	$(2.9 + 11.225) \times 2 \times 3$
DN15 镀锌钢管丝扣连接	m	42.30	$7.05 \times 2 \times 3$
DN100 铸铁排水管	m	45.3	$(0.71 + 2.69 + 0.71 + 3.44) \times 2 \times 3$
DN75 铸铁排水管	m	20.22	$(0.70 + 1.22 + 0.70 + 0.75) \times 2 \times 3$
DN50 铸铁排水管	m	9.84	$1.64 \times 2 \times 3$
DN100UPVC 螺旋消声管	m	120.00	$(2.88 + 4.52 + 12.60) \times 2 \times 3$
DN75UPVC 螺旋消声管	m	49.32	$(5.60 + 2.62) \times 2 \times 3$
DN50UPVC 螺旋消声管	m	62.88	$(1.84 + 3.76 + 4.88) \times 2 \times 3$
洗脸盆（普通冷水嘴）	组	30	$5 \times 2 \times 3$
洗涤盆（单嘴）	组	30	$5 \times 2 \times 3$
连体水箱式坐便器	组	30	$5 \times 2 \times 3$
搪瓷浴盆（冷热水带喷头式）	组	30	$5 \times 2 \times 3$
DN75 铸铁地漏	个	18	$3 \times 2 \times 3$
DN75 塑料地漏	个	24	$4 \times 2 \times 3$
DN50 塑料地漏	个	24	$4 \times 2 \times 3$
DN50 地面扫除口	个	24	$4 \times 2 \times 3$
DN40 螺纹截止阀	个	6	$1 \times 2 \times 3$
DN20 螺纹旋翼式水表	组	30	$5 \times 2 \times 3$

（三）套用现行的《广东省安装工程综合定额》（2010 版）计算直接工程费如表 3.1.6

八、自我检查与评价

课内实训：编制某娱乐中心给排水工程施工图预算。

表 3.1.6　安装工程预（决）算书

工程编号：　　　　工程名称：

年　月　日

共　页第　页

定额编号	工程项目	单位	数量	主材用量	主材单价	单价（元） 基价	单价（元） 其中 人工费	主材费	合价（元） 基价	合价（元） 其中 人工费
C8-1-101	DN15 镀锌钢管丝扣连接	10 m	4.230	4.230×10.2=43.146		129.86	73.9		549.31	312.60
C8-1-102	DN20 镀锌钢管丝扣连接	10 m	8.475	8.475×10.2=86.445		132.45	73.9		1122.51	626.30
C8-1-105	DN40 镀锌钢管丝扣连接	10 m	10.215	10.215×10.2=104.193		191.60	106.03		1957.19	1083.10
C8-1-173	DN50UPVC 螺旋消声管	10 m	6.288	6.288×9.67=60.805		120.70	50.49		758.96	317.48
C8-1-174	DN75UPVC 螺旋消声管	10 m	4.932	4.932×9.63=47.495		197.02	61.61		971.70	303.86
C8-1-175	DN100UPVC 螺旋消声管	10 m	12.000	12.000×8.52=102.240		320.36	74.72		3844.32	896.64
C8-1-250	DN50 铸铁排水管	10 m	0.984	0.984×8.8=8.659		197.08	90.07		193.93	88.63
C8-1-251	DN75 铸铁排水管	10 m	2.022	2.022×9.3=18.805		303.33	108.27		613.33	218.92
C8-1-252	DN100 铸铁排水管	10 m	4.530	4.530×8.9=40.317		475.39	138.57		2153.52	627.72
C8-2-5	DN40 螺纹截止阀	个	6	6×1.01=6.06		31.17	9.69		187.02	41.76
C8-3-33	DN20 螺纹旋翼式水表	组	30	30×1=30		9.90	7.34		297.00	220.20
C8-4-3	搪瓷浴盆（冷热水带喷头式）	10 组	3	3×10=30		753.63	500.41		2260.89	1501.23
C8-4-9	洗脸盆（普通冷水嘴）	10 组	3	3×10.1=30.3		320.72	197.93		962.16	593.79
C8-4-18	洗涤盆（单嘴）	10 组	3	3×10.1=30.3		425.03	181.76		1275.09	545.28
C8-4-43	连体水箱式坐便器	10 组	3	3×10.1=30.3		620.82	360.37		1862.46	1081.11
C8-4-77	DN75 铸铁地漏	10 个	1.8	1.8×10=18		214.16	141.78		385.49	255.20
C8-4-80	DN50 塑料地漏	10 个	2.4	2.4×10=24		86.35	60.59		207.24	145.42
C8-4-81	DN75 塑料地漏	10 个	2.4	2.4×10=24		110.94	75.74		266.26	181.78
C8-4-85	DN50 地面扫除口	10 个	2.4	2.4×10=24		9.90	7.34		23.76	17.62
	直接工程费合计								19892.14	9058.64

练习题

一、选择题

1. 给排水管道工程量的计量单位，以下正确的是（　　）。

A. m² 　　　　　 B. kg 　　　　　 C. km 　　　　　 D. m

2. 浴盆、净身盆、洗脸盆、洗手盆、化验盆，依据不同材质、组装形式、型号、开关，按设计图示数量计算，以（　　）为计量单位。

A. 组 　　　　　 B. 个 　　　　　 C. 台 　　　　　 D. 副

3. 水龙头、地漏、地面扫除口依据不同材质、型号、规格，按设计图示（　　）计算，以个为计量单位。

A. 面积 　　　　　 B. 重量 　　　　　 C. 长度 　　　　　 D. 数量

4. 小便槽冲洗管制作安装，依据不同材质、型号、规格，按设计图示数量计算，以（　　）为计量单位。

A. m² 　　　　　 B. kg 　　　　　 C. km 　　　　　 D. m

5. 给排水管道工程量的计量单位，以下正确的是（　　）。

A. m² 　　　　　 B. kg 　　　　　 C. km 　　　　　 D. m

6. 各种阀门安装均以"（　　）"为计量单位。

A. 组 　　　　　 B. 个 　　　　　 C. 台 　　　　　 D. 副

7. 各种法兰安装均以"（　　）"为计量单位。

A. 组 　　　　　 B. 个 　　　　　 C. 台 　　　　　 D. 副

8. 水表安装的工程量，均以"（　　）"为计量单位。

A. 组 　　　　　 B. 个 　　　　　 C. 台 　　　　　 D. 副

9. 矩形和圆形钢板水箱制作，按施工图所示尺寸，包括箱体、入孔及连接短管的重量，以"（　　）"为计量单位；其水位计安装和内、外入梯制作安装可按相应定额另行计算。

A. 100 m² 　　　 B. 100 kg 　　　 C. 100 km 　　　 D. 100 m

10. 钢板水箱安装，均以"（　　）"为计量单位，按国家标准图集水箱容量"m³"使用相应定额。

A. 组 　　　　　 B. 个 　　　　　 C. 台 　　　　　 D. 副

二、思考题

1. 简要叙述管道定额的界线划分。
2. 简要叙述管道定额应用中的注意事项。

三、计算题

某室内给排水安装工程，如图 3.1.19 所示。给水管道为 PP－R 管热熔连接，排水管道为承插塑料排水管零件粘接，穿墙套管为塑料套管，直冲式手押阀蹲式大便器，磁洗手盆，墙厚按照 240 mm。请按照 2010 年版《广东省安装工程综合定额》计算分项工程量。

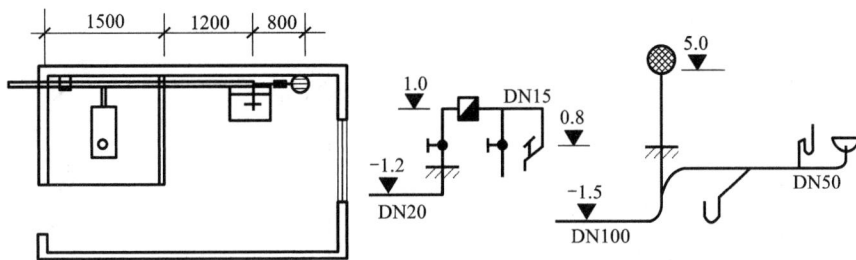

图 3.1.19 室内给排水平面图、系统图

参考答案：

一、选择题：D A D D D B D A B B

职业活动训练

编制某办公楼给排水工程施工图预算。

【设计说明】

某办公楼给排水部分，图 3.1.20 至图 3.1.22，图中标高以米计，其余以毫米计，墙厚为 240 mm。给水管道采用镀锌钢管，螺纹连接，排水管道采用铸铁排水管，石棉水泥接口；与给水立管连接的横支管上均设 DN20 的阀门一只，大便器为瓷高水箱冲洗，洗脸盆、盥洗槽为普通冷水嘴、小便器为普通挂式、地漏为 DN50 铸铁地漏。管道穿基础、楼板和墙均设一般套管。铸铁排水管刷红丹防锈漆两遍后，再刷银粉两遍。

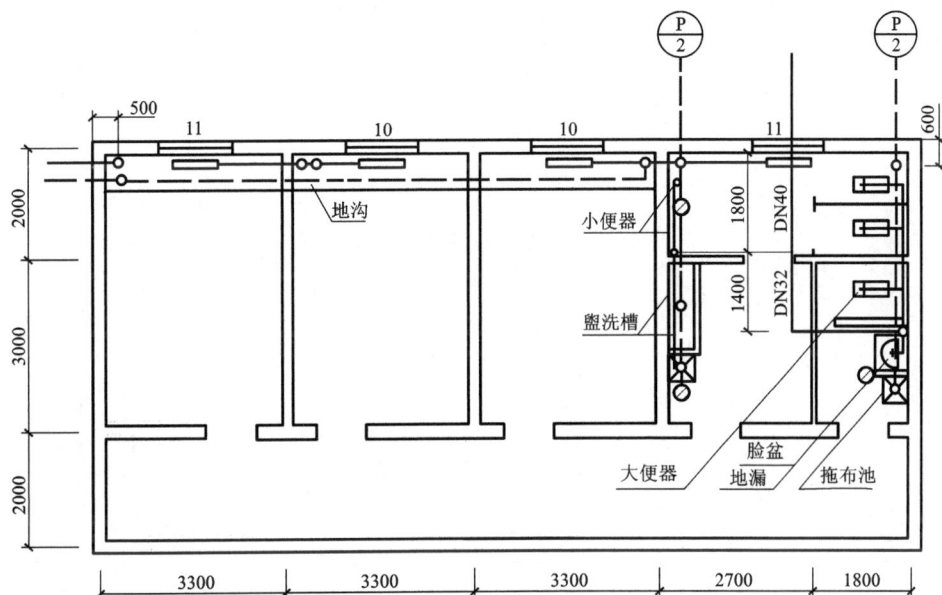

图 3.1.20　底层水暖平面图 1:100

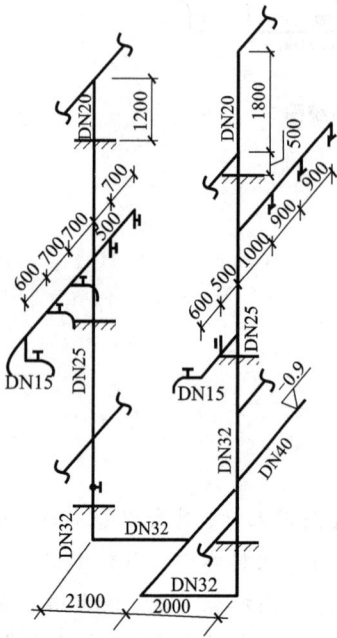

图 3.1.21 给水系统图 1:100

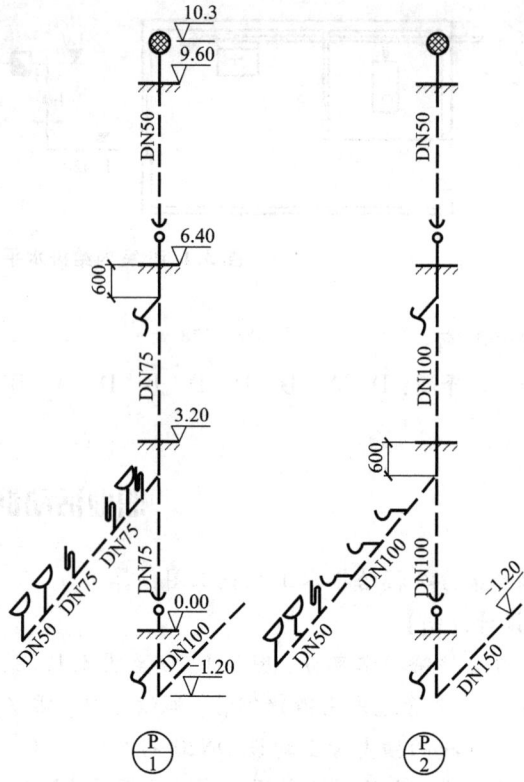

图 3.1.22 排水系统图 1:100

项目 3 - 2　采暖工程计量

教学导航

项目任务	任务 3 - 2 - 1：基础知识	学时	8
	任务 3 - 2 - 2：基价使用		
	任务 3 - 2 - 3：工程量计算规则		
教学载体	多媒体课室、教学课件及教材相关内容		
教学目标	知识目标	了解采暖工程基础知识；熟悉采暖工程基价使用；掌握采暖工程工程量计算规则	
	能力目标	能够计算采暖工程工程量，套用基价，编制预算书	
过程设计	任务布置及知识引导—学习相关新知识点—解决与实施工作任务—自我检查与评价		
教学方法	项目教学法		

任务 3 - 2 - 1　基础知识

一、采暖系统的基本组成和分类

（一）基本组成

1. 热源：锅炉；

2. 管道系统：供、回水管道；

3. 散热设备：暖气片等。

（二）采暖系统的分类

1. 按照作用范围分：

（1）局部采暖系统：土暖气等；

（2）集中采暖系统；

（3）区域采暖系统。

2. 按照热媒不同分：

（1）热水采暖系统；

（2）蒸汽采暖系统；

（3）烟气采暖系统；

（4）热风采暖系统（空调、暖风机等）。

二、热水采暖系统

国内外应用最广泛的热水供暖系统是供水温度在 90℃ 左右的中温水供暖系统，供水温度在 100℃ 以上的高温水供暖系统和 70℃ 以下的低温水供暖系统也受到重视。根据水循环的动力不同，热水供暖系统又可分为自然循环和机械循环两大类。

（一）自然循环热水供暖系统

1. 自然循环热水供暖系统的工作原理

图 3.2.1 是自然循环热水供暖系统的原理图，它主要由热水锅炉、散热器、供水管和回水管组成，在系统的最高处设一个开式膨胀水箱。在系统工作之前，先将系统中充满水。当水在锅炉内被加热后，它的密度减小，同时受着从散热气流出来密度较大的回水的驱动，使热水沿着供水干管上升，流入散热器。在散热器内水被冷却，再沿回水干管流回锅炉。这样，水连续被加热，热水不断上升，在散热器及管路中散热冷却后的回水又流回锅炉被重新加热，形成如图 3.2.1 中箭头所示的方向循环流动。这种水的循环称之为自然（重力）循环。

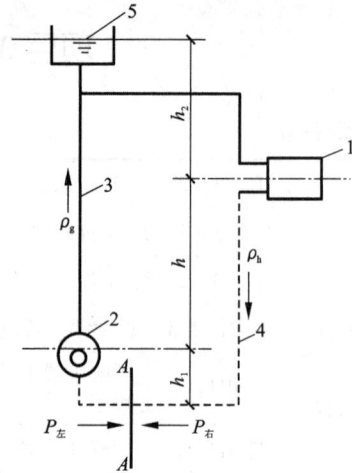

图 3.2.1　自然循环热水供暖系统工作原理图
1—散热器；2—热水锅炉；3—供水管路；
4—回水管路；5—膨胀水箱

假设水温只在锅炉与散热器两处发生变化，忽略水在管道中的冷却；再假设在循环管路最低点的断面 $A-A$ 处有一个阀门，若突然将其关闭，则在断面 $A-A$ 处两侧受到不同的水柱压力，这压力差就是驱使水在系统内进行循环流动的作用压力。

右侧压力为：$P_1 = g \cdot (h_0 \cdot \rho_h + h \cdot \rho_h + h_1 \cdot \rho_g)$

左侧压力为：$P_2 = g \cdot (h_0 \cdot \rho_h + h \cdot \rho_g + h_1 \cdot \rho_g)$

因为 $\rho_h > \rho_g$，所以 $P_1 > P_2$，作用压力为

$$\Delta P = P_1 - P_2 = g \cdot h \cdot (\rho_h - \rho_g) \qquad (2-1)$$

式中：ΔP——自然循环系统的作用压力，Pa；

　　g——重力加速度，m/s^2，取 $9.81\ m/s^2$；

　　h——放热中心至加热中心的垂直距离，m；

　　ρ_h——回水密度，kg/m^3；

　　ρ_g——供水密度，kg/m^3。

由式（2-1）可见，起循环作用的只有散热器中心和锅炉中心之间这段高度内的水密度差。如供水温度为 95℃/70℃，则每米高差可产生的作用压力为

$$g \cdot h \cdot (\rho_h - \rho_g) = 9.81 \times (977.81 - 961.92) = 156(Pa)$$

由于自然循环作用压力比较小，系统的作用半径一般不大于 50 m，锅炉应位于系统的最低点。自然循环供暖系统比较简单，不消耗电能，水流速小，无噪声，运行和维护管理较为方便。

2. 自然循环热水供暖系统的基本形式

自然循环热水供暖系统的形式有以下两种：

（1）双管上供下回式。

该系统由锅炉、供水总立管、膨胀水箱、供水干管、供水立管、供水支管、散热器、回水支管、回水立管、回水干管及总回水管等部分组成，如图 3.2.2 所示。

因为这种系统的供水干管在上面，回水干管在下面，故称为上供下回式。又由于这种系

统中的散热器都并联在两根立管上,一根为供水立管,一根为回水立管,故称这种系统为双管系统。这种系统的散热器都自成一独立的循环环路,在散热器的供水支管上可以装设阀门,以便用来调节通过散热器的水流量。双管上供下回式系统各层散热器与锅炉的高差不同,上层的高差大,下层的高差小,因而通过各层散热器环路的作用压力也不同(上层作用压力大,下层压力小),将会出现上层过热而下层过冷(垂直失调)的现象。应在设计和运行中注意,采取必要的措施加以解决。

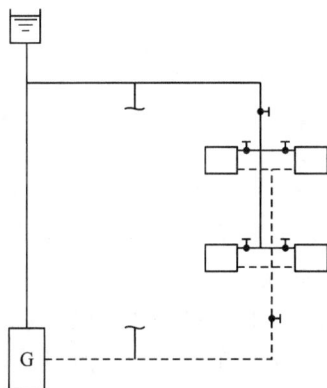

图 3.2.2　双管上供下回式
自然循环热水供暖系统

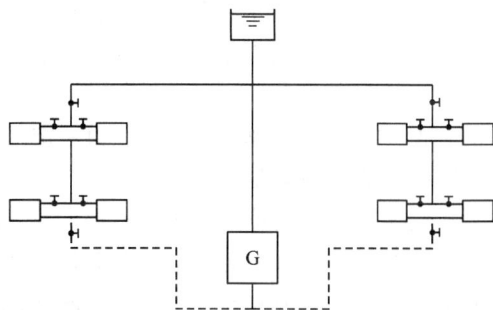

图 3.2.3　单管上供下回式
自然循环热水供暖系统

(2)单管上供下回式和双管上供下回式相同的是,供水干管敷设在上部,回水干管敷设在下部;不同的是与各层散热器连接的立管只有一根,故称单管。图 3.2.3 中左侧为顺流式,各层散热器通过支管串联在立管上,热水按先后顺序自上而下流入各层散热器,水温逐层降低。因支管上不准设阀门,故不能对散热器进行个体调节。右侧为跨越式(或闭合式),立管在与支管连接处分两处,一路流入散热器,一路流入跨越管(闭合管),两股水流在跨越管与回水支管连接点处汇合后再流入下一层。可在支管或跨越管上装设阀门,对每组散热器进行个体流量的调节。

单管式与双管式系统相比,主要优点是系统简单,节省管材,安装方便,造价较低,不会产生垂直热力失调。

自然循环热水供暖系统热媒流动不需要消耗电能,运行及管理比较方便,由于作用压力小,管内流速低,因此管径相对要大一些。自然循环热水供暖系统作用半径有限,如果是大型建筑或区域供暖就要采用机械循环。

2.机械循环热水供暖系统

(1)机械循环热水供暖系统的工作原理。机械循环热水供暖系统主要是由热水锅炉、供暖管道、散热设备、膨胀水箱、放气装置和循环水泵等组成,如图 3.2.4 所示。它与自然循环热水供暖系统的主要区别是在系统中设置了循环水泵,靠水泵提供的机械能使水在系统中循环。系统中的循环水在锅炉中被加热,通过总立管、干管、支管到达散热器。水沿途散热有一定的温降,在散热器中放出大部分所需热量,沿回水支管、立管、干管重新回到锅炉被加热。

在热水供暖系统中，由于热水经散热器散热后水温降低，所以循环水泵一般设置在靠近锅炉进口前的回水干管上，可以使水泵处于水温较低的状态下工作，同时也便于锅炉设备的集中管理。

在机械循环热水供暖系统中，膨胀水箱常连接在循环水泵吸水口的回水干管上，如采用开式膨胀水箱，在相同的条件下，可降低水箱的安装高度。不论系统是否运行，连接点的压力总是处于静水压力作用之下保持不变，该点称为恒定点，控制系统(恒压点)的压力一定压，这是膨胀水箱的又一重要作用。

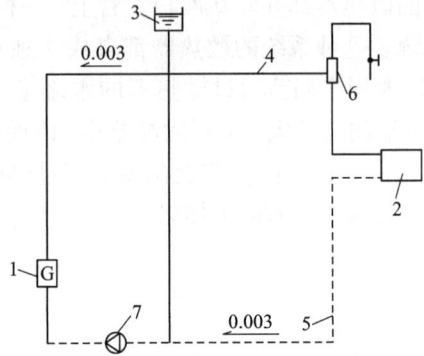

图 3.2.4　机械循环热水供暖系统工作原理

1—热水锅炉；2—散热器；3—膨胀水箱；
4—供水管；5—回水管；6—集气罐；7—循环水泵

机械循环热水供暖系统作用半径大、热媒输送距离远，系统必须设置放气装置。供水水平干管一般应有 0.003 沿水流方向上升的坡度，使水气同向流动，在末端最高点设放气装置以便集中排除系统中的空气。与自然循环热水供暖系统相比，机械循环热水供暖系统的主要优点是作用半径大，管径较小，锅炉的安装位置不受限制，系统布置灵活。但因设置循环水泵，故增加了投资，而且耗电量大，增加运行费用，运行管理复杂。

(2)机械循环热水供暖系统的基本形式。

机械循环热水供暖系统的形式较多，按系统的布置方式分为垂直式与水平式。

1)垂直式。

①双管上供下回式。

双管上供下回式机械循环热水供暖系统如图 3.2.5 所示。虽然机械循环的热媒流动靠水泵提供动力，但是自然循环作用压力依然对系统有一定影响，它使流过上层散热器的热水多于实际需要量，并使流过下层散热器的热水量少于实际需要量，从而造成上层房间温度偏高、下层房间温度偏低的"垂直失调"现象。随着楼层层数的增加，垂直失调现象越加严重。因此，双管上供下回式系统不适于层数过多的建筑。

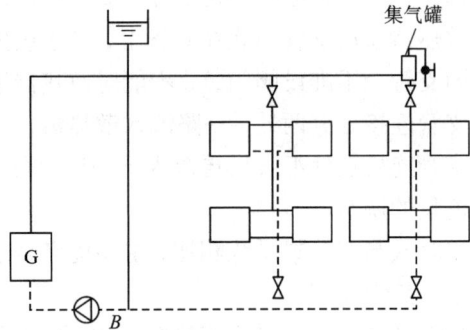

图 3.2.5　双管上供下回式机械循环热水供暖系统

②双管下供下回式。

机械循环双管下供下回式系统，如图 3.2.6 所示。该系统一般适用平屋顶建筑物的顶层难以布置干管的场合，以及有地下室的建筑。当无地下室时，供、回水干管一般敷设在底层地沟内，这种系统的排气方法可利用每根立管最高层的散热器装设的排气阀，也可以在每根立管上部设置空气管，通过放气装置或膨胀水箱排出空气。与双管上供下回式系统相比，下供下回式系统的立管长度短，管路热损失小，上下层冷热不均的问题不那么突出，但排气较复杂，运行管理不方便。

③单管上供下回式。

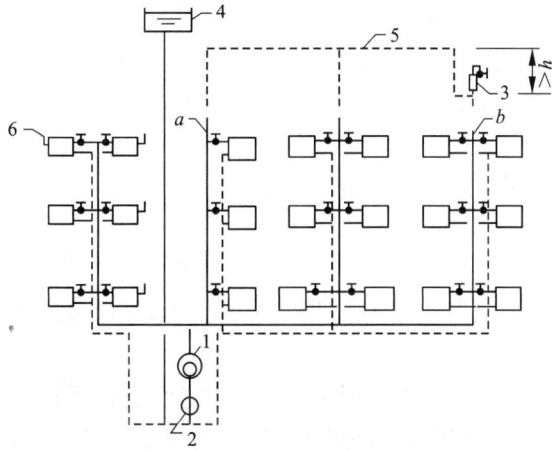

图 3.2.6 机械循环下供下回式系统

1—热水锅炉；2—循环水泵；3—集气罐；4—膨胀水箱；5—空气管；6—冷风阀

单管上供下回式机械循环热水供暖系统如图 3.2.7 所示。图中左侧为单管顺流式，右侧为单管跨越式。工程上还常常采用上面几层为跨越式，下面几层为顺流式的混合式系统。由于单管式系统节省管材，安装方便，造价较低，在多层建筑热水供暖中应用较普遍。

④下供上回式。

下供上回式系统供水干管在下部，回水干管在上部，水自下而上流动，经膨胀水箱返回锅炉，因此也称倒流式。如图 3.2.8 所示。图中左侧为双管系统，右侧为单系统。下供上回式系统主要优点是水与空气浮升方向一致，便于排出空气；供水总立管较短，无效热损失也小，而水温下高上低，对于缓解多层建筑上热下冷也有一定作用。倒流式在高温水系统中较为有利，回水干管在上部且水温低，不易汽化，便于用膨胀水箱定压，而且设置高度可以降低。其缺点是散热器传热系数较上供下回式低，散热面积有所增加。另外，该系统不可采用单管跨越式，以避免热水直接经跨越管流入回水管，造成散热器流量减少。

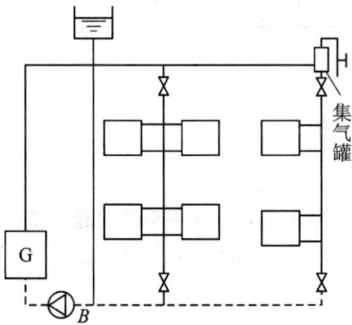

图 3.2.7 单管上供下回式
机械循环热水供暖系统

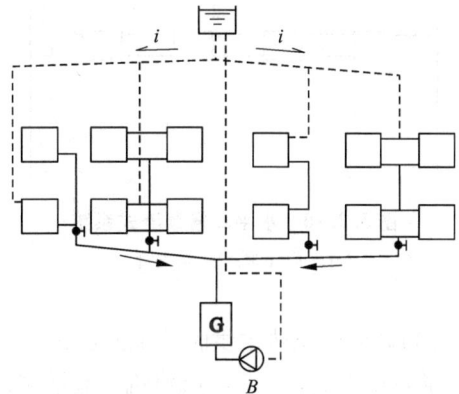

图 3.2.8 下供上回式机械循环热水供暖系统

⑤上供上回式。

上供上回式系统的供水干管和回水干
管均敷设在散热设备的上方，如图3.2.9
所示。该系统可减少地面管道以及过门地
沟的麻烦，一般多用于工业厂房。采用此
种方式要注意解决好上部排气、下部泄水
的问题。

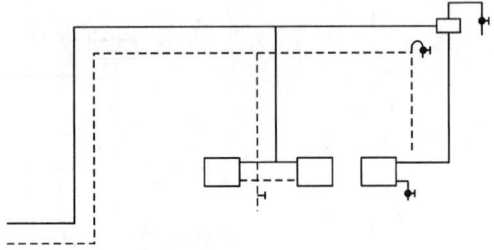

图3.2.9　上供上回式热水供暖系统

2）水平式。

水平式系统按供水与散热器的连接方式不同可分为水平顺流式和水平跨越式两类。

①水平顺流式。

水平顺流式系统是由一条水平管道将同一层的几组散热器串联在一起的敷设方式，也称水
平串联式，如图3.2.10所示。图中上部的连接方式，每组散热器需要单独排气；图中下部的连
接方式增加了空气管，空气通过集中的排气装置排放。这种连接方式的水平联管受热伸长时接
头易漏水，可在适当的位置设置补偿器，或者利用自然弯补偿。水平顺流式系统与其他几种系
统相比，优点是管路简单，无穿过各层楼板的立管，施工方便，总造价比垂直式系统低，有可能
利用最高层的辅助房间(如楼梯间、厕所等)设置膨胀水箱，不必在顶棚上专设安置膨胀水箱的
房间，不影响建筑物外形美观。缺点是每组散热器不能进行个体调节，水流经每组散热器后，
温度逐渐降低，尾部散热器数量要增多，一般每层串联的散热器组数不宜过多。

②水平跨越式。

水平跨越式系统是在同一层的几组散热器下部敷设一条水平管道用支管分别与每组散热
器连接，也称水平并联式，如图3.2.11所示。水平跨越式系统的每组散热器可以通过进水支
管上的阀门来调节热媒流量。

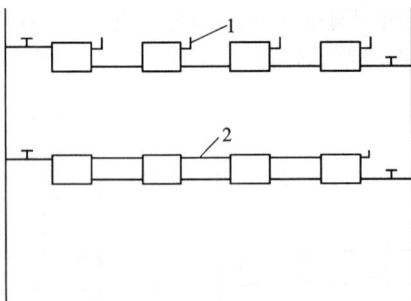

图3.2.10　水平单管顺流式系统

1—放气阀；2—空气管

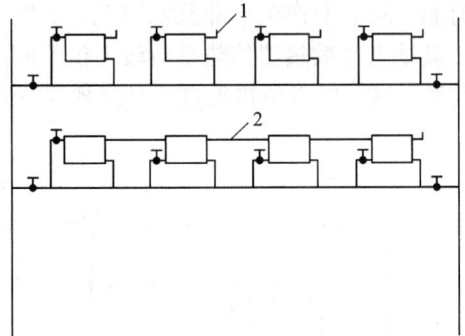

图3.2.11　水平单管跨越系统

1—放气阀；2—空气管

(3)高层建筑热水供暖系统的形式。

随着城市的发展，高层建筑日益增多，对高层建筑供暖设计提出了新的要求。主要的问
题是水静压力过大(远远超过了散热器的承压能力)和垂直失调。

高层建筑热水供暖系统主要采用：

1)单、双管混合式。

单、双管混合式系统如图 3.2.12 所示,将散热器自垂直方向分为若干组,每组包含若干层,在每组内采用双管形式,而组与组之间则用单管连接,这样就构成了单、双管混合式系统,这种系统的特点是:避免了双管系统在楼层过多时出现垂直失调现象,有的散热器还能局部调节,单、双管系统的特点兼而有之。但是它仍未解决系统上下静水压力差别过大的问题。

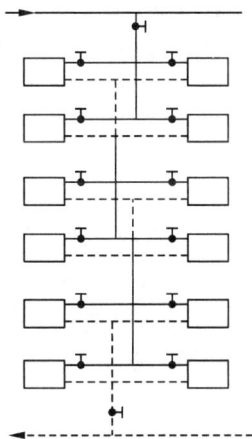

图 3.2.12　单双管混合式供水供暖系统

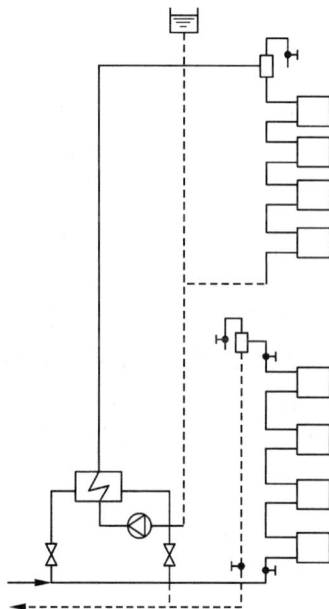

图 3.2.13　竖向分区式热水供暖系统

2)分区式。

分区式供暖系统是将高层建筑分为若干个区,根据不同情况分别采用不同的供暖形式。图 3.2.13 为竖向分区式热水供暖系统,在垂直方向分为两个(或几个)系统。下部若干层的区域与外网直接连接,系统采用单管上供下回式。如果外网为高温水,室内供暖要求低温水时,可用混水器引入部分回水与外网高温水混合,成为低温水供暖。上部区域采用间接的连接方式,室内供暖系统的热媒通过热交换器被加热,并单独设循环水泵、膨胀水箱等,用户与外网隔绝,以免相互影响。

高层建筑的供暖方式很多,如双水箱分区式、双线单管式等,具体形式应根据实际情况选择。

三、蒸汽采暖系统

蒸汽供暖系统以饱和蒸汽作为热媒,按蒸汽压力不同可分为低压蒸汽(≤70 kPa)和高压蒸汽(>70 kPa)。

图 3.2.14 为简单的蒸汽供暖系统原理图。水在蒸汽锅炉里被加热成为具有一定压力和温度的水蒸气,水蒸气靠自身压力通过管道流入散热器放出热量,蒸汽由于放出热量而凝结成水,经疏水器沿凝结水管道流入凝结水箱,再经凝结水泵注入锅炉重新加热成蒸汽,不断

循环。

蒸汽供暖与热水供暖相比，主要优点是：热媒平均温度高，所需散热器数量少；蒸汽流量大，管道的管径小，节省管材；蒸汽密度小，产生的静压力小；在热负荷相同的情况下热媒流量小，可以节省电能。缺点是：蒸汽在输送过程中热损失大，易泄漏，消耗燃料多；系统内会有空气存在，尤其是凝结水管易锈蚀，使用年限短，管道和散热器温度高，易烫伤，室内卫生条件较差。另外蒸汽的热惰性小，热得快，停汽时冷得也快，间歇供暖时稳定性差，适用于短时间供暖的建筑物。

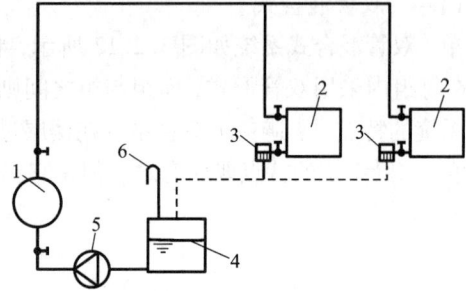

图 3.2.14　蒸汽供暖系统原理图
1—蒸汽锅炉；2—散热器；3—疏水器；
4—凝结水箱；5—凝水泵；6—空气管

（一）低压蒸汽供暖系统

图 3.2.15 为经常采用的双管上供下回式低压蒸汽供暖系统。从锅炉产生的低压蒸汽经分汽缸分配到管路系统。蒸汽在自身的压力下克服流动阻力，经室外蒸汽管、室内蒸汽主立管、蒸汽干管、立管和散热器流出后，经凝结水支管、立管、干管进入室外凝结水管网流回锅炉房内凝水箱，再经凝水泵注入锅炉，重新被加热成蒸汽进入供暖系统。

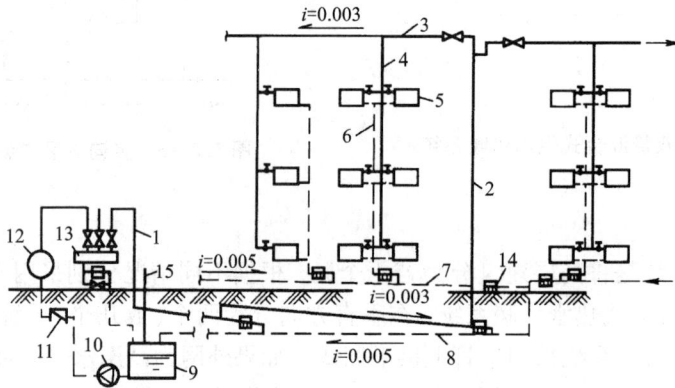

图 3.2.15　双管上供式低压蒸汽供暖系统
1—室外蒸汽管；2—室内蒸汽主管；3—蒸汽干管；4—蒸汽立管；5—散热管；6—凝结水立管；7—凝结水干管；8—室外凝水管；9—凝结水箱；10—凝结水泵；11—止回阀；12—锅炉；13—分汽缸；14—流水器；15—空气管

图 3.2.16 为双管下供下回式低压蒸汽供暖系统。室内的蒸汽干管和凝结水干管可敷设于地下室或地沟内，在蒸汽干管的末端设置疏水装置以排除沿途凝结水。下供下回式虽然比上供下回式减少了各供汽立管的长度（图 3.2.16），但蒸汽通过立管向上输送，同时，立管中产生的凝结水在重力作用下下落，管内汽、水呈逆向流

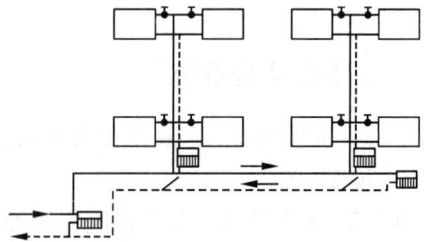

图 3.2.16　双管下供下回式低压蒸汽供暖系统

动。尤其是在初期运行时凝结水很多，容易产生水击，噪声也大。为了减轻水击现象，需要减少流速，增大立管管径，又浪费了管材。

（二）高压蒸汽供暖系统

高压蒸汽通常由设置在厂区的蒸汽锅炉供给，供暖系统所需要的蒸汽压力主要取决于散热设备和其他附件的承压能力。与低压蒸汽供暖系统相比，由于供汽压力高，热媒流速大，可以增加系统的作用半径，供给相同的热负荷时需要的管径比较小。高压蒸汽饱和温度高，在散热量相同时，所需散热面积小。但是供暖房间卫生条件差，输送过程中热损失也大。高压蒸汽供暖系统的运行管理以及凝结水的回收相对要复杂些。

高压蒸汽供暖系统一般多采用双管上供下回式。当室内供暖系统较大时，应尽量采用同程式，以防止系统出现水平热力失调。

高压蒸汽供暖系统的设备要根据具体需求而定，除蒸汽锅炉、管道和散热设备几个基本组成部分以外，当锅炉或室外管网的蒸汽压力超过室内系统承压能力时，需要设减压阀降低蒸汽压力；当有不同的蒸汽用户或用户数量较多时，需要设分汽缸分配热媒；高压疏水装置疏水能力大，通常设在蒸汽干管末端；凝结水可利用其剩余压力送回锅炉房的凝结水箱。为了节约能源，可设置二次蒸发箱，分离出低压蒸汽供低压蒸汽用户使用。

四、地板采暖系统

（一）地板辐射采暖的特点

地板辐射采暖又称低温热水地板辐射采暖，是以不高于60℃的热水作热媒，将加热管埋设在地板中的低温辐射采暖方式。

地板辐射采暖更接近于自然状态，室内地表温度均匀，空间温度自下而上逐渐递减，给人以脚暖头凉的感觉，符合人体生理要求，因无对流空气，不易使尘埃散扬，室内空气十分洁净，是一种舒适的采暖方式。

（二）地辐采暖的管材与布管方式

（1）管材。

低温地板辐射供暖系统地辐射管的管材均采用塑料管。目前，常用的塑料管有胶联聚乙烯管（PEX）、聚丁烯管（PB）、无规共聚聚丙烯管（PP—R）、嵌段共聚聚丙烯管（PP—B或PP—C）及耐高温聚乙烯管（PE—RT）等。这几种管材均具有耐老化、耐腐蚀、不结垢、承压高、无污染、易弯曲、水力条件好等优点，尤其是交联聚乙烯管，在国内外得到广泛应用。

（2）布管方式。

地板辐射供暖系统地辐射管采用不同布置型式时，导致的地面温度分布是不同的。布管时，应本着保证地面温度均匀的原则进行，宜将高温段优先布置于外窗、外墙侧，使室内温度分布尽可能均匀，常用的布管方式有回字型、平行排管式及蛇形排管式。

（三）分、集水器的设置与安装

分水器是用来集中控制和分配每个环路地辐射管水流量的管道附件，而集水器是将各环路地辐射管的水流量汇集在一起的管道附件。

每个环路地辐射管的进、出水口应分别与分水器、集水器相连，每个分、集水器上均应设置手动或自动排气阀，且分支环路不宜多于8路，每个分支环路供、回水管上均应设置可关闭阀门。在分水器的供水管道上，顺水流方向应安装阀门、过滤器、热计量装置和阀门，在集水器之后的回水管道上应安装阀门。分、集水器内径不应小于总供回水管内径,且分、集水器最大断面流速不宜大于 0.8 m/s。

分、集水器可设置于厨房、盥洗间,走廊两头等既不占用使用面积,又便于操作的部位,也可设置在内墙墙面内的槽中。

分、集水器宜在开始铺设地辐射管之前进行安装。水平安装时,宜将分水器安装在上,集水器安装在下,中心距宜为 200 mm,集水器中心距地面不应小于 300 mm。

(四)地板辐射供暖地板构造与施工

地板辐射供暖施工应在建筑封顶后,室内装饰工作如吊顶、抹灰等完成后,与地面施工同时进行,入冬以前完成,不宜冬季施工。地辐管铺设时,先将保温板材铺设在基础层面上,要求地面平整,无任何凹凸不平及砂石碎块、钢筋头等。保温板可采用贴有锡箔的自熄型聚苯乙烯保温板,锡箔面朝上。保温层要用胶带贴牢接缝,然后,由远到近逐环铺设塑料管,并用专用塑料卡钉固定,当为直管段时其间距为 500 mm,当为弯管段时其间距为 250 mm。

地辐射管铺设好后,应做水压试验,试验压力为系统工作压力的 1.5 倍,且不应小于 0.6 MPa。在试验压力下,稳压 1 h,其压力下降≤0.05 MPa 为试验合格。

塑料管隐验合格后,即可回填豆石混凝土,而且采用人工夯实,不可用振捣器,同时管道内应保持有不低于 0.4 MPa 的压力。回填混凝土时不允许踩压已铺好的环路,豆石混凝土的厚度为 40~60 mm,最后在混凝土层上方按设计要求铺设地面材料。

为防止地板在供暖后产生各方向的膨胀,使地面出现隆起和龟裂,要将地面根据塑料管的敷设形成分成若干区块,并以膨胀缝隔开。管道穿越膨胀缝处加塑料套管,混凝土填充层及地面层与墙、柱间也应设膨胀缝(或称伸缩缝),伸缩缝中的填充材料应为高发泡聚乙烯泡塑。

五、散热器

散热器的类型较多,常用的散热器主要有以下几种:

1. 铸铁柱式散热器;
2. 钢制管式散热器;
3. 铝制复合散热器;
4. 艺术造型散热器。

六、采暖工程施工图阅读

(一)采暖工程施工图的组成与内容

1. 设计说明:说明设计图纸无法表示的问题,如热源情况、采暖设计热负荷、设计意图及系统形式、进出口压力差,散热器的种类、形式及安装要求,管道的敷设方式、防腐保温、水压试验要求,施工中需要参照的有关专业施工图号或采用的标准图号等。

2. 平面图:

(1)房间名称、立管位置及编号、散热器安装位置、类型、片数(长度)及安装方式;

(2)引入口的位置,供、回水总管的走向、位置及采用的标准图号(或详图号);

(3)干、立、支管的位置、走向、管径;

(4)膨胀水箱、集气罐等设备的位置、型号及其与管道的连接情况;

(5)补偿器型号、位置，固定支架的安装位置与型号；

(6)室内管沟(包括过门地沟)的位置和主要尺寸，活动盖板的设置位置等。

3.轴测图：又称系统图，是表示供暖系统的空间布置情况、散热器与管道空间连接形式、设备、管道附件等空间关系的立体图。标有立管编号。管道标高、各管段管径、水平干管的坡度、散热器的片数(长度)及集气罐、膨胀水箱、阀件的位置、型号规格等。可了解供暖系统的全貌。比例与平面图相同。

4.详图：表示供暖系统节点与设备的详细构造及安装尺寸要求。平面图和系统图中表示不清，又无法用文字说明的地方，如引人口装置、膨胀水箱的构造与管、管沟断面、保温结构等可用详图表示。如果选用的是国家标准图集，可给出标准图号，不出详图。常用的比例是1:10、1:50。

(二)识图注意事项

1.首先看它的图纸目录，了解这套图纸的组成、张数，然后再看具体图纸。

2.供暖系统施工图同其他施工图一样，所表示的设备、管道和附件等一般采用统一图例，在识读图纸前掌握有关的图例，了解图例代表的内容。

3.读设计施工说明，对工程有一个概括的了解，弄清设计对施工提出的具体做法和要求。

4.平面图和系统图对照看，先看各层平面图，再看系统图，既要看清供暖系统的全貌和各部位的关系，也要搞清楚供暖系统各部分在建设物中所处的位置。

5.系统图中图例及线条较多，应沿着流体流动方向看。一般供暖系统图识读顺序为：从供暖的用户入口处开始，经供水总管、总立管、水平干管、立管、支管、散热器到回水支管、立管、干管、总回水管，再到用户入口，顺着管道流体流向把平面图和系统图对照看，弄清每条管道的名称、方向、标高、管径、坡度、变径、分流点、合流点；散热器的位置、型号、规格、组数、片数；阀门的位置、型号、规格、数量；集气罐、伸缩器、固定支架的位置、数量等。

6.注意立管和水平干管在安装时与墙面的距离，图中有时没有将立管和直管的拐弯连接画出，干管的位置有时也没有完全按投影方法绘制。

7.识读图纸时应注意支架及散热器安装时的预留孔洞、预埋件等对土建的要求，以及与装饰工程的密切配合，这些对于保证工程质量和进度有着重要意义。

温馨提示：读图时先易后难，熟能生巧。

任务 3 - 2 - 2　基价使用

一、工作任务布置

编制某食堂采暖工程施工图预算。

【工程概况】

1.某单位食堂热水采暖工程(如图 3.2.17 至图 3.2.19)，供水温度 95°，回水温度 70°。图中标高尺寸以米计，其余均以毫米计。墙厚为 240 mm。所有阀门均为丝扣铜球阀，规格同管径。

2.管道采用焊接钢管，DN < 32 为丝接，其余为焊接。立管管径均为 DN20，散热器支管

均为 DN15。

3. 散热器为四柱 813 型，每片厚度 57 mm，现场组成安装，采用带足与不带足的组成一组，其中心距离均为 3.3 m。每组散热器上均装 ϕ10 手动放风阀一个。

4. 地沟内管道采用岩棉瓦块保温（厚 30 mm），外缠玻璃丝布一层，再刷沥青漆一道。地上管道人工除微锈后刷红丹防锈漆两遍，再刷银粉两遍。散热器安装后再刷银粉一遍。

5. 干管坡度 $i = 0.003$。

6. 管道穿地面和楼板，设一般钢套管。管道支架按标准做法施工。

【本题要求】

1. 按照 2010 年版《广东省安装工程综合定额》的有关内容，计算工程量。

2. 本题暂不计算直接工程费。

3. 本题管道保温及相关刷油工程暂不考虑。

几点说明：

(1) 坡度考虑：供水干管一般抬头安装，坡度为 0.003，引入口升高处为最低，干管设置集气罐（或自动排气阀）处为最高点。计算立管高度，应取其平均值。水平干管因坡度增加的斜长，由于增加值甚微，可以忽略不计。（为了计算方便，本题暂不考虑该坡度）

(2) 实际安装时，干管与立管并不在同一垂直立面上，立管与干管相交的 Z 字形弯，以及立管绕支管时的抱弯，根据定额说明，已包括在管道安装工作内容中，不应另计工程量。

(3) 散热器支管长度：

立管双侧连接散热器时支管长度 =［散热器中心距离 -（单片散热器厚度 × 片数）/2］× 根数

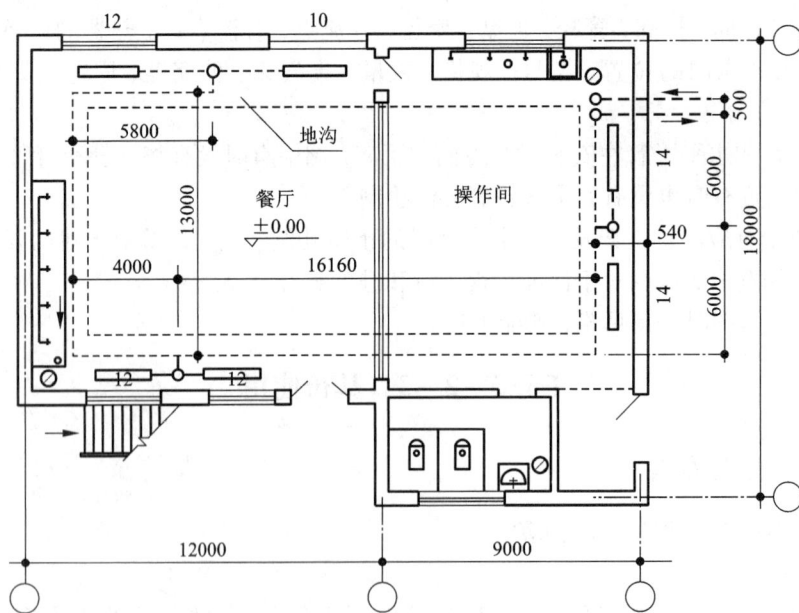

图 3.2.17　底层平面图

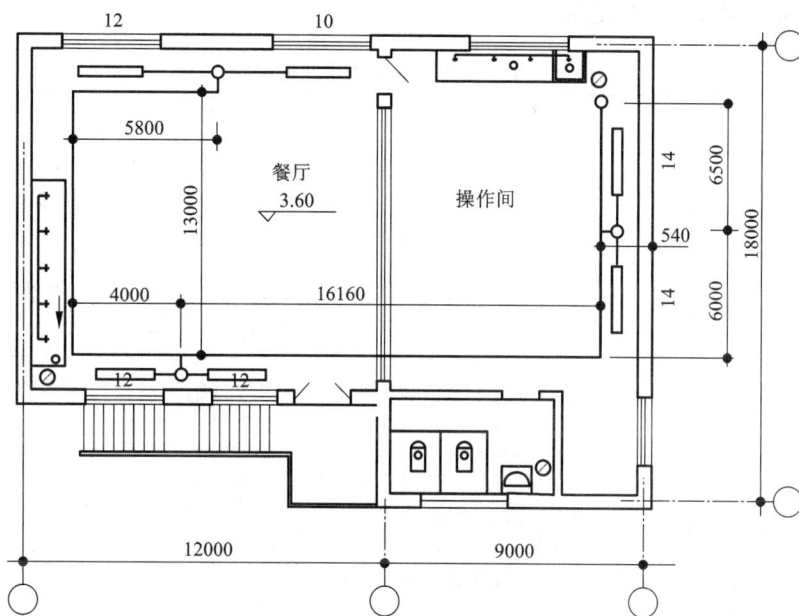

图 3.2.18　二层平面图

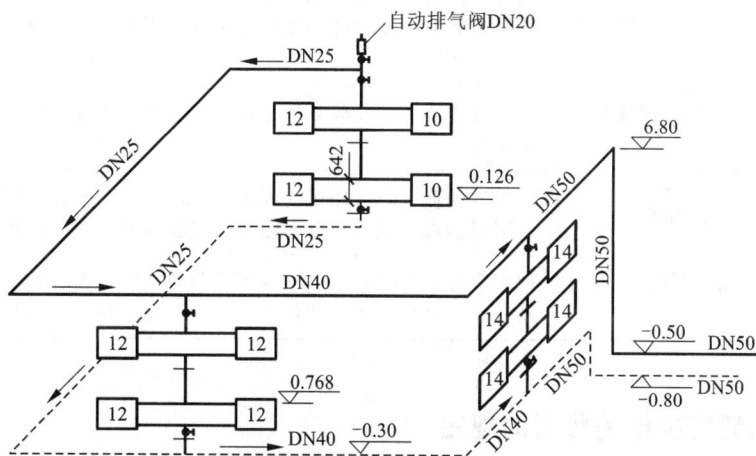

图 3.2.19　采暖系统图

二、学习相关新知识点

采暖工程相关定额与工程量计算：

1. 采暖工程相关的定额介绍；

2. 第八册定额相关费用的规定；

3. 工程量计算规则。

三、采暖工程相关的定额

表 2.2.1　安装工程定额第八册介绍

章目	各章内容
第一章　采暖管道安装√	按室外、室内管道分别设置有镀锌钢管和焊接钢管丝接、钢管焊接项目，另外还设有管道支架制作安装以及室内地板辐射采暖管道等项目，共73个子目。
第二章　供暖器具安装√	列有各种常见的铸铁与钢制散热器安装及光排管散热器制作安装，以及暖风机、热空气幕设备安装等，共42个子目。
第三章　空调水管道安装	共编列了室内镀锌钢管、室内焊接钢管丝接与室内钢管焊接等33个子目。
第四章　给排水管道安装	列有室外、室内各种材质（镀锌钢管、焊接钢管、钢管、铸铁管、塑料管、铝塑复合管等）、各种连接方式（丝接、焊接、承查连接、胶圈连接、卡套连接、粘接、热熔与电熔连接等）的给水、排水、雨水排水管安装等项目，共289个子目。
第五章　卫生器具安装	列有各种卫、浴洁具以及水龙头、排水栓、地漏、排水口等排水器具安装，共88个子目。
第六章　阀门、法兰、水位标尺等安装√	列有各种阀门、法兰、排气装置、套筒式补偿器及橡胶挠性接头安装，以及浮标液面计和水塔、水池水位标尺制作安装等项目，共141个子目。
第七章　低压器具、水表组成与安装√	列有减压器、疏水器及水表组成安装以及分水器安装等项目，共66个字目。
第八章　开水炉及箱、罐√	列有电加热或蒸气加热的开水炉、加热器、消毒锅等安装以及矩形与圆形钢板水箱等小型容器制作安装等项目，共6个子目。
第九章　燃气管道、附件、器具安装	列有室外、室内低压燃气管道及附件、燃气表、燃气开水炉、热水器等燃气加热设备以及各类燃气灶具等项目，共103个子目。

四、第八册定额相关费用的规定

1. 置于管道间、管廊、已封闭的地沟、吊顶内的管道系统（含阀门、法兰、支架、刷油、绝热等全部工程），定额人工乘以系数1.3。

2. 超高增加消耗量：定额中操作高度以距楼地面3.6 m为限，如超过3.6 m时，其定额人工消耗量（含3.6 m）乘以表3.2.1中的系数。

表 3.2.1　超高系数表

操作物高度（m）	≤10	≤15	≤20	>20
系数	1.10	1.15	1.20	1.40

3. 在洞库、暗室内施工时，其定额人工、机械的消耗量增加15%。

4. 高层建筑(指高度在6层或20 m以上的工业与民用建筑)增加费，可按表3.2.2计算(其中人工工资占70%，其余为机械费)。

表3.2.2　高层建筑增加费

层数 (高度 m)	9 层以下 (30)	12 层以下(40)	15 层以下(50)	18 层以下(60)	21 层以下(70)	24 层以下(80)	27 层以下(90)	30 层以下(100)	33 层以下(110)
按定额人工费的%	17	22	25	28	32	35	40	45	50
层数 (高度 m)	36 层以下(120)	39 层以下(130)	42 层以下(140)	45 层以下(150)	48 层以下(160)	51 层以下(170)	54 层以下(180)	57 层以下(190)	60 层以下(200)
按定额人工费的%	55	58	62	66	69	72	75	78	80

5. 脚手架搭拆费可按定额人工费的5%计算，其中人工工资占25%。

6. 采暖工程系统调整费可按采暖工程定额人工费的15%计算，其中人工工资占20%。

任务3-2-3　工程量计算规则

一、采暖管道定额的界线划分

1. 室内、外管道以入口阀门或以建筑物外墙皮1.5 m为界。

2. 与工业管道界限以锅炉房或热力站外墙皮1.5 m为界。

3. 工厂车间内采暖管道以采暖系统与工业管道碰头点为界。

4. 与设在高层建筑内的加压泵间管道以泵间外墙皮为界。

二、采暖管道安装工程量计算

管道均以施工图所示中心线长度以延长米计算，不扣除管件阀门和各种管道附件(减压器、疏水器等组成安装)所占长度。

管道定额应用中的注意事项：

1. 管道安装定额中已包括管道、管件、方形补偿器制作安装、管道试压冲洗以及碳钢管除锈刷底漆(防锈漆两道)等工作内容，如设计选用其他形式的补偿器(波纹管、套筒式补偿器等)，补偿器及配套法兰螺栓另计材料费，其余不变。管道面漆及管道保温工程使用定额第十一册《刷油、防腐蚀、绝热工程》定额相应项目。

2. 室内管道定额内已包括管卡、托钩、支吊架制作安装及刷漆(防锈漆与银粉各两道)，室外管道则未包括管道支架，应按本章相应项目另行计算(注意：管道定额也已综合了除锈刷漆的工作内容)。

项目 / 内容	管件	阀门	法兰	方形补偿器	管道支架类	试压冲洗（闭水）	底漆	面漆	套管
采暖管道 室外镀锌管（丝接）	√			√		√			
室外焊接管（丝接）	√			√		√	√		
室外钢管（焊接）	√			√		√	√		
室内镀锌管（丝接）	√			√	√	√			
室内焊接管（丝接）	√			√	√		√		
室内钢管（焊接）	√			√	√		√		

备注：（1）管道支架类包括：型钢支吊架、管子托钩、立管卡子，本项内容已包含型钢支架除锈刷漆。

（2）试压冲洗一栏中：采暖管道为水压试验与冲洗。

（3）底漆项目中包括除锈内容。

3. 安装已做好保温层的管道时，定额人工乘以系数 1.10，保温补口按第十一册《刷油、防腐蚀、绝热工程》定额另计。这里说的带保温层管道是指现场集中保温预制后进行安装的管段或虽由专门生产厂预制，但其外保护壳为塑料或玻璃钢等轻型材料的管段，不适用热力管线的直埋夹套保温双层钢管。

4. 阀门、法兰、低压器具的安装，按本定额第六、第七章相应项目计算。

5. 管道穿墙（楼板）钢套管或防水套管按定额第六册《工业管道工程》定额相应项目另计；

6. 地板辐射管道的分（集）水器安装，使用本定额第七章相应项目；管路敷设的固定方式按塑料卡钉考虑，实际方式不同时，固体材料按实换算，其余不变。定额内已包括填充层混凝土浇筑的配合用工，但混凝土浇筑与敷设隔热层保温板应按建筑工程消耗量定额相应项目另行计算。有关地板辐射采暖的构造、设计、施工与检验等请见广东省工程建设标准 BDJ14–BT14—2010《低温热水地板辐射采暖技术规程》。

7. 室外管道安装不分架空、埋地或地沟敷设，均使用同一定额；室内外管沟、土方、管道基础等，应按建筑工程消耗量定额相应项目另行计算。

三、供暖器具安装工程量计算

定额系参照《全国通用暖通空调标题图》（T9N112）编制，包括各种类型安装以及暖风机、热空气幕安装。定额中铸铁散热器按组成安装与成组安装分列项目。前者适用于散片进货现场组成安装（计量单位为"10"片；）后者适用于组装完成出场的成品安装（以"组"计量单位）。

定额应用中的注意事项：

1. 各类型散热器不分明装或暗装，均使用同类型的散热器定额项目。铸铁散热器除柱型外已含打、堵墙眼与栽钩。柱型散热器挂装时，可使用 M132 型子目。柱形和 M132 型铸铁散热器安装用拉条时，拉条另行计算。

2. 定额中列出的接口密封材料，除圆翼型散热器采用橡胶石棉板外，其余均采用成品汽包垫，如采用其他材料不做换算。

3. 铸铁散热器组成安装项目中已综合考虑了暖气片除锈刷漆；成组散热器是按组装刷漆

均已完成的成品到货考虑,如实际发生现场补漆或二次刷(喷)漆,可按定额第十一册《刷油、防腐蚀、绝热工程》相应项目另计。

4.各类钢制散热器定额内也已包括托钩或托架的安装人工和材料。

5.排管散热器制作安装项目已包括组焊、试压、除锈刷漆等全部工作内容,其计量单位"10 m"指光排管长度,联管材料消耗量已列入定额,不要重复计算。

例 1:有一热水采暖工程,使用了 15 组由无缝钢管制作的光排管散热器,尺寸如下图所示。试计算散热器的工程量。

解:根据定额要求,光排管散热器的联管材料消耗量已列入定额,只计算排管工程量。从图上可知,该散热器为 A 型光排管散热器,$\phi159 \times 6$ 的无缝钢管为联管,不用计算其长度;$\phi108 \times 4$ 的无缝钢管为排管,其长度共计 $1.2 \times 3 \times 15 = 54$(米)。

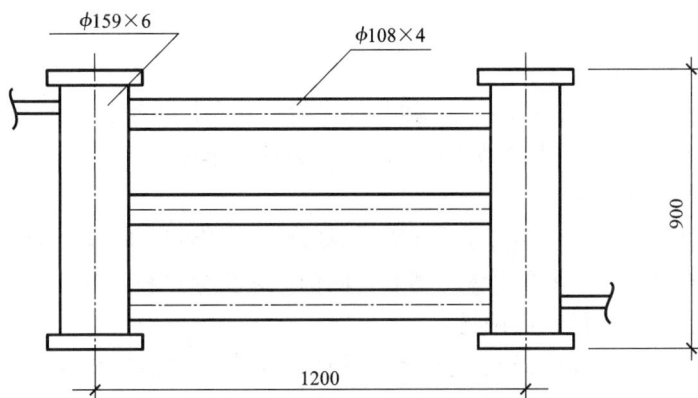

图 3.2.20 光排管散热器

6.风机和热空气幕(如图 4 – 18 所示)安装均以"台"为计量单位,热空气幕和重量小于 500 kg 的暖风机定额中已综合支架制作安装除锈刷油;重量大于 500 kg 的暖风机未包括支架,可按有关项目另计(单组悬挂式支架重量小于 100 kg 时可直接使用本册定额管道支架项目,大于 100 kg 者或落地式支架则应使用第五册定额中设备支架项目)。

四、阀门、法兰等安装工程量计算

1.阀门、法兰安装与给排水工程对应的内容相同。

2.排气装置安装包括集气罐制作安装、自动排气阀、手动放风门安装项目。按照不同规格,以"个"为计量单位。

3.补偿器安装定额分列了螺纹连接(法兰)式套筒补偿器安装、焊接法兰式套筒补偿器伸缩器安装项目。按照不同规格,以"个"为计量单位。对于方形补偿器,已综合在管道内,不要重复计算。

4.法兰式橡胶挠性接头安装按照不同规格,以"个"为计量单位。

例 2:如图 3.2.21 所示为某供暖管道干管上一方形补偿器,应如何计算?

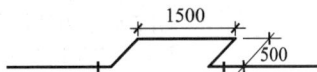

图 3.2.21 方形补偿器

解： 定额规定，方形补偿器应计入管道工程量，其长度为 $1.5 + 0.5 \times 2 = 2.5$（米），不用单独套用定额。

五、水表工程量计算

水表安装的工程量，均以"组"为计量单位。

螺纹水表组成安装，包括表前闸阀；法兰水表安装是按《全国通用给水排水标准图集》S145 编制的，分为带旁通管及止回阀、带旁通管无止回阀、无旁通管有止回阀、无旁通管无止回阀四种形式。可根据设计选用相应项目。

六、低压器具安装工程量计算

1. 项目设置。

定额包括减压器、疏水器组成安装及分水器安装项目。

2. 工程量计算规则。

（1）减压器、疏水器组成安装，以丝接与焊接两种方式分列项目，以"组"为计量单位。

（2）分水器安装，按不同支路数列项，以"个"为计量单位。

3. 定额应用中的注意事项。

（1）减压器、疏水器组成安装，是按《采暖通风标准图集》N108 编制的，定额中均按相应标准图集计算了其组成所需要的管材、管件、阀门、法兰等材料需用量，并综合了试压（冲洗）与组合管除锈刷底漆（防锈漆两道）。

（2）分水器安装项目，适用于室内给水和采暖系统中采用铝塑复合管、聚乙烯与聚丙烯管材等的分水配件安装，定额内已综合了其支（托）架的配制与安装。

（3）减压器组成安装选用定额子目时，其规格应以高压侧直径为准。

（4）减压阀、疏水阀单体安装的，不能使用本章项目，应按阀门安装相应项目计算详见表3.2.3。

表 3.2.3　采暖工程工程量计算规则汇总表

工作内容	工程量计算规则
供暖器具安装	1. 铸铁散热器、钢制闭式散热器依据不同型号、规格，按设计图示数量计算，以片为计量单位。 2. 钢制板式散热器依据不同型号、规格，按设计图示数量计算，以组为计量单位。 3. 光排管散热器制作安装依据不同管径、型号、规格，按设计图示数量计算，以米为计量单位。 4. 钢制壁板式散热器依据不同重量、型号、规格，按设计图示数量计算，以组为计量单位。 5. 钢制柱式散热器依据不同片数、型号、规格，按设计图示数量计算，以组为计量单位。 6. 暖风机、空气幕依据不同重量、型号、规格，按设计图示数量计算，以台为计量单位。 7. 板式换热器依据不同的换热面积，按设计图示数量计算，以台为计量单位。 8. 太阳能集热器依据不同的重量，按设计图示数量计算，以台为计量单位。 9. 地面辐射采暖中加热管敷设按不同管道间距、规格，按设计图示管道中心线长度以延长米计算，以米为计量单位；分集水器按设计图示数量计算，以台为计量单位；地源热泵机组依据不同的重量，按设计图示数量计算，以台为计量单位；采暖分户箱依据不同规格，按设计图示数量计算，以台为计量单位。

七、解决与实施工作任务

采暖工程施工图预算案例讲解。

采暖工程量计算书

工程名称：某单位食堂热水采暖工程　　　　　　　　　　　　　　　　共　页第　页

项目名称	单位	数量	计算式
DN50 焊接钢管（焊接连接）	m	18.98	供干：$1.5 + 0.54 + 0.5 + 6 + 6.8 - (-0.5) = 15.84$ 回干：$1.5 + 0.54 + 6 + (-0.3) - (-0.8) = 3.14$
DN40 焊接钢管（焊接连接）	m	44.32	供干：$6 + 16.16 = 22.16$ 回干：$6 + 16.16 = 22.16$
DN25 焊接钢管（丝接连接）	m	45.6	供干：$4 + 13 + 5.8 = 22.8$ 回干：$4 + 13 + 5.8 = 22.8$
DN20 焊接钢管（丝接连接）	m	21.3	立管：$(6.8 + 0.3) \times 3 = 21.3$
DN15 焊接钢管（丝接连接）	m	31.164	支管： 14 片 14 片：$[3.3 - 0.057 \times (14 + 14) \div 2] \times 4 = 10.008$ 12 片 12 片：$[3.3 - 0.057 \times (12 + 12) \div 2] \times 4 = 10.464$ 12 片 10 片：$[3.3 - 0.057 \times (12 + 10) \div 2] \times 4 = 10.692$
四柱 813 型散热器成组安装 15 片内	组	12	14 片：4 组 12 片：6 组 10 片：2 组
DN10 手动放风阀	个	12	每组散热器上均装 φ10 手动放风阀一个
DN20 自动排气阀	个	1	
DN20 丝扣铜球阀	个	7	立管上下端处 6 个，自动排气阀下 1 个
DN50 钢套管	个	2	供干穿外墙：1 个，回干穿外墙：1 个
DN40 钢套管	个	2	供干穿内墙：1 个，回干穿内墙：1 个
DN20 钢套管	个	6	立管穿楼板：6 个

八、自我检查与评价

课内实训：编制某娱乐中心采暖工程施工图预算。

练习题

一、选择题

1. 采暖工程管道工程量的计量单位，以下正确的是(　　　)。

A. m²　　　　　　　　B. kg　　　　　　　　C. km　　　　　　　　D. m

2. 铸铁散热器、钢制闭式散热器依据不同型号、规格，按设计图示数量计算，以(　　　)为计量单位。

A. 组　　　　　　　　B. 个　　　　　　　　C. 片　　　　　　　　D. 台

3. 分集水器按设计图示( )计算，以台为计量单位。

A. 面积   B. 重量   C. 长度   D. 数量

4. 地面辐射采暖中加热管敷设按不同管道间距、规格，按设计图示管道中心线长度以延长米计算，以( )为计量单位。

A. m^2 B. kg   C. km   D. m

5. 太阳能集热器依据不同的重量，按设计图示数量计算，以( )为计量单位。

A. 组   B. 个   C. 台   D. 副

6. 板式换热器依据不同的换热面积，按设计图示数量计算，以( )为计量单位。

A. 组   B. 个   C. 台   D. 副

7. 暖风机、空气幕依据不同重量、型号、规格，按设计图示数量计算，以( )为计量单位。

A. 组   B. 个   C. 台   D. 副

8. 钢制壁板式散热器依据不同重量、型号、规格，按设计图示数量计算，以( )为计量单位。

A. 片   B. 组   C. 台   D. 个

9. 光排管散热器制作安装依据不同管径、型号、规格，按设计图示数量计算，以( )为计量单位。

A. m^2 B. kg   C. km   D. m

10. 钢制板式散热器依据不同型号、规格，按设计图示数量计算，以( )为计量单位。

A. 组   B. 个   C. 台   D. 副

二、思考题

1. 简要叙述采暖管道定额的界线划分。

2. 简要叙述采暖管道定额应用中的注意事项。

三、计算题

图 3.2.22 为一蒸汽采暖散热器，在其下面安装了一个 DN20 螺纹连接的单体疏水器，问其应怎样套用定额？

参考答案：

一、选择题：D A D D C C C B D A

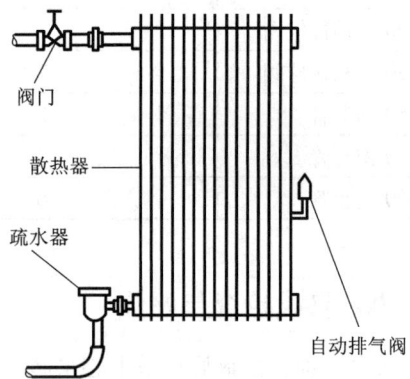

图 3.2.22 蒸汽采暖散热器

职业活动训练

编制某学生公寓采暖工程施工图预算：

【设计施工说明】

（1）图 3.2.23 至图 3.2.25 本工程采用低温水供暖，供回水温度为 70 ~ 95℃；

（2）系统采用上分下回单管顺流式；

（3）管道采用焊接钢管，DN32 以下为丝扣连接，DN32 以上为焊接；

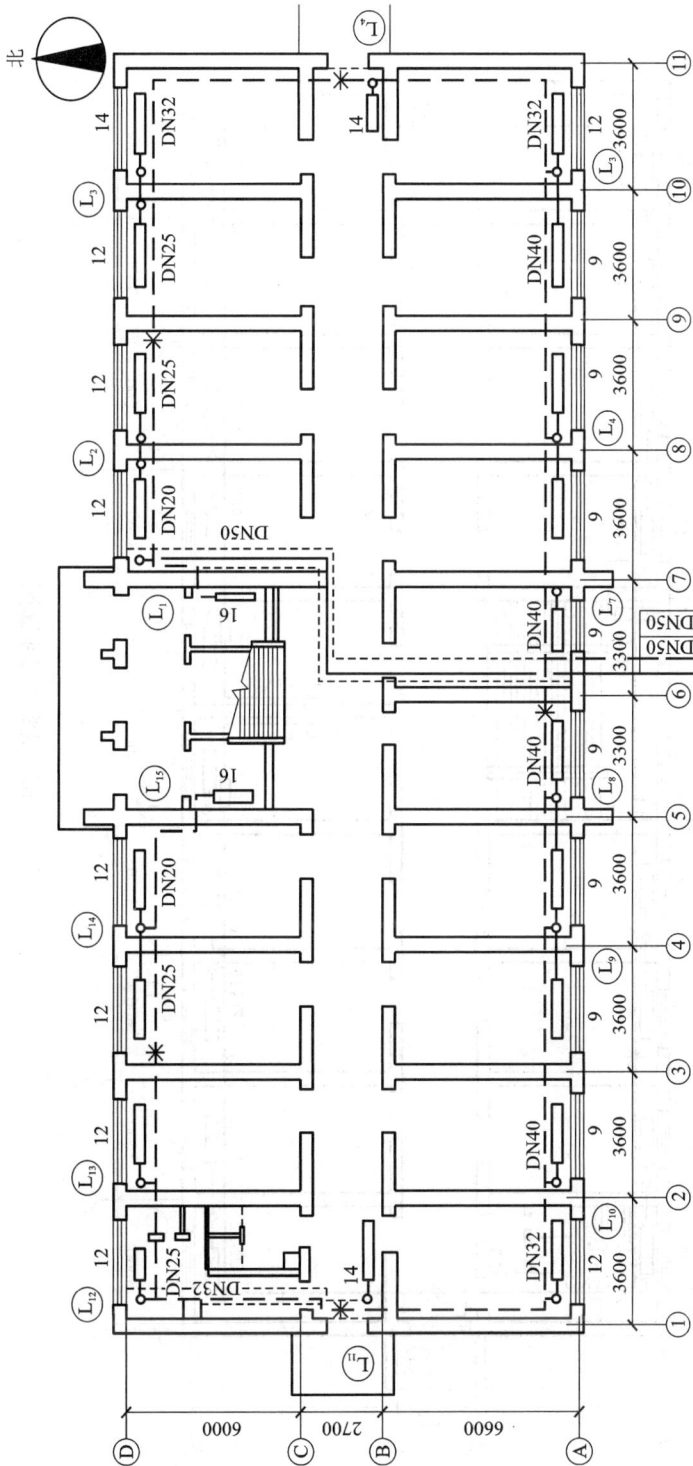

图3.2.23　供暖一层平面图

(4)散热器选用铸铁四柱813型，每组散热器设手动放气阀；

(5)集气罐采用《供暖通风国家标准图集》N103中Ⅱ型卧式集气阀；

(6)明装管道和散热器等设备，附件及支架等刷红丹防锈漆两遍，银粉两遍；

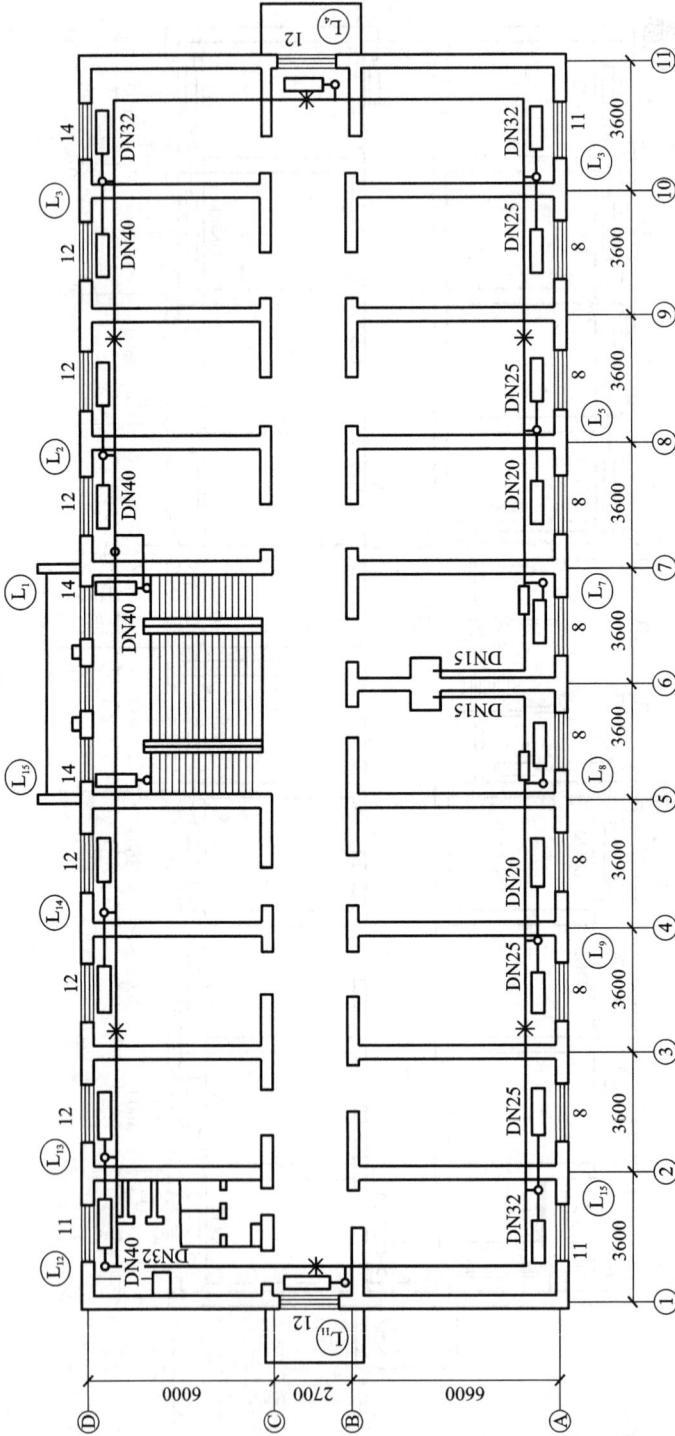

图3.2.24 供暖二层平面图

（7）室内地沟断面尺寸为500 mm×500 mm，地沟内管道刷防锈漆两遍，50 mm厚岩棉保温，外缠玻璃纤维布；

（8）图中未注明管径的立管均为DN20，支管为DN15；

（9）其余未说明部分，按施工及验收规范有关规定进行。

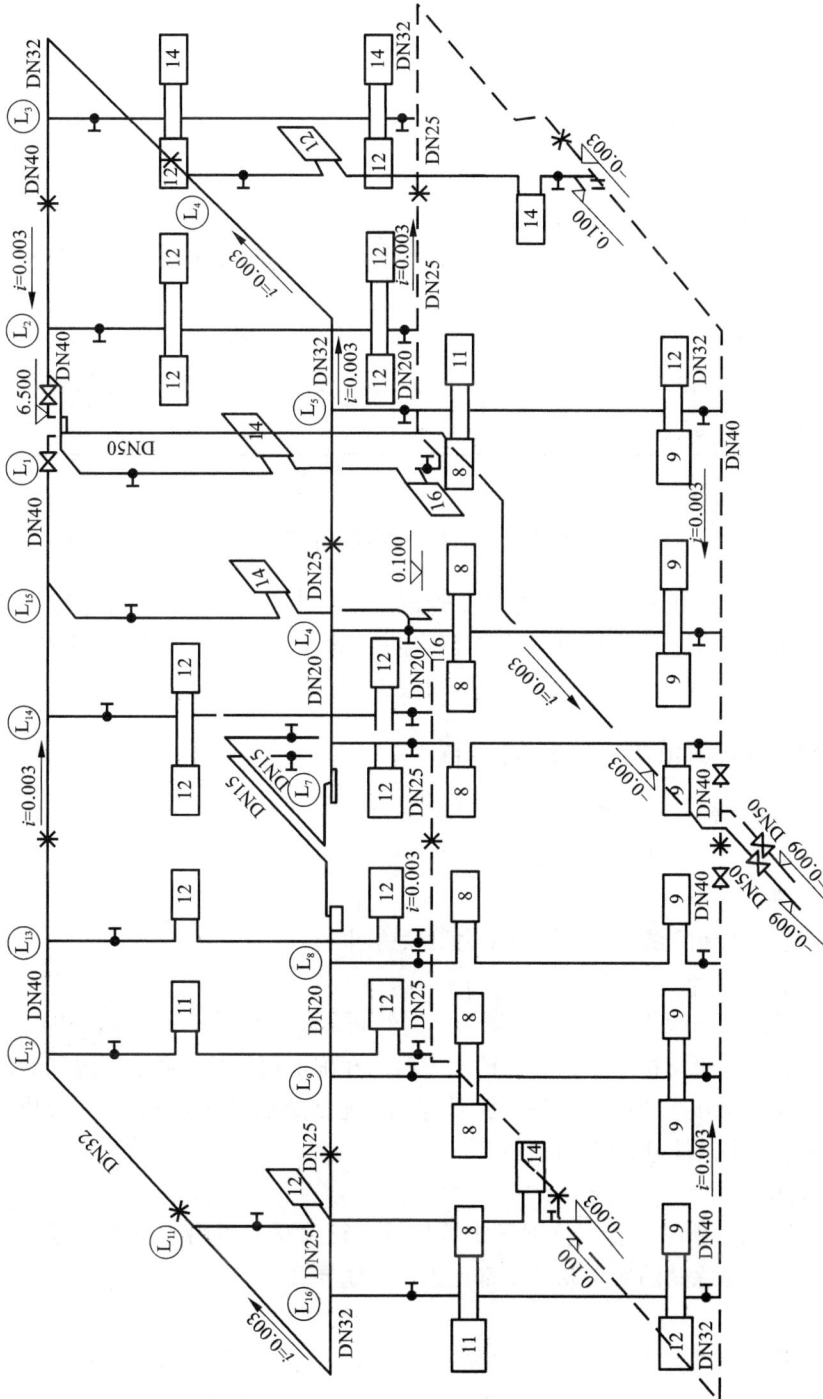

图3.2.25　供暖系统图

项目 3 - 3　刷油绝热工程计量

项目任务	任务 3 - 3 - 1：基础知识	学时	8
	任务 3 - 3 - 2：基价使用		
	任务 3 - 3 - 3：工程量计算规则		
教学载体	多媒体课室、教学课件及教材相关内容		
教学目标	知识目标	了解刷油绝热工程基础知识；熟悉刷油绝热工程基价使用；掌握刷油绝热工程工程量计算规则	
	能力目标	能够计算刷油绝热工程工程量，套用基价，编制预算书	
过程设计	任务布置及知识引导—学习相关新知识点—解决与实施工作任务—自我检查与评价		
教学方法	项目教学法		

任务 3 - 3 - 1　基础知识

管道或设备刷油、防腐的目的，是为了使管道或设备不受大气、地下水、管道或设备本身所输送介质的腐蚀以及电化学腐蚀。在工程中防腐的方法很多，如涂漆（也称刷油）、衬里、静电保护等。本章介绍的是施工中最常用的涂漆法。

一、涂漆前的表面清理——除锈工程

管道、设备及金属构件在涂漆之前，均要对表面进行清理，并打磨出光泽，以便使油漆能牢牢地附着在金属表面，这种清理方法，俗称除锈。

（一）常用的除锈方法

有人工除锈、半机械除锈、机械除锈和化学除锈四种。

1. 人工除锈

人工除锈就是用废旧砂轮片、砂布、铲刀、钢丝刷、锯条和手锤等工具，以磨、敲、铲、刷等方法将金属表面的氧化物及铁锈等除掉。一般用在施工现场的设备、管道和金属结构表面的除锈和无法使用机械除锈的场合进行弥补除锈，优点是施工方法简单，不耗电。缺点是工人劳动强度大、卫生条件差、进度慢等。

2. 半机械除锈

指人工使用风（电）砂轮、风（电）钢丝刷等机械进行除锈。适用于小面积或不易使用机械除锈的场合。半机械除锈的质量和效率都比人工除锈要高。

3. 机械除锈

指利用各种除锈机械去冲击、摩擦、敲打金属表面，达到去除金属表面的氧化物、铁锈及其他污物的目的，适用于对金属表面处理要求较高的大面积除锈。

机械除锈可分为干法喷砂除锈，湿法喷砂除锈，高压水除锈和射流控制真空喷丸除锈等。其中干法喷砂除锈是最常用的机械除锈法。即选用一定粒径的石英砂或河沙，烘干后使用。

4. 化学除锈

化学除锈又称酸洗除锈（简称酸法），是利用一定浓度的无机酸水溶液（硫酸、烧碱、亚硝酸钠等），对金属表面起溶蚀作用，已达到除去表面氧化物及油污的目的。化学方法一般用于形状复杂的设备或零部件的除锈。

（二）除锈标准见表 3.3.1

表 3.3.1　除锈标准

类别	等级	划分标准
手工除锈 动力工具 除锈	轻锈	部分氧化皮开始破裂脱落，红锈开始发生。
	中锈	部分氧化皮破裂脱落，呈堆粉状，除锈后用肉眼能看见腐蚀小凹点。
	重锈	大部分氧化皮脱落，呈片状锈层或凸起的锈斑，除锈后出现麻点或麻坑。
喷射除锈	一级 （Sa3）	除净金属表面上的油脂、氧化皮、锈蚀产物等一切杂物，呈现均一的金属本色，并有一定的粗糙度。
	二级 （Sa2.5）	完全除去金属表面上的油脂、氧化皮、锈蚀产物等一切杂物，可见的阴影条纹、斑痕等残留物不得超过单位面积的 5%。
	三级 （Sa2）	除去金属表面上的油脂、锈皮、松疏氧化皮、浮锈等杂物，允许有紧附的氧化皮。

二、管道的一般涂漆防腐的结构

（一）管道的一般涂漆防腐结构：

分为底漆、面漆、罩面漆三种涂层，每层刷一遍或几遍。

1. 底漆

是直接喷刷在金属表面上的涂料层，应具有附着力强、防腐、防水性能好等特点。对黑色金属表面应采用红丹防锈漆、铁红防锈漆、铁红醇酸防锈漆等。对有色金属表面应采用锌黄底漆、磷化底漆。

2. 面漆

面漆是涂在底漆上面的涂层。应具有耐光性、耐气候性和覆盖能力强等特性，如灰色防锈漆、各色调和漆、各色瓷漆等。

3. 罩面漆

罩面漆是涂在面漆上的涂层。为了增加涂层的耐腐蚀性，延长涂料层的寿命，在面漆上可再涂 1~2 遍无色清漆。

室内不保温的明装管道、设备、金属构件，须刷 1~2 遍防锈底漆，再按规定遍数刷面漆；有保温的管道可只刷两遍底漆；安装在墙槽、管道井内的管道及附件应刷两遍防锈漆。

（二）管道防腐常用涂料及选择见表3.3.2

表3.3.2 常用涂料表

涂料名称	主要性能	耐温/℃	主要用途
红丹防锈漆	与铁表面附着力强、耐潮防水、防锈力强	150	钢铁表面打底，不应暴露于大气中，必须用适当面漆覆盖
铁红防锈漆	覆盖性强、薄膜坚韧、涂漆方便、防锈能力较红丹防锈漆差些	150	钢铁表面打底或盖面
铁红醇酸底漆	附着力强，防锈性能和耐气候性较好	200	高温条件下黑色金属打底
灰色防锈漆	耐气候性较调和漆强	—	做室内外钢铁表面上的防锈漆的罩面漆
锌黄防锈漆	对海洋性气候及海水侵蚀有防锈性	—	适用于铝金属或其他金属上的防锈
环氧红丹漆	快干，耐水性强	—	经常与水接触的钢铁表面
磷化底漆	能延长有机涂层寿命	60	有色及黑色金属的底层防锈漆
厚漆（铅油）	漆膜较软、干燥慢，在炎热而潮湿的天气中有发黏现象	60	用清油稀释后，用于室内钢、木表面打底或盖面
油性调和漆	附着力及耐气候性均好，在室外使用优于瓷性调和漆	60	作室内外金属、木材、砖墙面漆
铝粉漆		150	专供采暖管道、散热器作面漆
耐温铝粉漆	防锈不防腐	＞300	黑色金属表面漆
有机硅耐高温漆		400～500	黑色金属表面
生漆（大漆）	漆层机械强度高、耐酸力强、有毒、施工困难	200	用于钢、木表面防腐
过氯乙烯漆	抗酸性强，耐浓度不大的碱性，不宜燃烧，防水绝缘性好	60	用于钢、木表面，以喷涂为佳
耐碱漆	耐碱腐蚀	＞60	用于金属表面
耐酸树脂瓷漆	漆膜保光性、耐气候性和耐汽油性好	150	适用于金属、木材及玻璃布
沥青漆（以沥青为基础）	干燥快、漆膜硬，但附着力及机械强度差，具有良好的耐水、防潮、防腐及抗化学侵蚀性。但耐气候，保光性差，不宜暴露在阳光下，户外容易收缩龟裂		主要用于水下、地下钢铁构件管道、木材、水泥面的防潮、水、防腐

三、管道的保温（绝热）

保温又称绝热。保温的目的是为了减少冷、热量的损失，防止工作人员发生事故、防止管道表面结露和管道内部介质的冻结。

（一）常用的保温材料

目前保温材料很多，常用的保温材料有岩棉、玻璃棉、硅藻土、石棉、水泥蛭石、珍珠岩、泡沫塑料、闭孔海绵、软木等。

（二）保温结构

保温结构一般有防锈层、保温层、防潮层（对保冷空调冷媒水管）、保护层、防腐识别层等。

防锈层即是防锈涂料层，保温层在防锈层外用保温材料制成的构件，对保冷层在保温层外面还要作防潮层以免冷媒结露，常用的材料有铝箔、塑料薄膜、沥青油毡等。保护层在保温层防潮层外，主要保护保温层和防潮层不受机械损伤。最外面的是防腐及识别标志层、其作用是使保护层不受腐蚀、一般采用耐当地气候条件的涂料直接涂在保护层上。用不同的颜色主要是区分管道的种类。

任务 3-3-2 基价使用

一、工作任务布置

编制项目 3-2 某食堂采暖工程中的刷油绝热工程施工图预算。

地沟内管道采用岩棉瓦块保温（厚 30 mm），外缠玻璃丝布一层，再刷沥青漆一道。地上管道人工除微锈后刷红丹防锈漆两遍，再刷银粉两遍。散热器安装后再刷银粉一遍。

本题要求

1. 按照 2010 年版《广东省安装工程综合定额》的有关内容，计算工程量。

2. 本题暂不计算直接工程费。

二、学习相关新知识点

刷油绝热工程相关定额与工程量计算：

1. 刷油绝热工程相关的定额介绍；

2. 第八册定额相关费用的规定；

3. 工程量计算规则。

三、刷油绝热工程相关的定额

章目	各章内容
第一章 除锈工程	列有手工除锈、动力工具除锈、喷射除锈、化学除锈等 4 项共 51 个子目。后来喷射除锈又补充了 28 个子目。
第二章 刷油工程	列有管道、设备、金属结构等各类、各漆种刷油 11 项共 252 个子目。
第三章 防腐蚀涂料工程	列有使用各类树脂漆、聚氨酯漆、氯磷化聚乙烯漆等漆种的管道、设备、金属结构防腐项目 22 项共 277 个子目。后来又补充了 PF-01 防腐涂料项目共 16 个子目。
第四章 手工糊衬玻璃钢工程	列有常用配比的各种玻璃钢内衬（设备）和塑料管道玻璃钢增强共 10 项 70 个子目。

章目	各章内容
第五章　橡胶板及塑料板衬里工程	列有各种形状设备和管道、阀门橡胶衬里以及金属表面软聚氯乙烯板衬里共 7 项 48 个子目。
第六章　衬铅及搪铅工程	列有设备与型钢等表现衬铅、搪铅 2 项 6 个子目。
第七章　喷镀(涂)工程	列有管道、设备及型钢表面的喷镀(铝、钢、锌、铜)与喷塑共 5 项 28 个子目。
第八章　耐酸砖、板衬里工程	列有以各种树脂胶泥为胶料的耐酸砖、板设备内衬及胶泥抹面等共 10 项 201 个子目。
第九章　绝热工程	列有使用各种常用绝热材料的管道、设备和通风管道的保温(冷)及其防潮层、保护层、钩钉、托盘、保温盒等共 14 项 193 个子目。后来又补充了地板辐射采暖隔热层敷设、PAP 保护层 5 个子目。
第十章　管道补口补伤工程	列有管道接口现场补刷防腐涂料与涂层共 6 项 208 个子目。
第十一章　阴极保护及牺牲阳极	移植列有原 94 定额第七册中有关章节,共 4 项 10 个子目。

四、使用定额的注意事项

1. 本定额中的金属结构划分为一般钢结构、H 型钢制钢结构(包括大于 400 mm 的型钢)。一般钢结构包括平台、梯子、栏杆、支架等金属构件。管廊钢结构按一般钢结构定额乘以系数 0.75 计算。

2. 在使用定额时,除上面提到的管廊钢结构要按系数调整外,还要注意管廊钢结构中的梯子、平台、栏杆及管道支吊架仍使用一般钢结构定额项目(包括除锈、刷油、防腐),同时管道钢结构中若有 H 型钢或边长大于 400 mm 的型钢时,这部分结构则要使用 H 型钢制钢结构定额。

3. 用管材制作的钢结构(如火炬塔钢管架)除锈、刷油、防腐蚀,按管材套用相应管道定额子目并乘以系数 1.20。

4. 本定额的工程量计算规则中列出了管道、设备、阀门等的刷油面积或绝热层、保护层的面积、体积工程量计算公式,其中设备封头、阀门和法兰的计算公式属于参考性质,因为各种封头的形状尺寸不一、各种阀门的外形尺寸不同,同样的阀门、法兰采用不同的保温结构时工程量也会有差别,如根据施工图或相关标准图能够较准确地计算工程量时,就不必使用这些计算公式;难以计算准确时,可按上述近似工程计算。

5. 在计算除锈、刷油、防腐蚀工程量时,各种管件、阀门、设备入孔、管口凹凸部分已在定额消耗量中综合考虑,不再另外计算。

6. 计算设备、管道内壁刷油、防腐工程量时,当壁厚 ≥ 10 mm 时按内径计算,壁厚 < 10 mm 时,可按外径计算。

五、本册定额各项费用的规定

1.工业工程以设计标高 ±0.00 为准,当安装高度超高 ±6.00 时,定额人工和机械(含 6 m 以下)分别乘以表3.3.3 中的系数:

表 3.3.3　超高系数表

20 m 以内	30 m 以内	40 m 以内	50 m 以内	60 m 以内	70 m 以内	80 m 以内	80 m 以上
1.21	1.32	1.43	1.53	1.63	1.73	1.83	2.00

备注:民用建筑随其主体工程适用的各册定额之相关规定。

2.在洞库、暗室施工时,定额人工、机械消耗量增加 15%。

3.关于脚手架搭拆费:

(1)刷油工程:按定额人工费的 8% 计算。其中人工工资占 25%。

(2)防腐蚀工程:按定额人工费的 12% 计算。其中人工工资占 25%。

(3)绝热工程:按定额人工费的 20% 计算。其中人工工资占 25%。

说明:除锈工程的脚手架搭拆费计算分别随同刷油或防腐工程计算,即刷油或防腐工程在计算其脚手架措施费用时应包括除锈工程人工费。

任务 3 – 3 – 3　工程量计算规则

一、除锈工程工程量计算

(一)几点说明

1.除微锈时按轻锈定额乘以系数 0.20,因施工需要发生的二次除锈可以另行计算。

2.喷射除锈定额时按 Sa2.5 级标准确定的,若变更级别标准,如按 Sa3 级,则人工、材料、机械乘以系数 1.1,如按 Sa2 或 Sa1 级,则人工、材料、机械乘以系数 0.9。

(二)钢管除锈工程量

按管道表面展开面积计算工程量。

1.公式法计算:

$$S = L \times \pi \times D$$

式中:L——管道长度(m);

　　　D——管道内径或外径(m)。

2.查表法计算:安装工程消耗量定额第十一册《刷油、防腐蚀、绝热》附录九、附录十,给出了无缝钢管、焊接钢管"绝热、除锈(刷油)工程量计算表",我们可以直接查表得到管道除锈(刷油)工程量。

(三)设备除锈工程量

按设备外表面展开面积计算。

(四)金属结构除锈工程量

用手工和喷射除锈时,按质量"100 kg"计算;用动力工具和化学除锈时,按面积"10 m²"计算(金属结构 100 kg 折成 5.8 m² 面积,然后套相应定额)。

（五）铸铁管除锈工程量

1. 按下面公式计算：$S = L \times \pi \times D + 承口展开面积$

2. 简化计算：在实际工作中，一般习惯上是将焊接钢管表面积乘系数1.2，即为铸铁管表面积（包括承口部分），即：

$$S = L \times Y \times 1.2$$

式中：L——铸铁管长度（m）；

Y——与铸铁管直径相同的焊接钢管表面积值（m^2）。

3. 查表计算：常用排水铸铁管除锈（刷油）表面积值见表3.3.4。

表3.3.4　常用排水铸铁管除锈表面积

公称直径（mm）	表面积（$m^2/100\ m$）	公称直径（mm）	表面积（$m^2/100\ m$）
75	26.70	200	66.60
100	34.56	250	82.90
150	50.90	300	101.80

（六）暖气片除锈工程量

按暖气片散热面积计算。

常用铸铁散热器面积见表3.3.5。

表3.3.5　常用铸铁散热器面积

铸铁散热器	表面积（$m^2/$片）	铸铁散热器	表面积（$m^2/$片）	铸铁散热器	表面积（$m^2/$片）
长翼型（大60）	1.2	圆翼型（D50）	1.5	四柱760	0.24
长翼型（小60）	0.9	二柱	0.24	四柱640	0.20
圆翼型（D80）	1.8	四柱813	0.28	M132	0.24

二、刷油工程工程量计算

（一）定额项目及使用说明

本定额适用于管道、设备、通风管道、金属结构等金属面以及玻璃布、石棉布、玛蹄脂面、抹灰面等刷（喷）油漆工程，埋地管道综合刷油11项。

使用本章定额时，应注意以下几点：

1. 本章定额是按安装地点就地刷（喷）漆考虑的，如果安装前集中刷油，定额人工乘以系数0.70（暖气片除外）。

2. 管道标志色环、补口补伤等零星刷油，使用相应定额项目，其人工乘以系数2.0，材料消耗量乘以系数1.20。

3. 定额油漆种类中列有银粉和银粉漆，银粉是指采用银粉与稀料配制的，可在现场配制后涂刷；银粉漆是指施工现场供应的成品银粉浆，可以直接用于涂刷。

4. 定额主材与稀干料可以换算，但人工与材料消耗量不变。

(二)刷油工程量计算

1. 不保温管道表面刷油。

不保温管道刷油按表面积以"m²"计算。计算方法同除锈。

2. 管道保温层外布面(玻璃布、石棉布、玛蹄脂面等)刷油

保温层外的防潮和保护层面积。

(1)公式法计算。根据保温层厚度形成的表面积计算刷油工程量，公式如下：

$$S = L \times \pi \times (D + 2.1\delta + 0.0082)$$

式中：L——管道长(m)；

　　　D——管道外径(m)；

　　　δ——保温层厚度(mm)；

　　　2.1——调整系数；

　　　0.0082——捆扎线直径或带厚 + 防潮层厚度(m)。

(2)查表法。按照保温层厚度，直接查阅安装工程消耗量定额第十一册《刷油、防腐蚀、绝热》附录九、附录十，得到管道布面刷油工程量。

3. 设备封头刷油(保温层外的防潮和保护层面积)：

$$S = \left[(D + 2.1\delta)/2 \right] 2 \times \pi \times 1.5 \times N (\text{m}^2)$$

式中：L——管道长(m)；

　　　D——管道外径(m)；

　　　δ——保温层厚度(mm)；

　　　N——封头个数。

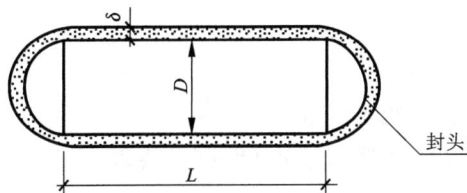

图 3.3.1　设备封头

4. 阀门刷油(保温层外的防潮和保护层面积)：

$$S = \pi \times (D + 2.1\delta) \times 2.5 D \times 1.05 \times N (\text{m}^2)$$

式中：N——封头个数。

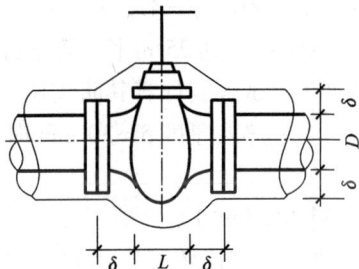

图 3.3.2　阀门

5. 法兰刷油(保温层外的防潮和保护层面积):

$$S = \pi \times (D + 2.1\delta) \times 1.5D \times 1.05 \times N (\mathrm{m}^2)$$

式中:N——法兰数量(副)。

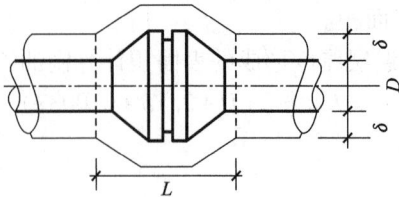

图 3.3.3 法兰

6. 油罐拱顶刷油(保温层外的防潮和保护层面积):

$$S = 2\pi r \times (h + 1.05\delta)(\mathrm{m}^2)$$

式中:r——油罐拱顶球面半径(m);

h——灌顶拱高(m)。

7. 矩形通风管道刷油(保温层外的防潮和保护层面积):

$$S = [2(A + B) + 8(1.05\delta + 0.0041)] \times L (\mathrm{m}^2)$$

式中　A——风管长边尺寸(m);

B——风管短边尺寸(m);

L——风管长度(m);

δ——保温层厚度(m);

1.05——调整系数。

8. 暖气片刷油:同暖气片除锈工程量。

例1　某工业管道工程采用无缝钢管 $\phi108 \times 4$,共25 m 长,安装前集中刷防锈漆一遍,请问应如何套用定额?

解:因本工程为安装前集中刷漆,应对定额进行调整,具体如下:

查定额 11－54(刷防锈漆第一遍),原基价为 19.14 元,其中人工费为 7.20 元,材料费 11.94 元,机械费不存在。

调整后基价 = 人工费 $\times 0.7$ + 材料费 + 机械费 = $7.20 \times 0.7 + 11.94 + 0 = 16.98$(元)。

安装费 = $(8.478/10) \times 16.98 = 14.40$(元),

其中人工费 = $(8.478/10) \times (7.20 \times 0.7) = 4.27$(元)。

例2　某工程采用无缝钢管 $\phi108 \times 4$,共25 m 长,管道外保温层厚度 $\delta = 30$ mm,保温层外缠玻璃丝布防潮层后刷调和漆两遍,试查表计算其防潮层与刷油工程量。

解:查第十一册定额附录九。当绝热层厚度 $\delta = 30$ mm 时,查得 $\phi108$ 管道单位面积(100 m 长管道)为 56.27 m^2/100 m,

其工程量 = $25 \times 56.27/100 = 14.068$($\mathrm{m}^2$)。

套价:第一遍调和漆套 11－220;第二遍调和漆套 11－221。

三、绝热工程工程量计算

（一）定额项目及使用说明

1.定额项目设置：定额适用于设备、管道、通风管道的绝热工程。供选用的绝热材料有硬质瓦块（珍珠岩瓦、蛭石瓦、微孔硅酸钙瓦等）、泡沫玻璃瓦块与板材、纤维类制品（岩棉、矿棉、玻璃棉及超细玻璃棉、泡沫石棉及硅酸铝纤维等材质的管壳、板材）、聚氨酯及聚苯乙烯泡沫塑料瓦块与板材、各种岩棉、玻璃棉缝毡、棉席（被）类制品、纤维类散装材料（散棉）、橡塑保温管套与板材、铝箔复合玻璃棉管壳与板材以及硅酸盐类涂抹材料和聚氨酯现场喷涂发泡等；此外，还设置各种防潮层、保护层安装以及管道、设备、钢结构的防火涂料等项目。

2.定额使用中有关问题的说明：

（1）管道绝热除橡塑保温管项目外，均未包括阀门、法兰绝热工程量；发生时已列定额项目的（棉席类、散状纤维类及硅酸盐涂抹类）按相应定额项目计算，其他材料按相应管道绝热定额项目计算（即阀门或法兰工程量并入管道工程量）。橡塑保温管项目的阀门与法兰保温层所需要增加的人工、材料（包括主材消耗量）已综合考虑在管道项目中，不再另计。

（2）在计算管道绝热工程量时，不扣除阀门、法兰所占长度（阀门、法兰工程量计算式中已做考虑），而在计算阀门与法兰绝热工程量时应注意：与法兰阀门配套的法兰已含在阀门绝热工程量中，不再单独计算。

（3）计算设备绝热工程量时，不扣除人孔、接管开孔面积，并应参照设备筒体绝热工程量计算式增计人孔与接管的管节部位绝热工程量。

（4）聚氨酯泡沫塑料发泡绝热工程，是按有模具浇注法施工考虑的，其模具摊销已计入定额；若采用现场直喷法施工应扣除定额内模具摊销及黄油消耗量；若在加工厂进行喷涂发泡时，定额人工乘以系数0.70，其余不变。

（5）镀锌铁皮保护层厚度按0.8 mm以下综合考虑，如铁皮厚度大于0.8 mm，定额人工乘以系数1.20；卧式设备包铁皮其人工乘以系数1.05；如设计另有涂抹密封胶、加箍钢带等要求时，按铁皮保护层辅助项目计算。

（6）根据规范或设计要求，绝热工程若需分层安装，在计算保温层工程量时，内保温层外径 D' 视为管道直径，计算公式为 $D' = D + 2.16\delta + 0.0032$。式中，$\delta$ 为内保温层厚度；0.0032 为捆扎线直径或带厚。各层分别使用相应定额子目。

（7）本定额均按先安装后绝热施工考虑，若先绝热后安装时，其绝热人工乘以系数0.90。

（8）现场补口、补伤等零星绝热工程，按相应材质定额项目人工、机械乘以系数2.0，材料消耗量（包括主材）乘以系数1.20。

（9）采用不锈钢薄钢板作保护层安装，执行金属保护层定额相应项目，其人工乘以系数1.25，钻头消耗量乘以系数2.0，机械乘以系数1.15。

（10）卷材安装应执行相同材质的板材安装项目，其人工、铁丝消耗量不变，但卷材损耗率按3.1%考虑。

（11）复合成品材料安装应执行相近材质瓦块（或管壳）安装项目。复合材料分别安装时，应分层计算。

（12）保温托盘、钩钉及钢板保温盒制作安装项目中已包括了除锈与刷防锈漆的工作内容，不要重复计算。

（二）绝热工程量计算

1.设备简体或管道绝热层。

（1）公式计算法。

$$V = \pi \times (D + 1.033\delta) \times 1.033\delta \times L\,(\text{m}^3)$$

式中：D——设备简体或管道直径（m）；

δ——绝热层厚度（m）；

1.003——调整系数；

L——设备简体或管道长度（m）。

（2）查表法。按照保温层厚度，直接查阅安装工程消耗量定额第十一册《刷油、防腐蚀、绝热》附录九、附录十，得到管道绝热工程量。

例3 某工程采用无缝钢管 $\phi108 \times 4$，共 25 m 长，管道外保温层厚度 $\delta = 30$ mm（采用岩棉瓦块保温），保温层外缠绕玻璃丝布防潮层后刷调和漆两遍，试查表计算其绝热工程量。

解：（1）查第十一册定额附录九（见表10.4）。当绝热层厚度 $\delta = 30$ mm 时，查得 $\phi108$ 管道单位体积（100 m 长管道）为 1.35 $\text{m}^3/100$ m，

其工程量 $= 25 \times 1.35/100 = 0.3375\,(\text{m}^3)$。

套价：套定额 11 – 953。

（2）设备封头绝热层

$$V = \left[(D + 1.033\delta)/2 \right] 2 \times \pi \times 1.033\delta \times 1.5 \times N\,(\text{m}^3)$$

（3）阀门绝热层

$$V = \pi \times (D + 1.033\delta) \times 2.5 \times D \times 1.033\delta \times 1.05 \times N\,(\text{m}^3)$$

（4）法兰绝热层

$$V = \pi \times (D + 1.033\delta) \times 1.5 \times D \times 1.033\delta \times 1.05 \times N\,(\text{m}^3)$$

（5）油罐拱顶绝热层

$$V = 2\pi r \times (h + 0.5165\delta) \times 1.033\delta\,(\text{m}^3)$$

（6）矩形通风管道绝热层

$$V = \left[2(A + B) \times 1.033\delta + 4(1.033\delta)^2 \right] \times L\,(\text{m}^3)$$

（三）刷油绝热工程量计算，详见表 3.3.6

表 3.3.6 刷油绝热工程量计算规则汇总表

工作内容	工程量计算规则
除锈工程	1.除锈工程中设备、管道以平方米为计量单位。一般金属结构以千克为计量单位。 2.除锈工程量算法： （1）设备简体、管道表面积计算公式： $S = \pi \times D \times L$ 式中：π——圆周率； 　　　　D——设备或管道直径； 　　　　L——设备简体高或按延长米计算的管道长度。 （2）计算设备简体、管道表面积时已包括各种管件、阀门、人孔、管口凹凸部分，不再另外计算。

续上表

工作内容	工程量计算规则
刷油工程	1. 刷油工程中设备、管道以平方米为计量单位。一般金属结构以千克为计量单位。 2. 刷油工程量算法： （1）设备筒体、管道表面积计算公式： $S = \pi \times D \times L$ 式中：π——圆周率； 　　　D——设备或管道直径； 　　　L——设备筒体高或按延长米计算的管道长度。 （2）计算设备筒体、管道表面积时已包括各种管件、阀门、人孔、管口凹凸部分，不再另外计算。
绝热工程	1. 绝热工程中绝热层按设计图示尺寸计算，以立方米为计量单位。防潮层、保护层以平方米为计量单位。 2. 保温钩钉按设计图示数量计算，以百套为计量单位。 3. 绝热工程量计算公式 （1）设备筒体或管道绝热、防潮和保护层计算公式： $V = \pi \times (D + 1.033\delta) \times 1.033\delta \times L$　　　　（1） $S = \pi \times (D + 2.1\delta + 0.0082) \times L$　　　　（2） 式中：D——直径； 　　　1.033、2.1——调整系数； 　　　δ——绝热层厚度； 　　　L——设备筒体或管道长； 　　　0.0082——捆扎线直径或钢带厚。 （2）伴热管道绝热工程量计算公式： ①单管伴热或双管伴热（管径相同，夹角小于90°） $D' = D_1 + D_2 + (10 \sim 20\ mm)$　　　　（3） 式中　D'——伴热管道综合值； 　　　D_1——主管道直径； 　　　D_2——伴热管道直径； 　　　（10～20 mm）——主管道与伴热管道之间的间隙。 ②双管伴热（管径相同，夹角大于90°） $D' = D_1 + 1.5D_2 + (10 \sim 20\ mm)$　　　　（4） ③双管伴热（管径不同，夹角小于90°） $D' = D_1 + D_{伴大} + (10 \sim 20\ mm)$　　　　（5） 式中　$D_{伴大}$——伴热管中较大的直径； 其他同前。将上述 D' 计算结果分别代入公式（1）、（2）计算出伴热管道的绝热层、防潮层和保护层工程量。 （3）设备封头绝热、防潮和保护层工程量计算式： $V = [(D + 1.033\delta)/2]^2 \times \pi \times 1.033\delta \times 1.5 \times N$　　　　（6） $S = [(D + 2.1\delta)/2]^2 \times \pi \times 1.5 \times N$　　　　（7） （4）阀门绝热、防潮和保护层计算公式： $V = \pi \times (D + 1.033\delta) \times 2.5D \times 1.033\delta \times 1.05 \times N$　　　　（8） $S = \pi \times (D + 2.1\delta) \times 2.5D \times 1.05 \times N$　　　　（9） （5）法兰绝热、防潮和保护层计算公式： $V = \pi \times (D + 1.033\delta) \times 1.5D \times 1.033\delta \times 1.05 \times N$　　　　（10） $S = \pi \times (D + 2.1\delta) \times 1.5D \times 1.05 \times N$　　　　（11） （6）拱顶罐封头绝热、防潮和保护层计算公式： $V = 2\pi r \times (h + 1.033\delta) \times 1.033\delta$　　　　（12） $S = 2\pi r \times (h + 2.1\delta)$　　　　（13）

工作内容	工程量计算规则
防腐蚀涂料工程	1. 防腐蚀涂料工程以平方米为计量单位。 2. 防腐蚀涂料工程量计算公式。 (1) 设备筒体、管道表面积计算公式： $$S = \pi \times D \times L \qquad (1)$$ 式中：π——圆周率； 　　　D——设备或管道直径； 　　　L——设备筒体高度或按延长米计算的管道长度。 (2) 阀门、弯头、法兰表面积计算公式： ①阀门表面积。 $$S = \pi \times D \times 2.5D \times K \times N \qquad (2)$$ 式中：D——直径； 　　　K——1.05； 　　　N——阀门个数。 ②弯头表面积 $$S = \pi \times D \times 1.5D \times 2\pi \times N/B \qquad (3)$$ 式中：D——直径； 　　　N——弯头个数； B 值取定为：90°弯头 $B = 4$；45°弯头 $B = 8$。 ③法兰表面积。 $$S = \pi \times D \times 1.5D \times K \times N \qquad (4)$$ 式中　D——直径； 　　　K——1.05； 　　　N——法兰个数。 (3) 设备和管道法兰翻边防腐蚀工程量计算公式： $$S = \pi \times (D + A) \times A \qquad (5)$$ 式中：D——直径； 　　　A——法兰翻边宽。 (4) 抹面保护层面积计算公式： $$S = \pi \times L \times (D + 2.1\delta + d) \qquad (6)$$ 式中　D——管道、设备外径； 　　　L——设备筒体高度或按延长米计算的管道长度； 　　　δ——绝热层厚度； 　　　d——抹面保护层厚度。 (5) 计算设备、管道内壁防腐蚀工程量时，当壁厚大于或等于 10 mm 时，按其内径计算；当壁厚小于 10 mm 时，按其表面积计算。
玻璃钢衬里工程	玻璃钢衬里工程以平方米为计量单位。
橡胶板及塑料板衬里工程	橡胶板及塑料板衬里工程以平方米为计量单位。
衬铅及搪铅工程	衬铅及搪铅工程以平方米为计量单位。 喷镀工程以平方米为计量单位。
耐酸砖、板衬里工程	耐酸砖、板衬里工程以平方米为计量单位。

四、解决与实施工作任务

刷油绝热工程施工图预算案例讲解详见表 3.3.7。

表 3.3.7 采暖工程除锈刷油绝热工程量计算书

工程名称：某单位食堂采暖管除锈刷油绝热工程 共 页第 页

项目名称	单位	数量	计算式
地上管道人工除微锈	m^2	9.41	DN50：$L = 6.5 + 6.8 = 13.3$ m，$S = 3.14 \times 0.05 \times 13.3 = 2.09$ DN40：$L = 22.16$ m，$S = 3.14 \times 0.04 \times 22.16 = 2.78$ DN25：$L = 22.8$ m，$S = 3.14 \times 0.025 \times 22.8 = 1.79$ DN20：$L = 6.8 \times 3 = 20.4$ m，$S = 3.14 \times 0.02 \times 20.4 = 1.28$ DN15：$L = 31.164$ m，$S = 3.14 \times 0.015 \times 31.164 = 1.47$
地上管道刷红丹防锈漆第一遍	m^2	9.41	同上
地上管道刷红丹防锈漆第二遍	m^2	9.41	同上
地上管道刷银粉第一遍	m^2	9.41	同上
地上管道刷银粉第二遍	m^2	9.41	同上
四柱813型散热器刷银粉一遍	m^2	41.44	散热器片数 $= 14 \times 4 + 12 \times 6 + 10 \times 2 = 148$ 片 $S = 148 \times 0.28 = 41.44$
地沟内管道岩棉瓦块保温厚 30 mm、直径 57 mm 以内	m^3	0.368	DN50：$L = 18.98 - 13.3 = 5.68$ m，$V = 5.68 \times 0.89/100 = 0.051$ DN40：$L = 22.16$ m，$V = 22.16 \times 0.76/100 = 0.168$ DN25：$L = 22.8$ m，$V = 22.8 \times 0.63/100 = 0.144$ DN20：$L = 21.3 - 20.4 = 0.9$ m，$V = 0.9 \times 0.59/100 = 0.005$
地沟内管道保温层外缠玻璃丝布一层	m^2	18.406	DN50：$L = 18.98 - 13.3 = 5.68$ m，$S = 5.68 \times 41.2/100 = 2.34$ DN40：$L = 22.16$ m，$S = 22.16 \times 37.43/100 = 8.294$ DN25：$L = 22.8$ m，$S = 22.8 \times 32.88/100 = 7.497$ DN20：$L = 21.3 - 20.4 = 0.9$ m，$S = 0.9 \times 30.59/100 = 0.275$
地沟内管道布面刷沥青漆一遍	m^2	18.406	同上

五、自我检查与评价

课内实训：编制某娱乐中心刷油绝热工程施工图预算。

练习题

一、选择题

1. 橡胶板及塑料板衬里工程以（　　）为计量单位。

A. m^2　　　　　　B. kg　　　　　　C. km　　　　　　D. m

2. 玻璃钢衬里工程以（　　）为计量单位。

A. m　　　　　　B. kg　　　　　　C. km　　　　　　D. m^2

3. 计算设备、管道内壁防腐蚀工程量时，当壁厚大于或等于 10 mm 时，按其（　　）计算；当壁厚小于 10 mm 时，按其（　　）计算。

A. 面积、数量　　B. 内径、表面积　　C. 长度、表面积　　D. 表面积、数量

4. 绝热工程中绝热层按设计图示尺寸计算，以（　　）为计量单位。

A. 平方米　　　　B. 米　　　　　　C. 立方米　　　　D. 千米

5. 防潮层、保护层以（　　）为计量单位。

A. 平方米　　　　B. 米　　　　　　C. 立方米　　　　D. 千米

二、计算题

（1）某工业管道工程采用无缝钢管 $\phi108 \times 4$，共 50 m 长，安装前集中刷防锈漆一遍，请问应如何套用定额？

（2）某工程采用无缝钢管 $\phi108 \times 4$，共 50 m 长，管道外保温层厚度 $\delta = 30$ mm，保温层外缠玻璃丝布防潮层后刷调和漆两遍，试查表计算其防潮层与刷油工程量。

（3）某工程采用无缝钢管 $\phi108 \times 4$，共 50 m 长，管道外保温层厚度 $\delta = 30$ mm（采用岩棉瓦块保温），保温层外缠玻璃丝布防潮层后刷调和漆两遍，试查表计算其绝热工程量。

参考答案：

一、选择题：A　D　B　C　A

114

职业活动训练

编制某学生公寓采暖工程中刷油绝热工程施工图预算(图3.3.4至图3.3.6)。

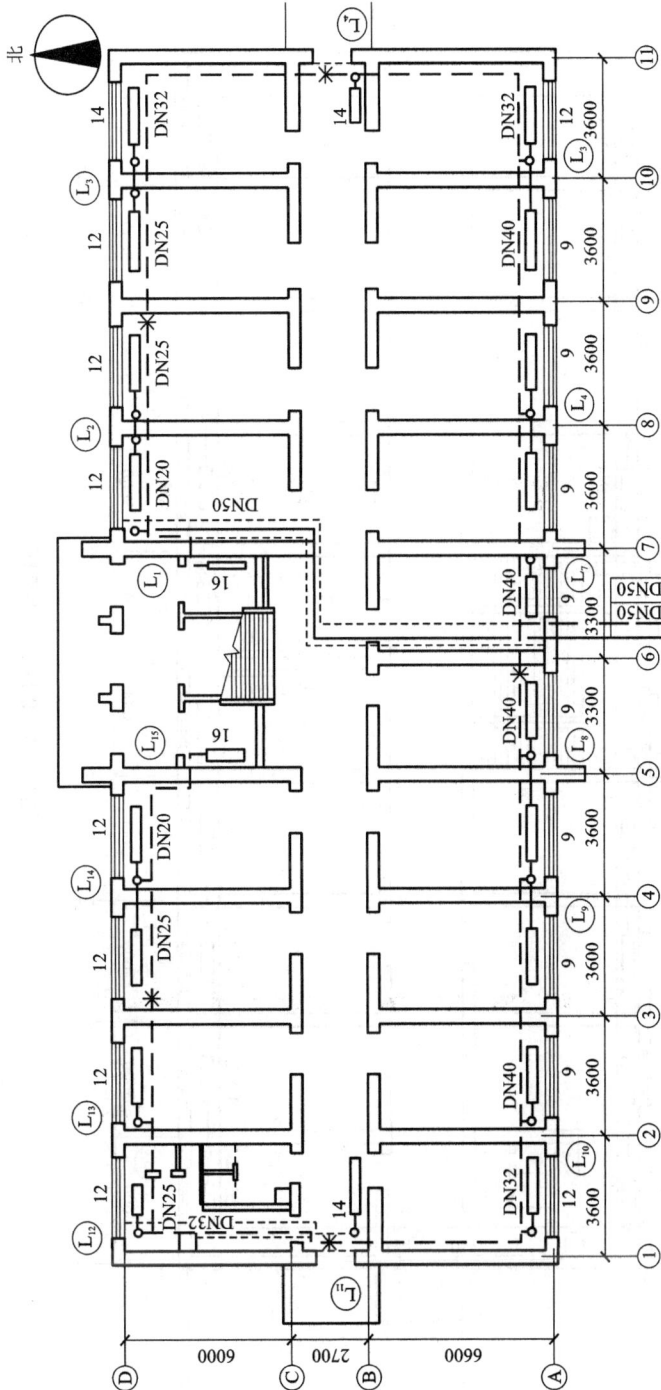

图3.3.4　供暖一层平面图

设计施工说明：

(1)本工程采用低温水供暖，供回水温度为70~95℃；

(2)系统采用上分下回单管顺流式；

(3)管道采用焊接钢管，DN32以下为丝扣连接，DN32以上为焊接；

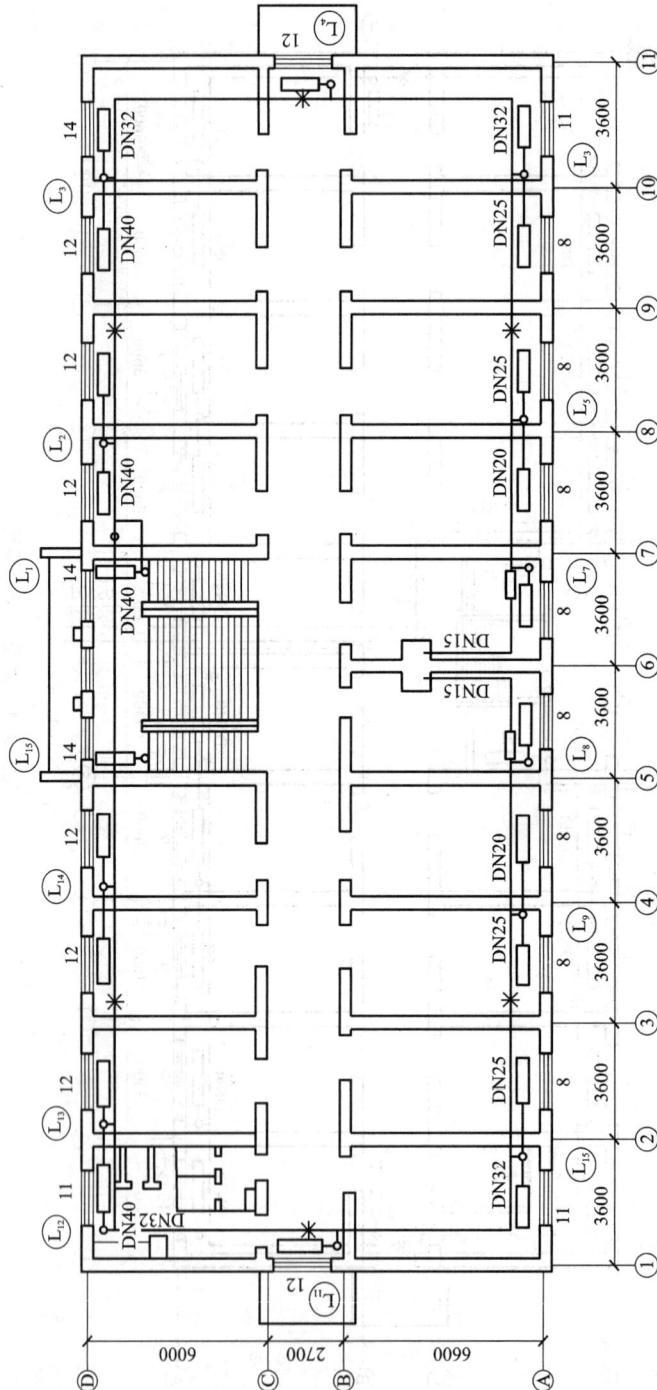

图3.3.5 供暖二层平面图

116

（4）散热器选用铸铁四柱813型，每组散热器设手动放气阀；

（5）集气罐采用《供暖通风国家标准图集》N103中Ⅱ型卧式集气阀；

（6）明装管道和散热器等设备，附件及支架等刷红丹防锈漆两遍，银粉两遍；

（7）室内地沟断面尺寸为500 mm×500 mm，地沟内管道刷防锈漆两遍，50 mm厚岩棉保温，外缠玻璃纤维布；

（8）图中未注明管径的立管均为DN20，支管为DN15；

（9）其余未说明部分，按施工及验收规范有关规定进行。

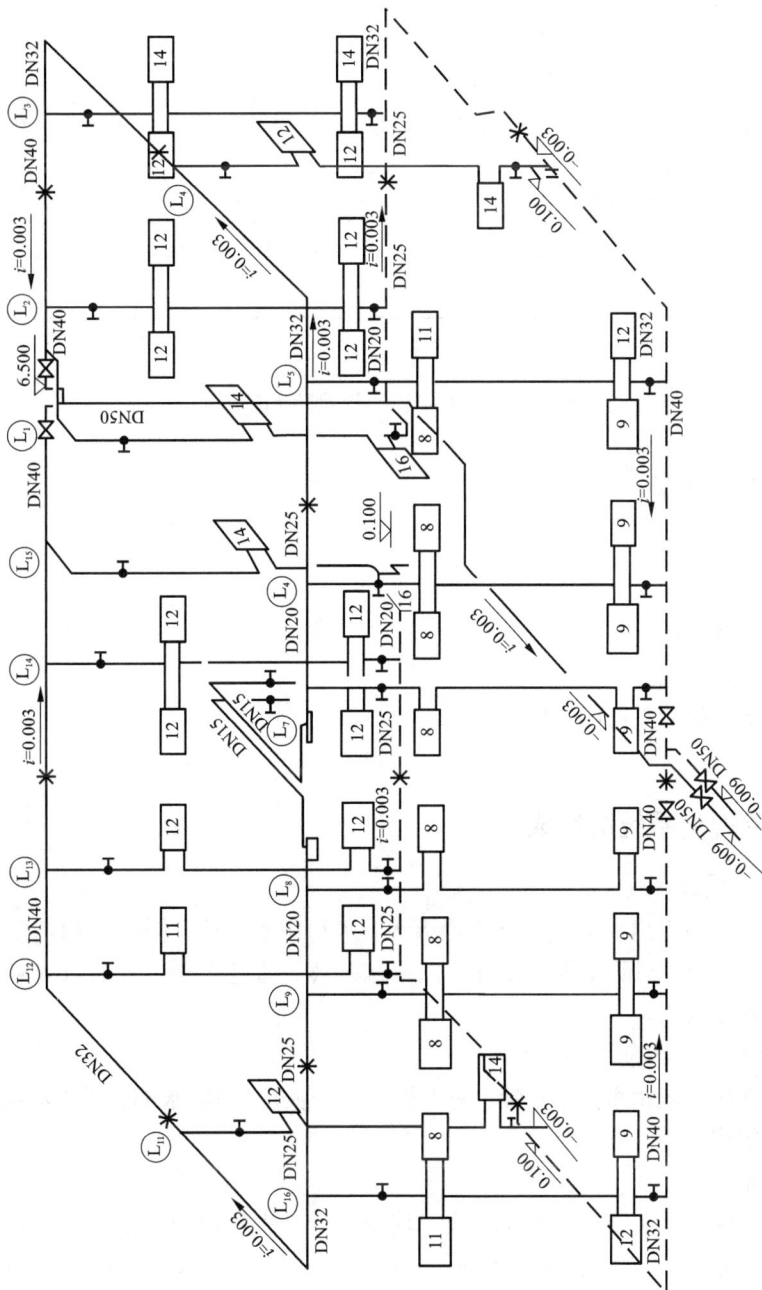

图3.3.6 供暖系统图

项目3-4 消防工程计量

教学导航

项目任务	任务3-4-1：基础知识	学时	12
	任务3-4-2：基价使用		
	任务3-4-3：工程量计算规则		
教学载体	多媒体课室、教学课件及教材相关内容		
教学目标	知识目标	了解消防工程基础知识；熟悉消防工程基价使用；掌握消防工程工程量计算规则	
	能力目标	能够计算消防工程工程量，套用基价，编制预算书	
过程设计	任务布置及知识引导—学习相关新知识点—解决与实施工作任务—自我检查与评价		
教学方法	项目教学法		

任务3-4-1 基础知识

一、消防工程分类

（一）按照灭火介质不同分

1.水灭火系统；

2.非水灭火系统。

（二）按照灭火设备构造不同分

1.消火栓灭火系统（属于水灭火系统）；

2.自动喷洒灭火系统（可以喷水，也可以喷其他非水介质）。

二、消火栓灭火系统的组成

（一）系统工作原理

火灾时着火部位附近出1支或几支水枪灭火，水箱中水供应，同时启动消防泵，泵供水不入箱，箱处有止回阀。消防车可从室外管网取水加压，通过水泵接合器打入室内灭火，也可在室外用车上水枪灭火。

（二）消火栓灭火系统的组成

消火栓灭火系统一般由水枪、水带、消火栓、消防管道、消防水池、消防水箱、水泵接合器及增压水泵等组成。

1.消火栓设备。

消火栓设备由水枪、水带和消火栓组成。均安装于消火栓箱内，如图3.4.1所示。水枪一般为直流式，喷嘴口径有13、16、19 mm三种。口径13 mm水枪配备直径50 mm水带，16 mm水枪可配φ50或65 mm水带，19 mm水枪配备φ65 mm水带。

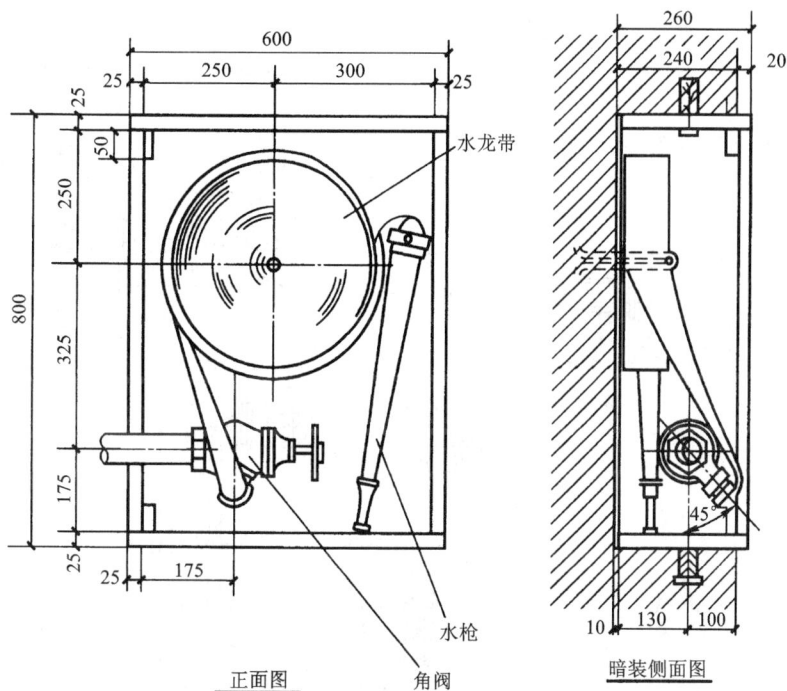

正面图　　角阀　　暗装侧面图

图 3.4.1　消火栓箱

水带口径有 50、65 mm 两种，水带长度一般为 15 m、20 m、25 m、30 m 四种；水带材质有麻织和化纤两种。有衬胶与不衬胶之分，衬胶水带阻力较小。

消火栓均为内扣式接口的球形阀式龙头，有单出口和双出口之分。双出口消火栓直程为 65 mm，如图 3.4.2 所示；单出口消火栓直径有 50 和 65 mm 两种。当每支水枪最小流量小于 5 L/s 时选用直径 50 mm 消火栓；最小流量≥5 L/s 时选用 65 mm 消火栓。

2. 水泵接合器。

在建筑消防给水系统中均应设置水泵接合器。水泵接合器是连接消防车向室内消防给水系统加压供水的装置，一端由消防给水管网水平干管引出，另一端设

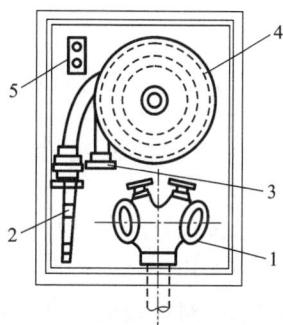

图 3.4.2　双出口消火栓

1—双出口消火栓；2—水枪；3—水带接口；
4—水带；5—按钮

于消防车易于接近的地方，水泵接合器有地上、地下和墙壁式 3 种，见图 3.4.3。

3. 消防管道。

建筑物内消防管道是否与其他给水系统合并或独立设置，应根据建筑物的性质和使用要求经技术经济比较后确定。

4. 消防水池。

消防水池用于无室外消防水源情况下，贮存火灾持续时间内的室内消防用水量，消防水池可设于室外地下或地面上，也可设在室内地下室，或与室内游泳池、水景水池兼用消防水

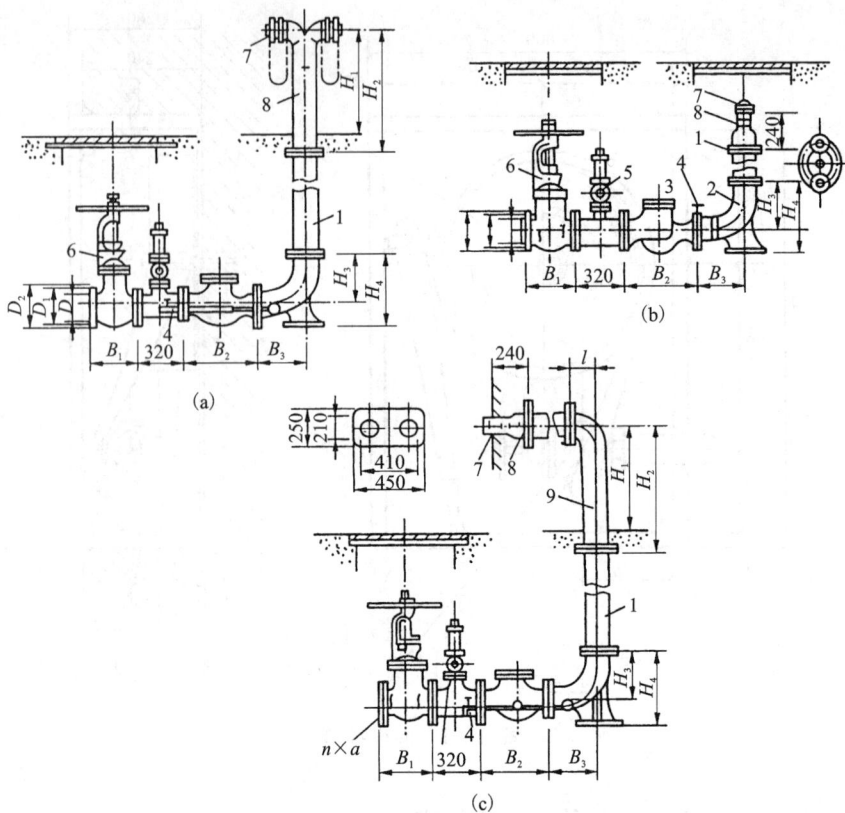

图 3.4.3　消防水泵接合器外形图

(a)SQ 型地上式；(b)SQ 型地下式；(c)SQ 型墙壁式

1—法兰接管；2—弯管；3—升降式单向阀；4—放水阀；

5—安全阀；6—楔式闸阀；7—进水用消防接口；8—本体；9—弯管

池应设有水位控制阀的进水管和溢水管、通气管、泄水管、出水管及水位指示器等附属装置。

5. 消防水箱。

消防水箱对扑救初期火灾起着重要作用，为确保其自动供水的可靠性，应采用重力自流供水方式；消防水箱宜与生活(或生产)共用高位水箱，以保持箱内贮水经常流动，防止水质变坏；水箱的安装高度应满足室内最不利点消火栓所需的水压要求，且应贮存有室内 10 min 的消防用水量。

(三)消防给水管道的布置

1. 室内消防给水管道的布置应符合下列规定：

(1)室内消火栓超过 10 个且室外消防用水量大于 15 L/s 时，其消防给水管道应连成环状，且至少应有两条进水管与室外管网或消防水泵连接。当其中一条进水管发生事故时，其余的进水管应仍能供应全部消防用水量。

(2)高层厂房(仓库)应设置独立的消防给水系统，室内消防竖管应连成环状。

(3)室内消防竖管直径不应小于 DN100。

(4)室内消火栓给水管网宜与自动喷水灭火系统的管网分开设置；当合用消防泵时，供

120

水管路应在报警阀前分开设置。

（5）高层厂房（仓库）、设置室内消火栓且层数超过 4 层的厂房（仓库）、设置室内消火栓且层数超过 5 层的公共建筑，其室内消火栓给水系统应设置消防水泵接合器。

消防水泵接合器应设置在室外便于消防车使用的地点，与室外消火栓或消防水池取水口的距离宜为 15.0～40.0 m。

消防水泵接合器的数量应按室内消防用水量计算确定。每个消防水泵接合器的流量宜按 10～15 L/s 计算。

（6）室内消防给水管道应采用阀门分成若干独立段。对于单层厂房（仓库）和公共建筑，检修停止使用的消火栓不应超过 5 个。对于多层民用建筑和其他厂房（仓库），室内消防给水管道上阀门的布置应保证检修管道时关闭的竖管不超过 1 根，但设置的竖管超过 3 根时，可关闭 2 根。

阀门应保持常开，并应有明显的启闭标志或信号。

（7）消防用水与其他用水合用的室内管道，当其他用水达到最大小时流量时，应仍能保证供应全部消防用水量。

（8）允许直接吸水的市政给水管网，当生产、生活用水量达到最大且仍能满足室内外消防用水量时，消防泵宜直接从市政给水管网吸水。

（9）严寒和寒冷地区非采暖的厂房（仓库）及其他建筑的室内消火栓系统，可采用干式系统，但在进水管上应设置快速启闭装置，管道最高处应设置自动排气阀。

2. 室内消火栓的布置应符合下列规定：

（1）除无可燃物的设备层外，设置室内消火栓的建筑物，其各层均应设置消火栓。

单元式、塔式住宅的消火栓宜设置在楼梯间的首层和各层楼层休息平台上，当设 2 根消防竖管确有困难时，可设 1 根消防竖管，但必须采用双口双阀型消火栓。干式消火栓竖管应在首层靠出口部位设置便于消防车供水的快速接口和止回阀；

（2）消防电梯间前室内应设置消火栓；

（3）室内消火栓应设置在位置明显且易于操作的部位。栓口离地面或操作基面高度宜为 1.1 m，其出水方向宜向下或与设置消火栓的墙面成 90°角；栓口与消火栓箱内边缘的距离不应影响消防水带的连接；

（4）冷库内的消火栓应设置在常温穿堂或楼梯间内。

（5）室内消火栓的间距应由计算确定。高层厂房（仓库）、高架仓库和甲、乙类厂房中室内消火栓的间距不应大于 30.0 m；其他单层和多层建筑中室内消火栓的间距不应大于 50.0 m。

（6）同一建筑物内应采用统一规格的消火栓、水枪和水带。每条水带的长度不应大于 25.0 m；

（7）室内消火栓的布置应保证每一个防火分区同层有两支水枪的充实水柱同时到达任何部位。建筑高度小于等于 24.0 m 且体积小于等于 5000 m³ 的多层仓库，可采用 1 支水枪充实水柱到达室内任何部位。

水枪的充实水柱应经计算确定，甲、乙类厂房、层数超过 6 层的公共建筑和层数超过 4 层的厂房（仓库），不应小于 10.0 m；高层厂房（仓库）、高架仓库和体积大于 25000 m³ 的商店、体育馆、影剧院、会堂、展览建筑、车站、码头、机场建筑等，不应小于 13.0 m；其他建筑不宜小于 7.0 m。

(8)高层厂房(仓库)和高位消防水箱静压不能满足最不利点消火栓水压要求的其他建筑,应在每个室内消火栓处设置直接启动消防水泵的按钮,并应有保护设施。

(9)室内消火栓栓口处的出水压力大于 0.5 MPa 时,应设置减压设施;静水压力大于 1.0 MPa 时,应采用分区给水系统。

(10)设有室内消火栓的建筑,如为平屋顶时,宜在平屋顶上设置试验和检查用的消火栓。

三、自动喷水灭火系统

自动喷水灭火系统是一种在发生火灾时,能自动打开喷头喷水灭火并同时发出火警信号的消防灭火设施。据资料统计,自动喷水灭火系统扑灭初期火灾的效率在 97% 以上,因此国外很多国家的公共建筑都要求设置自动喷水灭火系统。鉴于我国的经济发展状况,仅要求在发生火灾频率高、火灾危险等级高的建筑物中某些部位设置自动喷水灭火系统。

下列场所应设置自动灭火系统,除不宜用水保护或灭火者以及另有规定者外,宜采用自动喷水灭火系统:

1. 大于等于 50000 纱锭的棉纺厂的开包、清花车间;大于等于 5000 锭的麻纺厂的分级、梳麻车间;火柴厂的烤梗、筛选部位;泡沫塑料厂的预发、成型、切片、压花部位;占地面积大于 1500 m^2 的木器厂房;占地面积大于 1500 m^2 或总建筑面积大于 3000 m^2 的单层、多层制鞋、制衣、玩具及电子等厂房;高层丙类厂房;飞机发动机试验台的准备部位;建筑面积大于 500 m^2 的丙类地下厂房;

2. 每座占地面积大于 1000 m^2 的棉、毛、丝、麻、化纤、毛皮及其制品的仓库;每座占地面积大于 600 m^2 的火柴仓库;邮政楼中建筑面积大于 500 m^2 的空邮袋库;建筑面积大于 500 m^2 的可燃物品地下仓库;可燃、难燃物品的高架仓库和高层仓库(冷库除外);

3. 特等、甲等或超过 1500 个座位的其他等级的剧院;超过 2000 个座位的会堂或礼堂;超过 3000 个座位的体育馆;超过 5000 人的体育场的室内人员休息室与器材间等;

4. 任一楼层建筑面积大于 1500 m^2 或总建筑面积大于 3000 m^2 的展览建筑、商店、旅馆建筑,以及医院中同样建筑规模的病房楼、门诊楼、手术部;建筑面积大于 500 m^2 的地下商店;

5. 设置有送回风道(管)的集中空气调节系统且总建筑面积大于 3000 m^2 的办公楼等;

6. 设置在地下、半地下或地上四层及四层以上或设置在建筑的首层、二层和三层且任一层建筑面积大于 300 m^2 的地上歌舞娱乐放映游艺场所(游泳场所除外);

7. 藏书量超过 50 万册的图书馆。

(一)自动喷水灭火系统的分类及其作用原理

1. 湿式自动喷水灭火系统。

该系统为喷头常闭的灭火系统,如图 3.4.4 所示,管网中充满有压水,当建筑物发生火灾,火点温度达到开启闭式喷头时,喷头出水灭火。该系统有灭火及时、扑救效率高的优点,但由于管网中充有有压水,当渗漏时会损坏建筑装饰和影响建筑的使用。该系统适用于环境温度 4℃ < t < 70℃ 的建筑物。

2. 干式自动喷水灭火系统。

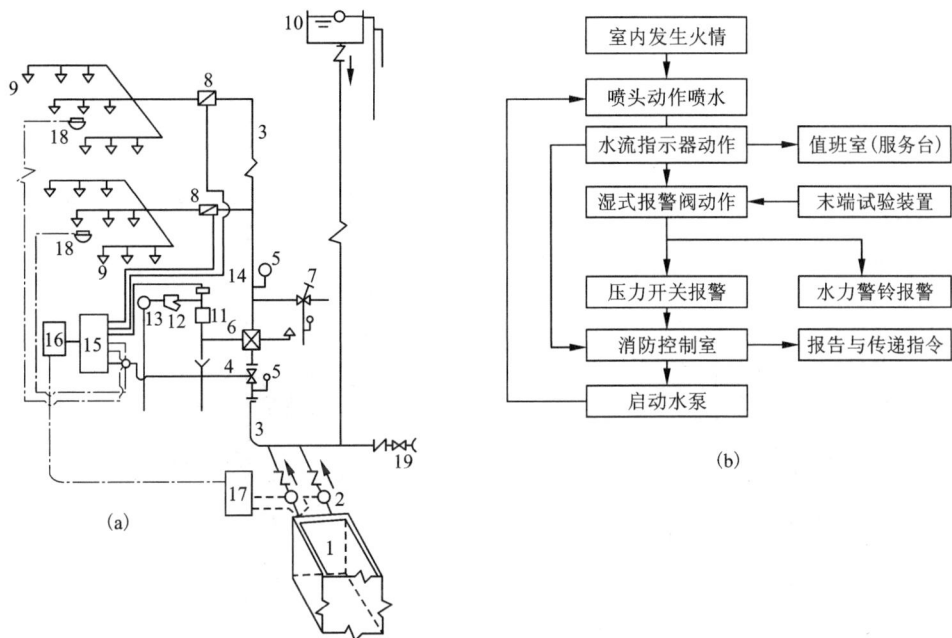

图 3.4.4　湿式自动喷水灭火系统图式

(a)组成示意图；(b)工作原理流程图

1—消防水池；2—消防泵；3—管网；4—控制蝶阀；5—压力表；6—湿式报警阀；7—泄放试验阀；
8—水流指示器；9—喷头；10—高位水箱、稳压泵成气压给水设备；11—延时器；12—过滤器；
13—水力警铃；14—压力开关；15—报警控制；16—非标控制箱；17—水泵启动箱；18—探测器；19—水泵接合器

　　该系统为喷头常闭的灭火系统，管网中平时不充水，充有有压空气(或氮气)，如图 1.37 所示，当建筑物发生火灾，火点温度达到开启闭式喷头时，喷头开启，排气、充水、灭火。该系统灭火时需先排气，故喷头出水灭火不如湿式系统及时。但管网中平时不充水，对建筑物装饰无影响，对环境温度也无要求，适用于采暖期长而建筑内无采暖的场所。为减少排气时间，一般要求管网的容积不大于 2000 L。

　　3.预作用喷水灭火系统。

　　为喷头常闭的灭火系统，管网中平时不充水(无压)，如图 3.4.6 所示。发生火灾时，火灾探测器报警后，自动控制系统控制闸门排气、充水，由干式变为湿式系统。只有当着火点温度达到开启闭式喷头时，才开始喷水灭火。该系统弥补了上述两种系统的缺点，适用于对建筑装饰要求高、灭火要求及时的建筑物。

　　4.雨淋喷水灭火系统。

　　为喷头常开的灭火系统，当建筑物发生火灾时，由自动控制装置打开集中控制闸门，使整个保护区域所有喷头喷水灭火，如图 3.4.7 所示。该系统具有出水量大、灭火及时的优点，适用于火灾蔓延快、危险性大的建筑或部位。

　　5.水幕系统。

　　该系统喷头沿线状布置，发生火灾时主要起阻火、冷却、隔离作用，如图 3.4.8 所示，该系统适用于需防火隔离的开口部位，如舞台与观众之间的隔离水帘、消防防火卷帘的冷却等。

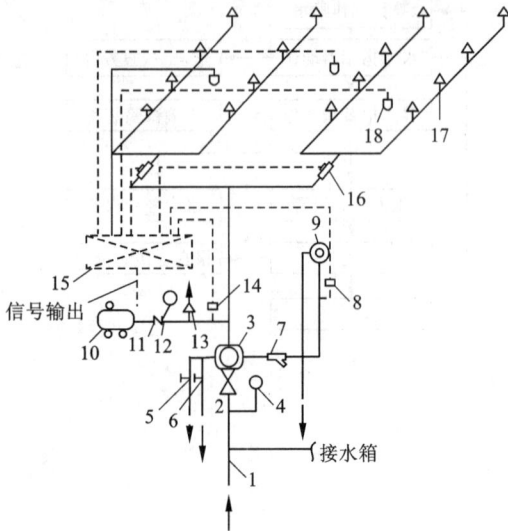

图 3.4.5 干式自动喷水灭火系统图式

1—供水管;2—闸阀;3—干式阀;4—压力表;5、6—截止阀;
7—过滤器;8—压力开关;9—水力警铃;10—空气机;
11—止回阀;12—压力表;13—安全阀;14—压力开关;
15—火灾报警控制箱;16—水流指示器;
17—闭式喷头;18—火灾探测器

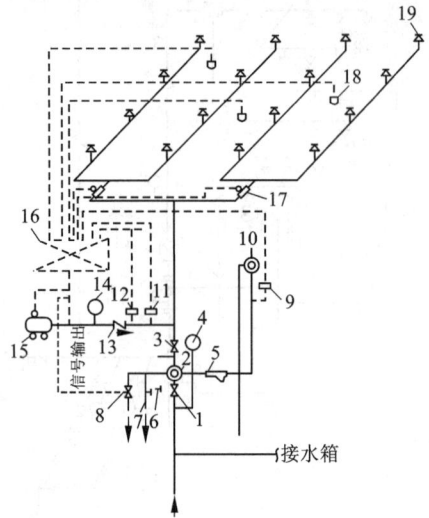

图 3.4.6 预作用喷水灭火系统图式

1—总控制阀;2—预作用阀;3—检修闸阀;4—压力表;
5—过滤器;6—截止阀;7—手动开启截止阀;8—电磁阀;
9—压力开关;10—水力警铃;11—压力开关(启闭空压机);
12—低气压报警压力开关;13—止回阀;14—压力表;
15—空压机;16—火灾报警控制箱;17—水流指示器;
18—火灾探测器;19—闭式喷头

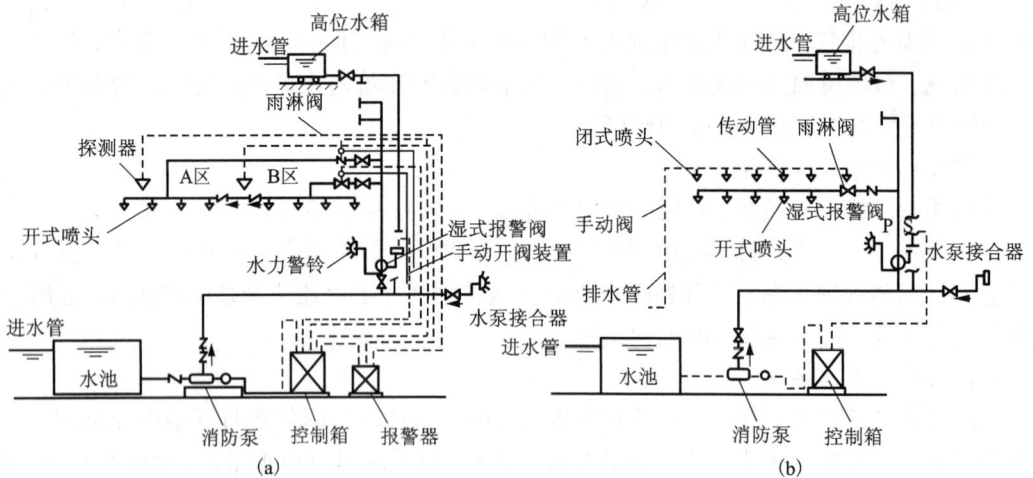

图 3.4.7 雨淋喷水灭火系统图式

(a)电动启动;(b)传动管启动

124

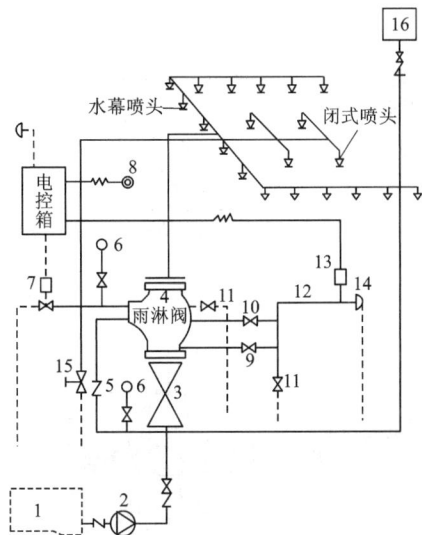

图 3.4.8　水幕系统图式

1—水池；2—水泵；3—供水闸阀；4—雨淋阀；5—止回阀；6—压力表；7—电磁阀；8—按钮；
9—试警铃阀；10—警铃管阀；11—放水阀；12—滤网；13—压力开关；14—警铃；15—手动快开阀；16—水箱

6. 水喷雾灭火系统。

该系统利用高压水，经过喷雾喷头把水粉碎成细小的雾状水滴之后，喷射到燃烧物表面，一方面使燃烧物和空气隔绝产生窒息，另一方面进行冷却，对油类火灾能使油面起乳化作用，对水溶性液体火灾能起稀释作用，同时由于水雾不会造成液体火飞溅，具有电气绝缘性好的特点，在

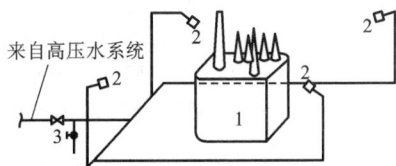

图 3.4.9　变压器水喷雾灭火系统示意图

1—变压器；2—水雾喷头；3—排水阀

扑灭可燃液体火灾、电气火灾中均得到了广泛的应用，如飞机发动机试验台、各类电气设备、石油加工场所等。如图 3.4.9 所示为变压器水喷雾灭火系统布置示意图。

（二）自动喷水灭火系统的组成

1. 喷头。

闭式喷头的喷口用由热敏元件组成的释放机构封闭，当达到一定温度时能自动开启，如玻璃球爆炸、易熔合金脱离。其构造按溅水盘的形式和安装位置有直立型、下垂型、边墙型、普通型、吊顶型和干式下垂型洒水喷头之分，见图 3.4.10。

开式喷头根据用途又分为开启式、水幕、喷雾三种类型，见图 3.4.11。

2. 报警阀。

报警阀的作用是开启和关闭管网的水流，传递控制信号至控制系统并启动水力警铃直接报警。有湿式、干式、干湿式和雨淋式四种类型，如图 1.44 所示。湿式报警阀用于湿式自动喷水灭火系统；干式报警阀用于干式自动喷水灭火系统；干湿式报警阀是由湿式、干式报警阀依次连接而成，在温暖季节用湿式装置，在寒冷季节则用干式装置；雨淋阀用于雨淋、预作用、水幕、水喷雾自动喷水灭火系统。报警阀有 DN50 mm、65 mm、80 mm、125 mm、150 mm、200 mm 等八种规格。

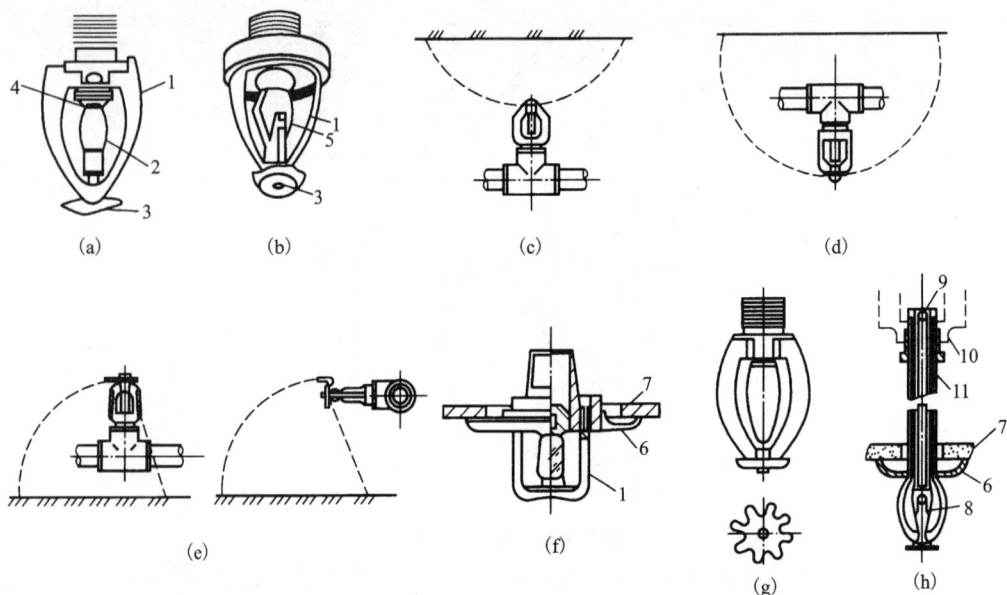

图 3.4.10 闭式喷头构造示意图

(a)玻璃球洒水喷头；(b)易熔合金洒水喷头；(c)直立型；(d)下垂型；
(e)边墙型(立式、水平式)；(f)吊顶型；(g)普通型；(h)干式下垂型

1—支架；2—玻璃球；3—溅水盘；4—喷水口；5—合金锁片；
6—装饰罩；7—吊顶；8—热敏元件；9—钢球；10—铜球密封圈；11—套筒

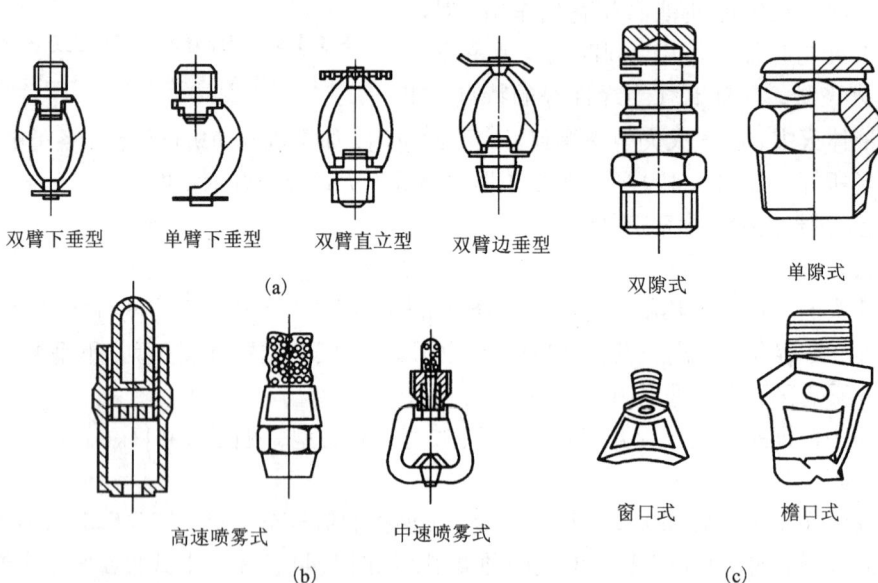

双臂下垂型　单臂下垂型　双臂直立型　双臂边垂型　　　双隙式　　　单隙式

(a)

高速喷雾式　　　中速喷雾式　　　　窗口式　　　檐口式

(b)　　　　　　　　　　　　　(c)

图 3.4.11 开式喷头构造示意图

(a)开启式洒水喷头；(b)水幕喷头；(c)喷雾喷头

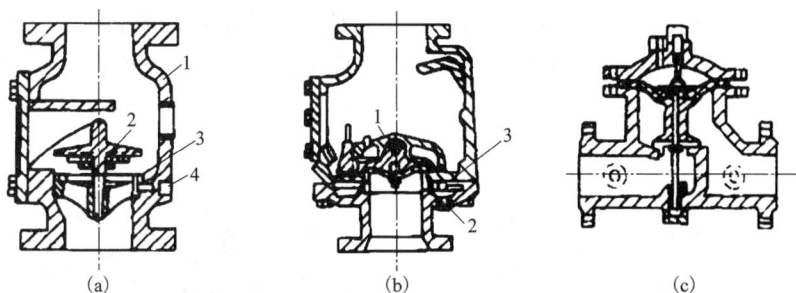

图 3.4.12　报警阀构造示意图

(a)座圈型湿式阀：1—阀体；2—阀闸；3—沟槽；4—水力警铃接口

(b)差动式干式阀：1—阀瓣；2—水力警铃接口；3—弹性隔膜

(c)雨淋阀

3．水流报警装置。

水流报警装置主要有水力警铃、水流指示器和压力开关。

水力警铃主要用于湿式喷水灭火系统。宜装在报警阀附近(其连接管不宜超过 6 m)。当报警阀打开消防水源后，具有一定压力的水流冲动叶轮打铃报警。水力警铃不得由电动报警装置取代。

水流指示器用于湿式喷水灭火系统中。当某个喷头开启喷水或管网发生水量泄漏时，管道中的水产生流动，引起水流指示器中桨片随水流而动作，接通延时电路 20～30 s 之后，继电器触电吸合发出区域水流电信号，送至消防控制室，如图 3.4.13 所示。通常将水流指示器安装于各楼层的配水干管或支管上。

压力开关垂直安装于延迟器和水力警铃之间的管道上。在水力警铃报警的同时，依靠警铃管内水压的升高自动接通电触点，完成电动警铃报警，向消防控制室传送电信号或启动消防水泵。

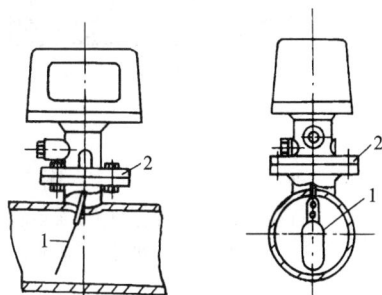

图 3.4.13　水流指示器

1—桨片；2—连接法兰

4．延迟器。

延迟器是一个罐式容器，安装于报警阀与水力警铃(或压力开关)之间。用来防止由于水压波动原因引起报警阀开启而导致的误报。报警阀开启后，水流需经 30 s 左右充满延迟器后方可冲打水力警铃。

5．火灾探测器。

火灾探测器是自动喷水灭火系统的重要组成部分。目前常用的有感烟、感温探测器，感烟探测器是利用火灾发生地点的烟雾浓度进行探测；感温探测器是通过火灾引起的温升进行探测。火灾探测器布置在房间或走道的天花板下面，其数量应根据探测器的保护面积和探测区面积计算而定。

（三）喷头及管网布置

喷头的布置间距要求在所保护的区域内任何部位发生火灾都能得到一定强度的水量。喷头的布置形成应根据天花板、吊顶的装修要求布置成正方形、长方形和菱形3种形式。图3.4.14所示喷头布置的基本形式。

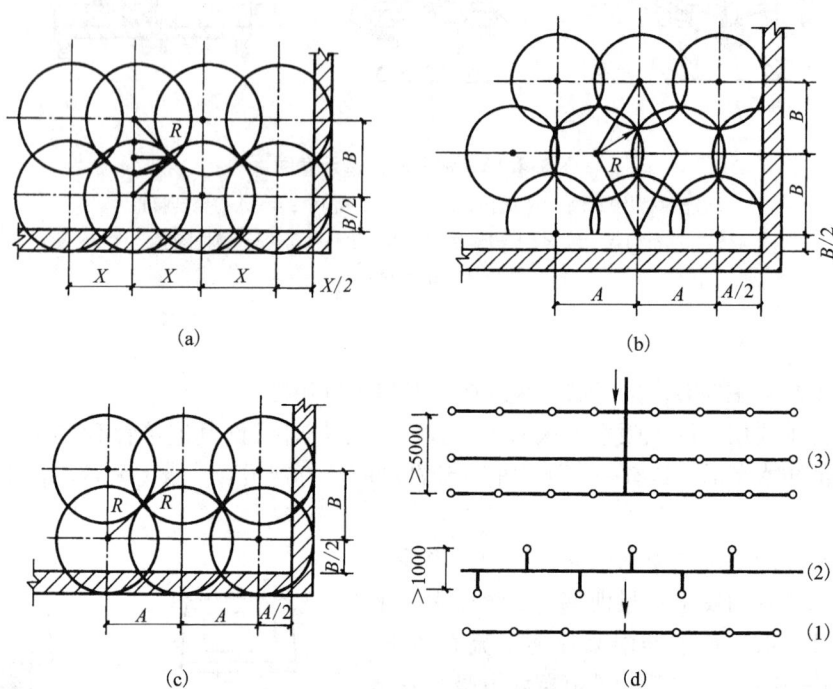

图 3.4.14　喷头布置的几种形式

(a)喷头正方形布置；(b)喷头菱形布置；(c)喷头长方形布置；(d)双排及水幕防火带平面布置

X—喷头间距；R—喷头计算喷水半径；A—长边喷头间距；B—短边喷头间距

(1)单排；(2)双排；(3)防火带

水幕喷头布置根据成帘状态的要求应呈线状布置，根据隔离强度要求可布置成单排、双排和防火带形式。

自动喷水灭火管网的布置，应根据建筑平面的具体情况布置成侧边式和中央布置式两种形式，如图3.4.15所示。一般情况下每根支管上设置的喷头不宜多于8个。

任务 3-4-2　基价使用

一、工作任务布置

编制某活动中心消防工程施工图预算。

【工程基本概况】

1. 图3.4.16至图3.4.20为广东省广州市市区××活动中心消火栓和自动喷水系统的一部分，消火栓和喷淋系统均采用热镀锌钢管，螺纹连接。

2. 消火栓系统采用SN65普通型消火栓，19 mm水枪一支，25 m长衬里麻织水带一条。

128

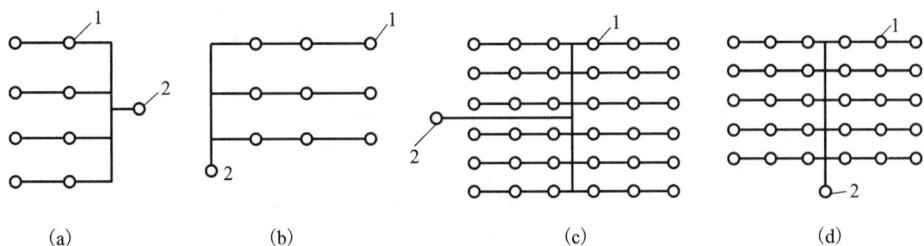

图 3.4.15　管网布置的形式
(a)侧边中心方式；(b)侧边末端方式；(c)中央中心方式；(d)中央末端方式
1—立管；2—干管

3.消防水管穿地下室外墙设刚性防水套管，穿墙和楼板时设一般钢套管；水平管在吊顶内敷设。

4.施工完毕，整个系统应进行静水压力试验，系统工作压力消火栓为 0.40 MPa；喷淋系统为 0.55 MPa。试验压力消火栓系统为 0.675 MPa；喷淋系统为 1.40 MPa。

5.图中标高均以米计，其他尺寸标注均以毫米计。

6.本案例题暂不计刷油、保温等工作内容，阀门井内阀件暂不计。

7.未尽事宜执行现行施工及验收规范的有关规定。

【工作任务要求】

1.按照 2010 年版《广东省安装工程综合定额》的有关内容，计算工程量。

2.套用 2010 年版《广东省安装工程综合定额》，计算直接工程费。（本题主材只计算其消耗量，暂不计主材费。）

二、学习相关新知识点

消防工程相关定额与工程量计算：

1.消防工程相关的定额介绍；

2.第七册定额相关费用的规定；

3.工程量计算规则。

三、消防工程相关的定额

消防工程使用山东省安装工程消耗量定额第七册《消防及安全防范设备安装工程》。本定额共八章，自 2004 年 12 月《山东省安装工程消耗量定额（第十三册）建筑智能化系统设备安装工程》颁发后，本册定额的第五章"安全防范设备安装"、第六章"电话通讯设备安装"、第七章"共用电视天线系统、广播系统装置安装"以及第八章"系统调试"中"五、广播、通讯装置调试"、"六、安全防范系统调试"、"七、共用电视天线系统装置调试"的内容停止使用。

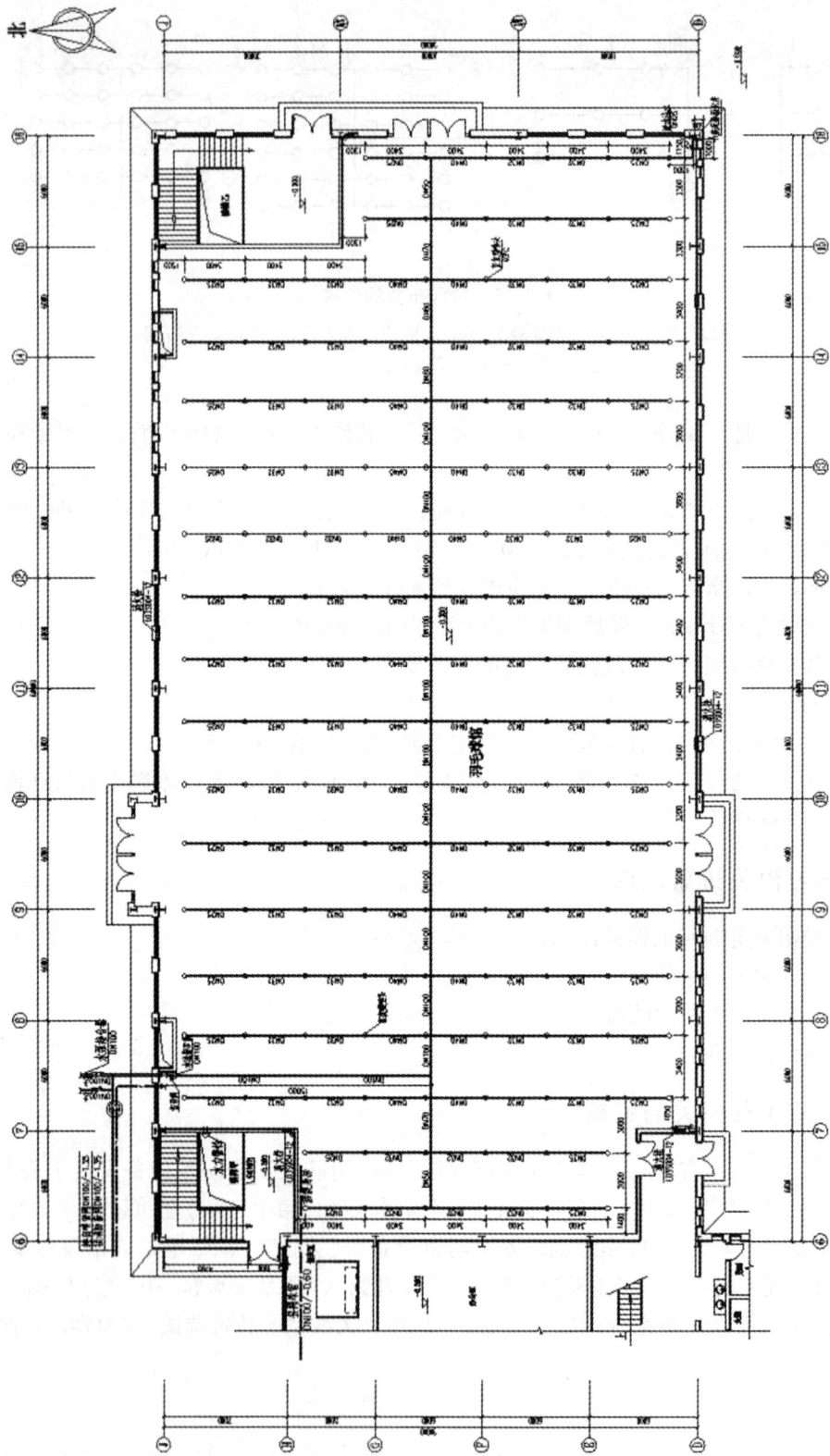

图3.4.16 ——一层设备管线、自动消防平面图 1:100

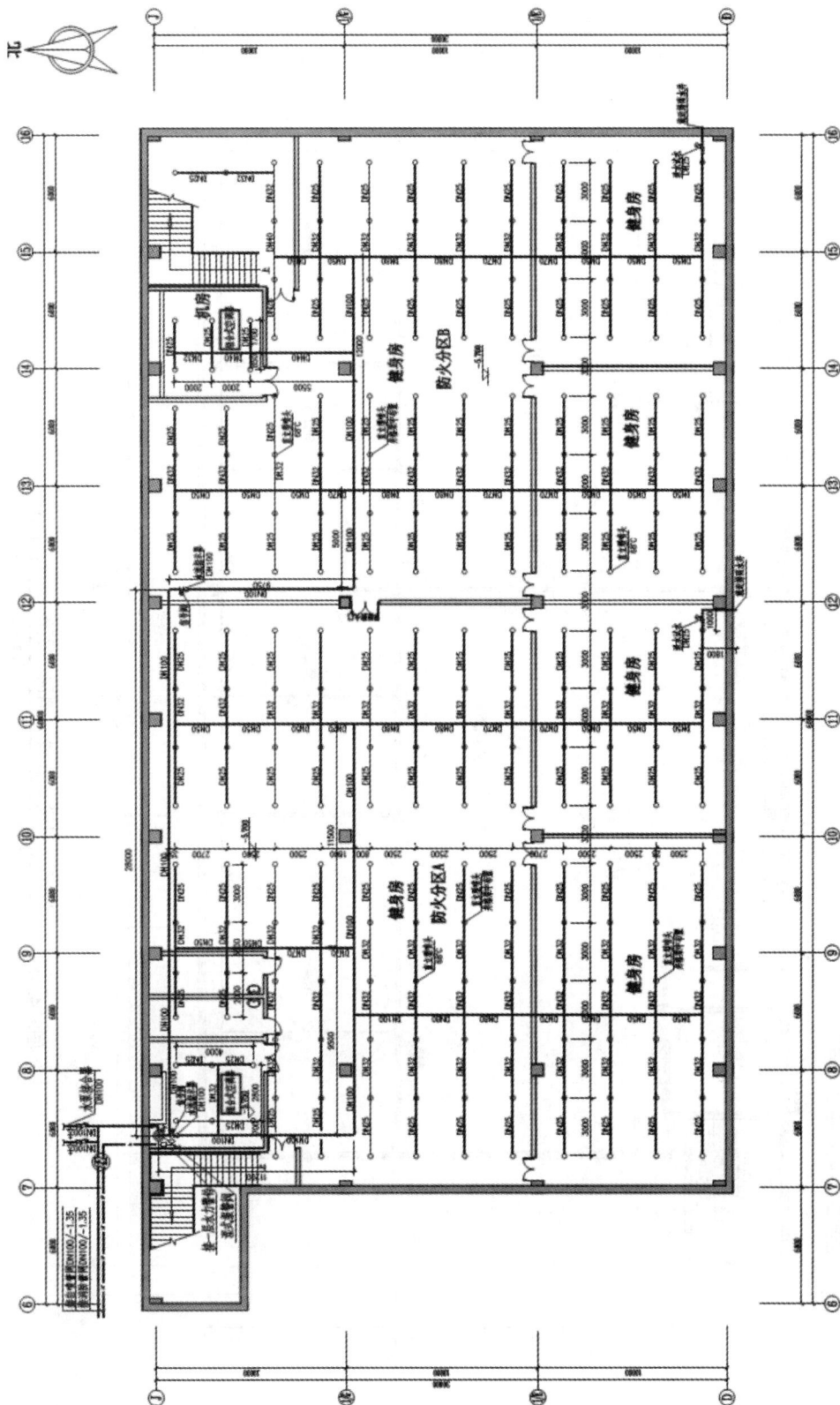

图3.4.17　地下一层自动消防平面图　1:100
所有穿地下室外墙的进出水管均设刚性防水套管

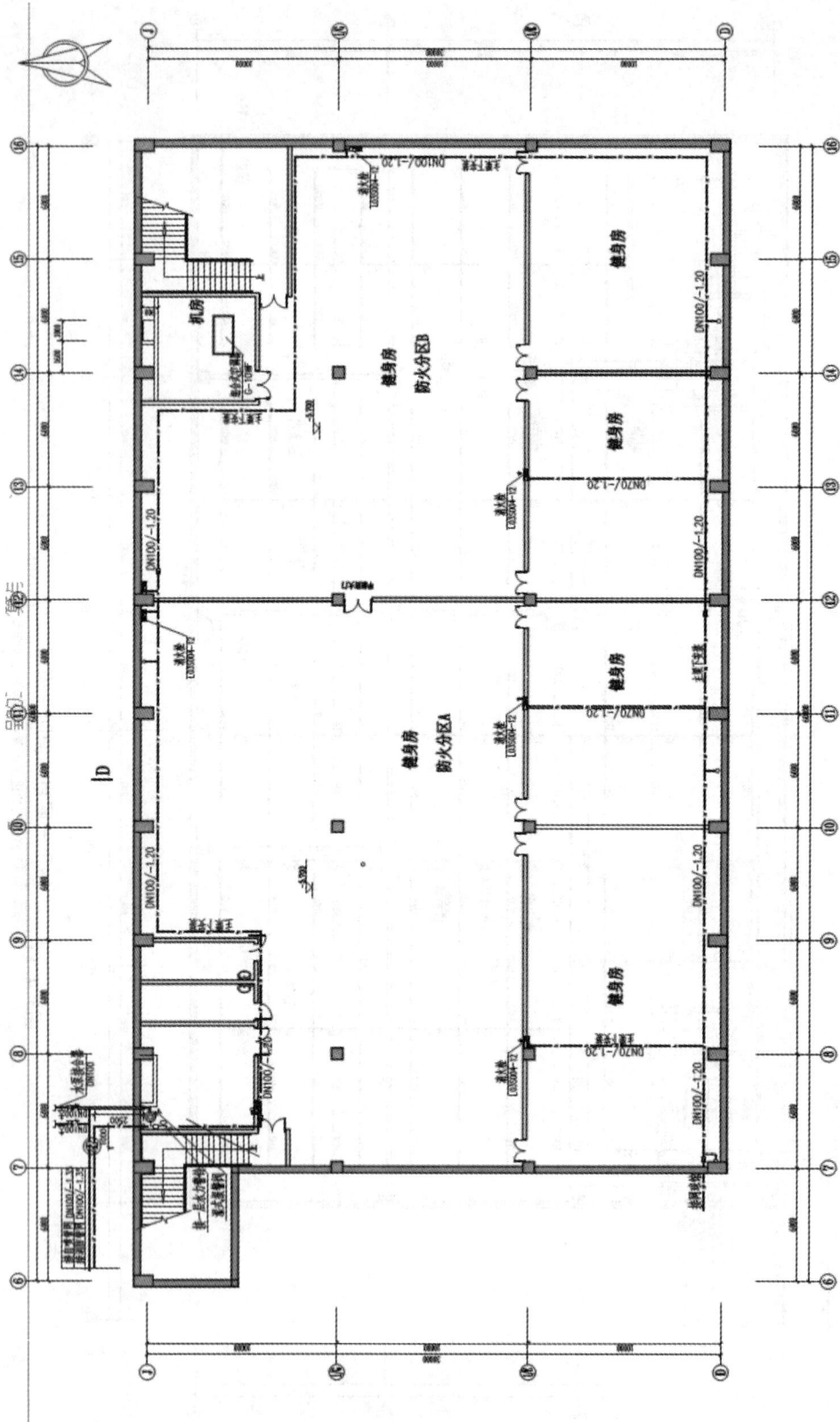

图3.4.18 ── 地下一层设备管线、消防平面图 1∶100

所有穿地下室外墙的进出水管均设刚性防水套管

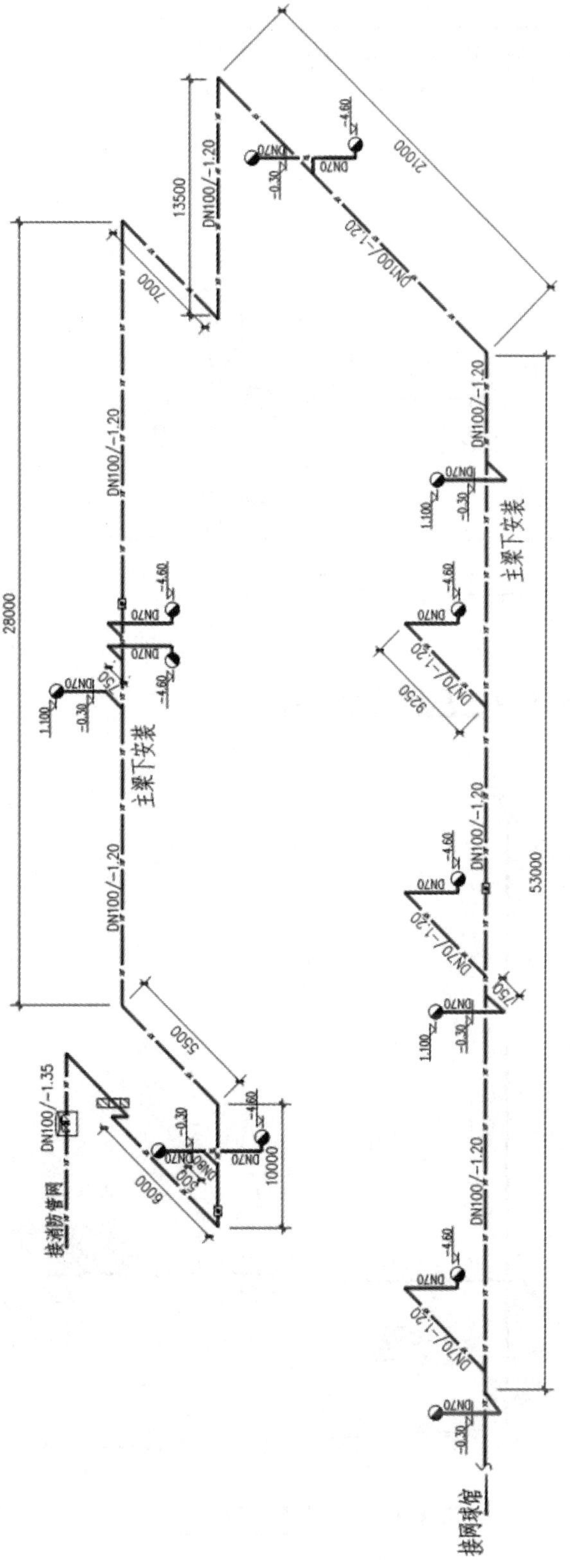

图3.4.19 消防栓系统图 1:100

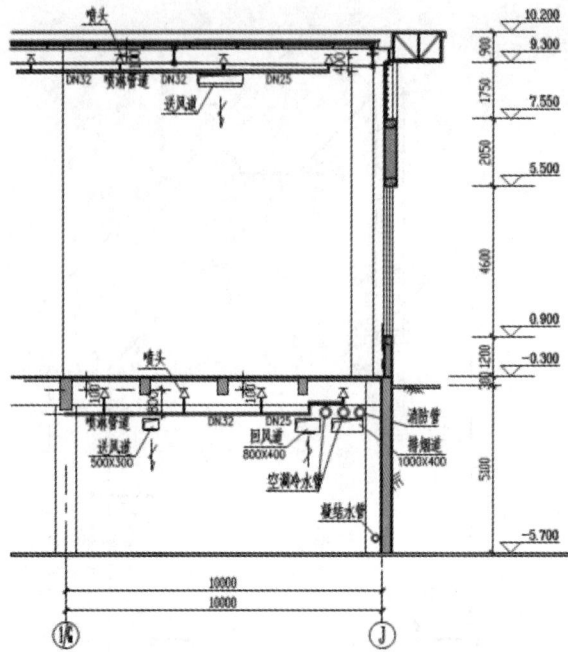

图3.4.20 D-D剖面图 1:100

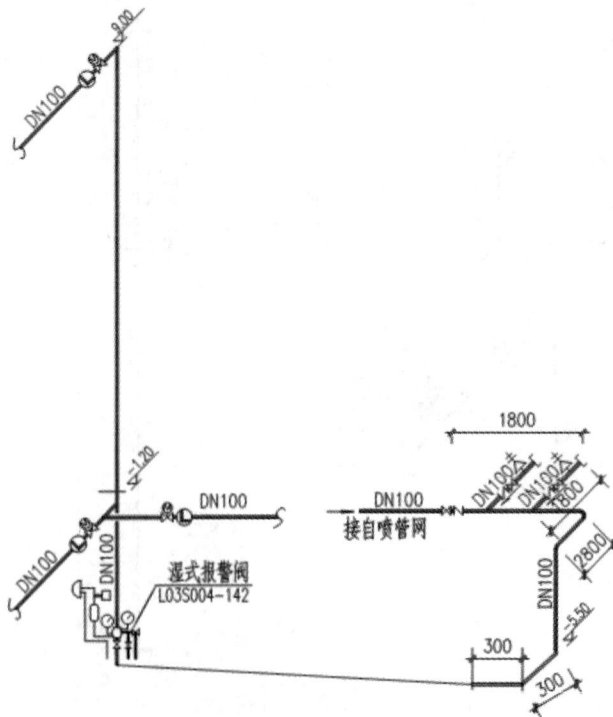

图3.4.21 消防配件系统图

第七册《消防工程》定额项目设置内容

章目	各章内容
第一章　火灾自动报警系统安装	列有探测器安装、按钮安装、模块(接口)安装、报警控制器安装、联动控制器安装、报警联动一体机安装、重复显示器、警报装置、远程控制器、消防报警备用电源安装、正压送风阀、排烟阀、防火阀检查接线,共43个子目。
第二章　水灭火系统安装	列有管道安装(镀锌钢管)、系统组件安装(喷头、湿式报警装置、温感式水幕装置、水流指示器)、其他组件安装(减压孔板、末端试水装置、集热板制作安装)、消火栓(室内消火栓、室外消火栓、消防水泵接合器、隔膜式气压水罐)安装,共58个子目。后来又补充了钢管(沟槽式连接)9个子目。
第三章　气体灭火系统安装	列有管道安装(无缝钢管、气体驱动装置管道安装)系统组件安装(喷头、选择阀、贮存装置)、二氧化碳称重检漏装置安装,共31个子目。
第四章　泡沫灭火装置安装	列有泡沫发生器安装、泡沫比例混合器安装(压力储罐泡沫比例混合器、平衡压力式比例混合器、环泵式负压比例混合器、管线式负压比例混合器),共16个子目。
第五章　系统调试	列有自动报警系统装置调试、水灭火系统控制装置调试、气体灭火系统装置调试、电动防火门、防火卷帘门、正压送风阀、排烟阀、防火阀控制系统装置调试,共19个子目。

四、使用定额的注意事项

1. 定额的适用范围。

适用于工业与民用建筑中的消防系统的新建、扩建和整体更新改造工程。

2. 使用其他册相应定额的工程项目。

(1)本册各种消防泵、稳压泵等机械设备安装及二次灌浆执行第一册相应项目。

(2)本册内容所涉及的电力、控制电缆敷设、桥架安装配管、配线、接线盒、动力、应急照明控制设备及器具,电动机检查接线,防雷接地装置等安装均执行第二册相应项目。

(3)泡沫液储罐、设备支架制作安装等执行第五册相应项目。

(4)各种套管的制作安装,焊接或法兰连接的不锈钢、铜管及泵间管道安装执行第六册相应定额。

(5)自动喷淋灭火系统、室外消防管道及室内外消火栓管道系统的阀门、法兰安装使用第八册定额;自动喷雾灭火系统、气体灭火系统以及泡沫灭火系统的阀门、法兰安装执行第六册《工业管道工程》相应项目。

(6)消火栓管道、室外给水管道安装及水箱制作安装,执行第八册相应项目。

(7)各种仪表的安装,水流指示器、压力开关的接线、校线,执行第十册《自动化控制仪表安装工程》相应项目。

(8)各种设备支架的制作安装等,执行第五册《静置设备与工艺金属结构制作安装》相应项目。

(9)设备及支架、法兰焊口除锈刷油,执行第十一册相应项目。泵间管道安装执行第六册相应定额。

遇有下列情况,应按相应定额项目调整消耗量:

(1)定额中操作物高度以距楼地面5 m为限,如超过5 m时,定额人工乘以下列系数,见表3.4.1。

表3.4.1 超高增加消耗量系数表

操作物高度(m)	≤10	≤15	≤20	>20
系数	1.10	1.15	1.20	1.40

(2)设置于管道间、管廊、已封闭的吊顶、地沟内的管道安装,其定额人工乘以系数1.30。

(3)在洞库、暗室内施工时,定额人工、机械消耗量增加15%。

(4)脚手架搭拆费,可按定额人工费的5%计算,其中人工工资占25%。

(5)高层建筑(指高度在6层或20 m以上的工业与民用建筑)增加费,可按表3.4.2计算(其中人工工资占70%,其余为机械费)。

表3.4.2 高层建筑增加费

层数 (高度 m)	9 层以下 (30)	12 层以下(40)	15 层以下(50)	18 层以下(60)	21 层以下(70)	24 层以下(80)	27 层以下(90)	30 层以下(100)	33 层以下(110)
按定额人工费的%	12	15	19	22	25	28	33	37	43
层数 (高度 m)	36 层以下(120)	39 层以下(130)	42 层以下(140)	45 层以下(150)	48 层以下(160)	51 层以下(170)	54 层以下(180)	57 层以下(190)	60 层以下(200)
按定额人工费的%	47	50	53	56	59	62	66	69	72

任务3-4-3 工程量计算规则

一、火灾自动报警系统安装工程量计算

(一)工作内容

1.施工技术准备、施工机械准备、标准仪器准备、施工安全防护措施、安装位置的清理。

2.设备和箱、机及元件的搬运、开箱、检查、清点、杂物回收、安装就位、接地、密封,箱、机内的校线、接线、挂锡、编码、测试、清洗、记录整理等。

(二)定额使用时应注意的问题

1.本章定额中均包括了校线、接线和本体调试。探测器、按钮、报警、联动控制器等均按总线制编制,多线制可参照执行。

2.本章定额中报警控制器、联动控制器、报警联动一体机是以成套装置编制的,柜式及琴台式安装均执行落地式安装相应项目。

3.火灾事故广播、消防通信设备安装执行第六、七章相应项目。自动报警、联动系统和火灾事故广播、消防通信系统调试执行第八章相应项目。

4.本章不包括以下工作内容：

(1)设备支架、底座、基础的制作与安装。

(2)构件加工、制作。

(3)电机检查、接线及调试。

(4)事故照明及疏散指示控制装置安装。

(5)CRT彩色显示装置安装。

(6)管线的安装。

(三)工程量的计算

1.点型探测器不分接线制，不分规格、型号、安装方式与位置，以"只"为计量单位。探测器安装包括了探头、底座以及接线盒的安装和本体调试。

2.红外光束探测器以"对"为计量单位(红外线探测器是成对使用的)。定额中包括了探头支架安装和探测器的调试、对中以及接线盒的安装。

3.火焰探测器、可燃气体探测器不分线制、规格、型号、安装方式与位置，以"只"为计量单位。探测器安装包括了探头、底座、接线盒的安装及本体调试。

4.线形探测器的安装方式按环绕、正弦及直线综合考虑，不分线制及保护形式，以"10m"为计量单位。定额中未包括探测器连接的一只模块和终端，其工程量按相应定额另行计算。

5.按钮包括消火栓按钮、手动报警按钮、气体灭火起/停按钮，以"只"为计量单位。定额已包括其接线盒的安装，并按照在轻质墙体和硬质墙体上安装两种方式综合考虑。

6.控制模块(接口)是指仅能起控制作用的模块(接口)，亦称为中继器，依据其给出控制信号的数量，分为单输出和多输出两种形式。执行时不分安装方式，按照输出数量以"只"为计量单位。

7.报警模块(接口)不起控制作用，只能起监视、报警作用，执行时不分安装方式，以"只"为计量单位。

8.报警控制器不分线制，按其安装方式不同分为壁挂式和落地式。按照"点"数的不同划分子目，以"台"为计量单位。"点"是指报警控制器所带的有地址编码的报警器件(探测器、报警按钮、模块等)的数量，如果一个模块带数个探测器，则只能计为一点。

9.联动控制器不分线制，按其安装方式不同分为壁挂式和落地式，并按照"点"数的不同划分子目，以"台"为计量单位。"点"是指联动控制器所带有的控制模块(接口)的数量。

10.报警联动一体机不分线制，按其安装方式不同分为壁挂式和落地式，并按照"点"数的不同划分子目，以"台"为计量单位。"点"是指报警联动一体机所带的有地址编码的报警器件与控制模块(接口)的数量。

11.重复显示器(楼层显示器)不分线制，不分规格、型号、安装方式，以"台"为计量单位。

12.警报装置分为声光报警和警铃报警两种形式，均以"只"为计量单位。

13.远程控制器按其控制回路数以"台"为计量单位。

14.报警备用电源综合考虑了规格、型号，以"台"为计量单位。

15. 正压送风阀、排烟阀、防火阀检查接线，以"10个"为计量单位。

二、水灭火系统安装工程量计算

（一）界线划分

1. 室内外界线：入口处设阀门者以阀门为界，无阀门者以建筑物外墙皮1.5 m为界。

2. 设在高层建筑内的消防泵间管道界线，以泵间外墙皮为界。

（二）工程量计算规则

1. 管道安装按设计管道中心线长度，以"10 m"为计量单位，不扣除阀门、管件及各种组件所占长度。

2. 喷头安装按有吊顶、无吊顶分别以"10个"为计量单位。

3. 报警装置安装按成套产品以"组"为计量单位。

4. 温感式水幕装置安装，按不同型号和规格以"组"为计量单位。

5. 水流指示器、减压孔板安装，按不同规格以"个"为计量单位。

6. 末端试水装置按不同规格以"组"为计量单位。

7. 集热板制作安装以"个"为计量单位。

8. 室内消火栓安装，区分单口栓、双口栓、自救式三种形式，以"套"为计量单位，所带消防按钮的安装另行计算。

9. 室外消火栓安装，工作压力按1.6 MPa考虑，区分不同规格和覆土深度，以"套"为计量单位。

10. 消防水泵接合器安装，区分不同安装方式和规格，以"套"为计量单位。如设计要求用短管时，其本身价值可另行计算，其余不变。

11. 隔膜式气压水罐安装，区分不同规格，以"台"为计量单位。

（三）定额应用说明

1. 管道安装定额包括管道、管件安装、管道支架制作安装及除锈刷漆、管道强度及严密性试验、冲洗、吹扫等。

2. 镀锌钢管法兰连接定额中的管件，是按成品管件现场（接短管）焊法兰考虑的，管件、法兰及螺栓的主材数量应按设计图纸另行计算。

3. 镀锌钢管安装定额也适用于镀锌无缝钢管。其对应关系见表3.4.3。

表3.4.3　公称直径与管外径的对应表

公称直径（mm）	15	20	25	32	40	50	70 (65)	80	100	150	200
无缝钢管外径（mm）	20	25	32	38	45	57	76	89	108	159	219

4. 管道安装定额（7-44~7-52）只适用于自动喷水灭火系统，若管道公称直径大于100 mm采用焊接时，其管道和管件安装等应执行第六册相应定额。

5. 消防、报警装置安装定额按成套产品考虑的。

6. 喷头、报警装置及水流指示器均按管网系统试压、冲洗合格后安装考虑的，定额中已包括丝堵、临时短管的安装、拆除及其摊销。

7.雨淋、干式(含干湿两用)及预作用报警装置的安装,执行湿式报警装置安装定额,人工乘以系数 1.14,其余不变。

8.温感式水幕装置安装定额中已包括给水三通后至水幕系统的管道、管件、阀门、喷头等全部安装内容,管道的主材数量和喷头数量均按设计用量另加损耗计算。

9.室内消火栓组合卷盘安装,按室内自救式 65 型消火栓执行。

10.隔膜式气压水罐安装,定额中地脚螺栓是按设备带有考虑的,定额中已包括指导二次灌浆用工,但二次灌浆费另计。

11.系统调试执行第七册相应项目。

(四)消防工程工程量计算规则见表 3.4.4。

表 3.4.4　消防工程工程量计算规则汇总表

工作内容	工程量计算规则
水灭火系统	1.水灭火系统管道安装依据不同的安装部位(室内、外)、材质、型号、规格、连接方式,按设计图示管道尺寸管道中心线长度,以延长米计算,不扣除阀门、管件及各种组件所占长度;方形伸缩器以其所占长度按管道安装工程量计算,以米为计量单位。 2.水喷头安装依据不同的材质、型号、规格、有无吊顶,按设计图示数量计算,以个为计量单位。 3.报警装置依据不同名称、型号、规格、连接方式,按设计图示数量计算(包括湿式报警装置、干湿两用报警装置、电动雨淋报警装置、预作用报警装置),以组为计量单位。 4.温感式水幕装置依据不同的型号、规格、连接方式,按设计图示数量计算(包括给水三通至喷头、阀门间的管道、管件、阀门、喷头等的全部安装内容),以组为计量单位。 5.水流指示器、减压孔板依据不同的型号、规格,按设计图示数量计算,以个为计量单位。 6.末端试水装置依据不同的规格、组装形式,按设计图示数量计算(包括连接管、压力表、控制阀及排水管等),以组为计量单位。 7.集热板制作安装依据不同的材质,按设计图示数量计算,以个为计量单位。 8.消火栓依据不同的安装部位(室内、外、地上、下)、型号、规格、单栓、双栓,按设计图示数量计算(安装包括:室内消火栓、室外地上式消火栓、室外地下式消火栓),以套为计量单位。 9.消防水泵接合器依据不同的安装部位、型号、规格,按设计图示数量计算(包括消防接口本体、止回阀、安全阀、闸阀、弯管底座、放水阀、标牌),以套为计量单位。 10.隔膜式气压水罐依据不同的型号、规格,按设计图示数量计算,以台为计量单位。 11.自动喷水灭火系统管网水冲洗依据不同的规格,按管网管道延长米计算,以米为计量单位。
气体灭火系统	1.气体灭火系统管道依据不同的灭火介质、管道材质、规格、连接方式,按设计图示管道中心线长度以延长米计算,不扣除阀门、管件及各种组件所占长度,以米为计量单位。 2.选择阀依据不同的材质、规格、连接方式,按设计图示数量计算,以个为计量单位。 3.气体喷头依据不同的型号、规格,按设计图示数量计算,以个为计量单位。 4.贮存装置依据不同的容器规格,按设计图示数量计算(包括灭火剂存储器、驱动气瓶、支框架、集流阀、容器阀、单向阀、高压软管和安全阀等贮存装置和阀门驱动装置),以套为计量单位。 5.二氧化碳称重检漏装置依据不同的规格按设计图示数量计算(包括泄漏开关、配重、支架等),以套为计量单位。

续上表

工作内容	工程量计算规则
泡沫灭火系统	1.泡沫发生器依据不同的形式(水轮机式、电动机式)、型号、规格,按设计图示数量计算,以台为计量单位。 2.泡沫比例混合器依据不同的类型、型号、规格,按设计图示数量计算,以台为计量单位。
管道支架制作安装	依据不同的管架形式、材质,按设计图示重量计算,以千克为计量单位。
火灾自动报警系统	1.点型探测器依据不同的名称、类型、多线制、总线制,按设计图示数量计算,以只为计量单位。 2.线型探测器依据不同的安装方式,按设计图示数量计算,以米为计量单位。 3.按钮依据不同规格,按设计图示数量计算,以只为计量单位。 4.模块(接口)依据不同的名称、输出形式,按设计图示数量计算,以只为计量单位。 5.报警控制器、联动控制器、报警联动一体机,依据不同的安装方式、控制点数量、多线制、总线制,按设计图示数量计算,以台为计量单位。 6.重复显示器依据不同线制(多线制、总线制),按设计图示数量计算,以台为计量单位。 7.报警装置依据不同形式,按设计图示数量计算,以台为计量单位。 8.远程控制器依据不同的控制回路,按设计图示数量计算,以台为计量单位。 9.火灾事故广播安装依据不同的设备、型号、规格,按设计图示数量计算,以台或只为计量单位。 10.消防通信设备依据不同的设备、型号、规格,按设计图示数量计算,以台或个为计量单位。 11.报警备用电源按设计图示数量计算,以个为计量单位。
消防系统调试	1.自动报警系统装置调试依据不同的点数,按设计图示数量计算(由探测器、报警按钮、报警控制器组成的报警系统;点数按多线制、总线制报警器的点数计算),以系统为计量单位。 2.水灭火系统控制装置调试依据不同的点数,按设计图示数量计算(由消火栓、自动喷水、二氧化碳等灭火系统组成的灭火系统装置,点数按多线制、总线制联动控制器的点数计算),以系统为计量单位。 3.防火控制系统装置调试,依据不同的名称和规格,按设计图示数量计算(包括电动防火门、防火卷帘门、正压送风阀、排烟阀、防火控制阀),以处为计量单位。 4.气体灭火系统装置调试依据不同试验容器规格,按调试、检验和验收所消耗的试验容器总数计算,以个为计量单位。 5.火灾事故广播、消防通信调试依据不同的设备,按设计图示数量计算,以个为计量单位。

三、解决与实施工作任务

消防工程施工图预算案例讲解。

(1)套用现行的《广东省安装工程综合定额》(2010 版)计算某活动中心消火栓系统工程量,见表 3.4.5。

表 3.4.5　某活动中心消火栓系统工程量计算书

工程名称：某活动中心消火栓系统　　　　　　　　　　　　　　共　页第　页

项目名称	单位	数量	计算式
DN100 镀锌钢管	m	147.65	$1+2.5+6+10+5.5+28+7+13.5+21+53+(-1.2)-(-1.35)=147.65$
DN80 镀锌钢管	m	1	$0.5+0.5=1$
DN70 镀锌钢管	m	56.65	$0.75\times6+9.25\times3+[1.1-(-1.2)]\times6+[-1.2-(-4.6)]\times7=56.65$
DN65 室内消火栓	套	13	
DN100 蝶阀	个	3	
DN100 刚性防水套管	个	1	
DN100 一般穿墙套管	个	6	
DN70 一般穿楼板套管	个	6	

（2）套用现行的《广东省安装工程综合定额》（2010 版）计算某活动中心消火栓系统直接工程费，见表 3.4.6。

表 3.4.6　安装工程预（决）算书

工程编号：　　　　　工程名称：　　　　年　月　日　共　　页第　页

定额编号	工程项目	单位	数量	主材用量	单价(元)			合价(元)		
					主材单价	基价	其中 人工费	主材费	基价	其中 人工费

说明：要求学生分组完成上表内容。

（3）套用现行的《广东省安装工程综合定额》（2010 版）计算某活动中心自动喷淋系统工程量，见表 3.4.7。

表 3.4.7　某活动中心自动喷淋系统工程量计算书

工程名称：某活动中心自动喷淋系统　　　　　　　　　　　　　　　　　　　　　共　页第　页

项目名称	单位	数量	计算式
DN100 镀锌钢管	m	170.5	一层：$15 + 3.6 \times 4 + 3.4 \times 5 + 3.2 \times 2 = 52.8$（超高） 地下一层：$28 + 9.75 + 5 + 12 + 11.2 + 9.5 + 11.5 + 2.5 + 0.8 = 90.25$ 引入管：$1.8 \times 2 = 3.6$ 干管：$1.8 + 2.8 + 0.3 \times 2 + (-1.35) - (-5.5) = 9.35$ 立管：$9 - (-5.5) = 14.5$（超高）
DN80 镀锌钢管	m	29	一层：$3.4 + 3.2 = 6.6$（超高） 地下一层：$2.5 \times 8 + 0.8 \times 3 = 22.4$
DN70 镀锌钢管	m	35	一层：$3.3 + 3 = 6.3$（超高） 地下一层：$2.7 \times 4 + 2.5 \times 5 + 1.8 \times 3 = 28.7$
DN50 镀锌钢管	m	56.9	一层：$3.3 + 3 = 6.3$（超高） 地下一层：$2.5 \times 16 + 1.8 + 2.7 \times 3 + 0.7 = 50.6$
DN40 镀锌钢管	m	112.5	一层：$3.4 \times 30 = 102$（超高） 地下一层：$3.0 + 2.0 + 5.5 = 10.5$
DN32 镀锌钢管	m	427.2	一层：$3.4 \times 66 = 224.4$（超高） 地下一层：$3 \times 64 + 3.5 + 2.8 + 2.5 + 2 = 202.8$
DN25 镀锌钢管	m	656.35	一层：$3.4 \times 36 + 1.3 + 1 + 0.5 + 0.4 \times 150 = 185.2$（超高） 地下一层：$3 \times 88 + (0.85 + 1.7) \times 3 + (2.0 + 3.0) \times 2 + 4 \times 2 + 2.5 + 1 + 1.8 + 1.8 + 0.8 \times 218 = 471.15$
喷头（无吊顶）	个	368	一层：150（超高） 地下一层：218
水流指示器	个	3	一层：1（超高） 地下一层：2
信号阀	个	3	一层：1（超高） 地下一层：2
湿式报警阀	组	1	
末端试水装置	组	3	一层：1（超高） 地下一层：2
DN100 消防水泵接合器	套	2	
DN100 刚性防水套管	个	1	
DN100 一般穿墙套管	个	6	
DN70 一般穿墙套管	个	4	
DN50 一般穿墙套管	个	1	
DN40 一般穿墙套管	个	1	
DN32 一般穿墙套管	个	2	
DN25 一般穿墙套管	个	2	

（4）套用现行的《广东省安装工程综合定额》（2010 版）计算某活动中心自动喷淋系统直接工程费，见表 3.4.8。

表 3.4.8　安装工程预（决）算书

工程编号：　　　　工程名称：　　　　年　月　日　　　　　　共　页第　页

定额编号	工程项目	单位	数量	主材用量	单价(元)			合价(元)		
					主材单价	基价	其中 人工费	主材费	基价	其中 人工费

说明：要求学生分组完成上表内容。

四、自我检查与评价

课内实训：编制某娱乐中心消防工程施工图预算。

练习题

一、选择题

1. 火灾事故广播、消防通信调试依据不同的设备，按设计图示数量计算，以（　　）为计量单位。

　　A. 组　　　　　　　　B. 个　　　　　　　　C. 台　　　　　　　　D. 副

2. 气体灭火系统装置调试依据不同试验容器规格，按调试、检验和验收所消耗的试验容器总数计算，以(　　)为计量单位。

  A.组　　　　　　　　B.副　　　　　　　　C.台　　　　　　　　D.个

  3.消防通信设备依据不同的设备、型号、规格，按设计图示(　　)计算，以台或个为计量单位。

  A.数量　　　　　　　B.表面积　　　　　　C.长度　　　　　　　D.重量

  4.点型探测器依据不同的名称、类型、多线制、总线制，按设计图示(　　)计算，以只为计量单位。

  A.重量　　　　　　　B.表面积　　　　　　C.长度　　　　　　　D.数量

  5.线型探测器依据不同的安装方式，按设计图示数量计算，以(　　)为计量单位。

  A.平方米　　　　　　B.米　　　　　　　　C.立方米　　　　　　D.千米

  6.水灭火系统管道安装依据不同的安装部位(室内、外)、材质、型号、规格、连接方式，按设计图示管道尺寸管道(　　)，以延长米计算，不扣除阀门、管件及各种组件所占长度。

  A.中心线长度　　　　B.表面积　　　　　　C.体积　　　　　　　D.内径

  7.水喷头安装依据不同的材质、型号、规格、有无吊顶，按设计图示数量计算，以(　　)为计量单位。

  A.组　　　　　　　　B.个　　　　　　　　C.台　　　　　　　　D.副

  8.报警装置依据不同名称、型号、规格、连接方式，按设计图示数量计算(包括湿式报警装置、干湿两用报警装置、电动雨淋报警装置、预作用报警装置)，以(　　)为计量单位。

  A.片　　　　　　　　B.组　　　　　　　　C.台　　　　　　　　D.个

  9.温感式水幕装置依据不同的型号、规格、连接方式，按设计图示数量计算(包括给水三通至喷头、阀门间的管道、管件、阀门、喷头等的全部安装内容)，以(　　)为计量单位。

  A.组　　　　　　　　B.个　　　　　　　　C.台　　　　　　　　D.副

  10.水流指示器、减压孔板依据不同的型号、规格、按设计图示数量计算，以(　　)为计量单位。

  A.组　　　　　　　　B.个　　　　　　　　C.台　　　　　　　　D.副

二、思考题

1.简要叙述消防工程定额的界线划分。

2.简要叙述消防工程定额应用中的注意事项。

参考答案：

一、选择题：B D A D B A B B A B

职业活动训练

组织学生到校企合作单位消防工程施工现场，分组完成以下任务：

1.会审消防工程施工图，找出问题，做好记录，并提出整改方案；

2.审核报价书。

项目 3 – 5　工业管道工程计量

教学导航

项目任务	任务 3 – 5 – 1：基础知识	学时	4
	任务 3 – 5 – 2：基价使用		
	任务 3 – 5 – 3：工程量计算规则		
教学载体	多媒体课室、教学课件及教材相关内容		
教学目标	知识目标	了解工业管道工程基础知识；熟悉工业管道工程基价使用；掌握工业管道工程工程量计算规则	
	能力目标	能够计算工业管道工程工程量，套用基价，编制预算书	
过程设计	任务布置及知识引导—学习相关新知识点—解决与实施工作任务—自我检查与评价		
教学方法	项目教学法		

任务 3 – 5 – 1　基础知识

一、工业管道

工业生产中，用来把单个机械设备或车间连接成完整的生产工艺系统管道，称为工业管道。

工业管道工程在工业建设中占有非常重要的地位，特别是在石油化工、冶金工业中尤为突出。在一个大中型综合性的安装工程中，除了成群高大的设备外，最多的就是密布成行的工业管道。它们从地下到高空，从厂内到厂外，交错纵横，把厂区各个生产装置、各个工段、各种大小不同的设备连接起来，形成一个有机的整体。

工业管道安装工程所需的各种管材、阀门、法兰和管件等，绝大多数价格都比较高，它们都以主材的形式进入安装工程直接费，在整个安装工程费用中占很大比重。

二、管材种类

管材主要有金属管材、非金属管材、复合管材和其他管材四大类。

金属管材分为黑色金属管材和有色金属管材，黑色金属管材主要有铸铁管和钢管，钢管有有缝钢管和无缝钢管，有缝钢管有焊接钢管、钢板卷管和螺旋焊接钢管，无缝钢管有碳素无缝钢管、合金无缝钢管、不锈无缝钢管和高压专用无缝钢管；有色金属管材主要有铝管、铜管和钛管。

非金属管材主要有塑料管、玻璃管、玻璃钢管、橡胶管、混凝土管和陶土管，塑料管主要有硬聚氯乙烯管 UPVC、聚丙烯管 PPR、聚乙烯管 PE – X 和 ABS 工程塑料管。

复合管材主要有铝塑复合管和钢塑复合管。

其他管材主要有衬里管道、加热套管和蒸汽伴热管。

(一)铸铁管

1. 一般用铸铁水管。

按制造精度划分为上水铸铁管和下水铸铁管；

按连接方式划分为承插铸铁管和法兰铸铁管。

2. 工业用铸铁管，均为法兰连接。

化学成分主要是含 14.5% ~16% 的 Si(硅)，0.8% 的 Mn(锰)。由于表面与介质接触层由氧化硅保护膜制成，能抗腐蚀，因而可以用以输送腐蚀性强的介质，如硫酸和碱类。

(二)焊接钢管

焊接钢管也称有缝钢管或水煤气输送钢管，焊接钢管是采用焊接加工制造的。

焊接方式为高频焊和炉焊。

镀锌(白铁管)：常用于输送介质要求比较洁净的管道。

不镀锌(黑铁管)：用于输送蒸汽、煤气、压缩空气和冷凝水等。

管端带螺纹，长度 4 ~9 m；管端不带螺纹，长度 4 ~12 m。

按壁厚划分为普通钢管($Ps = 2.0$ MPa)和加厚钢管($Ps = 3.0$ MPa)。

(三)无缝钢管

碳素结构钢无缝钢管常用的制造材质为 10、20 号钢，使用于温度在 475℃ 以下，输送各种对钢材无腐蚀的介质。如蒸汽、氧气、压缩空气和油品油气等。

低合金无缝钢管通常是指含一定比例铬钼金属的合金钢管，也称铬钼钢。用钢号有 12CrMo、15CrMo、Cr2Mo、Cr5Mo 等，适用温度为 - 201 ~650℃，可输送各种温度较高的油品、油气和腐蚀性不强的介质，如盐水、低浓度有机酸等。

不锈耐酸钢无缝钢管根据铬、镍、钛各种金属的不同含量，品种很多，有 1Cr13. Cr17Ti、Cr18Ni12Mo2Ti、1Cr18Ni9Ti 等，而最常用的是 1Cr18Ni9Ti。适用温度 800℃ 以下，可输送腐蚀性较强的介质，如硝酸、醋酸、尿素等。

高压无缝钢管制造材质同普通无缝钢管，只是管壁比中低压无缝钢管要厚，适用压力范围 10 ~32 兆帕，工作温度 -40 ~400℃。多用于化肥工业，输送合成氨的原料气、氮气、氨气、甲醇、尿素等。

(四)钢板卷管

钢板卷管是用钢板卷制焊接而成，故称钢板卷管。一般均由施工企业自制或委托加工厂制造。所用的材质有 A3、10 号、20 号、16Mn、20g 等。常用的规格范围为 D219 ~1820 mm。操作压力为 1.5 MPa 以下，适用于输送水、蒸汽、油及一般物料。

(五)螺旋电焊钢管

螺旋电焊钢管，是用钢板螺旋卷制焊接而成，焊缝为螺旋缠绕，故称螺旋缝电焊钢管。

其规格范围为 D219 ~720 mm，壁厚 7 ~10 mm，单根管长度 8 ~12 米。所用材质常用 A3、16Mn。适用于输送蒸汽、水、油及油气等管道。螺旋电焊钢管单根管较长，特别适用于长距离输送管道，这种管道是由专业工厂制造。

(六)铝管

铝管是化学工业常用管道，其制造材质有 L2、L3、L4 工业纯铝和防锈铝合金 LF2、LF3、LF21。

铝管的操作温度为 200℃以下，当温度高于 160℃时，不宜在压力下使用。

铝管的规格用外径乘壁厚表示，常用规格范围为 D14 × 2 ～ 120 × 5 mm，直径超 120 mm 的铝管。需用 3 ～ 8 mm 厚的铝板卷制。

铝管的特点是重量轻，不生锈，但机械强度较差，不能承受较高压力，适用于输送脂肪酸、硫化氢、二氧化碳、硝酸和醋酸，但不适用于盐酸和碱液。

（七）铜管

铜管分紫铜管和黄铜管两种。

紫铜管含铜量占 99.7% 以上。常用材料牌号有 T2、T3、T4 和 TUP 等；

黄铜管的制造材料牌号有 H62、H68 等，都是锌和铜的合金，如 H62 黄铜管。其材料成分铜为 60.5% ～ 63.5%，锌为 39.6%，其他杂质小于 0.5%。

铜管的制造方法分为拉制和挤制两种。常用无缝铜管的规格范围为外径 12 ～ 250 mm，壁厚 1.5 ～ 5 mm；铜板卷焊铜管的规格范围为外径 155 ～ 505 mm。

供货方式有单根的和成盘的两种。

铜管的适用工作温度在 250℃以下，多用于油管道、保温伴热管和空气氧气管道。

（八）钛管

钛管是近年来新出现的一种管材，由于它具有重量轻、强度高、耐腐蚀性强和耐低温等特点，常被用于其他管材无法胜任的工艺部位。

钛管是用 Ti1、Ti2 工业纯钛制造，适用温度范围为 – 140 ～ 250℃，当温度超过 250℃时，其机械性能下降。

常用规格：公称直径 20 ～ 400 mm。按其公称压力分为低、中压管，低压管壁厚 2.8 ～ 12.7 mm，中压管壁厚 3.7 ～ 21.4 mm。

缺点：价格昂贵，焊接难度大，还没有被广泛采用。

（九）硬聚氯乙烯管

特点：具有良好的化学稳定性，它除强氧化剂（如浓度大于 50% 硝酸、发烟硫酸等）及芳香族碳氢化合物、氯代碳氢化合物（如苯、甲苯、氯苯、酮类等）外，几乎能耐任何浓度的各类酸、碱、盐类及有机溶剂的腐蚀。机械加工性能好、成型方便，具有可焊性和一定的机械强度、比重小（约为钢的 1/5）。

硬聚氯乙烯管分轻型和重型两种，其规格范围为 DN6 ～ 400 mm，使用温度 0 ～ 60℃，使用压力范围：轻型管在 0.6 MPa 以下，重型管在 1.0 MPa 以下。这种管材使用寿命比较短。

（十）玻璃管

玻璃管，耐腐蚀性能好，除氢氟酸、氟硅酸、热磷酸及强碱外，能输送多种无机酸、有机酸及有机溶剂等介质。

特点：化学稳定性高、透明、光滑和耐磨。

使用温度：120℃以下，使用压力为 0.3 MPa 以下。直管的公称直径为 DN25 ～ 100 mm。

连接形式：平口管法兰连接、扩口管法兰连接、平口管法兰套管连接、平口管橡胶套管连接等多种。

（十一）玻璃钢管

玻璃钢管，是以玻璃纤维及其制品（玻璃布、玻璃带、玻璃毡）为增强材料，以合成树脂为黏结剂，经过一定的成型工艺制作而成。

特点：质轻、高强、耐温、耐腐蚀、绝缘。

规格范围为 $d25 \sim 300$ mm。使用温度为 150℃ 以下，使用压力为 3.0 MPa。

连接形式有法兰连接、活套法兰连接、承插固定连接等多种。

（十二）橡胶管

夹布输水胶管：输送常温水及一般中性液体。工作压力为 0.5 ～ 0.7 MPa。规格范围为 $d13 \sim 76$ mm 的 20 m 长，$d80 \sim 152$ mm 的 7 m 长。

夹布输油胶管：输送常温汽油、煤油、润滑油以及其他矿物油类，适用于各种油压传递系统软性连接管。工作压力为 0.6、0.8、1.0 MPa。常用规格为 $d13 \sim 51$ mm 的 20 m 长，$d64 \sim 76$ mm 的 10 m 长，$d89 \sim 152$ mm 的 7 m 长。

夹布空气胶管：又称气压管，供输送常温空气及其他惰性气体，适用各型压缩空气机及风动工具。工作压力和规格同夹布输油胶管。

夹布蒸汽胶管：用于输送温度在 150℃ 以下的饱和蒸汽或热水。工作压力，饱和蒸汽为 0.35 兆帕，热水为 0.8 兆帕。规格为 $d10$ mm 的长 30 m，$d13 \sim 51$ mm 的长 20 m，$d64 \sim 76$ mm 的长 10 m。

（十三）混凝土管

预应力钢筋混凝土管：规格范围为内径 $d400 \sim 1400$ mm，适用压力为 0.4 ～ 1.2 MPa。

自应力钢筋混凝土管：规格范围内径 $d100 \sim 600$ mm，适用压力范围为 0.4 ～ 1.0 MPa。

主要用于输水管道。管口连接是承插接口，用圆形截面橡胶圈密封。钢筋混凝土管可以代替铸铁管和钢管输送低压给水、气等。

另外还有混凝土排水管，素混凝土管，轻、重型钢筋混凝土管。

（十四）陶瓷管

普通陶瓷管：规格范围内径 $d100 \sim 300$ mm。

耐酸陶瓷管：规格范围内径 $d25 \sim 800$ mm 一般都是承插口连接。

（十五）衬里管道

一般是指在碳钢管的内壁，衬上耐腐蚀性强的材质，达到既有机械强度，有一定的受压能力，又有较好的防腐蚀性能的目的。

常用的衬里管有衬橡胶管、衬铅管、衬塑料管和衬搪瓷管等。

衬里管一般是先将碳钢管预制安装好，拆下来以后再进行衬里，衬好里后再进行二次安装。为了衬里时操作方便，衬里的碳钢管多采用法兰连接，而且每根管不能很长，尤其是直径在 200 mm 以下管，每根管过长时衬里，就比较困难，不易保证质量。

（十六）加热套管

加热套管是为了防止内管所输送的生产介质，因输送过程中温度下降而凝结，所以在内管与外管之间接通蒸汽，达到加热保温的目的。

加热套管是在输送生产介质的管道外面，再加一层直径较大的套管，一般把输送生产介质直径较小的管称为内套管，把外层直径较大的管称为外套管。

所谓全加热套管，就是使内管（包括直管和管件），始终处于有外套管加热保温的工作状态.

所谓半加热套管，就是内管不能完全用外套管保温，有些管件或法兰接头部分要裸露在外面，此时在相邻两侧的外套管之间用旁通管连接以通汽加热。

加热套管的制作安装都比较复杂,质量要求很高。

（十七）蒸汽伴热管

蒸汽伴热管,是伴随物料输送管一起敷设的蒸汽管。

常用的伴热管直径都比较小,一般在 25 mm 以下,常用的是单根和双根,特殊情况下也可以采用多根。

蒸汽伴热管的作用与加热套管类似,都是起加热保温作用。为了防止蒸汽伴管泄漏,一般设计要求采用无缝钢管或无缝铜管。

伴热管所用的蒸汽压力,一般不超过 1.0 MPa。

伴热管都设在主管的下半周,并在主管与伴管外皮之间加有隔热石棉板条垫层,以防止主管局部过热,达到加热温度均匀的效果。

三、弯头

按制造方法可分为:

1. 冲压弯头:冲压无缝弯头:直径 <200 mm,直接用无缝钢管压制,一次成形,不需焊接(如图 3.5.1)。

2. 煨制弯头:用管材直接煨制而成,一般用于小口径或弯曲半径没有要求的管道。

3. 焊接弯头:用钢板卷制或用钢管焊接(俗称虾壳弯)制成(如图 3.5.2)。

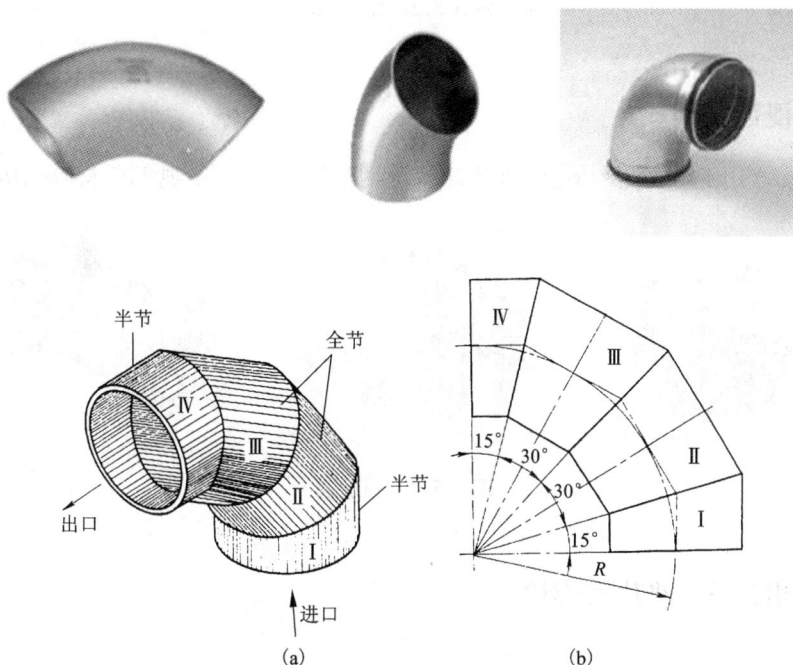

图 3.5.1 冲压弯头

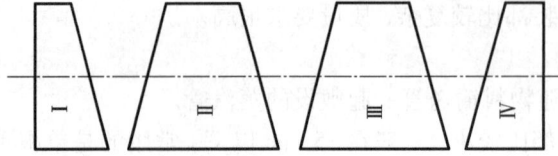

图 3.5.2 焊接弯头

四、阻火器

阻火器是一种防止火焰蔓延的安全装置,通常安装在易燃易爆气体管路上(图3.5.3)。

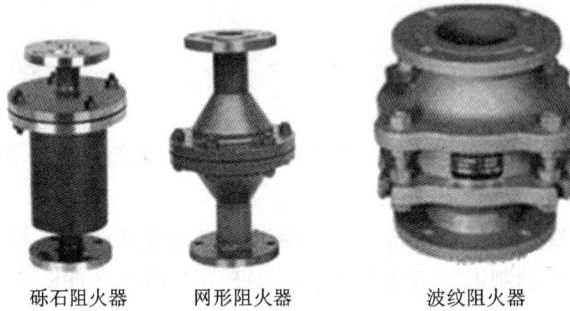

砾石阻火器　　　网形阻火器　　　　波纹阻火器

图 3.5.3 阻火器

五、窥视镜

也称视镜,多用于排液或受槽前的回流、冷却水等液体管路上,以观察液体流动情况(图3.5.4)。

图 3.5.4 窥视镜

六、常用法兰、垫片及螺栓

(一)法兰

按材质分为铸铁法兰、铸钢法兰和耐酸钢法兰。

按接触面形式分为平面法兰、榫槽面法兰和凸凹面法兰。

按连接形式分为平焊法兰、对焊法兰、活套法兰和螺纹法兰;对焊法兰主要有凸凹式密封面对焊法兰、榫槽式密封面对焊法兰和梯形槽式密封面对焊法兰;活套法兰主要有管口翻边活动法兰、卷边松套法兰和焊环活动法兰。

其他法兰：对焊翻边短管活动法兰、插入焊法兰、铸铁两半式活法兰和法兰盖

1. 平焊钢法兰。

是中低压工艺管道最常用的一种。这种法兰与管子的固定形式，是将法兰套在管端，焊接法兰里口和外口，使法兰固定，适用公称压力不超过 2.5 MPa（图 3.5.5）。

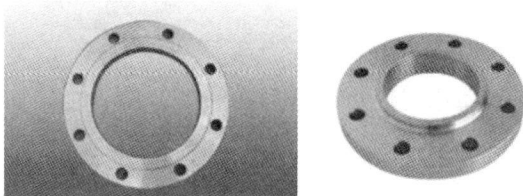

图 3.5.5　平焊钢法兰

2. 凸凹式密封面对焊法兰。

这种由于凸凹密封面严密性强，承受的压力大。

每副法兰密封面，必须一个是凸面，另一个是凹面，不能搞错。

常用公称压力范围为 4.0 ~ 16.0 兆帕，规格范围为 DN15 ~ 400 mm（图 3.5.6）。

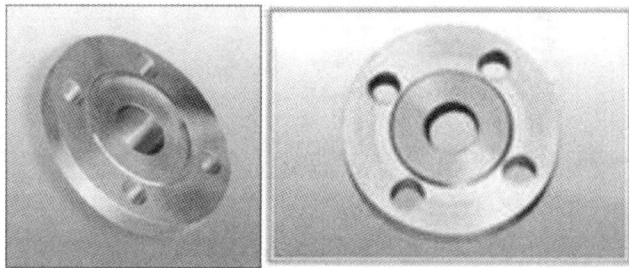

图 3.5.6　凸凹式密封面对焊法兰

3. 梯形槽式密封面对焊法兰。

这种法兰在石油工业管道比较常用，承受压力大，常用公称压力为 6.4 MPa、10.0 MPa、16.0 MPa，规格范围为 DN15 ~ 250 mm。

4. 对焊翻边短管活动法兰。

结构形式与翻边活动法兰基本相同，不同之处是它不在管端直接翻边，而是在管端焊一个成品翻边短管。

优点是翻边的质量较好，密封面平整。

适用压力在 PN2.5 MPa 以下的管道连接，其规格范围为 DN15 ~ 300 mm（图 3.5.7）。

图 3.5.7　对焊翻边短管活动法兰

5. 法兰盖。

法兰盖是与法兰配套使用的部件，它和封头一样在管端起封闭作用。密封面有光滑式和

凸凹式及榫槽式，其规格和适用压力范围与配套法兰一致(图3.5.8)。

（二）法兰垫片

1.橡胶石棉垫片如图3.5.9(a)所示。

耐油橡胶石棉垫：适用于温度在200℃以下。

高温耐油橡胶石棉垫：使用温度可达350~380℃。

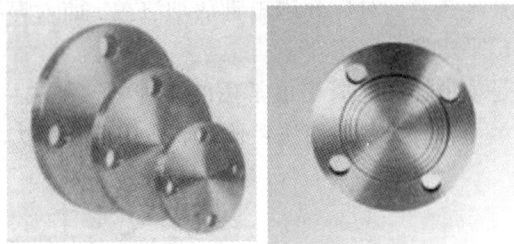

图3.5.8　法兰盘

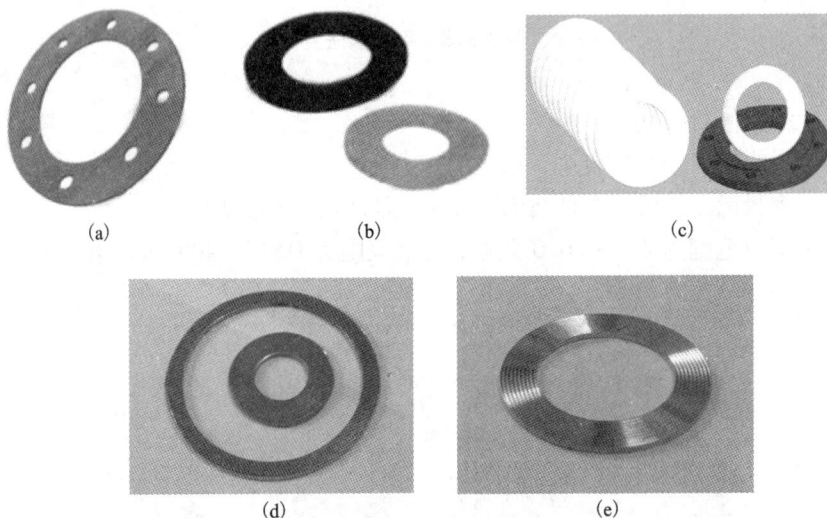

(a)　　　　　　　　(b)　　　　　　　　(c)

(d)　　　　　　　　(e)

图3.5.9　法兰垫片

(a)橡胶石棉垫片；(b)橡胶垫片；(c)塑料垫片；(d)缠绕式垫片；(e)齿形垫片

2.橡胶垫片如图3.5.9(b)所示。

是用橡胶板制作的垫片，具有一定的耐腐蚀性。

适用于温度在60℃以下，输送水、酸和碱等低压管道上。

因橡胶垫片具有弹性，所以密封性能较好。

3.塑料垫片如图3.5.9(c)所示。

常用的有软聚氯乙烯垫片、聚四氟乙烯垫片和聚乙烯垫片等。

多用于输送酸和碱的管道上。

4.缠绕式垫片如图3.5.9(d)所示。

简称缠绕垫，是用金属钢带及非金属填料带缠绕而成。

优点：制造简单价格低廉、材料能被充分利用，密封性能较好。

5.齿形垫片如图3.5.9(e)所示。

简称齿形垫，是用各种金属制造，它是利用同心圆的齿形密纹与法兰密封面相接触，构成多道密封，因此密封性能较好，常用于凸凹式密封面法兰的连接。

（三）螺栓

工艺管道上所用的双头螺栓，多数采用等长双头精制螺栓。适用于温度和压力较高的法兰连接。

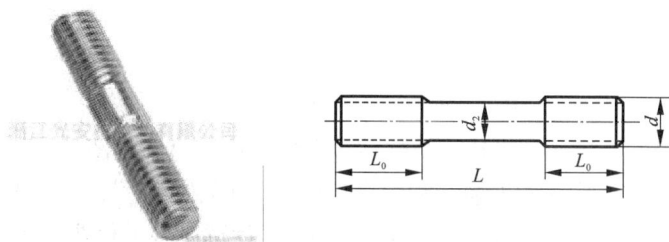

图 3.5.10　螺栓

螺母，统称为六角螺母，分半精制和精制两种。按螺母结构形式还可分为 a 型和 b 型两种。

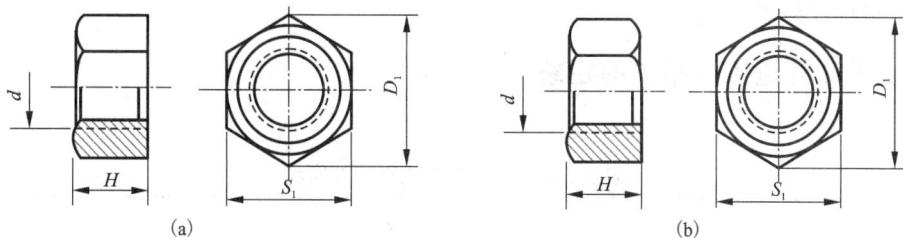

图 3.5.11　螺母

七、识读工业管道工程施工图

1. 管道单双线图的表示方法；
2. 管件单双线图的表示方法；
3. 阀门单双线图的表示方法；
4. 管道的重叠与交叉的表示方法；
5. 管道三视图的表示方法；
6. 管道轴测图的表示方法。

任务 3 – 5 – 2 基价使用

一、工作任务布置

编制某工业管道工程施工图预算。

工作任务要求:

1. 要求学生分组查资料,找到一套难易适中的工业管道施工图。

2. 按照 2010 年版《广东省安装工程综合定额》的有关内容,计算工程量。

3. 套用 2010 年版《广东省安装工程综合定额》,计算直接工程费。

二、学习相关新知识点

工业管道工程相关定额与工程量计算:

1. 工业管道工程相关的定额介绍;

2. 第六册定额相关费用的规定;

3. 工程量计算规则。

三、工业管道工程相关的定额

表 3.5.1 工业管道工程相关定额

工业管道安装		
章节	项目适用范围	相关说明
第一章	管道安装包括:低、中、高压碳钢管、不锈钢管、合金钢管及有色金属管、非金属管、生产用铸铁管安装。	1. 本章预算基价各子目的工作内容: ①本章均包括直管安装全部工序内容,不包括管件的管口连接工序。 ②衬里钢管包括直管、管件、法兰等的安装及拆除全部工序内容。 2. 本章各基价子目不包括管件连接、阀门、法兰安装、管道压力试验、吹扫与清洗、焊口无损探伤与热处理、管道支架制作与安装、管口焊接管内、外充氩保护及管件制作、煨弯等工作内容,以上工作应参照其他章节列项或另行补充。
第二章	管件连接包括:低、中、高压管道上的管件安装。	1. 管件连接不分种类以十个为计量单位,其中包括弯头、三通、异径管、管接头、管帽。 2. 现场在主管上挖眼接管三通及摔制异径管,均按实际数量执行本章子目,但不得再执行管件制作子目。 3. 在管道上安装的仪表一次部件,执行本章管件连接相应子目,基价乘以系数 0.7。 4. 仪表的温度计扩大管制作安装,执行本章管件连接相应子目,基价乘以系数 1.5。

续上表

章节	项目适用范围	相关说明
第三章	阀门安装包括：低、中、高压管道上的各种阀门安装。	1.阀门安装子目综合考虑了壳体压力试验、解体研磨工作内容。 2.调节阀门安装基价仅包括安装工序内容，配合安装工作内容由仪表专业考虑。 3.安全阀门包括壳体压力试验及调试内容。 4.电动阀门安装包括电动机的安装。 5.各种法兰阀门安装不包括法兰安装，基价中只包括一个垫片和一副法兰用的螺栓。 6.法兰阀门本身用的透镜垫和螺栓安装费用已计入基价，但其本身价格应另计，其中螺栓按实际用量加损耗量计算。 7.基价内垫片材质与实际不符时，可按实调整。 8.阀门壳体压力试验介质是按水考虑的，如设计要求其他介质，可按实计算。 9.仪表的流量计安装，执行阀门安装相应子目，基价乘以系数 0.7。 10.各种形式补偿器（除方形补偿器外）、仪表流量计均执行阀门安装。 11.减压阀直径按高压侧计算。
第四章	法兰安装包括：低、中、高压管道、管件、法兰阀门上的各种法兰安装。	1.不锈钢、有色金属的焊环活动法兰，执行翻边活动法兰安装相应子目。 2.法兰的透镜垫、螺栓安装费用已包括在基价内，但其本身价格应另计，其中螺栓按实际用量加损耗计算。 3.基价内垫片材质与实际不符时，可按实调整。 4.全加热套管法兰安装，按内套管法兰直径执行相应子目乘以系数 2.0 计算。 5.法兰安装如需要以个为单位计算时，执行法兰安装子目乘以系数 0.61，螺栓数量不变。 6.节流装置执行法兰安装相应子目乘以系数 0.8。 7.各种法兰安装，子目中只包括一个垫片和一副法兰用的螺栓。 8.单片法兰、焊接盲板和封头按法兰安装计算，但法兰盲板不计安装工程量。 9.不锈钢、有色金属材质的焊环活动法兰按翻边活动法兰安装计算。
第五章	板卷管制作与管件制件包括：各种板卷管及管件制作（包括加工制作全部操作过程，并按标准成品考虑，应符合规范质量标准）	1.各种板材异径管制作，不分同心或偏心，均执行同一子目。 2.成品管材加工的管件，按标准成品考虑，符合规范质量标准。 3.中频煨弯子目不包括煨制时胎具更换内容。 4.煨弯子按 90°考虑，煨 180°时，子目乘以系数 1.5。
第六章	管道支架制作安装：单件重 100 kg 以内的管道支架。	1.一般管架制作安装基价，按单件重量列项，并包括所需的螺栓、螺母本身价格。 2.除木垫式、弹簧式管架外，其他类型管架均执行一般管架子目。 3.木垫式管架不包括木垫重量，但木垫的安装工料已包括在基价内。 4.弹簧式管架制作，不包括弹簧价格，其价格应另行计算。

章节	项目适用范围	相关说明
第七章	管道压力试验、吹扫与清洗：适用于工业管道压力试验、吹扫与清洗。	
第八章	无损探伤及焊口热处理：适用于工业管道焊缝和母材的无损探伤及焊口热处理。	本章各基价子目不包括： 1. 固定射线探伤仪器使用的各种支架的制作。 2. 因超声波探伤需要各种对比试块的制作。该内容应参照其他章节列项或另行补充。
第九章	其他项目制作安装	1. 冷排管制作与安装基价中，已包括钢带的轧绞、绕片，但不包括钢带退火和冲、套翅片，管架制作与安装可按本章所列项目计算，冲、套翅片可根据实际情况自行补充。 2. 分汽缸、集气罐和空气分气筒的安装，基价内不包括附件安装，其附件可参照相应子目。 3. 空气调节器喷雾管安装，按《采暖通风国家标准图》T704－12以六种形式分列。可按不同形式以组分别计算。

注：低压：$0 < P \leqslant 1.6$ MPa；中压 $1.6 < P \leqslant 10$ MPa；高压 $10 < P \leqslant 42$ MPa；蒸汽管道 $P \geqslant 9$ MPa，工作温度 $\geqslant 500℃$ 时为高压。

（一）管道安装

1. 遇有下列情况，应按相应定额项目调整：

（1）管道安装工程操作高度超过 20 米时，其超过部分的定额人工和机械消耗量乘以系数 1.30，或按照施工方案另行计算。该系数为子目系数。

（2）管道安装工程如果是在封闭式地沟内施工时，其管道、管件、阀门、支架、刷油、保温等项目定额中人工和机械乘以系数 1.20，但不包括管件制作项目。（如先安装，后盖地沟盖板则不计此系数）该系数为子目系数。

（3）脚手架搭拆费按定额消耗量为基础计价后进行测算综合取定，计算时可按定额人工费的 7% 计算，其中人工工资占 25%。（单独承担的埋地管道工程，不计取脚手架费用）

2. 各管道安装项目包括的工作内容：

（1）管道安装包括直管安装过程的全部工序内容：现场准备、测量放线、场内运搬、切口坡口、组对连接（焊接、丝接、法兰及承插连接等方式）就位、固定等。铜（氧乙炔焊）管道安装还包括焊前预热，不锈钢管包括了焊后焊缝钝化。

（2）本定额内管道安装（衬里钢管、卡套式连接铜管、玻璃管和法兰铸铁管除外）不包括管件连接内容，其工程量可按设计用量执行本册第二章管件连接项目。

（3）管道的除锈、刷油、防腐、绝热执行第十一册《刷油、防腐蚀、绝热工程》定额。

（4）本册定额不适用设备本体管道安装，因设备本体管道是随设备带来的，并已预制成型，其安装应包括在设备安装定额内；主机与附属设备之间连接的管道以设备与管道连接的第一片法兰为分界线，法兰以外的管道执行本定额。

3. 本册定额各类管道适用材质范围：

（1）碳钢管适用于焊接钢管、无缝钢管、16Mn 钢管。

(2)不锈钢管除超低碳不锈钢管按定额册说明调整外,适用于各种材质。

(3)碳钢板卷管安装适用于普通碳钢板卷管和 16Mn 钢板卷管。

(4)铜管适用于紫铜、黄铜、青铜管。

(5)合金钢管除高合金钢管按定额册说明调整外,适用于各种材质。

(二)管件连接

1.定额项目设置及其工作内容:

(1)管件安装定额与定额第一章管道安装配套使用。适用范围与管道安装相对应。

(2)管件安装包括弯头(含冲压、煨制、焊接弯头)、三通(四通)、异径管、管接头、管帽、仪表凸台、焊接盲板等。

(3)管件安装的工作内容包括:管子切口、套丝、坡口、管口组对、连接或焊接,不锈钢管件焊缝钝化,铝管件焊缝酸洗,铜管件(氧乙炔焊)的焊前预热。

2.管件连接定额应用时注意事项。

(1)本定额只适用于管件安装,管件制作、管子煨弯等均按本册第五章相应项目执行。

(2)在安装现场直接在主管上挖眼接管三通和摔制异径管时,其工程量计算与成品管件的计算方法相同,但此类管件只套用连接定额,不得另计制作费和主材费。

(3)对于焊接管帽、焊接盲板(死盲板),均按管件连接定额执行,乘以系数 0.6;螺纹连接的管道中,丝堵、补芯已含在管道安装内,不得再套用本章螺纹管件定额,但其本身价值应计入材料费内。

(4)成品四通的安装,可按相应管件连接定额乘以 1.40 的系数计算。

(三)阀门安装

1.定额项目划分及其工作内容。

(1)阀门安装包括低中高压管道上的各种阀门安装,也适用于螺纹连接、焊接(对焊、承插焊)或法兰连接形式的减压阀、疏水阀、除污器、阻火器、窥视镜、水表等阀件、配件的安装。

(2)阀门安装工作内容均包括:阀门(除高压对焊阀门外)壳体压力试验、阀门解体检查研磨、管口切坡口组对,连接或焊接安装等。

(3)阀门解体检查及研磨,定额中是按实际测算的比例综合考虑,使用时不论实际发生多少,均不再另计。

(四)法兰安装

1.定额项目设置及工作内容。

(1)本定额法兰安装包括低、中、高压管道、管件、法兰阀门上使用的各种材质的法兰安装。法兰种类有螺纹法兰、平焊法兰、对焊法兰、翻边活动法兰等。

(2)法兰安装工作内容包括:切管套丝、坡口、焊接、制垫、加垫、组对、紧螺栓。另外,还包括不锈钢法兰焊接后的焊缝钝化,铝管的焊前预热、焊后酸洗,高压法兰螺栓涂二硫化钼等工作内容。

2.定额使用中应注意的事项。

(1)各种法兰安装,消耗量中只包括一个垫片(或透镜垫)和一副法兰用的螺栓。公称直径 300 mm 以上的高压法兰安装定额中未列螺栓数量,应按实际发生另计。

(2)中、低法兰安装的垫片是按石棉橡胶板考虑的,如设计有特殊要求时可作调整。

(3)与设备相联接的法兰或管路末端盲板封闭的法兰安装以"片"为单位计算时,执行相应项目乘以系数 0.61，螺栓数量不变。

(4)焊接盲板(平盖封头)执行第二章管件连接相应项目乘以系数 0.6。焊接管帽(椭圆形管封头)安装可直接套用管件连接定额项目，不需调整。焊接盲板及管帽都要计算主材费。配法兰的盲板只计算主材，安装已包括在单片法兰安装工作内容中。

(五)管道压力试验和吹扫清洗

1.定额项目划分及工作内容。

(1)本定额适用于高中低压管道压力试验，管道系统吹扫、清洗、脱脂等项目。不适用于设备的清洗脱脂。

(2)本定额根据现行规范规定取消了原定额中的气密性试验，增设泄漏性试验。泄漏性试验适用于剧毒、易燃易爆介质的管道。

(3)管道压力试验工作内容包括：临时试压泵或压缩机临时管线安装拆除、制堵盲板、灌水或充气加压、强度试验、严密性试验、检查处理，现场清理。

(4)管道系统吹扫工作内容包括：临时管线安装拆除、通水冲洗或充气(汽)吹洗、检查、管线复位及场地清理。

(5)管道清洗脱脂工作内容包括：临时管线设施的安装拆除、配制清洗剂、清洗、中和处理、检查、料剂回收及场地清理等。

2.定额应用中注意事项。

(1)管道液压试验是按普通水考虑的，如试压介质有特殊要求，介质可按实调整。

(2)定额内均已包括用空压机和水泵作动力进行试压、吹扫、清洗管道时连接的临时管线、盲板、阀门、螺栓等材料摊销；不包括管道之间的串通临时管线及管道排放点的临时管线，其工程量应按施工方案另行计算，计入措施项目费内。

(3)液压试验和气压试验都已分别包括强度试验和严密性试验工作内容。

(4)管道油清洗项目适用于传动设备输送油管道的油冲洗，按系统循环法考虑，包括油冲洗、系统连接和滤油机用橡胶管的摊销。但不包括管内除锈，发生时另行计算。

(六)无损探伤与焊口热处理

1.无损探伤。

(1)无损探伤定额适用于金属管材表面及管道焊缝的无损探伤。它包括磁粉、超声波、x 射线、γ 射线及渗透探伤。

(2)无损探伤的工作内容包括：

1)焊口及检验部位的清理。

2)材料的配制、涂抹，片子固定、拆装。

3)探伤设备仪器等搬运、固定、拆除，开机检查。

4)无损检验、技术分析、鉴定报告。

(3)无损探伤定额中不包括固定射线探伤仪器的各种支架的制作和超声波探伤所需的各种对比试块的制作，发生时可根据现场实际情况另行计算。

2.预热与热处理。

(1)本定额适用于碳钢、低合金钢和中高合金钢各种施工方法的焊前预热或焊后热处理。本定额选用了电感应及电加热片以及氧乙炔焰加热的方法。

(2)预热与热处理工作内容：包括现场工机具材料准备，热电偶、电加热片或感应加热线的装拆、包扎、连线、通电升温或恒温，材料回收、清理现场等。

（六）其他

（1）管道支架制作安装；

（2）管口焊接充氩保护；

（3）冷排管制作安装；

（4）蒸气分汽缸制作安装；

（5）集气罐制安装；

（6）空气分气筒制作安装；

（7）空气调节器喷雾管安装；

（8）钢制排水漏斗制作安装；

（9）套管制作安装；

（10）金属软管安装；

（11）水位计安装；

（12）调节阀临时短管装拆；

（13）翻边短管加工制作。

任务 3 – 5 – 3　工程量计算规则

一、管道安装工程量计算

1. 管道安装按设计压力等级、材质、规格、连接形式分别列项，以"10 m"为计量单位。

2. 各种管道安装工程量，均按设计管道中心线长度，以延长米计算，不扣除阀门及各种管件所占长度；材料应按定额用量计算，定额用量已含损耗量。

3. 定额的管道壁厚是考虑了压力等级所涉及的壁厚范围综合取定的。执行定额时不区分管道壁厚，均按工作介质的设计压力及材质、规格执行定额。

4. 管道规格与实际不符时，按接近规格，中间时按大者计算。

二、管件连接工程量计算

1. 各种管件连接均按压力等级、材质、规格、连接形式，不分种类，以"10 个"为计量单位。

2. 管件连接中已综合考虑了弯头、三通、异径管、管帽、管接头等管口含量的差异，应按设计图纸用量，执行相应项目。

3. 现场揣制异径管，应按不同压力、材质、规格，以大口管径执行管件连接相应项目，不另计制作工程量和主材用量。

4. 在管道上挖眼焊接管接头、凸台等配件，按配件管径计算管件工程量；挖眼接管三通支管径小于等于主管径1/2 时，按支管径计算管件工程量（山东省规定）；支管径大于主管径1/2 时，按主管径计算管件工程量。

三、阀门安装工程量计算

1. 各种阀门按不同压力、规格、连接形式，不分型号以"个"为计量单位，执行相应定额项目。压力等级以设计规定为准。

2.各种法兰阀门安装与配套法兰的安装,应分别计算工程量,但塑料阀门安装定额中已包括配套的法兰安装,不要另计。

3.减压阀直径按高压侧计算。

四、法兰安装工程量计算

低、中、高压管道、管件、阀门上的各种法兰安装,应按不同压力、材质、规格和种类,分别以"副"为计量单位,执行相应定额项目。压力等级以设计图纸规定为准。

五、管道压力试验和吹扫清洗工程量计算

1.管道压力试验、吹扫与清洗按不同的压力、规格,不分材质,以"100 m"为计量单位。

2.泄漏性试验适用于输送剧毒、有毒及可燃介质的管道,按压力、规格,不分材质,以"100 m"为计量单位。

六、无损探伤与焊口热处理工程量计算

1.无损探伤:

(1)管材表面磁粉探伤和超声波探伤,不分材质、壁厚,以"10 m"为计量单位。

(2)焊缝 x 射线、γ 射线探伤,按管壁厚不分规格、材质以"10 张"(胶片)为计量单位。

(3)焊缝超声波、磁粉及渗透探伤,按管道规格不分材质、壁厚,以"10 口"为计量单位。

(4)计算 x 光、γ 射线探伤工程量时,按管材的双壁厚执行相应定额项目。

2.预热与热处理:

焊前预热和焊后热处理,按管道不同材质、规格及施工方法,以"10 口"为计量单位。

表3.5.2　工业管道工程工程量计算规则汇总表

工作内容	工程量计算规则
管道安装	依据管道压力、材质、连接方式、型号、规格,按设计图示管道中心线长度以延长米计算,不扣除阀门、管件所占长度,遇弯管时,按两管交叉的中心线交点计算。方形补偿器以其所占长度按管道安装工程量计算,以米为计量单位。
管件连接	1.依据管道压力、材质、连接方式、型号、规格,按设计图示数量计算,以个为计量单位。 2.管件包括弯头、三通、四通、异径管、管接头、管上焊接管接头、管帽、方形补偿器弯头、管道上仪表一次部件、仪表温度计扩大管制作安装等。 3.管件压力试验、吹扫、清洗、脱脂、除锈、刷油、防腐、保温及其补口均包括在管道安装中。 4.在主管上挖眼接管的三通和摔制异径管,均以主管管径按管件安装工程量计算,不另计制作费和主材费;挖眼接管的三通支线管径小于主管径1/2时,不计算管件安装工程量;在主管上挖眼接管的焊接管接头、凸台等配件,按配件管径计算管件工程量。 5.三通、四通、异径管均按大管径计算。 6.管件用法兰连接时按法兰安装,管件本身安装不再计算安装。 7.半加热外套管摔口后焊接在内套管上,每处焊口按一个管件计算;外套碳钢管如焊接在不锈钢内套管上时,焊口间需加不锈钢短管衬垫,每处焊口按两个管件计算。

续上表

工作内容	工程量计算规则
阀门安装	依据阀门压力、种类、材质、连接方式、型号、规格,按设计图示数量计算,以个为计量单位。
法兰安装	依据法兰压力、材质、结构形式、型号、规格,按设计图示数量计算,以副为计量单位。
板卷管制作与管件制作工程	1. 板卷管制作:依据板卷管的材质、规格,按设计制作直管段长度计算,以吨为计量单位。 2. 管件制作:依据管件的材质、规格,按设计图示数量计算,碳钢板管件制作、不锈钢板管件制作、铝板管件制作项目以吨为计量单位,虾体弯制作、管道机械煨弯项目以个为计量单位。管件包括弯头、三通、异径管;异径管按大头口径计算,三通按主管口径计算。三、三通补强圈制作安装:依据其材质、规格和焊接方式,按设计图示数量计算,以个为计量单位。
管道支架制作	按设计图示重量计算,以千克为计量单位。
管道压力试验、吹扫与清洗	1. 管道压力试验:依据管道的压力、规格、试验介质,不分材质,按安装管道长度计算,以米为计量单位。 2. 管道吹扫:依据管道的规格和吹扫介质,按安装管道长度计算,以米为计量单位。 3. 管道清洗、脱脂:依据管道的规格和清洗脱脂介质,按安装管道长度计算,以米为计量单位。
无损探伤及焊口热处理	焊前预热和焊后热处理:依据管道的材质、规格及施工方法,按设计图示数量计算,以口为计量单位。
其他项目制作	1. 塑料法兰制作安装:依据塑料法兰的规格,按设计图示数量计算,以副为计量单位。 2. 冷排管制作安装:依据排管形式、组合长度,按设计图示数量计算,以米为计量单位。 3. 蒸汽汽缸制作安装:依据汽缸不同重量,按设计图示数量计算,以个为计量单位。若蒸汽分汽缸为成品安装,则不综合分汽缸制作。 4. 集气罐制作安装:依据其规格,按设计图示数量计算,以个为计量单位。若集气罐为成品安装,则不综合集气罐制作。 5. 空气分气筒制作安装:依据其规格,按设计图示数量计算,以个为计量单位。 6. 空气调节喷雾管安装:依据其型号,按设计图示数量计算,以组为计量单位。 7. 钢制排水漏斗制作安装:依据其规格,按设计图示数量计算,以个为计量单位。其口径规格按下口公称直径计算。 8. 水位计安装:依据其形式,按设计图示数量计算,以组为计量单位。 9. 手摇泵安装:依据其规格,按设计图示数量计算,以个为计量单位。 10. 管口焊接充氩保护:依据其规格及充氩部位,不分材质,按设计图示数量计算,以口为计量单位。 11. 钢带退火:依据其规格,按设计图示数量计算,以吨为计量单位。 12. 加氨:依据其加氨数量,按设计图示数量计算,以吨为计量单位。 13. 套管制作安装:依据套管的规格、性质(柔性、刚性防水、一般穿墙),按设计图示数量计算,以个为计量单位。 14. 阀门操纵装置安装:依据阀门种类,按其装置重量计算,以千克为计量单位。 15. 调节阀临时短管制作安装:依据其规格,按设计图示数量计算,以个为计量单位。

续上表

工作内容	工程量计算规则
燃气管道、附件、器具安装	1.镀锌钢管、钢管、承插燃气铸铁管(柔性机械接口)按设计图示管道中心线长度以延长米计算,不扣除阀门、管件及各种井类所占长度,以米为计量单位。 2.燃气开水炉、燃气采暖炉依据不同型号、规格,按设计图示数量计算,以台为计量单位。 3.沸水器、燃气快速热水器,依据不同类型、规格、型号,按设计图示数量计算,以台为计量单位。 4.燃气灶具依据不同用途、燃气类别、型号、规格,按设计图示数量计算,以台为计量单位。 5.气嘴安装依据不同型号,规格,单、双嘴,连接方式,按设计图示数量计算,以个为计量单位。 6.燃气表依据不同用途、型号、规格,按设计图示数量计算,以块为计量单位。 7.抽水缸依据不同材质、型号、规格,按设计图示数量计算,以个为计量单位。 8.燃气管道调长器、调长器与阀门连接依据不同型号、规格,按设计图示数量计算,以个为计量单位。
人防设备安装	1.金属管道电磁脉冲防护依据不同的类型、材质、型号、规格,按设计图示数量计算,以套为计量单位。 2.口部冲洗阀依据不同的类型、材质、型号、规格,按设计图示数量计算,以套为计量单位。 3.地面扫除口盖板依据不同的材质、型号、规格,按设计图示数量计算,以个为计量单位。 4.排烟穿墙管按人防工程大样图集和图示数量计算,以组为计量单位。

七、解决与实施工作任务

工业管道工程施工图预算案例讲解。

八、自我检查与评价

课内实训:编制某化工生产车间管线工程施工图预算。

练习题

一、选择题

1.工业管道安装按设计压力等级、材质、规格、连接形式分别列项,以"( )"为计量单位。

A.1000 m   B.100 m   C.10 m   D.m

2.各种管件连接均按压力等级、材质、规格、连接形式,不分种类,以"( )"为计量单位。

A.个   B.10个   C.100个   D.1000个

3.各种阀门按不同压力、规格、连接形式,不分型号以"( )"为计量单位,执行相应定额项目。压力等级以设计规定为准。

　　A.个　　　　　　　　B.10个　　　　　　　C.100个　　　　　　　D.1000个

　　4.低、中、高压管道、管件、阀门上的各种法兰安装，应按不同压力、材质、规格和种类，分别以"（　　　）"为计量单位，执行相应定额项目。压力等级以设计图纸规定为准。

　　A.组　　　　　　　　B.个　　　　　　　　C.台　　　　　　　　D.副

　　5.管道压力试验、吹扫与清洗按不同的压力、规格，不分材质以"（　　　）"为计量单位。

　　A.1000 m　　　　　　B.100 m　　　　　　C.10 m　　　　　　　D.m

　　6.泄漏性试验适用于输送剧毒、有毒及可燃介质的管道，按压力、规格，不分材质以"（　　　）"为计量单位。

　　A.1000 m　　　　　　B.100 m　　　　　　C.10 m　　　　　　　D.m

　　7.管材表面磁粉探伤和超声波探伤，不分材质、壁厚，以"（　　　）"为计量单位。

　　A.1000 m　　　　　　B.100 m　　　　　　C.10 m　　　　　　　D.m

　　8.焊缝X射线、γ射线探伤，按管壁厚不分规格、材质以"（　　　）"（胶片）为计量单位。

　　A.10 m　　　　　　　B.10组　　　　　　　C.10个　　　　　　　D.10张

　　9.焊缝超声波、磁粉及渗透探伤，按管道规格不分材质、壁厚，以"（　　　）"为计量单位。

　　A.10 m　　　　　　　B.10口　　　　　　　C.10个　　　　　　　D.10张

　　10.焊前预热和焊后热处理，按管道不同材质、规格及施工方法以"（　　　）"为计量单位。

　　A.10 m　　　　　　　B.10口　　　　　　　C.10个　　　　　　　D.10张

二、思考题

　　1.简要叙述各管道安装项目包括的工作内容。

　　2.简要叙述管道压力试验和吹扫清洗定额应用中的注意事项。

三、计算题

　　无缝钢管φ630×10，需进行x射线无损检验。采用胶片规格80 mm×300 mm。问其应怎样套用定额？并计算工程量。

参考答案：

一、选择题：C B A D B B C D B B

职业活动训练

　　组织学生到校企合作单位工业管道工程施工现场，分组完成以下任务：

　　1.会审工业管道工程施工图，找出问题，做好记录，并提出整改方案；

　　2.审核报价书。

项目 3-6 通风空调工程计量

教学导航

项目任务	任务 3-6-1: 基础知识	学时	8
	任务 3-6-1: 基价使用		
	任务 3-6-3: 工程量计算规则		
教学载体	多媒体课室、教学课件及教材相关内容		
教学目标	知识目标	了解通风空调工程基础知识；熟悉通风空调工程基价使用；掌握通风空调工程工程量计算规则	
	能力目标	能够计算通风空调工程工程量，套用基价，编制预算书	
过程设计	任务布置及知识引导—学习相关新知识点—解决与实施工作任务—自我检查与评价		
教学方法	项目教学法		

任务 3-6-1 基础知识

一、通风

（一）通风的任务与通风方式

1. 通风的任务。

人类生活在空气的海洋中，空气的成分和性质如何，将直接影响到人们的身体健康。伴随着社会生产力的发展和提高，在各种生产过程和科学实验过程中也都要求建立严格受控的空气环境，以保证产品质量和科学实验过程的正常进行。

在一般民用建筑或一些轻度污染的工业厂房，通常只需将室外新鲜空气送入室内，或将室内污浊空气排向室外，保持室内空气环境的清洁、卫生。为此，一般采用简单的措施，如通过门窗孔口换气、利用穿堂风降温、使用电扇提高空气的流动速度等等，在这种情况下，不论对进风或排风都不进行处理。

在工厂的许多生产车间里，伴随着生产过程会不同程度地产生各种粉尘、有害气体、余热和余湿，这些物质称为工业有害物。工业有害物会污染室内空气，使工作条件恶化，危害工人的身体健康，影响生产的正常进行，降低产品质量。因此，创造良好的室内环境，无论对保障人体健康，还是保证产品质量都是十分重要的。

实践证明，通风是改善室内空气环境的有效措施之一。所谓通风就是把室内被污染的空气直接或经过净化后排至室外，把室外新鲜空气经过净化处理后补充进来，以保持室内的空气环境满足卫生标准和生产工艺的要求。

2. 通风方式。

通风包括从室内排出污浊空气和向室内补充新鲜空气两部分。前者称为排风，后者称为送风。为实现排风和送风所采用的一系列设备装置的总体称为通风系统。通风系统的分类方法很多,按不同的分类方法有不同的形式。

按通风系统工作动力不同,通风方式分为自然通风和机械通风两种。

(1)自然通风。

自然通风是依靠室内外空气温差所造成的热压,或者室外风力作用在建筑物上所形成的风压,使房间内的空气和室外空气进行交换的一种通风方式。

自然通风有两种形式:一种是风压作用下的自然通风,另一种是热压作用下的自然通风。

风压作用下的自然通风是利用室外空气流动(风力)产生的室内外压差来实现通风换气的。在风压的作用下,室外空气作用于建筑物迎风面上,通过迎风面上的门、窗、孔口进入室内,而室内空气则通过背风面上的门、窗、孔口排出。室内外空气得到交换,工作区空气环境得到改善。图 3.6.1 所示为风压作用下的自然通风。

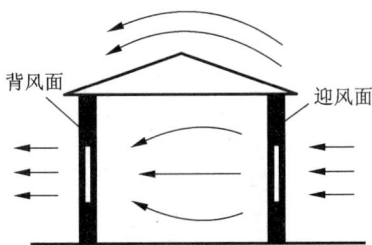

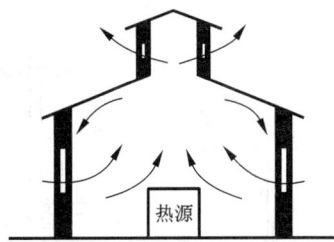

热压作用下的自然通风是利用室内外温度差而形成的密度差来实现室内外空气交换的通风方式。由于室内空气温度高,空气密度小,室外空气温度低,密度大,这样就造成上部窗排风,下部门、窗进风的气流形式。污浊的热空气从上部排出,室外新风从下部进入工作区,工作环境就得到了改善。图 3.6.2 所示为热压作用下的自然通风。

图 3.6.1 风压作用下的自然通风

图 3.6.2 热压作用下的自然通风

在大多数实际工程中,建筑物往往是在风压和热压的共同作用下实现通风换气的。

自然通风因不需要消耗动力,所以是比较经济的通风方式。自然通风量的大小和很多因素有关,如室内外空气温度、室外空气的流动速度及方向、门窗的面积等等。因此通风量不是常数,而是随气象条件发生变化。同样室内所需要的通风量也不是常数,而是随工艺设备条件变化。要使自然通风量满足室内的要求,就要不断地进行调节。

(2)机械通风。

机械通风是利用通风机产生的动力来实现通风换气的。它的优点是风量、风压不受室外气象条件的限制,通风比较稳定。缺点是需要消耗动力,投资较大。

机械通风系统可分为机械送风和机械排风。机械送风是指向整个房间或房间的某一局部区域送风。机械排风是指排出整个房间内的污浊空气,或排除房间某一局部区域的污染空气。

按通风系统作用范围的大小不同,通风方式可分为局部通风和全面通风。

1)局部通风。

局部通风是利用局部气流改善室内局部区域的空气环境,这一区域大多是污染严重或工作人员经常活动的区域。局部通风一般有局部送风和局部排风两种形式。

①局部送风。仅向房间局部工作地点送入新鲜空气或经过处理的空气，造成局部区域的良好的空气环境的通风方式称为局部送风。送风的气流不得含有害物，可以进行加热和冷却处理。气流应该从人体前侧上方倾斜地吹到头、颈和胸部，必要时可从上向下送风。图3.6.3所示为局部送风示意图。这种通风方式适用于面积大且工作人员较少、工作地点固定、生产过程中有污染物产生的车间。

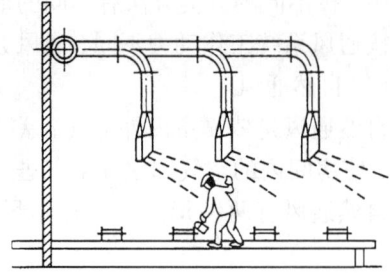

图 3.6.3 局部机械送风

②局部排风。局部排风系统是对室内有害物产生的局部区域进行排风的系统。具体地讲，就是将室内有害物在未与工作人员接触之前就捕集、排除，以防止有害物扩散到整个房间。局部排风系统是防毒、防尘、排烟的最有效措施。如图3.6.4所示。这种通风方式适用于安装局部排气设备不影响工艺操作及污染源集中且较小的场合。

③局部送、排风。局部送、排风是指对局部产生有害物的部位，既能送风又能排风的局部通风装置。其使局部工作地点形成一道"风幕"，以防止有害气体进入室内。这种通风方式既不影响工艺操作，又比单纯的排风更有效。如图3.6.5所示。

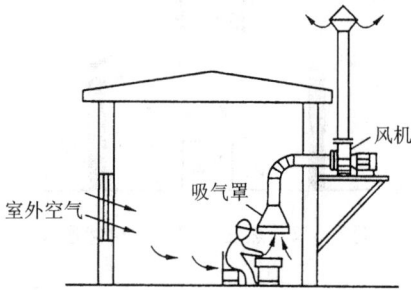

图 3.6.4 局部排风

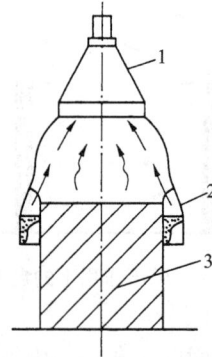

图 3.6.5 局部送、排风装置

2)全面通风。

全面通风是对整个房间进行通风换气，是用新鲜空气把整个房间内的有害物浓度稀释到最高容许值以下，同时把污浊空气不断排到室外，所以全面通风也称稀释通风。

全面通风包括全面送风和全面排风。两者可同时或单独使用。

①全面送风。把室外的新鲜空气或经过处理的空气均匀地送到整个车间各个部位的送风方式称为全面送风。它可以通过自然通风和机械通风来实现。图3.6.6所示为全面机械送风系统。它是利用风机把室外的新鲜空气或经过处理的空气送入室内，在室内造成正压，把室内污浊的空气排出，达到全面通风的效果。

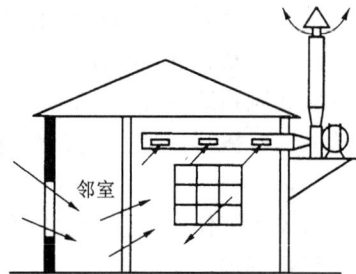

图 3.6.6 全面机械送风系统

②全面排风。为了使室内的有害物尽可能不扩散到其他区域或邻室，可以在有害物比较集中的区域或房间采用全面机械排风。图 3.6.7 所示就是全面机械排风。在风机作用下，将含尘量大的室内空气通过风机抽出，此时，室内处于负压状态，室外的新鲜空气由于负压作用被吸入室内冲淡有害物。图 3.6.7(a)所示是在墙上装有轴流风机的最简单全面排风。图 3.6.7(b)所示是室内设有排风口，含尘量大的室内空气从专设的排气装置排入大气的全面机械排风系统。

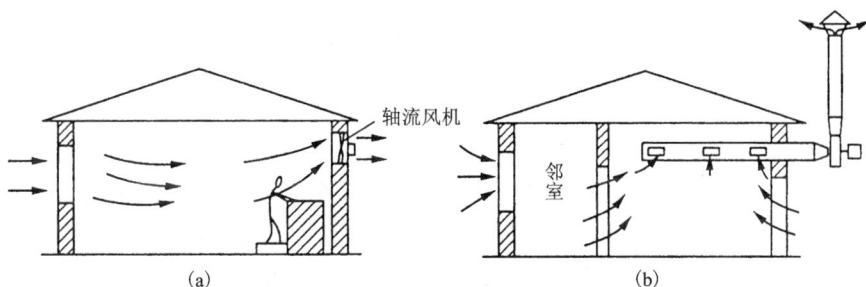

图 3.6.7　全面机械排风系统

③全面送、排风。在门窗紧闭、自行排风和送风都比较困难的房间，一般采用全面进风和全面排风相结合的全面送、排风系统。室外新鲜空气在送风机作用下，经过空气处理设备、送风管道和送风口进入室内，污染后的室内空气在排风机的作用下，直接排到室外或送往空气净化设备处理。

全面通风的使用效果与通风房间的气流组织形式有关。合理的气流组织形式应该是正确地选择送、排风口的形式、数量及位置，使送风和排风均能以最短的流程进入工作区或排至大气中。

以上仅对各种通风方式作了概括介绍，一般说来，局部通风的效果显著且风量小，应优先选用，只有在不能设置局部通风系统或单靠局部通风不能满足卫生要求时，才考虑全面通风。由于自然通风比较经济，应尽量采用。当自然通风达不到卫生或生产要求时，才采用机械通风或自然和机械的联合通风，实际上，在很多情况下往往是同时采用几种通风方式，如既有局部通风又有全面通风，既有局部送风又有局部排风等等。

(二)通风管道、设备和部件

对于自然通风，其设备装置比较简单，只需用进、排风窗以及附属的开关装置。而机械通风系统则由较多的部件和设备组成。机械送风系统由室外进风装置、空气处理设备、风道、风机以及室内送风口等组成；机械排风系统由有害物收集和净化设备、排风道、风机、排风口及风帽等组成。在机械通风系统中还应设置必要的调节通风量和启闭系统运行的各种控制部件，即各种阀门。

1.通风管道.

风道是通风系统中的主要部件之一，其作用是用来输送空气。

(1)风道的材料。

风道的常用材料有薄钢板、塑料、玻璃钢、矿渣石膏板、砖、混凝土等。风道的选材由系统所输送的空气性质以及就地取材的原则来确定。一般来讲，输送腐蚀性气体的风道可用涂刷防腐油漆的钢板或硬塑料板、玻璃钢制作；埋地风道通常用混凝土板做底、两边砌砖，用预制钢筋混凝土板做顶；利用建筑空间兼做风道时，多采用混凝土或砖砌风道。

（2）风道的形式。

常用的通风管道的断面有圆形和矩形两种。同样截面积的风道，以圆形截面最省材料，而且圆形风道流动阻力小，因此采用圆形风道的较多。当考虑到美观和穿越结构物时，才采用矩形或其他截面风道。民用建筑中墙内的砖砌风道都采用矩形风道。

2. 室内送、排风口。

室内送风口是送风系统中的风道末端装置，由送风道输送来的空气，通过送风口以适当的速度分配到各个指定的送风地点。室内排风口是排风系统中的始端吸入装置，室内被污染的空气经由排风口进入排风管道。室内送、排风口的任务是将各送、排风口所需的空气送入室内和排出室外。

图 3.6.8 是构造最简单的两种送风口，孔口直接开在风管上，用于侧向或下向送风。其中图（a）为风管侧送风口，除孔口本身外没有任何调节装置；图（b）为插板式风口，其中设有插板，这种风口只可以调节送风量，但不能改变和控制气流方向。

图 3.6.9 是常用的一种百叶式风口，可以安装在风管上、风管末端或墙上。其中双层百叶式风口不但可以调节出口的气流速度，而且可以调节气流的方向。

室内送、排风口的位置决定了通风房间的气流组织形式。室内送、排风口的布置情况，是决定通风气流方向的重要因素，而气流的方向是否合理，将直接影响通风的效果。

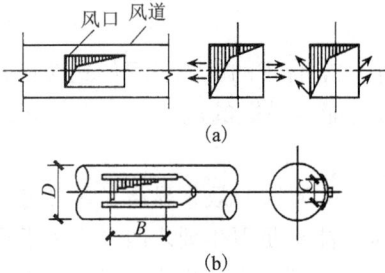

图 3.6.8 两种最简单的送风口
（a）风管侧送风口；（b）插板式送、吸风口

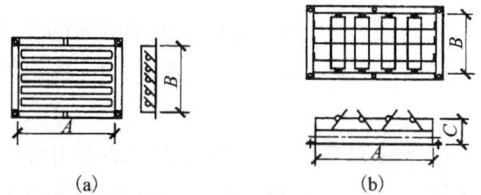

图 3.6.9 百叶式送风口
（a）单层百叶式风口；（b）双层百叶式风口

3. 室外进、排风装置。

（1）室外进风装置。

室外进风装置是采集新鲜空气的入口。根据进风室的位置不同，室外进风口可以是单独的进风塔，也可以是设在外墙上的进风窗口。如图 3.6.10 所示，其中图（a）是贴附于建筑物的外墙上；图（b）是独立的构筑物，也可以是采用设在建筑物外围结构上的墙壁式或屋顶式进风口，如图 3.6.11 所示。

机械送风系统和管道式自然通风系统的室外进风装置，应设在室外空气比较洁净的地点，在水平和竖直方向上都要尽量远离和避开污染源。机械送风系统的进风室多设在建筑物的地下室或底层，在工业厂房内为了减少占地面积也可设在平台上。如图 3.6.12、图 3.6.13 所示。

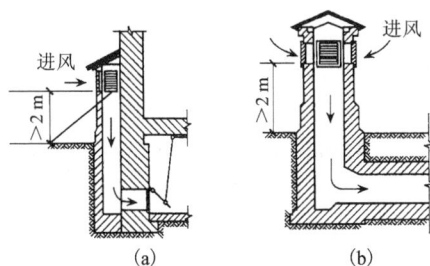

图 3.6.10　塔式室外进风装置

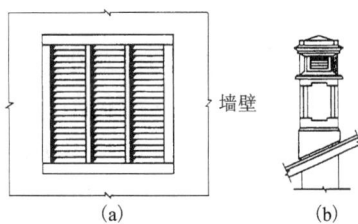

图 3.6.11　墙壁式和屋顶式进风装置

（a）墙壁式；（b）屋顶式

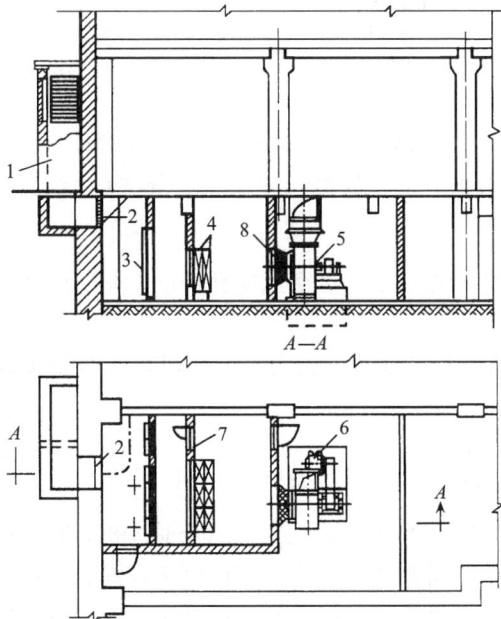

图 3.6.12　设在地下室的进风室

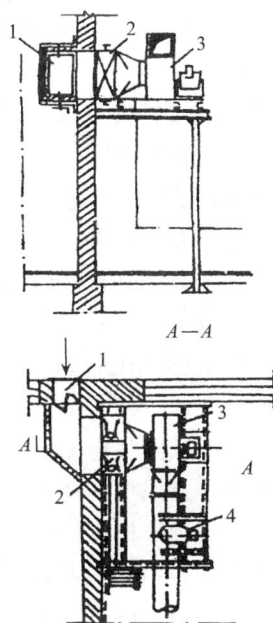

图 3.6.13　设在平台上的进风室

1—进风口；2—空气加热器；3—风机；4—电动机

（2）室外排风装置。

室外排风装置主要用于将排风系统收集到的污浊空气排至室外。管道式自然排风系统通常是通过屋顶向室外排风，排风装置的构造与进风装置相同，如图 3.6.14（a）所示，排风口应高出屋面 0.5 m 以上，若附近有进风装置，则应比进风口至少高出 2 m。

机械排风系统一般从屋顶排风，以减轻对附近环境的污染。为保证排风效果，往往在排风口上加设一个风帽，如图 3.6.14（b）

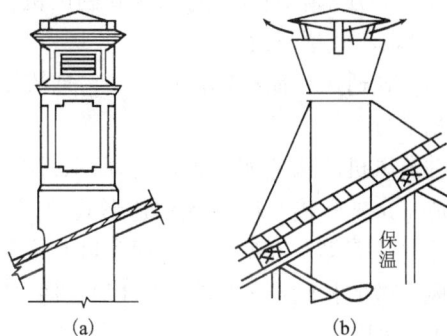

图 3.6.14　室外排风装置

所示。当从屋顶排风不便时，也可以从墙上排出。

4.风机。

风机是通风系统中的重要设备，其作用是为通风系统提供使空气流动的动力，以克服风道和其他部件、设备对空气流动产生的阻力。

在通风工程中，根据通风机的作用原理主要有离心式和轴流式两种。在特殊场合使用的还有高温通风机、防爆通风机和耐磨通风机等。

(1)离心式通风机。

离心式通风机简称离心风机，其构造如图3.6.15所示。离心风机是由叶轮、机壳和集流器(吸气口)三个主要部分所组成。

离心风机的工作原理与离心水泵相同，主要借助于叶轮旋转时产生的离心力而使气体获得压能和动能。

离心风机的主要性能参数有如下几项：

1)风量(L)。表明风机在标准状态即大气压力 $P=101325$ Pa，温度 $t=20℃$ 下工作时，单位时间内输送的空气量，m^3/h。

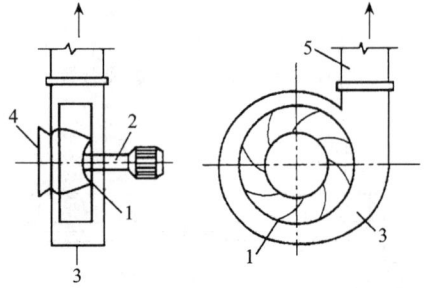

图 3.6.15　离心风机构造示意图
1—叶轮；2—风机轴；3—机壳；4—导流器；5—排风口

2)风压(H)。表明在标准状态下工作时，通过风机的每 1 m^3 空气所获得的能量，包括动压和静压，Pa。

3)功率(N)。指风机输送气体时，气体从风机获得能量来升高压力，而风机本身则需要消耗电能才能运转，kW。

4)转数(n)。风机叶轮每分钟旋转的转数，r/min。

5)效率(η)。指风机的有效功率与轴功率的比值。

不同风机，在制作材料及构造上有所不同。例如用于一般通风换气的普通风机，通常用钢板制作，小型的也有铝板制作的；除尘风机要求耐磨和防止堵塞，因此钢板较厚，叶片较少并呈流线型；防腐风机一般用硬聚氯乙烯板或不锈钢板制作；防爆风机的外壳和叶轮均用铝、铜等有色金属制作，或外壳用钢板而叶轮用有色金属制作等等。

离心风机的机号，是用叶轮外径的分米数表示的，不论哪一种型式的风机，其机号均与叶轮外径的分米数相等，例如 No6 的风机，叶轮外径等于 6 dm(600 mm)。

(2)轴流式通风机。

轴流式通风机简称轴流风机，它是依靠叶轮的推力作用促使气流流动，它的气流方向与机轴相平行。

轴流风机的构造如图3.6.16所示，叶轮由轮毂和铆在其上的叶片组成，叶片与轮毂平面安装成一定的角度。叶片的构造形式很多，如机翼型扭曲或不扭曲的叶片；等厚板型扭曲或不扭曲叶片等等。大型轴流风机的叶片安装角度是可以调节的，借以改变风量和全压。有的轴流风机做成长轴形式(图3.6.17)，将电动机放在机壳的外面。大型的轴流风机不与电动机同轴，而用三角皮带传动。

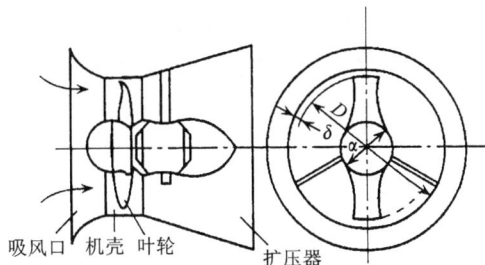

图 3.6.16　轴流风机简图

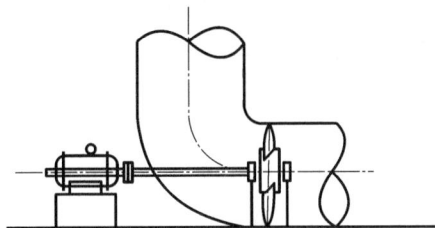

图 3.6.17　长轴式轴流风机

　　轴流风机同样有风量、风压、功率、效率和转数等项性能参数，并且这些参数之间也有一定的内在联系，可用性能曲线来表示。此外，机号也用叶轮直径的分米数表示。

　　轴流风机通常安装在风管中间或墙洞内。在风管中间安装时，可将风机装在角钢制成的支架上，再将支架固定在墙上、柱上或混凝土楼板的下面。图 3.6.18 所示是轴流风机在墙上的安装。

　　轴流风机与离心风机相比较，在性能上最主要的区别是：轴流风机产生的风压较小，单级式轴流风机的风压一般低于 300 Pa；轴流风机自身体积小、占地少，可以在低压下输送大流量空气，噪声大，允许调节范围很小等。轴流风机一般多用于无须设置管道以及风道阻力较小的通风系统。

　　5.阀门。

　　通风系统中的阀门主要用于启动风机，关闭风道、风口，调节管道内空气量，平衡阻力等。阀门安装于风机出口的风道、主干风道、分支风道上或空气分布器之前等位置。常用的阀门有闸板阀、蝶阀和止回阀。

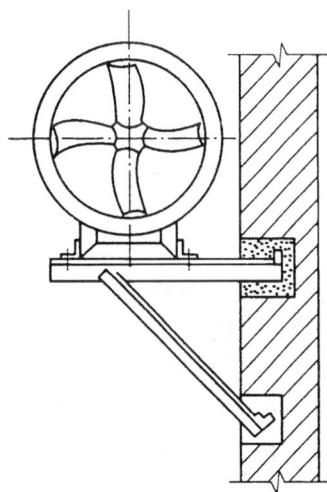

图 3.6.18　轴流式风机在墙上安装

　　闸板阀的构造如图 3.6.19 所示，多用于通风机的出口或主干管上作为开关。它的特点是严密，但占地面积大。

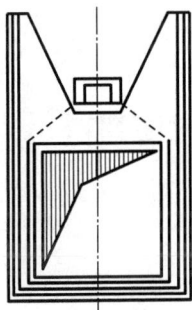

图 3.6.19　闸板阀

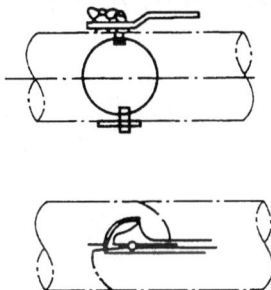

图 3.6.20　蝶阀

171

蝶阀的构造如图 3.6.20 所示，多安装在分支管上或空气分布器前，作风量调节用。这种阀门只要改变阀板的转角就可调节风量，操作简便，但严密性较差，故不宜作关断用。

止回阀的作用是当风机停止运转时，阻止气流倒流。止回阀必须动作灵活，阀板关闭严密。

为了防止房间在发生火灾时火焰串入通风系统及其他房间，在防火级别要求较高房间的系统中应装设防火阀。防火阀由阀板套、阀板和易熔片组成，如图 3.6.21 所示。当发生火警时，易熔片熔断，阀板靠自重下落，将管道关闭。

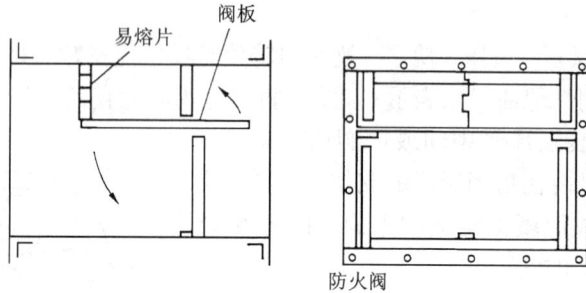

图 3.6.21　防火阀

6. 空气净化设备。

在许多的生产工艺中，会产生不同性质的粉尘。这些粉尘不但会降低产品质量及机器的工作精度，还会影响车间的能见度，所有含有粉尘的空气需通过除尘净化设备进行处理，才可保证其生产的安全性及产品质量。

在通风工程中常用的除尘器主要有重力沉降室、旋风除尘器、湿式除尘器、电除尘器等类型。

（1）重力沉降室。

重力沉降室是利用尘粒本身重力使其从含尘气流中分离出来的设备。如图 3.6.22 所示，当含尘气流通过沉降室时，由于气流在管道内具有较高的流速，突然进入沉降室的大空间内，使气流速度迅速降低，此时气流中尘粒在重力的作用下就会慢慢落入接灰池内。重力沉降室具有设备简单、制作容易、阻力损失小等优点，但占地体积大，除尘效率低，只能用于粗大尘粒的去除，使用范围有局限性。

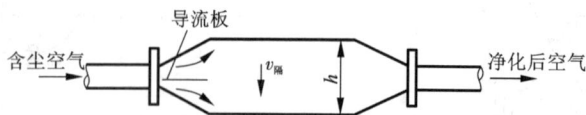

图 3.6.22　重力沉降室

（2）旋风除尘器。

旋风除尘器是利用气流在旋转过程中作用在尘粒上的离心力和惯性力使尘、气分离的装置。旋风除尘器一般由五部分组成：切向入口、圆筒体、圆锥体、排出管和集灰斗，如

图 3.6.23 所示。含尘气流从旋风除尘器的切向入口进入除尘器，作螺旋形旋转运动。在旋转过程中，尘粒在离心力的作用下，被甩向除尘器的外壁，到达外壁的尘粒在气流和重力的综合作用下沿壁面落入灰斗。

旋风除尘器的特点是结构简单、体积小、维修方便、除尘效率较高、阻力较大。它在通风工程中得到了广泛的应用，主要用于粒径在 10 μm 以上的粉尘，是中小型燃煤锅炉的烟气净化中的主要除尘设备。

（3）湿式除尘器。

湿式除尘器是利用尘粒的可湿性，使含尘气体通过与液滴、液膜或气泡相接触，将粉尘从气体中捕集下来的装置。这种除尘器主要用于亲水性粉尘，但不能用于水硬性粉尘。它的优点是结构简单、投资低、

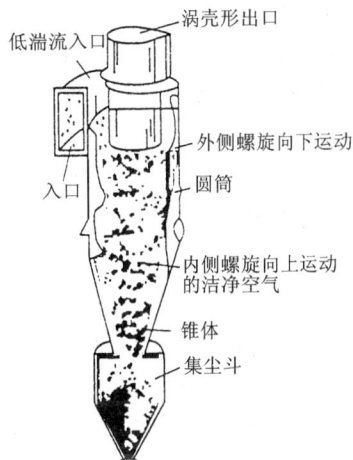

图 3.6.23　旋风除尘器

占地面积小、除尘效率高，对于粒径小于或等于 0.1 μm 的粉尘的分级效率很高，同时还能进行有害气体的净化，适合处理有爆炸危险的气体和同时含有多种有害物的气体。它的缺点是有用物料不能进行干式回收。

（4）电除尘器。

电除尘器是一种高效除尘设备，它是利用电场产生的静电力使尘粒从气流中分离出来的除尘装置，又称静电除尘器。其特点是可用于去除微小尘粒，去除效率高，处理能力大，但由于设备庞大、投资高、结构复杂、耗电量大等缺点，目前主要用于某些大型工程或进风的除尘净化处理中。

（三）风道的布置与敷设

1. 风道的布置。

风道的布置应在进风口、送风口、排风口、空气处理设备、风机的位置确定之后进行。风道布置应服从整个通风系统的总体布局，并与土建、生产工艺和给排水等各专业互相协调、配合。

（1）风道布置原则。

1）风道布置应尽量缩短管线、减少分支、避免复杂的局部管件。

2）应便于安装、调节和维修。

3）风道之间或风道与其他设备、管件之间合理连接以减少阻力和噪声。

4）风道布置应尽量避免穿越沉降缝、伸缩缝和防火墙等。

5）应使风道少占建筑空间并不得妨碍生产操作。

6）对于埋地风道应避免与建筑物基础或生产设备底座交叉，并应与其他管线综合考虑，此外，尚需设置必要的检查口。

7）风道在穿越火灾危险性较大房间的隔墙、楼板处以及垂直和水平风道的交接处时，均应符合防火设计规范的规定。

在某些情况下可以把风道和建筑物本身构造密切结合在一起。在居住和公用建筑中竖直的砖风道通常就砌筑在建筑物的内墙里，为了防止结露和影响自然通风的作用压力，竖直风道一般不允许设在外墙中而设在间隔墙中，否则应设空气隔离层。

（2）送、回风口布置。

送、回风口布置取决于通风房间的气流组织方式，常见的气流组织方式有侧送风、孔板送风、散流器送风、条缝送风、喷口送风等。

1）侧送风。

侧送风送风口一般布置在房间较窄的一边，若房间很长，则宜双侧布置，如图3.6.24。布置时应考虑工艺设备布置、局部热源和工艺要求等因素，且在送风前方应无阻碍物，如顶棚有梁，可使风口与梁平行布置。

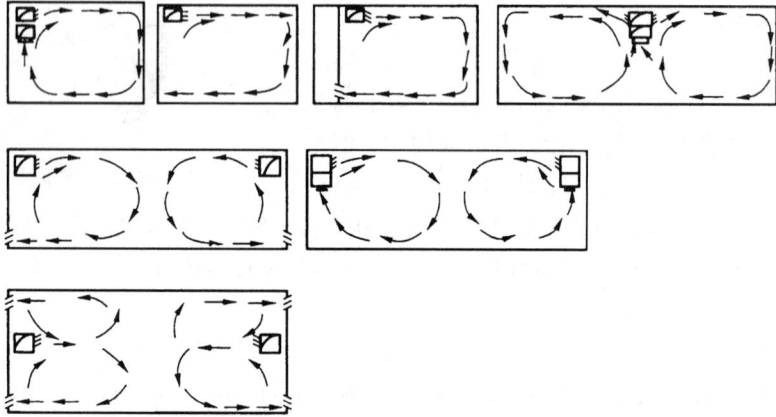

图3.6.24　侧送风的几种方式

2）散流器送风。

散流器是由上向下送风的送风口，一般明装在送风管道端部或暗装在顶棚上。圆形或方形散流器相应送风面积的长宽比宜小于1:1.5，散流器之间的距离及与墙之间的距离应保证有足够的射程和良好的射流扩散，如图3.6.25所示。

3）喷口送风。

如图3.6.26所示，喷口的位置应按具体工程要求而定，在一般高大公共建筑中，宜距地面6～10m，喷口直径为200～800mm，喷口风量、喷口角度能调节。

4）条缝送风。

如图3.6.27所示，风口宽长比大于1:20，可由单条缝、双条缝和多条缝组成，且风口与采光带相互配合布置，使室内更显整洁美观。

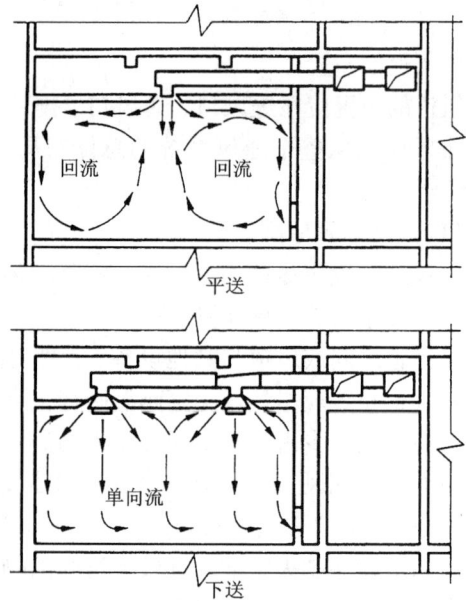

图3.6.25　散流器送风

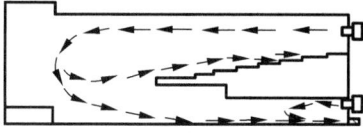

图 3.6.26　喷口送风

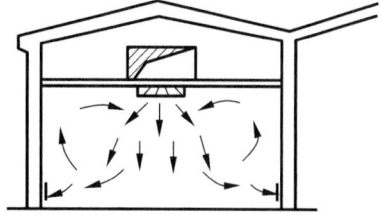

图 3.6.27　条缝送风

（3）进、排风口布置。

进、排风口的布置应满足以下要求：

1）室外进风口应设置在空气较为洁净的地点，应远离污染源。

2）室外进风口的底部距室外地坪不宜小于 2 m，进口处应设置用木板或薄钢板制作的百叶窗，防止雨、雪、树叶、纸片和沙土等杂质被吸入。

3）室外进风口的标高应低于周围的排风口，且宜设在排风口的上风侧，以防止吸入排风口排出的污浊空气。

4）屋顶式进风口应高出屋面 0.5~1.0 m，以免吸进屋面上的积灰和被积雪埋没。

5）一般排气主管至少应高出屋面 0.5 m。

6）若排气管中的有害物需要经大气扩散稀释时，排风口应位于建筑物空气动力阴影和正压区以上，且排风口上不应安装风帽，并应有防止雨水进入风机的装置。

2. 风管的敷设。

风管有圆形和矩形两种。圆形风管适用于工业通风和防排烟系统中，宜明装；矩形风管利于与建筑协调，可明装也可暗装于吊顶内，空调系统中多采用矩形风管。风管多采用钢板制作，其尺寸应尽量符合国家现行《通风空调工程施工质量验收规范》的规定，以利机械加工风管和法兰，也便于配置标准阀门和配件。

风管一般应设在隔墙内，如墙体较薄，可在外墙设贴附风道，如图 3.6.28 所示。各层楼内性质相同的一些房间的竖井风道可在顶部汇合在一起，并应符合防火规范的要求。

3. 风管的防腐与保温。

（1）风管的防腐。

钢板风管内表面和需要保温的风管外表面应刷防锈漆两遍，不保温风管外表面应刷一遍防锈底漆和两遍调和漆。镀锌钢板可不刷漆，但交口损害处应刷漆，施工时发现锈蚀处应刷漆。

（2）风管的保温。

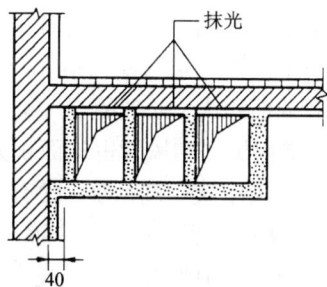

图 3.6.28　贴附风道

在通风空调系统中，为提高冷、热量的利用率，避免不必要的冷、热损失，保证通风空调系统运行参数，应对通风空调风管进行保温。此外，当风道送冷风时，其表面温度可能低于或等于周围空气的露点温度，使其表面结露，加速传热，同时也对风管造成一定的腐蚀，因此应对风管进行保温。

保温材料主要有软木、聚苯乙烯泡沫塑料、超细玻璃棉、玻璃纤维保温板、聚氨酯泡沫塑料和石板等。

通常保温结构有四层：

1）防腐层：涂防腐漆或沥青。

2）保温层：粘贴、捆扎、用保温钉固定。

3）防潮层：包塑料布、油毛毡、铝箔或刷沥青，以防潮湿空气或水分进入保温层内破坏保温层或在其内部结露，降低保温效果。

4）保护层：室内可用玻璃布、塑料布、木板、聚合板等作保护。

二、空调

空气调节是指为满足生活、生产或工作的需要，用人工的方法使室内空气的温度、湿度、洁净度和气流速度达到一定要求的工程技术，简称空调。为使空气温度、湿度、洁净度和气流速度等参数达到一定的要求，所采用的一系列设备、装置的总体，称为"空调系统"。

大多数空调房间，主要是控制空气的温度和相对湿度。但在某些工艺过程中，不仅要求一定的温、湿度，而且对于空气的含尘量和粒径大小具有严格要求（如电子工业的光刻、扩散、制版、显影等工作间），满足这种要求的空调称为净化空调。此外，还有无菌空调（用于医药工业的实验室、药物分装室以及医院里的某些手术室）；以除湿为主的空调（用于地下建筑及洞库）以及用于模拟高温、高湿、低温、低湿和高空空间环境等的"人工气候室"等等。

（一）空调系统的分类与组成

1.空调系统的分类。

（1）按照空气处理设备设置的情况分类。

根据空调系统空气处理设备的设置情况不同，空调系统可分为集中式空调系统、半集中式空调系统和分散式空调系统。

1）集中式空调系统。

集中式空调系统是将各种空气处理设备以及风机都集中设在一个专用的空调机房里，以便于集中管理。空气经过集中处理后，再用风管分送给各个空调房间。如图3.6.29。这种系统的服务面积大，处理的空气量大，设备集中布置、集中调节和控制，水系统简单，使用寿命长，但空调机房和风管占地面积大。

2）半集中式空调系统，除有集中的空调机房外，尚有分散在各空调房间内的二次处理设备（或称末端装置）来承担一部分冷热负荷，其中多半设有冷、热交换器（亦称二次盘管）。空调机房经过集中处理的部分或全部风量，送到各个空调房间后再由末端装置进行补充处理。半集中式空调系统在建筑中占用的机房少，可以满足各个房间的温湿度要求，但房间内设置空气处理设备后，管理维修不方便，如设备中有风机还会给室内带来噪声。如图3.6.30为风机盘管空调系统。

3）分散式空调系统。

分散式空调系统又称为局部空调系统，它是把处理空气所需的冷热源、空气处理和输送设备、控制设备等集中设置在一个箱体内，组成一个紧凑的空调机组，然后将其放置在空调房间内。分散式空调系统体积小，结构紧凑，需要的机房面积小，在许多需要空调的场所，得到了广泛的应用。

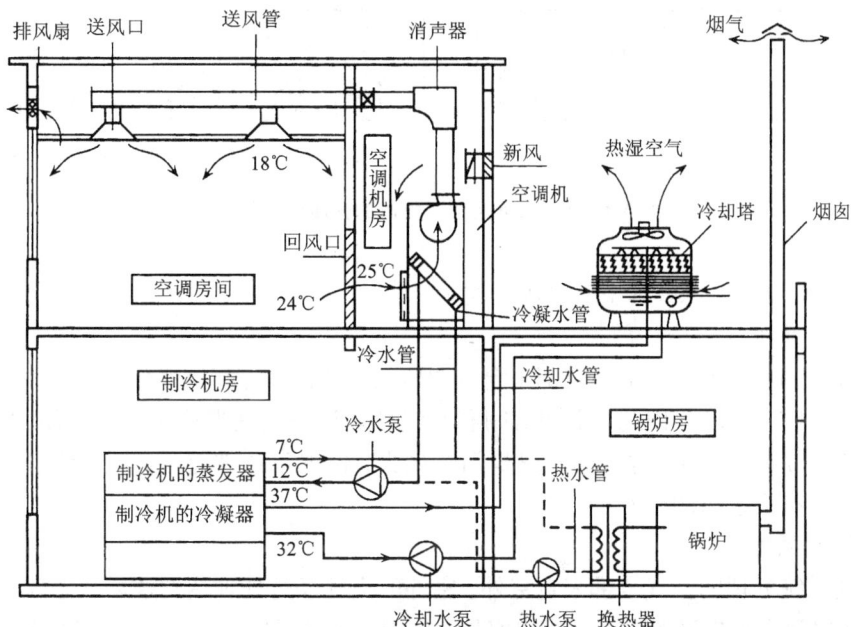

图 3.6.29　集中式空调系统示意图

（2）按照负担室内热（冷）负荷、湿负荷所用介质分类。

1）全空气系统。

全空气系统是指空调房间的负荷全部由来自集中式空气处理设备处理过的空气来负担的空气调节系统，如图 3.6.31（a）所示。由于作为冷、热介质的空气的比热较小，所以要求风道断面较大。

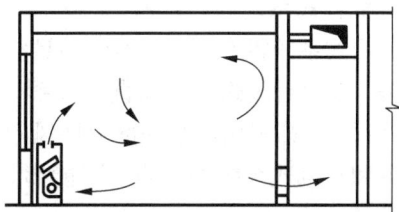

图 3.6.30　风机盘管空调系统

2）全水系统。

指空调房间的热湿负荷全由水作为冷热介质来负担的空气调节系统，如图 3.6.31（b）所示。由于水的比热比空气大得多，在相同条件下只需较小的水量，从而使输送管道占用的建筑空间较小。这种系统不能解决空调房间的通风换气问题，通常情况下不单独使用。

3）空气—水系统。

由空气和水共同负担空调房间的热湿负荷的空调系统称为空气—水系统，如图 3.6.31（c）所示，这种系统是全空气系统和全水系统的综合应用，它有效地解决了全空气系统占用建筑空间大和全水系统空调房间通风换气的问题，特别适合大型建筑和高层建筑。

4）制冷剂系统。

将制冷系统的蒸发器直接置于空调房间以吸收余热和余湿的空调系统称为制冷剂系统，又称为机组式系统。如图 3.6.31（d）所示。这种系统的优点在于冷热源利用率高，占用建筑空间少，布置灵活。如现在的家用分体式空调器。

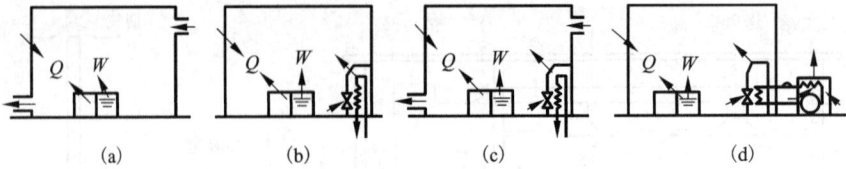

图 3.6.31 以承担空调负荷的介质分类示意图

（3）按照集中式系统处理空气来源分类。

1）封闭式系统。

封闭式空调系统处理的空气全部来自空调房间，没有室外新鲜空气补充进来，全部是室内的空气在系统中循环。因此，空调房间和空气处理设备之间形成了一个封闭的循环环路，如图 3.6.32（a）所示。这种系统冷、热量消耗最少，但卫生条件差，多用于战争时期的地下庇护所或很少有人进出的仓库。

2）直流式系统。

直流式系统处理的空气全部来自室外，室外的空气经过处理达到送风状态后送入空调房间，在空调房间内吸热吸湿后全部排出室外，如图 3.6.32（b）所示。这种系统消耗的冷、热量最大，但空调房间内的卫生条件完全能够满足要求，这种系统用于不允许采用室内回风的场合。

3）混合式系统。

封闭式系统没有新风，不能满足空调房间的卫生要求，而直流式系统消耗的能量又大，不经济，因此封闭式系统和直流式系统只能在特定情况下使用。对于大多数场合，往往采用混合式系统，即采用混合一部分回风的系统。如图 3.6.32（c）所示。混合式系统综合了封闭式系统和直流式系统的优点，既能满足卫生要求，又比较经济合理，在实际工程中被广泛应用。

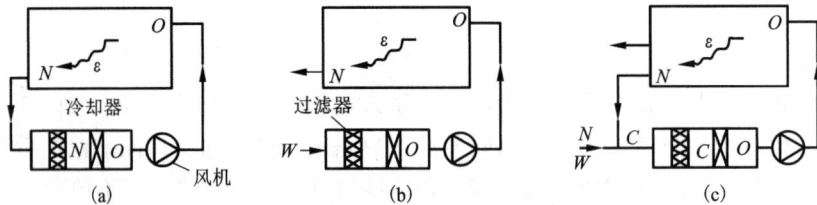

图 3.6.32 按处理空气的来源不同分类

（4）按风道中空气流速分类。

1）高速空调系统。

高速空调系统主风道中的流速可达 20 ~ 30 m/s，由于风速大，风道断面可以减少许多，故可用于层高受限、布置风道困难的建筑物中。

2）低速空调系统。

低速空调系统风道中的流速一般不超过 8 ~ 12 m/s，风道断面较大，需要占用较大的建筑空间。

2.空调系统的组成。

空调系统是指需要采用空调技术来实现的具有一定温度和湿度等参数要求的室内空间及所使用的各种设备、装置的总称。若对建筑物进行空气调节,必须由空气处理设备、空气输送管道、空气分配装置、冷热源等部分来共同实现。如图3.6.33所示,室外新鲜空气(新风)和来自空调房间的部分循环空气(回风)一并进入空气处理室,依次经过过滤除尘、冷却和减湿(夏季)或加热和加湿(冬季)等各种处理,待达到空调房间所要求的送风状态时,由风机、风道、空气分配装置送入空调房间。送入室内的空气经过吸热、吸湿或散热、散湿后再经风机、风道排至室外,或由回风道和风机吸收一部分回风循环使用,以节约能量。

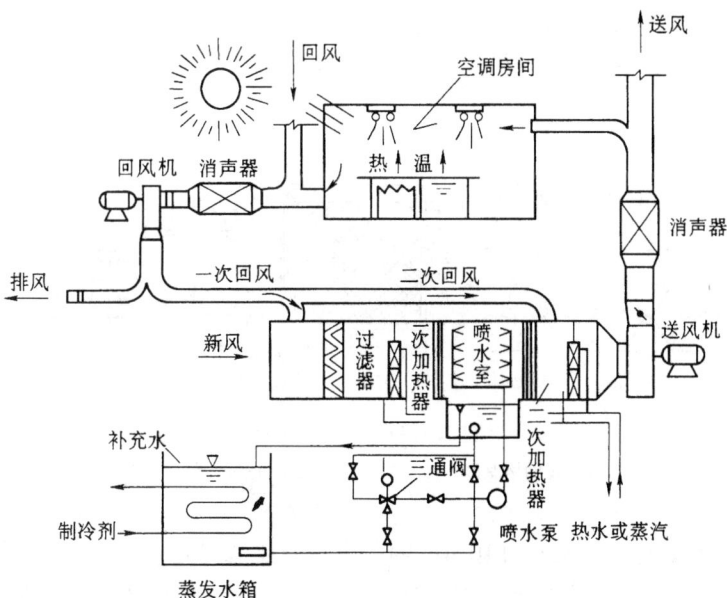

图3.6.33　空调系统简图

空调系统通常由以下几部分组成:

(1)工作区(也称空调区)。

工作区通常指距地面2 m以内,离外墙0.5 m,离地面0.3 m,且高于精密设备0.3~0.5 m范围内的工作区空间。在此空间内,应保持所要求的室内空气参数。

(2)空气的输送和分配装置。

它主要由输送和分配空气的送、回风机,送、回风管,送、回风口等设备组成。

(3)空气处理设备。

它由各种对空气进行加热、冷却、加湿、减湿、过滤、消声等处理的设备组成。

(4)处理空气所需要的冷热源。

指为空气处理提供冷量和热量的设备,如锅炉房、冷冻站、冷水机组等。

(二)常用空气处理设备

在空调工程中,为了满足房间的送风要求,需要使用不同的热、湿处理设备和净化处理设备将空气处理到某送风状态点,然后向室内送风。为了得到同一个送风状态点,可能会有不同的空气热、湿处理途径。

1. 净化处理设备。

净化处理主要是指以过滤器为主要处理设备除去空气中的尘埃、细菌、有毒有害气体等等。最常用的净化处理设备是空气过滤器。根据过滤效率的高低,通常将空气过滤器分为初效、中效和高效过滤器三种类型。

空气过滤器的效率是指在额定风量下,过滤器捕获的灰尘量与进入过滤器的灰尘量之比的百分数,即过滤器前后空气含尘浓度之差与过滤器前空气含尘浓度之比的百分数,用 $\eta\%$ 表示。

初效过滤器又叫粗过滤器,主要用于空气的初级过滤。过滤粒径在 $10 \sim 100~\mu m$ 范围的大颗粒灰尘。滤料大多采用金属丝网、铁屑、瓷环、玻璃丝、粗孔聚氨酯泡沫塑料和各种人造纤维。初效过滤器过滤尘粒主要是利用惯性碰撞效应,为便于更换,通常做成块状。如图3.6.34 所示。

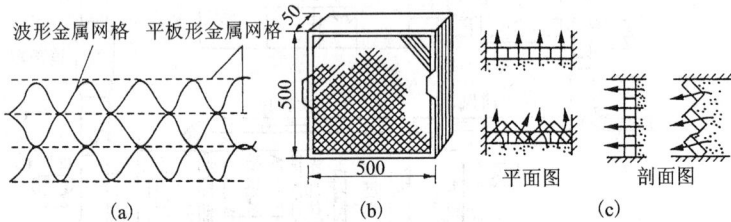

图 3.6.34 初效过滤器

(a)金属网格滤网;(b)过滤器外形;(c)过滤器安装方式

中效过滤器用于过滤粒径大约 $10~\mu m$ 的灰尘。主要滤料是玻璃纤维、中细孔聚乙烯泡沫塑料、合成纤维等。为了提高过滤效率和处理较大的风量,常做成抽屉式或袋式等形式。中效过滤器滤速不宜过大,一般为 $0.25~m/s$ 左右,否则会增大阻力,产生噪声。

高效过滤器用于对空气洁净度要求较高的净化空调,必须在粗、中效过滤器的保护下使用。滤料通常采用超细玻璃纤维、超细石棉纤维和微孔薄膜复合滤料等。滤料多做成薄膜状,为减少阻力,必须采用低滤速。高效过滤器效率为99.91%。

粗效过滤器一般放在空气处理室的新风口之后、预热器之前,以防止预热器上堆积灰尘而降低热效率。中效过滤器应放在送风机之后系统的正压段,使经过中效过滤器后的洁净空气不致再被污染。高效过滤器的安装位置应尽量靠近洁净室的送风口,这样才能保证过滤后的空气不再被灰尘污染。

2. 空气加热设备。

在空调工程中经常需要对送风进行加热处理。空气的加热是将被处理的空气加热到需要的温度,它是由空气加热器来完成的。常用的空气加热器有表面式空气加热器和电加热器两种。表面式空气加热器用于集中式空调系统的处理室和半集中式系统的末端装置中;电加热器主要用在各空调房间的送风支管上作为精调设备,以及用于空调机组中。

(1)表面式空气加热器。

表面式空气加热器又称表面式换热器，是以热水或蒸汽作为热媒通过金属表面传热的一种换热设备。可以分为光管式和肋片式两类。光管式加热器由几排管子和联箱组成。为了增加换热面积，在光管上加些肋片即为肋片式加热器。热媒经管道进入联箱，再由联箱进入光管或肋片管，空气流经管与管之间的间隙时被加热。如图 3.6.35 所示。

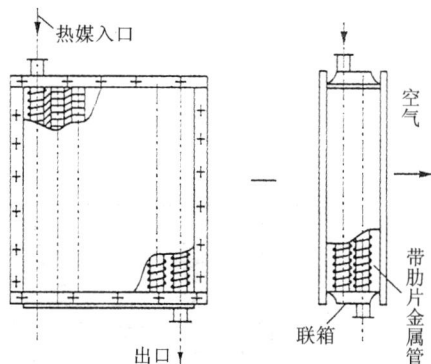

图 3.6.35　表面式空气加热器

表面式换热器具有结构简单、占地面积小、水质要求不高、水系统阻力小等优点，在机房面积较小的场合，特别是高层建筑的舒适性空调中得到了广泛的应用。

表面式换热器通常垂直安装，也可以水平或倾斜安装。但以蒸汽为热媒的空气加热器不宜水平安装，以免积聚凝结水而影响传热效果。

为了便于使用和维修，在蒸汽加热器蒸汽管入口处应安装压力表和调节阀，在凝结水管路上应设疏水器、截止阀和旁通管；在热水加热器的供、回水管路上应安装调节阀和温度计，并在管路的最高点装设放气阀，最低点设泄水阀和排污阀。

（2）电加热器。

电加热器是让电流通过电阻丝发热来加热空气的设备。它具有结构紧凑、加热均匀、热量稳定、控制方便等优点，但由于电费较高，通常只在加热量较小的空调机组场合使用。在恒温精度较高的空调系统里，常安装在空调房间的送风支管上，对送风进行"精加热"，以保证空调房间的室温相对恒定。

电加热器在空调工程中常用的有裸线式和管式两种结构。裸线式电加热器的电阻丝暴露在空气中，空气流过灼热的电阻丝被加热。它具有结构简单、热惰性小、加热迅速等优点。管式电加热器是由若干根管状电热元件组成的，电热元件将电阻丝绕成螺旋形，装在特制的金属套管中，套管与电阻丝之间的空隙部分用导热不导电的材料填满。这种电加热器的优点是加热均匀、热量稳定、经久耐用、使用安全性好，但它的热惰性大，构造也比较复杂。

（3）空气冷却设备。

空气的冷却是将被处理的空气冷却到所需要的温度，它是对夏季空调送风的基本处理过程。常用的方法如下：

1）用喷水室处理空气。

喷水室处理空气，是用喷嘴将不同温度的水喷成雾滴，使空气与水进行热湿交换而使空气冷却或者减湿冷却。喷水室的主要优点是能够实现多种空气处理过程，具有一定的净化空气的能力。图 3.6.36 为喷水室构造示意图。

由图可见，喷水室由挡水板、喷嘴、喷嘴排管、补水装置、回水过滤器、溢水器、喷水室外壳等组成。被处理的空气以一定的速度经过前挡水板进入喷水空间，在此空气与喷嘴喷出的雾状水滴直接接触，由于水和空气的温度不同，它们之间进行着复杂的热湿交换。由喷水室出来的空气经后挡水板分离出所携带的水滴，再经其他处理后由风机送入空调房间。

喷水室处理空气可用于任何空调系统，特别是在有条件利用地下水或山涧水等天然冷源

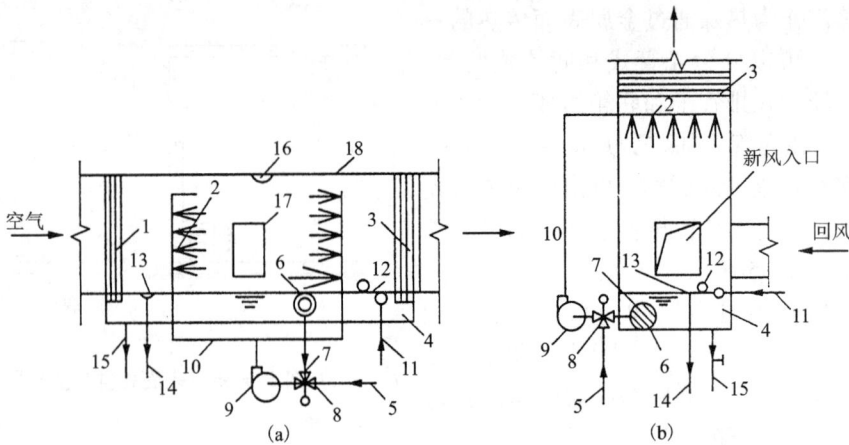

图 3.6.36　喷水室构造示意图

的场合，宜采用这种方法。当空调房间的生产工艺要求严格控制空气的相对湿度或要求空气具有较高的相对湿度时，用喷水室处理空气的优点更为突出。但这种方法也有缺点，主要是耗水量大，机房占地面积较大以及水系统比较复杂。

2）用表面式冷却器处理空气。

表面式冷却器简称表冷器，它是由铜管上缠绕的金属翼片所组成排管状或盘管状的冷却设备。表冷器按采用的冷媒不同可分为水冷式和直接蒸发式两种类型。水冷式表面冷却器与空气加热器的原理相同，只是将热媒换成由制冷机产生的冷冻水作为冷媒。直接蒸发式表面冷却器是以制冷剂作冷媒，靠制冷剂的蒸发吸收外部空气的热量，从而冷却空气。

表冷器的管内通入冷冻水，空气从管表面通过进行热交换冷却空气，冷冻水的温度一般在 7～9℃左右，有时夏季管表面温度低于被处理空气的露点温度，这样就会在管子表面产生水滴，从而达到降温去湿的目的。

使用表面式冷却器，能对空气进行干式冷却（使空气的温度降低但含湿量不变）或减湿冷却两种处理过程，这决定于冷却器表面的温度是高于抑或低于空气的露点温度。

与喷水室相比较，用表面式冷却器处理空气具有设备结构紧凑、机房占地面积小、水系统简单以及操作管理方便等优点，因此被广泛应用。但它只能对空气实现上述两种处理过程，而不像喷水室还能对空气进行加湿处理，此外也不便于严格控制调节空气的相对湿度。

3.空气加湿、减湿设备。

（1）空气加湿。

在冬季和过渡季节，室外空气含湿量一般比室内空气含湿量低，为了保证相对湿度的要求，有时需要向空气中加湿，在空调系统中，空气的加湿可以在两个地方进行：在空气处理室或送风管道内对空气集中加湿，或在空调房间内部对空气进行局部补充加湿。常用的空气加湿方法有喷蒸汽加湿、喷雾加湿、电加湿和喷水室喷水加湿等。

1）喷蒸汽加湿。

把水蒸汽喷入空气中直接进行加湿的方法称为喷蒸汽加湿。蒸汽可以喷入空气处理室内，也可设置在风道内。这种加湿方法的特点是节省电能，加湿快、均匀、稳定，设备简单，运行费用低,是常用的集中加湿法。

2)喷雾加湿。

将常温水喷成水雾直接混入空气中,水雾吸收空气中的热量蒸发成水汽来加湿空气的方法叫喷雾加湿。喷雾加湿常用于空调房间余热量较大而余湿量较小,房间相对湿度又要求较高的场合。喷雾加湿的特点是:对水温无特殊要求,水雾蒸发吸收汽化潜热,可节省为排除余热所需要的风量。缺点是室内空气状态不均匀,不能适用于相对湿度要求较小的场合。

3)电加湿。

为了对空气加湿进行较好的控制,目前在空调机组中,广泛应用电加湿器对空气加湿。电加湿器是使用电能生产蒸汽来加湿空气。根据工作原理不同,有电热式和电极式两种,如图 3.6.37 所示。

电热式加湿器是电流通过放在水容器中的电阻丝,将水加热至沸腾而产生蒸汽。电极式加湿器是利用火线接上一个铜棒作电极,金属容器接地,容器中的水作电阻,通电后水被加热产生蒸汽。电极式加湿器结构紧凑,加湿量容易控制,

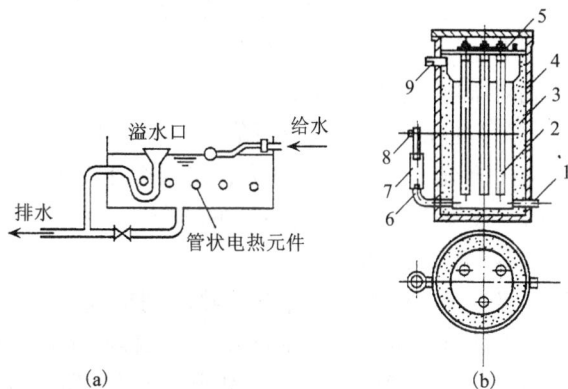

图 3.6.37　电加湿器
(a)电热式加湿器;(b)电极式加湿器
1—进水管;2—电极;3—保温层;4—外壳;
5—接线柱;6—溢水管;7—橡皮短管;8—溢水嘴;9—蒸汽出口

使用较广泛。它的缺点是耗电量大,电极上容易积水垢,因此不宜在小型空调系统中使用。

4)喷水室喷水加湿。

用喷水室加湿空气是一种常用的集中加湿法。当水通过喷头喷出细水滴或水雾时,空气与水雾进行热湿交换,这种交换取决于喷水的温度。当喷水的平均水温高于被处理的空气露点温度时,喷嘴喷出的水会迅速蒸发,使空气达到水温下的饱和状态,从而达到加湿的目的。

(2)空气减湿。

空调的湿负荷主要来自室内人员的产湿以及新风含湿量,这部分湿负荷在总的空调负荷中占20% ~40%,是整个空调负荷的重要组成部分。空气的减湿处理对于某些相对湿度要求低的生产工艺和产品储存有非常重要的意义。例如,在我国南方比较潮湿的地区或地下建筑、仪表加工、档案室及各种仓库等场合,均需要对空气进行减湿。

目前空调系统中常用的减湿方式除前面所说的利用表面式冷却器减湿外,还有加热通风法减湿、冷冻减湿、液体吸湿剂减湿和固体吸湿剂减湿。

1)加热通风法。

如果室外空气含湿量低于室内空气的含湿量,就可以将经过加热的室外空气送入室内,同时从房间内排除同样数量的潮湿空气,从而达到减湿的目的。这种方法是一种经济易行的方法,其特点是设备简单、投资少、运行费用低,但受自然条件的限制,不能确保室内的除湿效果。

2)冷冻减湿法。

冷冻减湿法就是利用制冷设备,将被处理空气的温度降低到它的露点温度以下,除掉空气中析出的水分,再将空气温度升高,达到除湿的目的。

冷冻除湿机实际上是一个小型的制冷系统，由制冷系统和风机等组成，其工作原理如图3.6.38所示。当待处理的潮湿空气流过蒸发器时，由于蒸发器表面温度低于空气的露点温度，于是使空气温度降低，将空气在蒸发器外表面温度下所能容纳的饱和含湿量以上的那部分水分凝结出来，达到除湿目的。已经减湿降温后的空气随后再流过冷凝器，又被加热升温，吸收高温气态制冷剂凝结放出的热量，使空气的温度升高，相对湿度减小，从而降低了空气的相对湿度，然后进入室内。

冷冻除湿性能稳定，运行可靠，不需要水源，管理方便，能连续除湿。但初投资较大，在低温下运行性能很差，适用于空气露点温度低于4℃的场合。

3）液体吸湿剂减湿法。

液体吸湿剂减湿是将液体溶液喷淋到空气中，使空气中的水分凝结出来而达到去湿的目的。液体吸湿剂常用的有溴化锂、氯化钙、氯化锂等无机盐类，这类物质的特点是腐蚀性强，在使用过程中，需要采用防腐材料或缓蚀剂。

由于液体具有流动性，采用液体吸湿剂减湿的传热设备比较容易实现，此外，液体除湿过程容易被冷却，从而实现等温减湿的目的，并且可能达到较好的热力学效果。

4）固体吸湿剂减湿法。

目前采用的固体吸湿剂主要有硅胶、铝胶和氯化钙等。固体吸湿剂减湿的原理是因为其内部有很多孔隙，孔隙中原有少量的水，由于毛细管作用使水面呈凹形，凹形水面的水蒸气分压力比空气中水蒸气分压力低，空气中水蒸气被固体吸湿剂吸收，达到减湿的目的。

固体吸湿剂的吸湿能力不是固定不变的，使用一段时间后失去吸湿能力时，需进行"再生"处理，即用高温蒸汽将吸附的水分带走（如对硅胶），或用加热蒸煮法使吸收的水分蒸发掉（如对氯化钙）。

4. 消声与减震设备。

空调工程中主要的噪声和震动源是通风机、制冷机、机械通风冷却塔等。噪声和震动都会危害人体健康，为此常采用消声器和减震器来消除噪声和震动。

（1）消声器。

通风空调系统中所用的消声器种类很多，根据消声机理的不同，一般分为阻性消声器、抗性消声器、微孔板式消声器和干涉消声器等。

1）阻性消声器。

阻性消声器的消声机理，是在管道内壁上贴附吸声材料，当声波通过时，声波进入吸声材料的微孔内，由声波引起小孔内的空气发生运动。由于小孔内空气发生运动而产生的摩擦力和黏性运动，使一部分声能转化成热能，从而使声波衰减，达到消声的目的，如图3.6.39（a）所示。

2）共振性消声器。

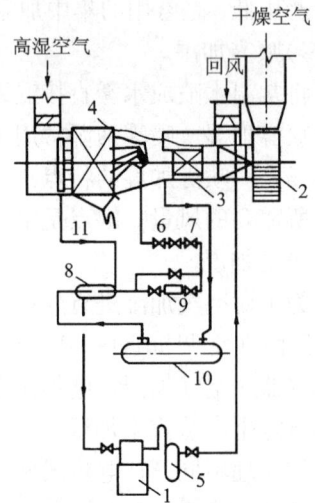

图3.6.38　冷冻除湿机工作原理图

1—压缩机；2—送风机；3—冷凝器；
4—蒸发器；5—油分离器；6,7—节流阀；
8—热交换器；9—工质过滤器；
10—贮液器；11—集水器

它是由穿孔板和共振腔组成,穿孔板和小孔孔颈处的空气柱和空腔内的空气构成一个共振吸声结构,如图 3.6.39(b)所示。当外界噪声的频率与共振吸声结构的固有频率相同时,小孔孔颈处空气会引起强烈共振,空气柱与孔壁之间发生剧烈摩擦,从而消耗声能,达到消声效果。

3)抗性消声器。

抗性消声器的消声机理是通过管道截面积的突变,使部分声波反射回去,不再向前传播,达到消声的目的,如图 3.6.39(c)所示。

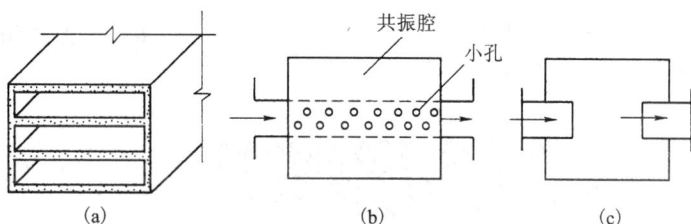

图 3.6.39　消声器构造示意图

(a)阻性消声器;(b)共振性消声器;(c)抗性消声器

4)微孔板式消声器。

微孔板式消声器是管道内设置带有微小圆孔的孔板组成的消声设备。它的结构是在管道内设置两层微穿孔板。

(2)减震器。

减震器又称隔振器,是用来减低空调设备运转时产生的振动,常用的有弹簧隔振器、橡胶隔振器和橡胶隔振垫。

1)弹簧隔振器。

它是用金属弹簧制成的隔振设备,如图 3.6.40 所示。隔振器配有地脚螺栓,可固定在支撑结构上。

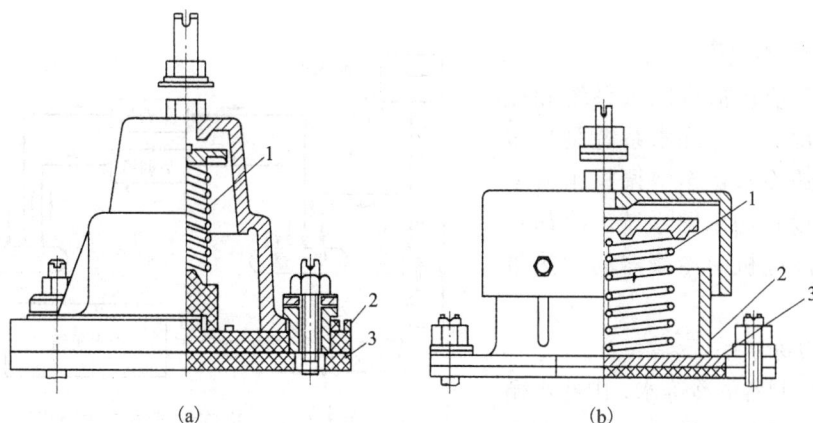

图 3.6.40　弹簧隔振器结构图

(a)TJ-1-10;(b)TJ-1-14

1—弹簧;2—底盘;3—橡胶垫板

2）橡胶隔振器。

它是用橡胶制成的隔振设备，如图 3.6.41 所示。它采用丁氰橡胶经硫化处理成圆锥体，并将其粘接在内外的金属环上，外部套有橡胶防护罩，隔振器上部中心设有小孔，以便用螺栓与设备基座相连，下部设有四个螺栓孔，用于隔振器与地面基座相连。

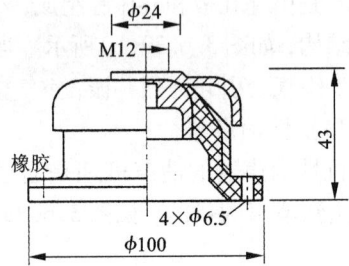

（1）橡胶隔振垫。

它是用橡胶制成的垫片，有单向单面、双向开肋和双向双面开肋等形式，如图 3.6.42 所示。

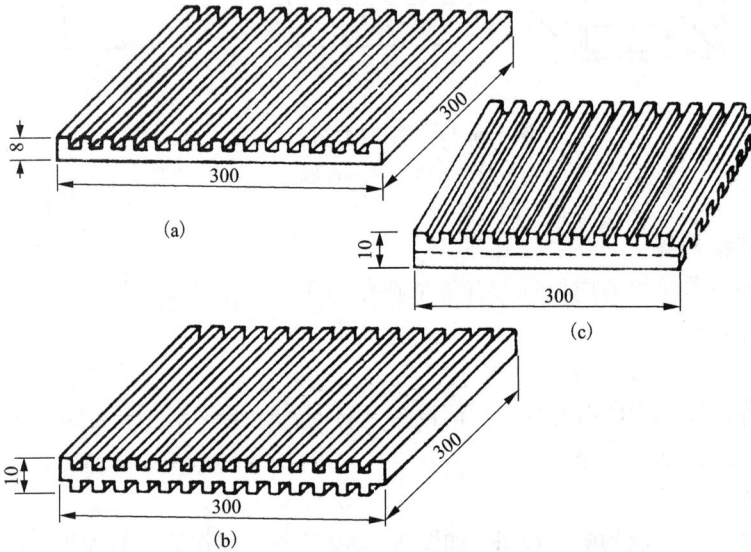

图 3.6.41　橡胶隔振器的结构图

图 3.6.42　肋形橡胶隔振垫

（三）空调水系统

空调水系统包括冷冻水系统和冷却水系统两部分。冷冻水系统是指将冷冻站提供的冷水送至空调机组或末端空气处理设备的水路系统。冷却水系统是指将冷冻机中冷凝器的散热带走的水系统。

1. 空调冷冻水系统。

冷水机组制备的冷冻水，由冷水循环泵通过供水管路输送到空气处理设备中，释放出冷量后的冷水经回水管路返回冷水机组，这就是冷冻水系统。

图 3.6.43　冷冻水系统工作流程图

（1）空调冷冻水系统的组成。

空调冷冻水系统主要由冷冻水泵、集水器、分水器、空调末端设备、膨胀水箱、水过滤器

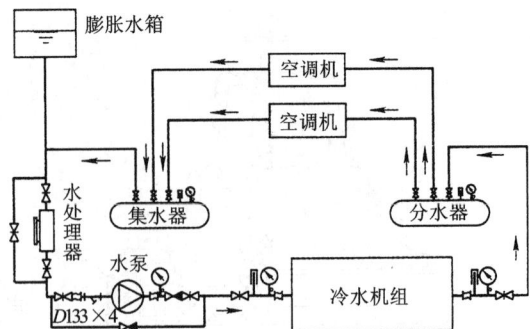

及管道组成,其工作流程如图 3.6.43 所示。

(2)空调冷冻水系统的分类。

按照不同的分类方法,空调冷冻水系统可分为下列几种形式:

1)开式系统和闭式系统。

按照水系统的水压特性不同可分为开式系统和闭式系统。

开式系统的水流经末端空气处理设备后,靠重力作用流入建筑物地下室的蓄水池,再经冷却或加热后由水泵送至各个用户盘管系统,如图 3.6.44 所示。

闭式系统的水在密闭系统中循环,不与外界大气相接触,仅在系统的最高点设置膨胀水箱。如图 3.6.45 所示。

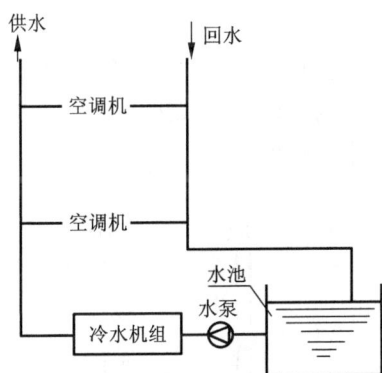

图 3.6.44　开式系统

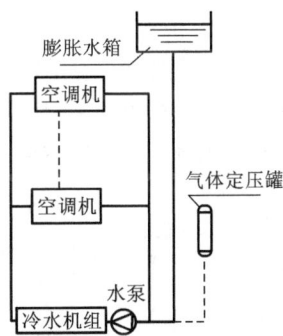

图 3.6.45　闭式系统

2)同程式系统和异程式系统。

按照空调系统中末端设备的水流程不同可分为同程式系统和异程式系统。

同程式系统(见图 3.6.46),是指系统每个循环环路的长度相同。其特点是各环路的水流阻力、能量损失相等或近似相等,这样有利于水力平衡,可以减少系统调试的工作量。

异程式系统(见图 3.6.47),是指系统中水流经每个末端设备的流程都不相同。其特点是各环路的水流阻力不相等,易产生水力失调,但管路系统简单,投资较省。当系统较小时,可采用异程式水系统,但必须在末端空调机组或风机盘管连接管上设流量调节阀以平衡阻力。

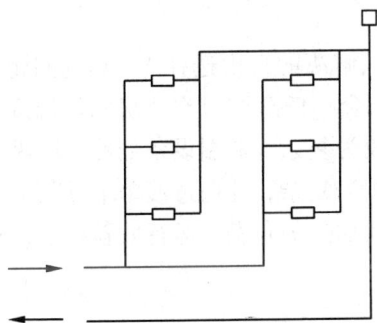

图 3.6.46　同程式系统

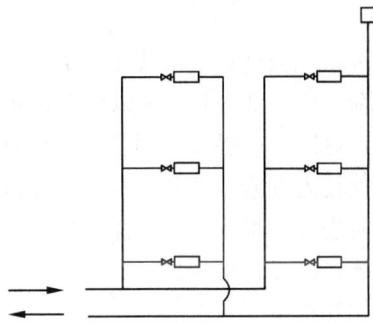

图 3.6.47　异程式系统

空调冷冻水系统一般宜采用同程式。

3）双管制、三管制和四管制系统。

按冷、热水管道的设置方式不同可分为双管制、三管制和四管制系统。

①双管制系统。

双管制系统是指冷、热源利用一组供回水管为末端装置的盘管提供冷水或热水的系统。即连接空调机组或风机盘管的管路有二条，如图 3.51 所示。

双管制系统中冷、热源是各自独立的。夏季，关闭热水总管阀门，打开冷冻水总管阀门，系统供应冷冻水；冬季的操作正好相反。因此，这种系统不能同时既供冷又供热，在春秋过渡季节，不能满足空调房间的不同冷暖要求，舒适性不高。但由于该系统简单实用，投资少，作为一种基本的系统形式，在我国高层民用建筑中得到广泛的应用。

②三管制系统。

三管制水系统是指冷、热源分别通过各自的供、回水管路，为末端装置的冷盘管与热盘管提供冷水与热水，而回水共用一根回水管路的系统。即与空调机组或风机盘管连接的管路有三条：冷水供水管、热水供水管、冷热水回水管。如图 3.6.49 所示。

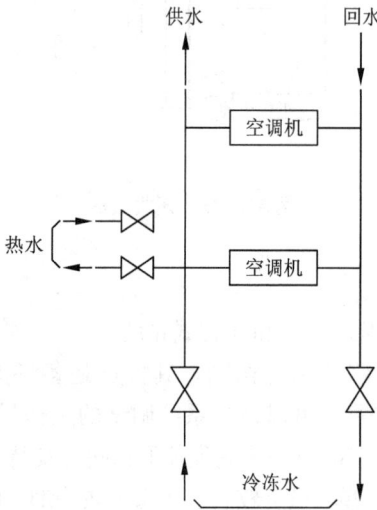

图 3.6.48　两管制水系统

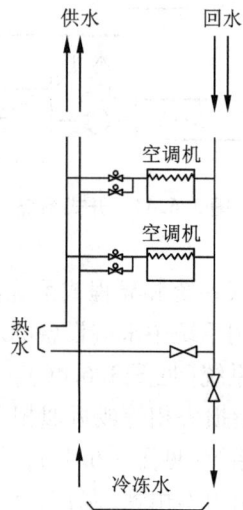

图 3.6.49　三管制系统

这种系统的优点是解决了两管制系统中各末端无法解决的自由选择冷、热的问题，因此适应负荷变化的能力强，可以较好地根据房间的需要，全年任意调节空调房间的温度，建筑物的使用标准得以提高。但是，三管制系统末端控制较为复杂，末端设备处冷、热两个电动阀的切换较为频繁，回水分流至冷冻机和热交换器也相当复杂，且在过渡季节使用时，冷热回水同时进入一根管道，混合损失较大，增加了制冷及加热的负荷，运行效益低。因此，三管制系统目前应用很少。

③四管制系统。

四管制系统是指冷、热源分别通过各自的供、回水管路，为末端装置的冷盘管与热盘管提供冷水与热水的系统。即与空调机组或风机盘管连接的管路有四条：冷水供水管、热水供水管、冷水回水管、热水回水管，如图 3.6.50 所示。四管制系统中，冷、热源同时使用，末端装置内可以配置冷、热两组盘管，以实现同时供冷、供热，满足供冷、供热需求不同的房间的要求。

与三管制系统相比，由于不存在冷、热抵消的问题，因此运行时更节能。其缺点是管道系统运行管理较为复杂，投资大，管道占用空间大，所以多用于对室内空气参数要求较高的场合。

4）定流量系统和变流量系统。

按末端装置用户侧系统水流量是否恒定分为定流量系统和变流量系统。

定流量水系统是指空调水系统输配管路的流量保持恒定。空调房间的温度依靠三通调节阀调节空调机组和风机盘管的给水量以及改变房间送风量等手段进行控制。如图 3.6.51 所示。

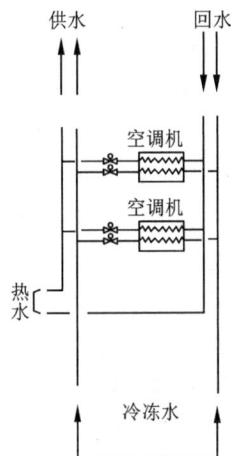

图 3.6.50　四管制系统

定流量水系统比较简单，系统水量变化基本上由水泵的运行台数所决定。但由于水泵的流量是按最大负荷选定的固定流量，并且不能调节，在部分负荷时，既浪费了水泵运行的电能，又增加了管路上的热损失，运行费用较高。定流量系统一般适用于间歇性使用建筑（如体育馆、展览馆、影剧院、大会议厅等）的空调系统，以及空调面积小，只有一台冷水机组和一台循环水泵的系统。高层民用建筑尽可能少采用这种系统。

变流量水系统是指空调水系统中输配管路的流量随着末端装置流量的调节而改变。变流量水系统常采用多台冷（热）设备和多台水泵的方式，各台水泵水流量不变，只需对设备和相应的水泵进行运行台数的控制就可调节系统供水的流量。另外，也可采用变速水泵来调节系统供水的流量，或者在风机盘管处设置二通调节阀，依靠空调房间的温度信号控制二通调节阀的开度，以达到变流量的目的，如图 3.6.52 所示。变流量系统适用于大面积的高层建筑空调全年运行的系统。

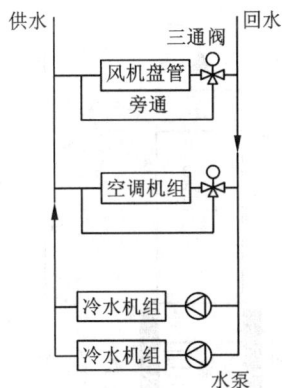

图 3.6.51　定流量水系统

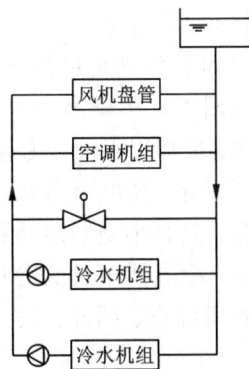

图 3.6.52　变流量水系统

（3）空调冷冻水系统的分区。

空调冷冻水系统的分区通常有两种方式。按水系统压力分区和按承担空调负荷的性质分区。

1）按压力分区。

在空调水系统中，由于各种设备及管件的工作压力都有一定的限制，所以根据设备及管件的承压能力宜进行竖向分区。每一分区都有单独的空调水系统，即冷热源、水泵、供回水管、集箱、阀门、膨胀水箱以及空调机组、风机盘管等。

2）按负荷性质分区。

按负荷性质分区，主要是从使用性质或各房间所处的位置来考虑。尤其是对于综合性建筑，各区域在使用时间、使用方式上有很大区别。分区的优点是可以实现各区独立管理，不用时可以最大限度节省能源。但是分区通常要求设置分区转换层即设备层，对建筑的投资产生很大影响，因此应慎重考虑。对于一些高度不大的建筑，设置设备层不经济，这时可以采用水系统环路分组的方法，如图 3.6.53 所示。

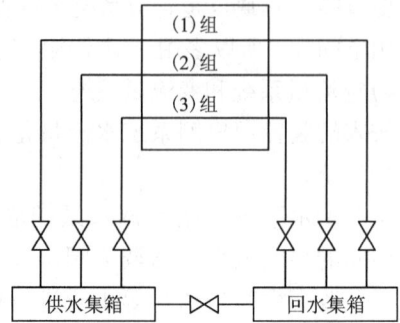

图 3.6.53　空调水系统分组示意图

2. 空调冷却水系统。

空调冷却水系统是指利用江、河、湖、海水等地表水、地下水或自来水对制冷系统的冷凝器等设备进行冷却的水系统。其主要作用是将冷水机组中冷凝器的散热带走，以保证冷水机组的正常运行。

（1）冷却水系统的组成。

冷却水系统一般由制冷机、加药装置、冷却塔、除污器、循环水泵、输水管、冷却水箱及补水装置等组成。

（2）冷却水系统的分类。

空调冷却水系统根据冷却水的供水方式不同可分为直流式、混合式和循环式冷却水系统。

1）直流式冷却水系统。

直流式冷却水系统是最简单的冷却水系统，升温后的冷却回水直接排出，不重复使用。根据当地水质情况，冷却用水可分为地面水（河水、湖水）、地下水（井水）和城市自来水。由于城市自来水价格较高，只有小型制冷系统采用。直流式冷却水系统中，冷凝器用过的冷却水直接排入下水道或用于农田灌溉，因此，适用于水源水量充足的地区。

2）混合式冷却水系统。

混合式冷却水系统是将一部分已用过的冷却水与深井水混合，然后再用水泵送到各冷凝器使用，这样既不减少通入冷凝器的水量，又提高了冷却水的温度，从而可大量节省深井水量。如图 3.6.54 所示。

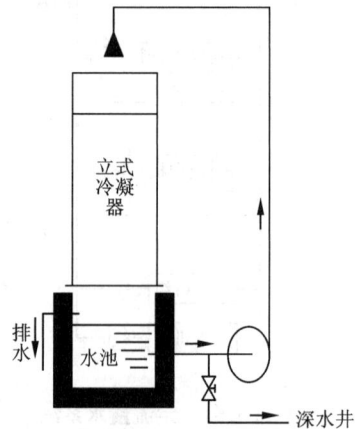

图 3.6.54　混合式冷却水系统

3)循环式冷却水系统。

循环式冷却水系统在空调工程中应用广泛,它是将来自冷凝器的冷却水先通入蒸发式冷却装置,使之冷却降温,然后再用水泵送回冷凝器循环使用,这样只需要补充少量新鲜水即可。循环式冷却水系统按通风方式可分为自然通风冷却水循环系统和机械通风冷却水循环系统两种。

图 3.6.55 所示为自然通风冷却水循环系统,这种系统采用冷却塔或冷却喷水池等构筑物,补水用自来水,适用于当地气候条件适宜的小型冷冻机组。

图 3.6.56 所示为机械通风冷却水循环系统,这种系统采用机械通风冷却塔或喷射式冷却塔,用自来水补充。适用于气温高、湿度大、采用自然通风冷却塔不能达到冷却效果的场合。民用建筑空调系统的冷水机组通常采用机械通风的冷却水循环系统。

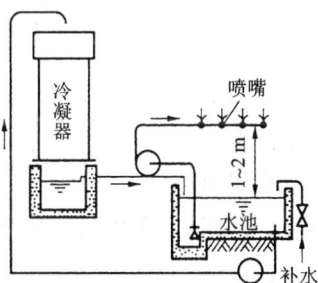

图 3.6.55　自然通风冷却水循环示意图　　　图 3.6.56　机械通风冷却水循环示意图

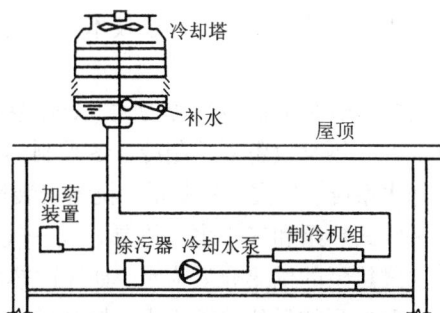

(3)冷却水系统的主要设备。

1)冷却塔。

冷却塔是冷却水系统的重要设备,在塔中空气与冷却水交换热量使冷却水降温,从而可以循环使用。因此,冷却塔的性能对整个系统的正常运行有着重要的影响。目前,工程上常见的冷却塔有逆流式、横流式、喷射式和蒸发式 4 种类型。

2)冷却水循环水泵。

冷却水循环水泵提供冷却水在系统内循环所需的动力,是冷却水系统中必不可少的设备。目前在集中式空调系统中使用的冷却水循环水泵主要是单级单吸离心式水泵。冷却水循环水泵一般布置在制冷机组冷凝器的前面,进水管与冷却塔集水盘液面间应有足够的高差,以便冷却塔的出水能在重力作用下流回冷却水循环水泵。

3)冷却水箱。

设置冷却水箱是为了增加系统的水容量,使冷却水循环泵能稳定地工作,保证水泵入口处不产生气蚀现象。

(四)通风空调新技术

1.蓄冷空调系统。

空调蓄冷技术是将制冷机组制取的冷量储存,在需要的时候再将冷量释放出来进行应用的技术。蓄冷空调系统作为平衡电网昼夜峰谷差的有效技术措施已受到越来越多的重视。根据使用蓄冷介质的不同,蓄冷空调系统可分为水蓄冷空调系统和冰蓄冷空调系统等。

水蓄冷系统是利用水的显热来储存冷量的，水经过冷水机组冷却后储存于蓄冷罐中用于次日的冷负荷供应。

冰蓄冷空调技术是指利用夜间用电低谷期让制冷主机进行制冰工况的运行，在白天用电高峰期将夜间制冰所获冷量释放出来，以满足空调冷负荷需求的一种新型空调工程技术。冰蓄冷空调系统除了转移尖峰用电时段的空调用电负荷目标外，还能充分利用冰蓄冷的高品位冷量的优势，采用低温、大温差供冷送风技术，明显地缩小了风管、水管、空气处理设备、风机、水泵的尺寸，所节省的一次投资可有效地补偿冰蓄冷装置及其控制系统所增加的设备投资费。同时，低温、大温差供冷送风又使空调水系统、风系统的输配电耗比常规空调系统降低三分之二左右，可有效地补偿单纯冰蓄冷在电耗上的增加，使整体运行电耗低于常规空调系统，且在实行分时电价的情况下更节省电费。

2. 再生能源的利用。

再生能源的利用包括热泵技术中的空气源热泵、水源热泵、土壤源热泵和太阳能热水供热系统等。

空气源热泵的低位热源为大气，热泵从大气中获取能量，比较方便，换热设备也比较简单。空气源热泵设备夏季制冷，冬季制热，一机两用，设备的利用率高。夏季制冷时，不需要冷却水系统，省去了冷却塔，机组安装简单，可置于屋顶或建筑物周边空地。空气源热泵有气—气式热泵和气—水式热泵。气—气式热泵的供热介质为空气，如热泵式房间空调器。气—水式热泵的供热介质为水，如风冷热泵冷水机组。

水源热泵的低位热源为水，热泵从水中吸取热量。从水中吸取低位热能，可以回避从空气中吸取低位热能的一些不利因素。根据向水源热泵提供低位热能的水源不同，分为地表水、地下水及生活和工业废水等。利用地表水与地下水热量的水源热泵，可分为开式系统和闭式系统。在水质清洁的场合可使用开式系统，将水直接进入热泵机组的蒸发器；当水源水质较差时，可使用换热器，将水源的水与蒸发器循环水分开，或将蒸发器水环路的另一个制成盘管式换热器，置于水中。水源热泵的载热介质可以用水，也可以用空气。

土壤源热泵的低位热源为水，热泵通过地埋管从土壤中吸取热量，供热介质为空气或水。土壤源热泵一般不将制冷系统的冷凝器（蒸发器）直接埋入地下，而是通过地下换热器与大地进行热交换，通过水循环实现地下能量与制冷剂系统的能量交换。土壤源热泵机组有水—水式热泵机组、水—气式热泵机组，前者一般适用于较大的空调系统。土壤源热泵系统的关键是埋入地下的换热器，以及换热器与土壤间的热交换。埋管形式、埋管分布、循环介质流量，以及土壤的地质状况等因素，对地下埋管换热器的工作性能均有很大的影响。

太阳能热水供热系统通常用水（或一种防冻液）作为热媒，以水作为蓄热介质，用平板集热器收集太阳能。在集热器循环环路中若采用水，则在冬季夜间或多云期间需防空，以防冻结。若采用防冻液，则不必放空。采用防冻液时需在集热器和蓄热水箱之间采用一个液—液式换热器。另外，若采用热风供热，则需采用一个水—空气式换热器，当蓄热水箱的热量不能满足要求时，则由辅助热源供给热负荷。

3. 热回收利用。

从低温物体转移到高温物体中的热量可以是各种低位能源或建筑物内的各种余热量，使这些热量得以有效利用的方法称为热回收。热回收技术包括空气热回收和冷却水的热回收。目前主要是空气热回收的效率较高。利用热交换器回收排风中的能量，节约新风负荷是空调系统节能的一项有力措施。在排风中设置热交换器最多可节约70%～80%的新风耗能量，相当于节约10%～20%的空调负荷。从排风中直接回收热量的装置有转轮式、板翅式、热管式和热回收回路式四种热交换器。

4. 智能控制。

空调系统中的智能控制就是运用智能控制理论设计出智能控制器，并配合一些其他仪器对空调系统的设备和运行参数进行有效的控制，从而达到运行节能的目的。目前应用于中央空调系统控制中的智能控制技术主要有模糊控制技术和神经网络控制技术。由于模糊控制的理论研究较神经网络成熟，并已成功用于许多领域，如定风量空调系统中空调回风温度的自动调节，空调回风湿度的自动调节，新风阀、回风阀和排风阀的比例控制等；变风量空调系统中送风量的自动调节，相对湿度自动控制，回风机自动调节，新风阀、回风阀和排风阀的比例控制，变风量系统末端装置的自动调节等。

三、通风空调施工图

（一）通风空调施工图图例

1. 通风空调系统施工图的一般规定。

通风空调系统施工图的一般规定应符合《给水排水制图标准》（GB/T 50106—2001）、《暖通空调制图标准》（GB/T 50114—2001）、《供热工程制图标准》（CJJ/T 78—79）的规定。

（1）比例。

通风空调工程施工图的比例，宜选用表 3.6.1 中所列比例。

表 3.6.1　通风空调工程施工图常用比例

名称	比例
总平面图	1:500、1:1000、1:2000
平面图、剖面图等基本图	1:50、1:100、1:150、1:200
大样图、详图	1:1、1:2、1:10、1:20、1:50
工艺流程图、系统图	无比例

（2）风管规格标注。

风管规格对圆形风管用管径"φ"表示（如 φ100，表示管径为 100 mm）；对矩形风管用断面尺寸"宽×高"表示（如 400×120，表示宽为 400，高为 120），单位均为 mm。

（3）风管标高标注。

标高对矩形风管为风管底标高，对圆形风管为风管中心标高。

2. 通风空调系统施工图常用图例。

通风空调系统施工图常用图例见表 3.6.2。

表3.6.2 空调通风工程施工图常用图例

序号	名称	图例	附注
	系统编号		
1	送风系统	——S——	
2	排风系统	——P——	
3	空调系统	——K——	
4	新风系统	——X——	
5	回风系统	——H——	
6	排烟系统	——PY——	
7	制冷系统	——L——	两个系统以上时,应进行系统编号
8	除尘系统	——C——	
9	采暖系统	——N——	
10	洁净系统	——J——	
11	正压送风系统	——ZS——	
12	人防送风系统	——RS——	
13	人防排风系统	——RP——	
	各类水、汽管		
1	蒸汽管	——Z——	
2	凝结水管	——N——	
3	膨胀水管	——P——	
4	补给水管	——G——	
5	信号管	——X——	
6	溢排管	——Y——	
7	空调供水管	——L_1——	
8	空调回水管	——L_2——	
9	冷凝水管	——n——	
10	冷却供水管	——LG_1——	
11	冷却回水管	——LG_2——	
12	软化水管	——RH——	
13	盐水管	——YS——	
	冷剂管道		
1	氟气管	——FQ——	
2	氟液管	——FY——	

续上表

序号	名称	图例	附注
3	氨气管	——AQ——	
4	氨液管	——AY——	
5	平衡管	——P——	
6	放油管	——Y——	
7	放空管	——k——	
8	不凝性气体管	——b——	
9	紧急泄氨管	——j——	
10	热氨冲霜管	——as——	
	风管		
1	送风管、新(进)风管		
2	回风管、排风管		
3	混凝土或砖砌风道		
4	异径风管		
5	天圆地方		
6	柔性风管		
7	风管检查孔		
8	风管测定孔		
9	矩形三通		

序号	名称	图例	附注
10	圆形三通		
11	弯头		
12	带导流片弯头		
	各种阀门及附件		
1	安全阀		
2	蝶阀		
3	手动排气阀		
	风阀及附件		
1	插板阀		
2	蝶阀		
3	手动对开式多叶调节阀		
4	电动对开式多叶调节阀		
5	三通调节阀		
6	防火(调节)阀		
7	余压阀		
8	止回阀		
9	送风口		

续上表

序号	名称	图例	附注
10	回风口		
11	方形散流器		
12	圆形散流器		
13	伞形风帽		
14	锥形风帽		
15	筒形风帽		
	通风、空调、制冷设备		
1	离心式通风机	(1)　　(2)　　(3)	
2	轴流式通风机	(1)　　(2)　　(3)	
3	离心式水泵	(1)　　(2)　　(3)	
4	制冷压缩机		
5	水冷机组		
6	空气过滤器		
7	空气加热器		

序号	名称	图例	附注
8	空气冷却器		
9	空气加湿器		
10	窗式空调器		
11	风机盘管		
12	消声器		
13	减振器		
14	消声弯头		
15	喷雾排管		
16	挡水板		
17	水过渡器		
18	通风空调设备		
	控制和调节执行机构		
1	手动元件		
2	自动元件		
3	弹簧执行机构		
4	重力执行机构		
5	浮动执行机构		

续上表

序号	名称	图例	附注
6	活塞执行机构		
7	膜片执行机构		
8	电动执行机构	Ⓜ	
9	电磁执行机构	Ⓜ	
10	遥控	对于……	
	传感元件		
1	温度传感元件		

（二）通风空调施工图的组成

通风空调工程施工图由文字与图纸两部分组成。文字部分包括图纸目录、设计施工说明、设备材料明细表。图纸部分包括基本图和详图。基本图包括通风空调系统的平面图、剖面图、系统图（轴测图）、原理图等。详图包括系统中某局部或部件的放大图、加工图、施工图等。

1. 文字部分。

（1）图纸目录。

图纸目录包括在工程中使用的标准图纸或其他工程图纸目录和该工程的设计图纸目录。在图纸目录中必须完整地列出该工程设计图纸名称、图号、工程号、图幅大小、备注等。如表 3.6.3。

表 3.6.3　图纸目录范例

××××设计院		工程名称		设计号		
		项目		共　　页　第　　页		
序号	图别图号	图纸名称	采用标准图或重复使用图		图纸　尺寸	备注
			图集编号或工程编号	图别图号		

（2）设计施工说明。

设计施工说明主要包括通风空调的建筑概况；系统采用的设计气象参数；空调房间的设计条件（冬季、夏季空调房间的空气温度、相对湿度、平均风速、新风量、噪声等级、含尘量等）；空调系统的划分与组成（系统编号、系统所服务的区域、送风量、设计负荷、空调方式、气流组织等）；空调系统的设计运行工况；风管系统和水管系统的一般规定，风管材料及加工方法，管材、支吊架及阀门安装要求，保温、减震做法，水管系统的试压和清洗等；设备的安装要求；防腐要求；系统调试和试运行方法和步骤；应遵守的施工规范、规定等。

（3）设备材料明细表。

设备与主要材料的型号、数量一般在《设备材料明细表》中给出，它的格式一般采用表3.6.4的形式。

表3.6.4　设备材料明细表

××××设计研究院	设备材料表						设计号	
	工程名称						图别	
							图号	
	项目						总序号	
							总　页	第　页
序号	名称	型号及规格	单位	数量	重量(t)		来源或设备图号	备注

2.图纸部分。

（1）平面图。

通风空调系统平面图包括建筑物各层面通风空调系统的平面图、空调机房平面图、制冷机房平面图等。

1）通风空调系统平面图。

通风空调系统平面图主要说明通风空调系统的设备、系统风道、冷热媒管道、凝结水管道的平面布置。它的内容主要包括：

①风管系统。包括风管系统的构成、布置及风管上各部件、设备的位置，例如异径管、三通接头、四通接头、弯管、检查孔、测定孔、调节阀、防火阀、送风口、排风口等，并注明系统编号、送回风口的空气流向，一般用双线绘制。

②水管系统。包括冷、热水管道，凝结水管道的构成，布置及水管上各部件、仪表、设备位置，例如异径管、三通接头、四通接头、弯管、温度计、压力表、调节阀等，并注明各管道的介质流向、坡度，一般用单线绘制。

③空气处理设备。包括各处理设备的轮廓或位置。

④尺寸标注。包括各管道、设备、部件的尺寸大小、定位尺寸以及设备基础的主要尺寸，还有各设备、部件的名称、型号、规格等。

除此之外，还应标明图纸中应用到的通用图、标准图索引号。

2）通风空调机房平面图。

一般应包括空气处理设备、风管系统、水系统、尺寸标注等内容。

①空气处理设备。应注明按产品样本要求或标准图集所采用的空调器组合段代号，空调箱内风机、表面式换热器、加湿器等设备的型号、数量以及该设备的定位尺寸。

②风管系统。包括与空调箱连接的送、回风管，新风管的位置和尺寸，用双线绘制。

③水管系统。包括与空调箱连接的冷、热媒管道，凝结水管道的情况，用单线绘制。

其他的还有消声设备、柔性短管、防火阀、调节阀门的位置尺寸。

（2）剖面图。

剖面图是与平面图对应的，用来说明平面图上无法表明的情况。因此，通风空调施工图中剖面图主要有系统剖面图、机房剖面图、冷冻机房剖面图等，剖面图上的内容应与在平面图剖切位置上的内容对应一致，并标注设备、管道及配件的标高。

（3）系统图。

通风空调系统图应包括系统中设备、配件的型号、尺寸、定位尺寸、数量以及连接于各设备之间的管道在空间的曲折、交叉、走向和尺寸、定位尺寸等，并应注明系统编号。系统图可用单线绘制也可用双线绘制，工程上多采用单线绘制系统图。

（4）原理图。

空调系统的原理图主要包括系统的原理和流程；空调房间的设计参数、冷热源、空气处理及输送方式；控制系统之间的相互连接；系统中的管道、设备、仪表、部件；整个系统控制点与测点之间的联系；控制方案及控制点参数，用图例表示的仪表、控制元件型号等。

（5）详图。

详图是对图纸主题的详细阐述，是在其他图纸中无法表达但却又必须表达清楚的内容。通风空调工程图中的详图主要有设备、管道的安装详图，设备、管道的加工详图，设备、部件的结构详图等。部分详图有标准图可供选用。

（三）通风空调施工图识图

通风空调系统施工图识读时要切实掌握各图例的含义，把握风管系统与水系统的独立性和完整性。识读时要搞清系统，摸清环路，分系统阅读。

1.识读方法与步骤。

（1）认真阅读图纸目录。根据图纸目录了解该工程图纸张数、图纸名称、编号等概况。

（2）认真阅读领会设计施工说明。从设计施工说明中了解系统的形式、系统的划分及设备布置等工程概况。

（3）仔细阅读有代表性的图纸。在了解工程概况的基础上，根据图纸目录找出反映通风空调系统布置、空调机房布置、冷冻机房布置的平面图，从总平面图开始阅读，然后阅读其他平面图。

（4）辅助性图纸的阅读。平面图不能清楚地全面反映整个系统情况，因此，应根据平面图上提示的辅助图纸（如剖面图、详图）进行阅读。对整个系统情况，可配合系统图阅读。

（5）其他内容的阅读。在读懂整个系统的前提下，再回头阅读施工说明及设备材料明细表，了解系统的设备安装情况、零部件加工安装详图，从而把握图纸的全部内容。

任务3－6－2　基价使用

一、工作任务布置

编制某大厦多功能厅通风空调工程施工图预算。

【工程基本概况】

本工程为某大厦多功能厅通风空调工程，图中标高以米计，其余以毫米计（如图3.6.57至3.6.60）。

（1）空气处理由位于图中①和②轴线的空气处理室内的变风量整体空调箱（机组）完成，其规格为8000（m^3/h）/0.6（t）。在空气处理室轴线外墙上，安装了一个630 mm×1000 mm的铝合金防雨单层百叶新风口（带过滤网），其底部距地面2.8 m，在空气处理室②轴线内墙上距地面1.0 m处，装有一个1600 mm×800 mm的铝合金百叶回风口，其后面接一阻抗复合消声器，型号为T701－6型5#，二者组成回风管。室内大部分空气由此消声器吸入回到空气处理室，与新风混合后吸入空调箱，处理后经风管送入多功能厅内。

（2）本工程风管采用镀锌薄钢板，咬口连接。其中矩形风管240×240 mm、250 mm×250 mm，铁皮厚度$\delta = 0.75$ mm，矩形风管800 mm×250 mm、800 mm×500 mm、630 mm×250 mm、500 mm×250 mm，铁皮厚度$\delta = 1.0$ mm，矩形风管1250 mm×500 mm，铁皮厚度$\delta = 1.2$ mm。

（3）阻抗复合消声器采用现场制作安装，送风管上的管式消声器为成品安装。

（4）图中风管防火阀、对开多叶风量调节阀、铝合金新风口、铝合金回风口、铝合金方形散流器均为成品安装。

（5）主风管（1250 mm×500 mm）上，设置温度测定孔和风量测定孔各一个。

（6）风管保温采用岩棉板，$\delta = 25$ mm，外缠玻璃丝布一道，玻璃丝布不刷油漆。保温时使用粘接剂、保温钉。风管在现场按先绝热后安装施工。

未尽事宜，按现行施工及验收规范的有关内容执行。

【工作任务要求】

1. 按照2010年版《广东省安装工程综合定额》的有关内容，计算工程量。

2. 本题暂不计算直接工程费。

二、学习相关新知识点

通风空调工程相关定额与工程量计算：

1. 通风空调工程相关的定额介绍；

2. 第九册定额相关费用的规定；

3. 工程量计算规则。

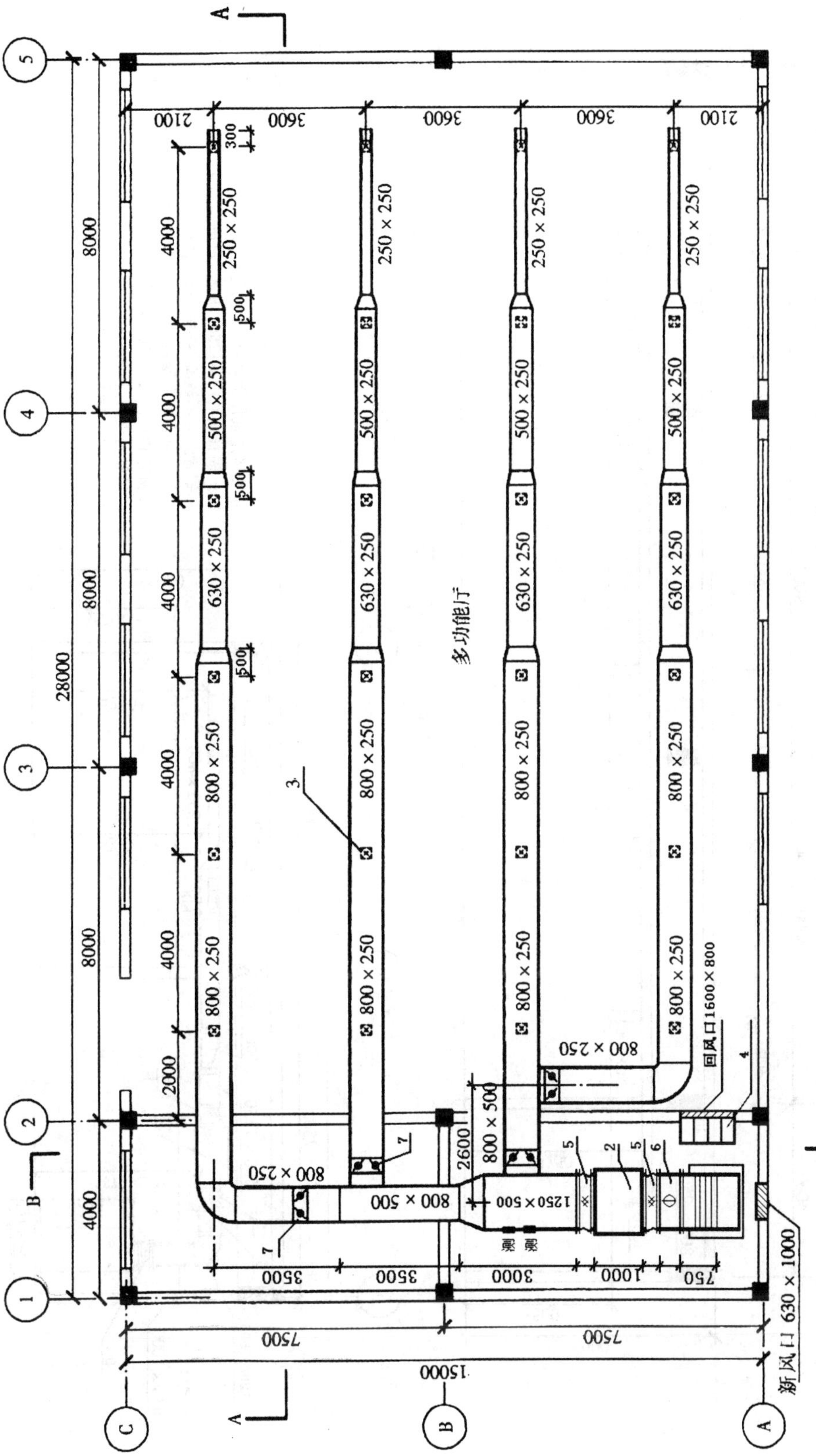

图3.6.57　风管平面图

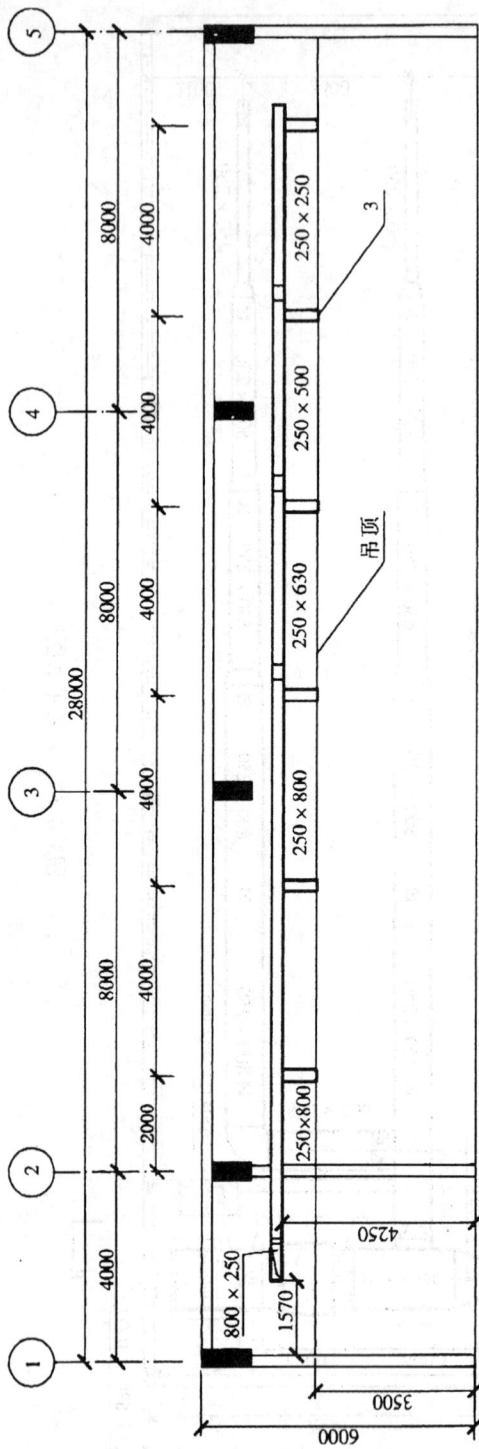

图3.6.58 A—A剖面图

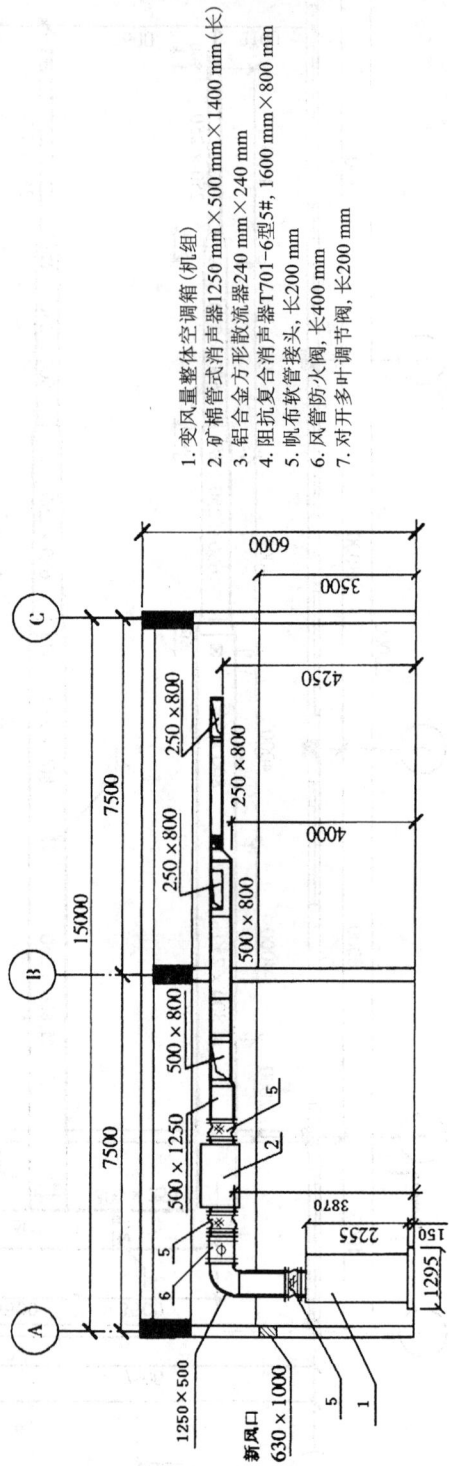

1. 变风量整体空调箱(机组)
2. 矿棉管式消声器1250 mm×500 mm×1400 mm(长)
3. 铝合金方形散流器240 mm×240 mm
4. 阻抗复合消声器T701—6型5#, 1600 mm×800 mm
5. 帆布软管接头, 长200 mm
6. 风管防火阀, 长400 mm
7. 对开多叶调节阀, 长200 mm

图3.6.59 B—B剖面图

204

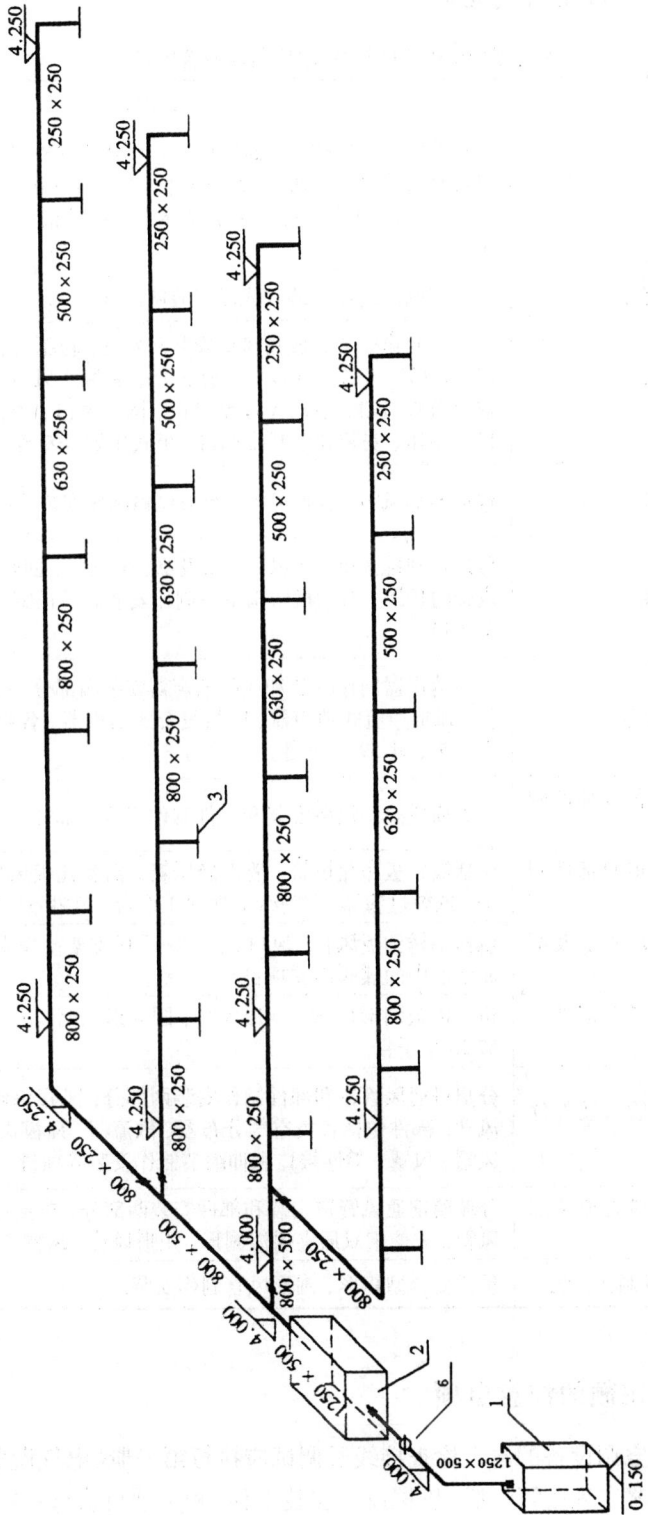

图3.6.60　通风系统图

三、通风空调工程相关的定额

第九册《通风空调工程》定额项目设置内容

章目	各章内容
第一章　薄钢板通风管道制作安装	包括镀锌钢板风管、普通钢板风管、镀锌钢板风管（无法兰连接）、风机盘管连接管、通风管道附件、支架制作安装和柔性软风管安装，共七节30个子目。后来又补充了镀锌钢板共板法兰风管4个子目。
第二章　风管阀门制作安装	分风管阀门制作安装和成品安装两部分。
第三章　风口制作安装	分风口制作安装和成品风口安装两部分，包括各种百叶风口、散流器、矩形送风口、矩形空气分布器、插板式风口、旋转吹风口，单双面送吸风口，活动算板型风口、网式风口、钢百叶窗、条缝型风口的制作、安装和多叶排烟口、板式排烟口安装。
第四章　风帽制作安装	包括圆形风帽、锥形风帽、筒形风帽制作安装，共三节29个子目。
第五章　罩类制作安装	包括各种排气罩、通风罩、侧吸罩、抽风罩、回转罩、风罩调节阀、皮带防护罩、电动机防雨罩等制作安装和不锈钢排气罩安装，共20个子目。
第六章　消声器制作安装	分为消声器制作安装和成品消声器安装两部分，分别包括片式消声器、弧形声流式消声器、阻抗复合式消声器、各种管式消声器和消声弯头，共59个子目。
第七章　通风空调设备及部件制作安装	分为通风空调设备安装和部件制作安装两部分。
第八章　净化通风管道及部件制作安装	包括镀锌板净化风管，消声静压箱，铝制孔板风口制作安装和高、中、低效过滤器，洁净室，净化工作台，风淋室安装。
第九章　不锈钢板通风管道及部件制作安装	包括不锈钢板风管、风口、法兰、吊托支架制作安装四项。取消了原定额中的蝶阀制安项目。
第十章　铝板通风管道及部件制作安装	包括铝板圆形风管、矩形风管、圆伞形风帽、法兰制作安装，共四节20个子目。
第十一章　塑料通风管道及部件制作安装	分塑料通风管道和部件制作安装两部分，风管包括塑料圆形、矩形风管；部件包括各类空气分布器、散流器、插板式风口、各类风阀、风帽、风罩、柔性接口和伸缩节制作安装等项目。
第十二章　玻璃钢通风管道及部件制作安装	分玻璃钢通风管道安装和部件安装两部分，包括玻璃钢圆形、矩形风管，玻璃钢双层夹层保温圆形、矩形风管，风帽安装。
第十三章　复合型风管制作安装	包括复合型矩形、圆形风管制作安装。

四、使用本册定额的注意事项

1.本册各种通风空调设备的电气检查接线及调试应执行第二册《电气设备安装工程》；

2.设备的基础灌浆工程按第一册《机械设备安装工程》相关项目执行；

3.空调工程的水系统安装，执行第八册《给排水、采暖、燃气工程》相关项目；

4. 通风空调系统中的玻璃钢冷却塔等可执行第一册《机械设备安装工程》相关项目；

5. 本定额中的风机设备，系指一般工业与民用通风空调系统中使用的风机，而用于生产系统的风机安装，应执行第一册《机械设备安装工程》；属于中压锅炉附属设备的应执行第三册《热力设备安装工程》；

6. 风管及部件(定额说明已包括的除外)的刷油、保温应执行第十一册《刷油、防腐蚀、绝热工程》。

7. 通风、空调工程所用的型钢及普通钢板除锈、刷漆，除各章节另有说明外，定额中均已包括在内。如设计要求刷其他漆种时可进行换算。型钢及部件用普通钢板按红丹防锈漆及调和漆各两遍、普通钢板风管按内外红丹防锈漆两遍考虑。

8. 各风管、部件及通风空调设备定额项目中没有包括的型钢支架，除各章另有说明外，应使用本册第一章中支架制作安装项目另行计算。

9. 本定额未考虑预留铁件的制作和埋设，除各章另有说明者外，均按膨胀螺栓固定支托吊架计算，不得因安装方式不同进行调整。本定额项目内未考虑安装在支架上的木衬垫或非金属垫料，发生时按设计用量计入成品材料(含加工和防腐)，其余不变。

五、本册定额各项费用的规定

1. 超高增加消耗量：定额中操作物高度以距楼地面 6 m 为限，如超过 6 m 时，定额人工(含 6 m 以下)乘以表 3.6.5 中的相应系数。

表 3.6.5　超高增加系数

操作物高度(m)	≤10	≤15	≤20	>20
系数	1.10	1.15	1.20	1.40

2. 在洞库、暗室内安装，其定额人工、机械消耗量各增加 15%。

3. 高层建筑(指高度在 6 层或 20 m 以上的工业与民用建筑)增加费，可按表 3.6.6 规定计算(其中 70% 为人工费，其余为机械费)：

表 3.6.6　高层建筑增加系数

层数(高度 m)	9 层以下(30)	12 层以下(40)	15 层以下(50)	18 层以下(60)	21 层以下(70)	24 层以下(80)	27 层以下(90)	30 层以下(100)	33 层以下(110)
按定额人工费的百分数(%)	3	5	7	9	11	12	15	18	23
层数(高度 m)	36 层以下(120)	39 层以下(130)	42 层以下(140)	45 层以下(150)	48 层以下(160)	51 层以下(170)	54 层以下(180)	57 层以下(190)	60 层以下(200)
按定额人工费的百分数(%)	27	32	35	39	42	45	49	51	54

4.通风空调系统调整费可按系统工程人工费的13%计算，其中人工工资占25%。

5.本册中的措施性项目：脚手架搭拆费，按定额人工费的3%计算，其中人工工资占25%。

（一）薄钢板通风管道制作安装

1.本定额项目指镀锌钢板（咬口）、普通钢板（焊接）、无法兰插条连接风管和风机盘管连接管制作安装。按照风管板厚分圆形、矩形分列项目。其工作内容：

（1）制作：放样、下料、卷圆、折方、轧口、咬口，制作直管、管件、法兰及加固框，吊托支架，钻孔、铆焊、上法兰、组对。

（2）安装：找标高、打支架墙洞、配合预留孔洞、埋设吊托架，组装、风管就位、找平、找正，制垫、垫垫、上螺栓、紧固。

（3）风管及其所含钢材的除锈刷油。

2.风管安装中所用吊托支架已考虑在内，吊托支架是按采用膨胀螺栓进行固定考虑的。未包括过跨风管落地支架，发生时按本册第一章内支架制作项目计算。

3.镀锌钢板风管项目如设计要求不用镀锌钢板者，板材可以换算，其余不变。该项目中未考虑镀锌板刷漆，如设计要求刷漆，按第十一册《刷油、绝热、防腐蚀工程》相应定额项目计算。

4.普通钢板风管制作安装项目中，已包括管道、型钢支架的除锈、刷两遍底漆和型钢刷两遍调和漆，如设计要求刷其他漆种或管道需刷面漆时，可按第十一册有关子目调整。

5.空气幕送风管按风管壁厚及截面形状使用相应项目，其人工乘以系数3。

6.无法兰插条连接风管按现场进行插条成型考虑。插条所用板材已计入主材消耗量内，需要成型橡胶条时应按每 1.5 kg/10 m² 计。

7.风机盘管连接管仅适用于风机盘管的送吸风连接管，即风机盘管接至送、回风口的管段，其他部位的风管可按本章相应定额项目执行。

（二）通风管道附件

1.通风管道附件只编列了弯头导流叶片、软管接口、风管检查孔和温度风量测定孔制作安装四个定额项目。附件均按现行标准设计图集尺寸和重量进行编制。其工作内容均包括制作、安装、除锈、刷油。

2.风管导流叶片不分单叶片和香蕉形双叶片均使用同一项目。

3.软管接口是按帆布制作考虑的，如设计不用帆布而使用其他材料者可以换算。

（三）柔性软风管安装

1.柔性软风管安装是采用镀锌铁皮卡子连接、吊托支架固定的成品挠性管段。柔性软风管适用于由金属、涂塑化纤织物、聚酯、聚乙烯、聚氯乙烯薄膜、铝箔等材料制成的软风管，不分保温和非保温均使用同一项目。

2.柔性软风管安装工作内容包括：制垫、上卡子、紧固及吊架制作安装、除锈、刷漆。

（四）支架制作安装

支架制作安装项目，是指风管、部件及设备安装定额项目中未包括的各种型钢支架（如过跨风管落地支架）。本定额中已包括支架除锈刷漆。

（五）风管阀门制作安装

1.定额项目设置。

（1）分风管阀门制作安装和成品安装两部分。阀门制作安装适用于空气加热器上通阀、旁通阀、圆形瓣式启动阀、蝶阀、风管止回阀、插板阀、三通调节阀、对开多叶调节阀等；安装成品阀门适用于各类调节阀、防火阀、余压阀以及风阀电（气）动执行机构安装。

（2）防火阀制作应由具有相应资质的单位进行，本定额只列成品安装，未列制作项目。

2. 项目工作内容。

（1）阀门制作：放样、下料、制作短管、阀板、零件，钻孔、铆焊、组合成型及除锈、刷漆。

（2）阀门安装：钻法兰孔、加垫、对口、上螺栓、紧固、试动。

（3）余压阀安装：配合预留孔洞，短管制安及除锈、刷漆，木框埋设、刷防火涂料，阀体及配套风口安装。

（4）电动执行机构安装：设备开箱、检查、执行机构安装、接线、调整校验，支架制安、除锈、刷漆。

3. 定额应用中注意事项。

（1）各类风管阀门安装项目是按成品风阀考虑的。蝶阀、止回阀、防火阀等成品安装不分圆形或方矩形，均按其周长尺寸使用相应定额项目。

（2）按规范规定防火阀必须设单独支架，故防火阀安装项目包括了支架制安及除锈刷漆。

（3）电（气）动执行机构不分型号均使用同一定额项目。电气部分的安装执行定额第二册《电气设备安装工程》。

（4）带控制缆绳的防火排烟阀安装，使用多叶排烟口项目。

（5）风阀制作安装项目中已包括了型钢、板材的除锈刷漆，不得重复计算。

（六）风口制作安装

1. 定额项目设置。

本定额分风口制作安装和成品风口安装两部分，包括各种百叶风口、散流器、矩形送风口、矩形空气分布器、插板式风口、旋转吹风口，单双面送吸风口，活动箅板型风口、网式风口、钢百叶窗、条缝型风口的制作、安装和多叶排烟口、板式排烟口安装。

2. 各项目的工作内容。

（1）风口制作：放样、下料、开孔，制作零部件、网框叶片，钻孔、组合成型及除锈、刷漆。

（2）风口安装：对口、加垫、上螺栓找正、固定、试动、调整。

（3）多叶排烟口安装：配合预留孔洞，金属框架制安、除锈、刷漆、墙上剔槽、钢丝绳套管及控制盒埋设，排烟口本体及配套铝合金风口以及远程控制装置安装、机械试动。

3. 定额应用中注意事项。

（1）风口安装项目是按成品风口考虑的，风口本身价值另计。铝合金或其他材质风口安装，也使用本章有关子目。

（2）百叶风口安装适用于各类型百叶风口、送吸风口、网式风口安装项目。流线形散流器执行圆形散流器项目。

（3）排烟口远控装置的套管及缆绳可按实计算耗用量，其余不变。

（4）部分风口安装所需木质（作防火、防腐处理）或其他材质框架，定额内未考虑，如确需发生，可按实另计。

（5）外墙风口安装，以风口法兰外缘周长计算延长米，每米增加密封胶 0.02 kg，增加工日 0.05 个。

（6）安装在通风管道上的防火排烟风口及不带远控装置的板式排烟口，使用定额第二章相应防火阀项目。

（七）风帽制作安装

1.定额项目设置。

（1）包括圆形风帽、锥形风帽、筒形风帽制作安装，共三节 29 个子目。

（2）原定额中列有各种风帽制安，还列有筝绳、泛水及滴水盘的制作，考虑应用简便，减少计算过程，故将各类风帽均综合考虑了筝绳和风帽泛水的制作、安装。筒形风帽还包括了滴水盘的制安、除锈、刷漆。

（3）风帽除泛水外全部按普通钢板编制，如设计要求与定额不同时，可换算钢板。

2.工作内容。

（1）风帽制作：放样、下料、咬口，制作法兰、零件，筝绳、泛水、铆焊、组装及除锈、刷漆。

（2）风帽安装：风帽及筝绳、泛水的安装、找正，加垫、上螺栓、固定。

（八）罩类制作安装

1.定额项目设置。

本定额罩类制作安装项目包括各种排气罩、通风罩、侧吸罩、抽风罩、回转罩、风罩调节阀、皮带防护罩、电动机防雨罩等制作安装和不锈钢排气罩安装，共 20 个子目。

2.各项目的工作内容。

（1）罩类制作：放样、下料、卷圆，制作罩体、来回弯、零件、法兰，钻孔、铆焊、组合成型、除锈、刷漆。

（2）罩类安装：埋设支架、吊装、对口、找正，制垫、上螺栓，固定配重环及钢丝绳、试动调整。

（九）消声器制作安装

1.定额项目设置。

定额分为消声器制作安装和成品消声器安装两部分，分别包括片式消声器、弧形声流式消声器、阻抗复合式消声器、各种管式消声器和消声弯头，共 59 个子目。

2.各项目包括的工作内容。

（1）消声器制作：放样、下料、钻孔，制作内外套管、木框架、法兰，铆焊、粘贴，填充消声材料，组合成型及型钢除锈、刷漆。

（2）消声器及消声弯头安装：组对、安装、找正、找平，垫垫、上螺栓、固定，支架制作、安装，除锈、刷漆。

3.定额应用时注意事项。

（1）消声器制作均按镀锌钢板考虑，但未考虑镀锌板刷漆。如设计要求刷漆，按定额第十一册《刷油、绝热、防腐蚀工程》相应项目计算。

（2）片式消声器已包括钢板密闭门的制作、安装、除锈、刷漆，但不包括外壳的砌筑。外壳砌筑应按建筑工程消耗量定额规定另行计算。

（3）消声器安装所需支架制安除锈刷漆已综合计入定额，一般不作调整。支架的固定是按膨胀螺栓考虑的。

（十）通风空调设备制作安装

1. 通风空调设备安装。

（1）定额项目设置。

通风空调设备安装项目包括空气加热器（冷却器），离心式、轴流式、屋顶式通风机，空气幕、通风器、除尘设备，窗式、分体式、多分体（一拖多）空调器，整体空调机组、分段组装式空调机组，风机盘管，活塞式、螺杆式、离心式、模块式冷水机组和热泵机组安装，基本满足了目前实际的需要。

（2）设备安装定额包括的工作内容：

1）开箱检查，设备吊装、找平、找正、垫垫、指导配合灌浆、螺栓固定、装梯子。

2）空气加热器、空气幕、通风器、风机盘管的安装均已包括支架的制作安装及其除锈刷漆。

（3）使用定额时注意事项。

1）通风机安装定额内包括电动机安装，其安装形式包括 A、B、C 或 D 型，也适用于不锈钢和塑料风机安装。

2）通风机拆装检查、风机减振台座等，发生时使用定额第一册《机械设备安装工程》相关项目。风机减振台座、减振吊架需现场配制时可使用本定额第一章相关项目。

3）通风机安装未包括金属网框、出口帆布软管、皮带防护罩、电动机防雨罩、轴流风机防雨短管，发生时分别按本册相关项目计算。

4）空气幕、通风器、风机盘管的安装均包括支架制安及刷漆，窗式空调器包括支架和防雨罩的制安，不得重复计算；分体式空调器支架均按设备配带考虑；整体式和分段组装式空调机组未包括型钢支座。如需现场配制支架或支座时，套用定额第一章支架子目。

5）分体式空调器安装定额已包括室内、外机组间连接管路（由厂家配套供货）安装，若为"一拖多"机型时，其室外机使用相应定额项目，室内机区分不同安装形式分别按相应定额乘以系数 0.66，室内外机组间连接管路按第六册《工业管道工程》相应项目计算。

6）活塞式、螺杆式、离心式冷水机组及热泵机组均按同一底座并带有减振装置的整体安装方法考虑；减振装置若由施工单位提供时可按设计选用的规格计取材料费。

7）模块式冷水机组未包括基础型钢架和橡胶隔振垫，如需现场配制时可另行计算。

8）冷水机组定额中已包括施工单位配合生产厂家试车的工作内容。

9）诱导器安装使用风机盘管安装项目；除湿机安装按其制冷量或风量使用本章空调器相关子目；通风器软管使用本定额第一章相关子目。

10）风机盘管的配管使用定额第八册《给排水、采暖、燃气工程》相应项目。

2. 通风空调部件制作安装。

（1）定额项目设置。

1）通风空调部件制作安装包括钢板密闭门、挡水板、滤水器、溢水盘、电加热器外壳、金属空调器壳体等制作安装。

2）滤水器、溢水盘按直径规格和型号分列项目。

3）将设备支架项目移至本定额第一章内。

（2）各项目工作内容。

1）密闭门制作安装：放样、下料、制作门框、零件、填料、组装、除锈、刷漆、找正、固定。

2）挡水板制作安装：放样、下料，制作曲板、零件、支架，刷漆、找平、找正、螺栓固定。

3）滤水器、溢水盘制作安装：放样、下料，配制零件、组合成型、除锈、刷漆、找正、焊接管道、固定。

4）金属壳体制作安装：放样、下料、制作箱体、水槽，焊接、试装、除锈、刷漆、就位、找正、固定、表面清理。

（3）使用定额时应注意的问题。

1）清洗槽、浸油槽、晾干架制作安装使用本册第一章支架项目。

2）玻璃挡水板使用钢板挡水板相应项目，其材料、机械均乘以系数0.45，人工不变。

3）保温钢板密闭门使用钢板密闭门项目，其材料乘以系数0.5，机械乘以系数0.45，人工不变。

（十一）净化通风管道和部件制作安装

1.定额项目设置。

本章包括镀锌板净化风管、消声静压箱、铝制孔板风口制作安装和高、中、低效过滤器、洁净室、净化工作台、风淋室安装。

2.各项目工作内容。

（1）风管制作：放样、下料、折方、轧口、咬口，制作直管、管件、法兰、吊托支架，钻孔、铆焊、上法兰、组对，口缝外表面涂密封胶，风管内表面清洗，风管两端封口及支架除锈、刷漆。

（2）风管安装：找标高、找平、找正、配合预留洞、打支架墙洞、埋设支吊架，风管就位、组装、制垫、垫垫、上螺栓、紧固，风管内表面清洗、管口封闭、法兰口涂密封胶。

（3）部件制作：预留预埋，放样、下料，钻孔、铆焊、制作、组装零件、法兰，擦洗（静压箱贴吸声材料）及型钢除锈、刷漆。

（4）部件安装：测位、找平、找正，制垫、垫垫、上螺栓、清洗。

（5）高、中、低效过滤器安装：制作框架、除锈、刷漆，开箱、检查、配合钻孔、垫垫、口缝涂密封胶、试装、正式安装。

（6）洁净设备安装：开箱、检查、垫垫、口缝涂密封胶、上螺栓、紧固成型。

3.定额应用中注意事项。

（1）圆形风管与矩形风管执行同一项目。

（2）净化通风管道制作安装定额中包括弯头、三通、变径管、天圆地方等管件及法兰、加固框和吊托支架，不包括过跨风管落地支架。落地支架使用定额第一章支架项目。

（3）净化风管定额中的镀锌板均未考虑刷漆，如设计要求刷漆，按定额十一册相关项目计算。

（4）风管涂密封胶是按全部口缝外表面涂抹考虑的，如设计要求口缝不涂抹而只在法兰处涂抹者，每10 m^2 风管应减去密封胶1.5 kg和人工0.37工日。

（5）风管及部件项目中，型钢是按刷防锈漆、调和漆各两遍考虑的。如设计要求镀锌时，另加镀锌费，同时按十一册定额相关项目调减刷漆费用。

（6）铝制孔板风口如需电化处理时，其费用另计。

（7）过滤器、净化工作台、风淋室均按成品考虑。

低效过滤器是指 M－A 型、WL 型、LWP 型等系列。

中效过滤器是指 ZKL 型、YB 型、M 型、ZX－1 型等系列。

高效过滤器是指 GB 型、GS 型、JX－20 型等系列。

净化工作台指 XHK 型、BZK 型、SXP 型、SZP 型、SZX 型、SW 型、SZ 型、SXZ 型、TJ 型、CJ 型等系列。

（8）过滤器、洁净设备安装中所用螺栓、垫料、密封胶是按产品随箱供应考虑的。

（9）定额按空气洁净度 100000 级编制。

（十二）不锈钢通风管道和部件制作安装

1. 项目设置及工作内容。

（1）包括不锈钢板风管、风口、法兰、吊托支架制作安装四项。取消了原定额中的蝶阀制安项目。

（2）不锈钢板通风管道适用于手工电弧焊接形式。工作内容包括：

1）不锈钢风管制作：放样、下料、卷圆，制作管件、组对焊接，试漏、清洗焊口。

2）不锈钢风管安装：找标高、清理墙洞，风管就位、组对焊接、试漏、清洗焊口、固定。

（3）部件包括风口、法兰吊托支架，均适用于手工电弧焊，法兰制作安装还适用于氩弧焊。部件制安工作内容包括：

1）部件制作：下料、平料、开孔、钻孔、组对、铆焊、攻丝、清洗焊口、组装固定、试动。

2）部件安装：制垫、垫垫、找平、找正、组对、固定、试动。

2. 定额应用时注意事项。

（1）风管制作安装不分矩形、圆形风管，均执行同一项目。

（2）吊托支架包括了型钢除锈，刷防锈漆、调和漆各两遍。如设计要求刷其他漆种，可按十一册定额相应项目进行调整。

（3）风管及部件凡是以电焊考虑的项目，如需使用手工氩弧焊者，其人工乘以系数 1.238，材料乘以系数 1.163，机械乘以系数 1.673。

（4）风管制作安装项目中包括管件，但不包括法兰和吊托支架；法兰和吊托支架应按本定额相应项目单独列项计算。

（5）风管项目中的板材如设计要求厚度不同者可以换算，人工、机械不变。

（6）风管及部件安装就位，如需要其他材质的垫隔材料，应另行计入。

（十三）铝板通风管道和部件制作安装

1. 定额项目设置及适用范围。

（1）本定额包括铝板圆形风管、矩形风管、圆伞形风帽、法兰制作安装，共四节 20 个子目。

（2）定额全部项目均适用于氧乙炔焊接。法兰制作安装也适用于手工氩弧焊接形式。

（3）取消了原定额编列的蝶阀及风口制作安装项目。

2. 工作内容。

（1）铝板风管制作：放样、下料、卷圆、折方、制作管件、组对焊接、试漏、清洗焊口。

（2）铝板风管安装：找标高、清理墙洞、风管就位、组对焊接、试漏、清洗焊口、固定。

（3）部件制作：下料、平料、开孔、钻孔、组对、焊铆、攻丝、清洗焊口、组装固定。

（4）部件安装：制垫、垫垫、找平、找正、组对、固定。

3. 定额应用时应注意的问题。

（1）风管制作安装项目中包括管件，但不包括法兰和吊托支架；法兰制作安装按本定额相应项目执行。支架可套用定额第一章相应子目。

（2）风管项目中的板材如设计要求厚度不同者可以换算材料，但人工、机械不变。

（3）铝板风管穿越砖石墙体安装的套管或局部涂刷绝缘涂料，可按设计要求另行计算。

（4）铝板风管厚度在 1.5 mm 以内，采用咬口、法兰连接形式，可参照定额第一章镀锌钢板咬口连接项目执行。

（5）风管及部件凡是以气焊考虑的项目，如需使用手工氩弧焊者，其人工乘以系数 1.154，材料乘以系数 0.852，机械乘以系数 9.242。

（十四）塑料通风管道和部件制作安装

1. 定额项目设置及适用范围。

（1）分塑料通风管道和部件制作安装两部分，风管包括塑料圆形、矩形风管；部件包括各类空气分布器、散流器、插板式风口、各类风阀、风帽、风罩、柔性接口和伸缩节制作安装等项目。

（2）各项目适用于热风焊接施工方法。

2. 定额工作内容。

（1）塑料风管制作：放样、锯切、坡口、加热成型，制作法兰、管件，钻孔、组合焊接。

（2）塑料风管安装：就位、制垫、垫垫、法兰连接、找正、找平、固定。

（3）部件制作安装：放样、下料、锯切坡口、钻孔、组对焊接，组装就位，垫垫、找正、紧固螺栓，试动。

3. 定额应用中的注意事项。

（1）风管项目规格表示的直径为内径，周长为内周长。

（2）风管制作安装项目中包括管件、法兰、加固框，但不包括吊托支架，吊托支架使用第八册定额第一章支架项目。

（3）风管制作安装项目中的塑料板材（指主材），如设计要求厚度不同者可以换算，人工、机械不变。

（4）定额中的法兰垫料如设计要求使用品种不同者可以换算，但人工不变。

（5）风管制作安装不包括穿墙或楼板处的防护套管，发生时按设计材质和规格另计。

（6）塑料通风管道胎具材料（木材）摊销已包括在风管制作安装定额内。

（7）风帽中未包括风帽筝绳、泛水及滴水盘制作安装，发生时另行计算。

（十五）玻璃钢通风管道和部件制作安装

1. 定额项目设置。

（1）分玻璃钢通风管道安装和部件安装两部分，包括玻璃钢圆形、矩形风管、玻璃钢双层夹保温圆形、矩形风管、风帽安装。本定额是按现场供应成品考虑。

（2）增加了双层夹保温圆形、矩形风管。

（3）本定额将原定额中玻璃钢管按壁厚分列项目，改为不分壁厚，只分圆形、矩形风管编列项目。

（4）各类风帽安装中均包括了筝绳、泛水制作安装。

（5）所有项目中的型钢及钢板的除锈刷漆均计入定额内。

2. 定额工作内容。

（1）风管：找标高、配合预留孔洞、吊托支架制作、安装及除锈、刷漆、风管配合修补、粘接、组装就位、找平、找正、制垫、垫垫、上螺栓、紧固。

（2）部件：组对、组装、就位、找正、制垫、垫垫、上螺栓、紧固，风帽筝绳、泛水制安及型钢件除锈、刷漆。

3. 定额应用中应注意的问题。

（1）玻璃钢通风管道安装项目中，包括弯头、三通、变径管、天圆地方等管件的安装及法兰、加固框和吊托架的制作安装，不包括过跨风管落地支架。落地支架按定额第一章支架项目计算。

（2）本定额玻璃钢风管及管件按设计工程量加损耗外加工订作，风管修补费用应按实际发生，计算在主材费内。

（3）风管项目规格表示的直径为内径，周长为内周长。

（4）本定额项目中按采用膨胀螺栓安装吊托支架考虑。

（5）风管及部件安装中已包括了钢材的除锈刷油，不得重复计算。

（十六）复合型通风管道和部件制作安装

1. 定额项目设置。

本项定额是新增项目，包括复合型矩形、圆形风管制作安装。适用于由两种以上材质的复合轻质板材制作的通风管道，如通风管道和保温层合为一体的复合型风管，不适用于现场进行保温或保护层施工的通风管道。

2. 定额工作内容。

（1）复合型风管制作：放样、切割、开槽、成型、粘合、制作管件、加固框、吊托支架及除锈、刷漆、钻孔、组合。

（2）复合型风管安装：找标高、安装吊托支架、就位、连接、找正、找平、固定。

3. 定额应用中应注意的问题。

（1）风管项目规格表示的直径为内径，周长为内周长。

（2）风管制作安装项目中包括管件、法兰加固框、吊托支架的工作内容，不得重复计算。

任务 3 - 6 - 3　工程量计算规则

一、薄钢板通风管道制作安装工程量计算

1. 风管制作安装以设计图示风管规格按展开面积计算，不扣除检查孔、测定孔、送风口、吸风口等所占面积，以"10 m²"为计量单位。

圆形风管：$F = \pi \times D \times L$

矩形风管：$F = 2 \times (A + B) \times L$

式中：F——风管展开面积（m²）；

　　　D——圆形风管内直径（m）；

　　　L——管道中心线长度（m）；

　　　A——矩形风管长边尺寸（m）；

B——矩形风管短边尺寸(m)。

2. 风管长度一律以设计图示中心线长度为准(主管与支管以其中心线交点划分),包括弯头、三通、变径管、天圆地方等管件的长度,但不得包括部件(阀门、消声器等)所占长度。直径和周长以图示尺寸为准(变径管、天圆地方均按大头口径尺寸计算),咬口重叠部分已包括在定额内,不得另行增加。

3. 整个通风系统设计采用渐缩管均匀送风者,圆形风管按平均直径,矩形风管按平均周长计算工程量,其人工乘以系数2.5。计算公式如下:

圆形渐缩管平均直径 $D_{平} = (D_大 + D_小)/2$

矩形渐缩管平均周长 $L_{平} = [(A+B) \times 2 + (a+b) \times 2]/2$

例1 某工程设计图示矩形镀锌薄钢板($\delta = 1.2$ mm)风管规格为300 mm×350 mm,长度为8.18 m,咬口连接。试计算风管工作量及主材消耗量,并说明如何套用定额。

解: 依据已知条件及上述计算公式:

$F_矩 = 2 \times (0.3 + 0.35) \times 8.18 = 10.63(\text{m}^2) = 1.063(10 \text{ m}^2)$ 套用定额9-8。

主材即为该镀锌薄钢板本身,其消耗量为:

$1.063 \times 11.38 = 12.097(\text{m}^2)$。

例2 下图为某通风空调系统部分管道平面图,采用镀锌铁皮,板厚均为1.0 mm,试计算该风管的工程量。

解: 630×500: $L_1 = 2.50 + 3.80 + 0.30 - 0.20 = 6.40$ m

$F_1 = 2(0.63 + 0.50) \times 6.4 = 14.46$ m^2

500×400: $L_2 = 2.0$ m

$F_2 = 2(0.50 + 0.40) \times 2 = 3.60$ m^2

320×250: $L_3 = 2.20 + 0.63/2 = 2.515$ m

$F_3 = 2(0.32 + 0.25) \times 2.515 = 2.81$ m^2

$F = 14.46 + 3.60 + 2.81 = 20.93$ m^2

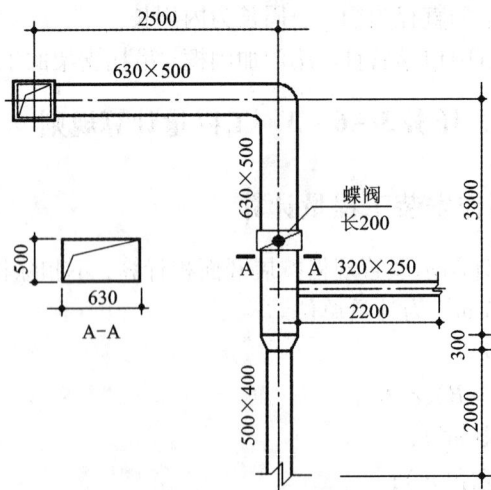

图3.6.61 风管平面图

例3　某化工厂氯化车间设计图示圆形渐缩送风管道中心线长度 $L_{中}$ 为 32.16 m，大头直径（$D_{大}$）为 500 mm，小头直径（$D_{小}$）为 200 mm，采用镀锌钢板风管（$\delta = 1.2$ mm），咬口连接。试计算其平均直径和总展开面积各为多少？说明怎样套用定额。

解： 平均直径（$D_{平}$）$= (D_{大} + D_{小})/2 = (0.5 + 0.2)/2 = 0.35(\text{m})$

展开面积（F）$= \pi \times D_{平} \times L_{中} = 3.1416 \times 0.35 \times 32.16 = 35.36(\text{m}^2)$

套用定额 9 - 4，基价为 503.88 元，人工费乘以系数 2.5，即 245.28 × 2.5 = 613.20 元。

二、通风管道附件制作安装工程量计算

1. 弯头导流叶片制作安装，按图示叶片面积，以"m^2"为计量单位。

2. 软管（帆布）接口制作安装，按图示尺寸以"m^2"为计量单位。

3. 风管检查孔制作安装以"100 kg"为计量单位，其重量按本定额附录的"国标通风部件标准重量表"计算。

4. 温度、风量测定孔制作安装，均以"个"为计量单位。

三、柔性软风管安装工程量计算

柔性软风管安装按风管直径，以"根"为计量单位。

四、支架制作安装工程量计算

支架制作安装工程量，分单件重 50 kg 以内和 50 kg 以上两个项目，以"100 kg"为计量单位。

五、风管阀门制作安装工程量计算

1. 各类阀门的制作安装和成品阀门安装，均按阀门规格型号截面尺寸（周长或直径）"个"为计量单位。

2. 风管阀门电（气）动执行机构安装均以"套"为计量单位。

例4　如图 3.6.6 所示，图中蝶阀为成品安装，应如何套用定额？

解： 从图中可知，该蝶阀周长为 2 × (630 + 500) = 2260(mm)，套用定额 9 - 125（周长 2400 mm 以内），数量为 1 个。

六、风口制作安装工程量计算

1. 各类型的风口制作安装和成品风口安装，均按其规格型号、截面尺寸分列定额项目，以"个"为计量单位。

2. 钢制百叶窗按框内面积列定额项目，以"个"为计量单位。

七、风帽制作安装工程量计算

各类风帽均按风帽的设计型号、规格直径分列项目，以"个"为计量单位。改变了原定额以"100 kg"为计量单位的规定。

八、罩类制作安装工程量计算

1. 各种罩类制作安装定额中已包括普通钢板及型钢、支架刷防锈漆、调和漆各两遍。如设计要求刷不同漆种时,可按定额第十一册有关子目调整。

2. 罩类制作安装定额是按其用途及国标图集编号分列,均以重量"100 kg"为计量单位。计算重量时,标准部件按本册定额附录二《国标通风部件标准重量表》计算,非标准部件按设计净重计算。

3. 镀锌钢板排气罩制作安装是本定额增编内容,是按其下口周长分列项目,以罩体展开面积"m²"为计量单位。

4. 不锈钢排气罩安装是按成品供应考虑,工程量按罩体展开面积以"m²"为计量单位。

5. 标准型罩类制作安装,是按普通钢板考虑的,应按其成品重量以"100 kg"为计量单位,采用镀锌钢板时可以换算。

九、消声器制作安装工程量计算

消声器制作安装按型号及周长以"组"为计量单位,消声弯头按周长以"个"为计量单位。

十、通风空调设备安装工程量计算

1. 空气加热器、除尘设备安装按不同重量以"台"为计量单位。

2. 风机安装按设计不同型号以"台"为计量单位。

3. 整体式空调机组、分体式空调器、通风器安装按制冷量、风量或安装方式不同,分别以"台"为计量单位,分段组装式空调器按重量以"100 kg"为计量单位。

4. 风机盘管、空气幕安装按安装方式不同以"台"为计量单位。

5. 活塞式冷水机组、螺杆式冷水机组、离心式冷水机组及热泵机组安装均以"台"为计量单位,按设备类别、名称及机组重量"t"选用定额项目;机组重量按同一底座上的主机、电动机、附属设备及底座的总重量计算。

6. 模块式冷水机组按其基本模块单元制冷量(kW)以"块"为计量单位。

十一、通风空调部件制作安装工程量计算

1. 钢板密闭门、滤水器、溢水盘制作安装以"个"为计量单位。挡水板制作安装按空调器断面面积,以"m²"为计量单位。

2. 电加热器外壳、金属空调器壳体制作安装以"100 kg"为计量单位。

十二、净化通风管道和部件制作安装工程量计算

1. 风管制作安装,不分截面形状及尺寸,均以钢板厚度编列。风管以设计图示中心线长度及风管规格按展开面积计算,包括弯头、三通、变径管、天圆地方等管件的长度,不扣除检查孔、测定孔、送吸风口等所占面积。以"10 m²"为计量单位。计算长度时应扣除各部件所占长度。其他规定同本册第一章薄钢板风管制作安装的工程量计算规则。

2. 高、中、低效过滤器以"台"为计量单位;过滤器框架以"100 kg"为计量单位。

3.净化工作台安装以"台"为计量单位；风淋室安装按不同重量以"台"为计量单位，洁净室安装按重量计算，以"100 kg"为计量单位。

十三、不锈钢通风管道和部件制作安装工程量计算

1.不锈钢通风管道制作安装中不包括法兰和吊托支架，可按相应定额以"100 kg"为计量单位另行计算。

2.其他规定可参见定额第一章薄钢板通风管道制作安装。

十四、铝板通风管道和部件制作安装工程量计算

1.铝板通风管制作安装，圆形风管按直径及壁厚，矩形风管按截面周长及壁厚分别编列，均以"10 m²"为计量单位。其工程量计算其他的规定均同第一章薄钢板风管制作安装。

2.法兰分圆形、矩形按单个重量3 kg以上、3 kg以下编列定额项目，以"100 kg"为计量单位。

3.圆伞形风帽制安，以"100 kg"为计量单位。

十五、塑料通风管道和部件制作安装工程量计算

1.塑料风管制作安装，圆形风管按直径及壁厚，矩形风管按周长及壁厚，分别编列项目，均以"10 m²"为计量单位。其工程量计算的其他规定均按定额第一章薄钢板风管制作安装项目规定。

2.塑料通风管道制作安装，不包括吊托支架，吊托支架可按相应定额以"100 kg"为计量单位另行计算。

3.塑料通风部件制作安装，按其结构型式及单件成品重量以"100 kg"为计量单位，其重量可根据本册定额附录二计算。

十六、玻璃钢通风管道和部件制作安装工程量计算

1.圆形风管按直径、矩形风管按截面周长分别编列，均以"10 m²"为计量单位。其工程量计算的有关规定与定额第一章薄钢板风管制安的规定相同。

2.玻璃钢部件均以单件重量套用定额，均以"个"为计量单位。

十七、复合型通风管道和部件制作安装工程量计算

圆形风管按直径、矩形风管按周长分列项目，均以"10 m²"为计量单位。其他计算方法与本定额第十二章玻璃钢通风管道相关规定相同。

十八、解决与实施工作任务

通风空调工程施工图预算案例讲解。

工程量计算如表3.6.7。

表 3.6.7　通风空调工程量计算书

工程名称：某大厦多功能厅通风空调工程　　　　　　　　　　　　　　　共　页第　页

项目名称	单位	数量	计算式
镀锌薄钢板风管（咬口）$\delta = 1.2$ mm	m²	19.355	风管截面：1250 mm×500 mm $L = 0.75 + 3 + 3.87 - 2.255 - 0.15 + (4.5 - 3.87) \div 2 = 5.53$ m $S = (1.25 + 0.5) \times 2 \times 5.53 = 19.355$
镀锌薄钢板风管（咬口）$\delta = 1.0$ mm	m²	175.23	风管截面：800 mm×500 mm $L = 3.5 + 2.6 - 0.2 = 5.9$ m $S = (0.8 + 0.5) \times 2 \times 5.9 = 15.34$ 风管截面：800 mm×250 mm $L = 3.5 + (4 \div 2 + 2 + 4 + 4 + 0.5) \times 4 - 2.6 \times 2 + 3.6 - 0.2 \times 3 = 51.3$ m $S = (0.8 + 0.25) \times 2 \times 51.3 = 107.73$ 风管截面：630 mm×250 mm $L = 4 \times 4 = 16$ m $S = (0.63 + 0.25) \times 2 \times 16 = 28.16$ 风管截面：500 mm×250 mm $L = 4 \times 4 = 16$ m $S = (0.5 + 0.25) \times 2 \times 16 = 24$
镀锌薄钢板风管（咬口）$\delta = 0.75$ mm	m²	35.36	风管截面：250 mm×250 mm $L = (4 + 0.3 - 0.5) \times 4 = 15.2$ m $S = (0.25 + 0.25) \times 2 \times 15.2 = 15.2$ 风管截面：240 mm×240 mm $L = (4.25 - 3.5 + 0.25 \div 2) \times 24 = 21$ m $S = (0.24 + 0.24) \times 2 \times 21 = 20.16$
变风量整体空调箱（机组）8000（m³/h）/0.6（t）	台	1	
阻抗复合消声器制作安装 T701-6 型 5#	组	1	
管式消声器安装	组	1	$C = (1.25 + 0.5) \times 2 = 3.5$ m
风管防火阀安装	个	1	$C = (1.25 + 0.5) \times 2 = 3.5$ m
对开多叶风量调节阀安装	个	4	$C = (0.8 + 0.5) \times 2 = 2.6$ m, 1 个 $C = (0.8 + 0.25) \times 2 = 2.1$ m, 3 个
铝合金防雨单层百叶新风口安装	个	1	$C = (1 + 0.63) \times 2 = 3.26$ m
铝合金百叶回风口安装	个	1	$C = (1.6 + 0.8) \times 2 = 4.8$ m
铝合金方形散流器安装	个	24	$C = (0.24 + 0.24) \times 2 = 0.96$ m
帆布软管接口	m²	2.1	$S = (1.25 + 0.5) \times 2 \times 0.2 \times 3 = 2.1$
温度测定孔	个	1	
风量测定孔	个	1	

续上表

项目名称	单位	数量	计算式
风管岩棉板保温厚25 mm	m³	6.336	风管截面：1250 mm×500 mm $L=5.53$ m $V=[2\times(1.25+0.5)\times1.033\times0.025+4\times(1.033\times0.025)^2]\times5.53=0.515$ 风管截面：800 mm×500 mm $L=6.1$ m $V=[2\times(0.8+0.5)\times1.033\times0.025+4\times(1.033\times0.025)^2]\times6.1=0.426$ 风管截面：800 mm×250 mm $L=51.9$ m $V=[2\times(0.8+0.25)\times1.033\times0.025+4\times(1.033\times0.025)^2]\times51.9=2.953$ 风管截面：630 mm×250 mm $L=16$ m $V=[2\times(0.63+0.25)\times1.033\times0.025+4\times(1.033\times0.025)^2]\times16=0.77$ 风管截面：500 mm×250 mm $L=16$ m $V=[2\times(0.5+0.25)\times1.033\times0.025+4\times(1.033\times0.025)^2]\times16=0.662$ 风管截面：250 mm×250 mm $L=15.2$ m $V=[2\times(0.25+0.25)\times1.033\times0.025+4\times(1.033\times0.025)^2]\times15.2=0.433$ 风管截面：240 mm×240 mm $L=21$ m $V=[2\times(0.24+0.24)\times1.033\times0.025+4\times(1.033\times0.025)^2]\times21=0.577$
玻璃丝布保护层	m²	263.71	风管截面：1250 mm×500 mm $L=5.53$ m $S=[2\times(1.25+0.5)+8\times(1.05\times0.025+0.0041)]\times5.53=20.698$ 风管截面：800 mm×500 mm $L=6.1$ m $S=[2\times(0.8+0.5)+8\times(1.05\times0.025+0.0041)]\times6.1=17.341$ 风管截面：800 mm×250 mm $L=51.9$ m $S=[2\times(0.8+0.25)+8\times(1.05\times0.025+0.0041)]\times51.9=121.591$ 风管截面：630 mm×250 mm $L=16$ m $S=[2\times(0.63+0.25)+8\times(1.05\times0.025+0.0041)]\times16=32.045$ 风管截面：500 mm×250 mm $L=16$ m $S=[2\times(0.5+0.25)+8\times(1.05\times0.025+0.0041)]\times16=27.885$ 风管截面：250 mm×250 mm $L=15.2$ m $S=[2\times(0.25+0.25)+8\times(1.05\times0.025+0.0041)]\times15.2=18.891$ 风管截面：240 mm×240 mm $L=21$ m $S=[2\times(0.24+0.24)+8\times(1.05\times0.025+0.0041)]\times21=25.259$

十九、自我检查与评价

课内实训：编制某娱乐中心通风空调工程施工图预算。

练习题

一、选择题

1. 风管制作安装以设计图示风管规格按展开(　　)计算，不扣除检查孔、测定孔、送风口、吸风口等所占面积，以"(　　)"为计量单位。

A. 面积、m² 　　　　B. 长度、m 　　　　C. 体积、m³ 　　　　D. 面积、10 m²

2. 整个通风系统设计采用渐缩管均匀送风者，圆形风管按平均直径，矩形风管按平均周长计算工程量，其人工乘以系数(　　)。

A. 1.5 　　　　B. 2.5 　　　　C. 3.5 　　　　D. 4.5

3. 弯头导流叶片制作安装，按图示叶片面积，以"(　　)"为计量单位。

A. m² 　　　　B. 10 m² 　　　　C. 100 m² 　　　　D. 1000 m²

4. 柔性软风管安装按风管直径以"(　　)"为计量单位。

A. 组 　　　　B. 个 　　　　C. 根 　　　　D. 套

5. 支架制作安装工程量，分单件重50 kg以内和50 kg以上两个项目，以"(　　)"为计量单位。

A. kg 　　　　B. 10 kg 　　　　C. 100 kg 　　　　D. 1000 kg

6. 各类型的风口制作安装和成品风口安装，均按其规格型号、截面尺寸分列定额项目，以"(　　)"为计量单位。

A. 组 　　　　B. 个 　　　　C. 台 　　　　D. 副

7. 各类风帽均按风帽的设计型号规格直径分列项目，以"(　　)"为计量单位。改变了原定额以"100 kg"为计量单位的规定。

A. 组 　　　　B. 个 　　　　C. 台 　　　　D. 副

8. 罩类制作安装定额是按其用途及国标图集编号分列，均以重量"(　　)"为计量单位。

A. kg 　　　　B. 10 kg 　　　　C. 100 kg 　　　　D. 1000 kg

9. 消声器制作安装按型号及周长以"(　　)"为计量单位，消声弯头按周长以"(　　)"为计量单位。

A. 组、个 　　　　B. 个、组 　　　　C. 10组、10个 　　　　D. 10个、10组

10. 空气加热器、除尘设备安装按不同重量以"(　　)"为计量单位。

A. 组 　　　　B. 个 　　　　C. 台 　　　　D. 副

二、思考题

1. 简要叙述使用通风空调定额的注意事项。

2. 简要叙述通风空调定额应用中的费用规定。

三、计算题

1. 某工程设计图示矩形镀锌薄钢板($\delta = 1.2$ mm)风管规格为 800 mm × 500 mm，长度为 18.36 m，咬口连接。试计算风管工作量及主材消耗量，并说明如何套用定额。

2. 图 3.6.62 为某通风空调系统部分管道平面图，采用镀锌铁皮，板厚均为 1.0 mm，试计算该风管的工程量。

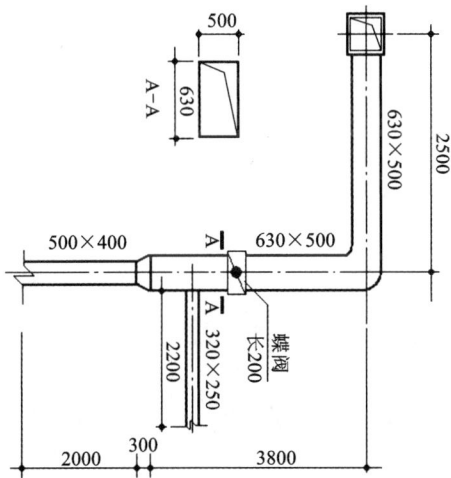

图 3.6.62　风管平面图

参考答案：

一、选择题：D　B　A　C　C　B　B　C　A　C

职业活动训练

编制某办公楼(一层部分房间)风机盘管工程施工图预算：

【设计施工说明】

本工程为某办公楼(一层部分房间)风机盘管工程见图 3.6.63 至 3.6.66。图中标高以米计，其余以毫米计。

(1)风机盘管采用卧式暗装(吊顶式)，风机盘管连接管采用镀锌薄钢板，铁皮厚度 $\delta = 1.0$ mm，截面尺寸为 1000 mm × 200 mm。

(2)风机盘管送风口为铝合金双层百叶风口，回风口为铝合金单层百叶风口，均采用成品安装。

(3)空调供水、回水及凝结水管均采用镀锌钢管，螺纹连接。进出风机盘管供、回水支管均装金属软管(丝接)各一个,凝结水管与风机盘管连接需装橡胶软管(丝接)一个。

(4)图中阀门均采用铜球阀,规格同管径。管道穿墙均设一般钢套管。

(5)管道安装完毕后要求试压,空调系统试验压力为 1.3 MPa,凝结水管做灌水试验。

(6)未尽事宜均参照有关标准或规范执行。

【工作任务要求】

1.按照 2010 年版《广东省安装工程综合定额》的有关内容,计算工程量。

2.本题暂不计算直接工程费。

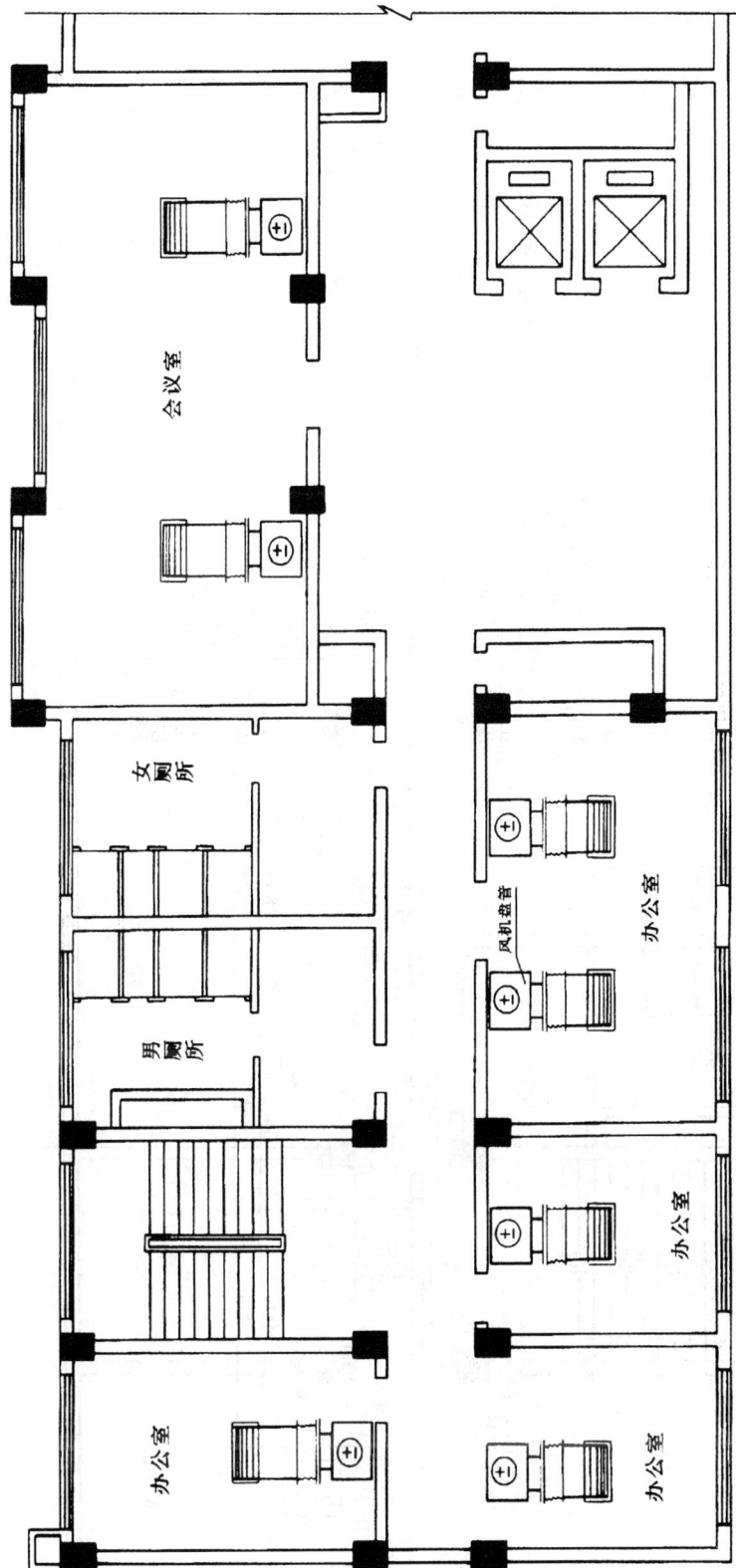

图3.6.63 平面图

合议室

女厕所

男厕所

办公室

风机盘管

办公室

办公室

办公室

办公室

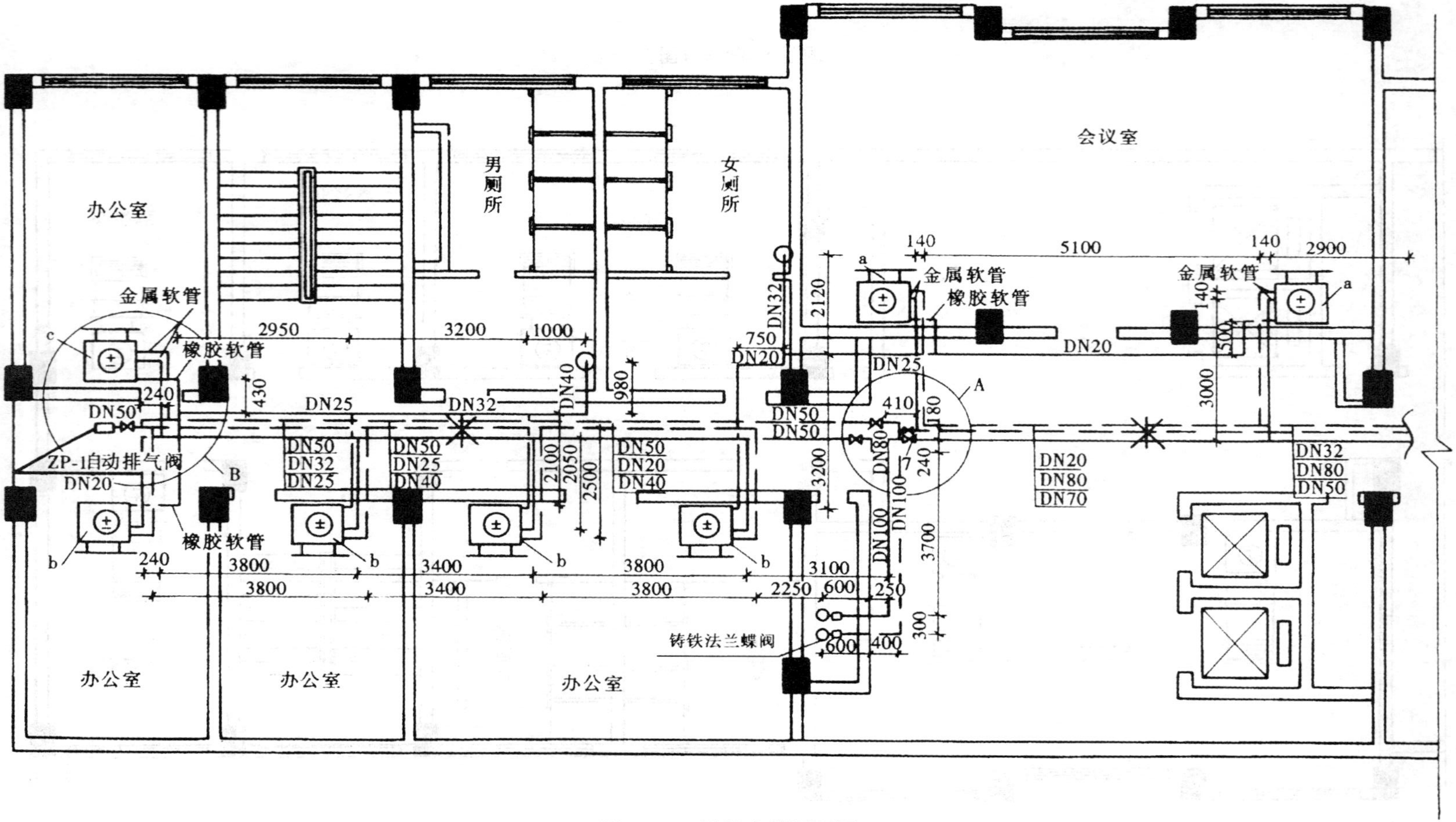

图3.6.64 风机盘管平面图

会议室

女厕所

男厕所

办公室

办公室

办公室

办公室

金属软管

橡胶软管

金属软管

橡胶软管

金属软管

橡胶软管

铸铁法兰蝶阀

ZP-1自动排气阀

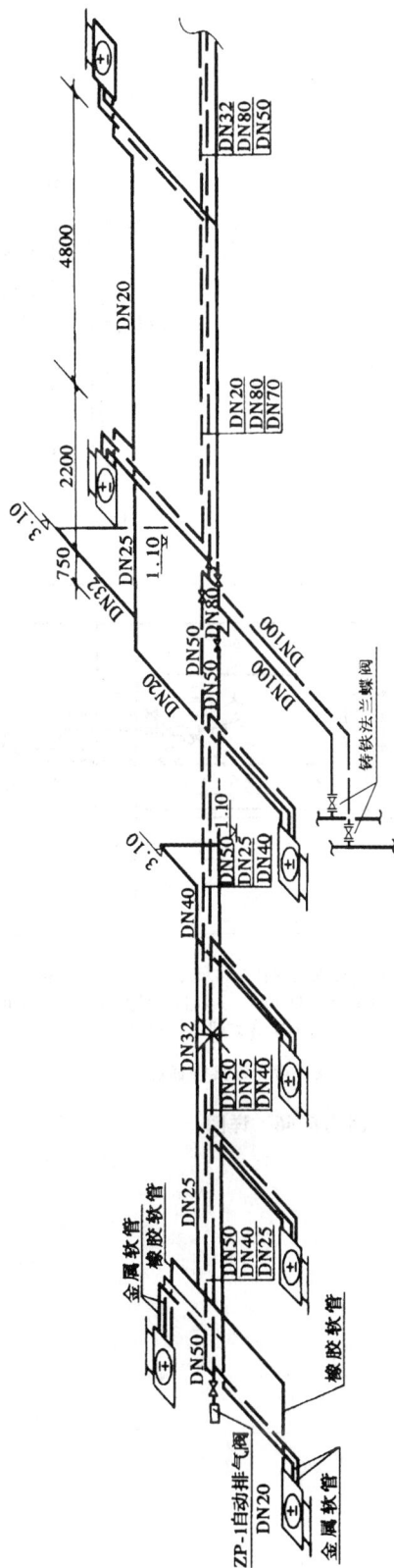

图3.6.65 系统图

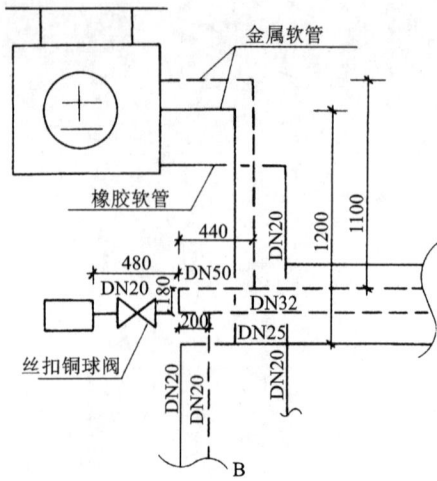

（a）B节点详图

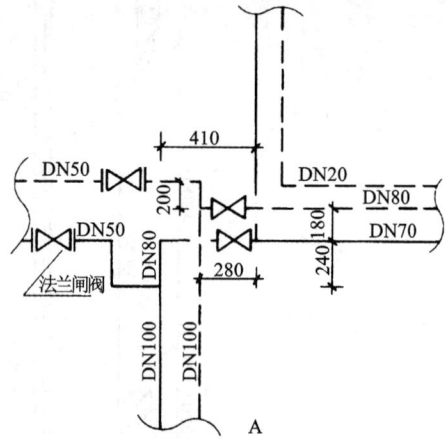

（b）A节点详图

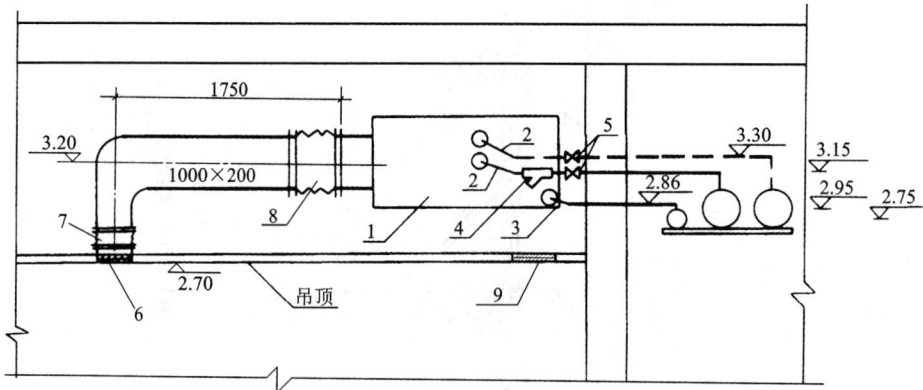

1. 风机盘管　2. 金属软管　3. 橡胶软管　4. 过滤器　5. 丝扣铜球阀
6. 铝合金双层百叶送风口1000 mm×200 mm　7. 帆布软管接口，长200 mm
8. 帆布软管接口，长300 mm　9. 铝合金回风口400 mm×250 mm

（c）风机盘管连接管详图

图 3.6.66　详图

项目3-7　电气设备安装工程计量

教学导航

项目任务	任务3-7-1：基础知识	学时	12
	任务3-7-2：基价使用		
	任务3-7-3：工程量计算规则		
教学载体	多媒体课室、教学课件及教材相关内容		
教学目标	知识目标	了解电气设备安装工程基础知识；熟悉电气设备安装工程基价使用；掌握电气设备安装工程工程量计算规则	
	能力目标	能够计算电气设备安装工程工程量，套用基价，编制预算书	
过程设计	任务布置及知识引导—学习相关新知识点—解决与实施工作任务—自我检查与评价		
教学方法	项目教学法		

任务3-7-1　基础知识

一、10 kV以下架空配电线路工程

（一）电力系统

电力系统是由各种电压等级的电力线路将发电厂、变电所和电力用户联系起来的一个发电、输电、配电和用电的整体，见图3.7.1。

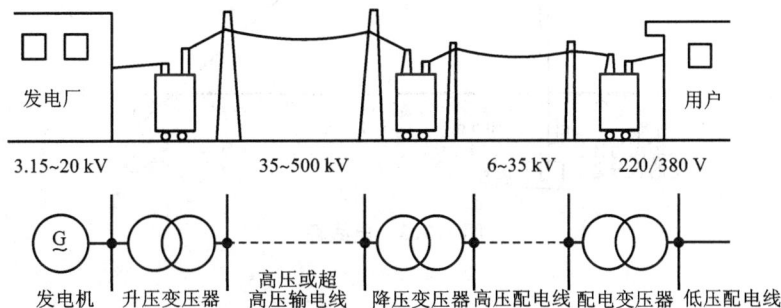

图3.7.1　电力系统

高压输电线路：架设在升压变电站与降压变电站之间的线路，专门用于输送电能。

低压配电线路（10 kV以下架空线路见图3.7.2）：从降压变电站至各用户之间的10 kV及以下线路，用于分配电能。它由电杆、横担、金具、绝缘子、导线等组成。

（二）电杆基础

电杆基础：是对电杆地下部分的总体称呼，它由底盘、卡盘和拉线盘组成。底盘和卡盘

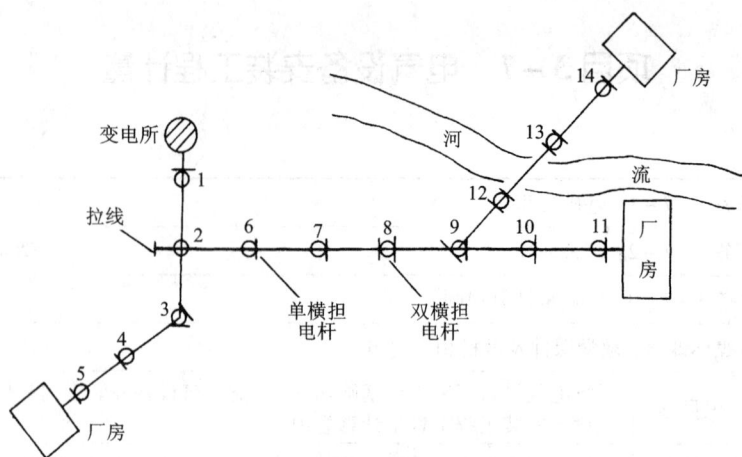

图 3.7.2　低压配电线路

均是用混凝土预制的，底盘是用来固定电杆的，卡盘是用来避免电杆倾斜的。拉线盘用来固定电杆拉线见图 3.7.3。

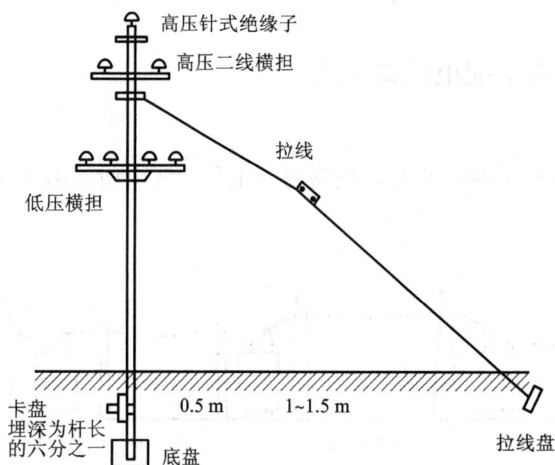

图 3.7.3　电线杆

（三）电杆

电杆是架空配电线路的重要组成部分，是用来安装横担、绝缘子和架设导线的。杆高有 9 m、11 m、13 m、15 m 之分。

1. 电杆按材质分：木杆、钢筋混凝土杆、金属杆。

（1）木杆，由于木材供应紧张，且易腐烂，只在部分地区应用。

（2）金属杆，基础现浇注水泥，造价高，容易腐蚀，只用在 35 kV 以上长距离、大跨距、大跨线的线路上。

（3）钢筋混凝土杆，普遍应用。节约大量木材和钢材，坚实耐久，使用年限长，一般可使用 50 年左右,维护工作量少,运行费用低。

2.电杆按其在配电线路中的作用分为:

(1)直线杆 Z(中间杆):位于线路的直线段上,仅作支持导线、绝缘子及金具用;只承受导线自重和风压,不承受顺线路方向的导线的拉力。在架空配电线路中,大多数为直线杆,一般约占全部电杆数的 80%。一般不设拉线,线路很长时设置与线路方向垂直人字形拉线、防风拉线。

(2)耐张杆 N:位于线路直线段上的数根直线杆之间,或位于有特殊要求的地方(架空线路需要分段架设处)。在断线事故和架空线紧线时,能承受一侧导线拉力。

(3)转角杆 J:转角杆位于线路需要改变方向的地方,它的结构应根据转角的大小而定,转角的角度有 150、300、600、900。要在拉线不平衡的反方向一面装设拉线。特点:承受的荷重除和耐张杆承受荷重相同外,还承受两侧导线拉力的合力。

(4)终端杆 D:位于线路的起点和终点的电杆。由于终端杆只在一侧有导线(接户线只有很短一段或用电缆连接),所以在正常情况下,电杆要一侧承受线路方向全部导线的拉力,另一侧由拉线的拉力平衡。其杆顶结构和耐张杆相似,只是拉线有所不同,一般采用双杆、双横担,或采用三杆、一杆一相,有时采用铁塔。

(5)分支杆 F:分支杆位于分支线与干线相连处,有直线分支杆和转角分支杆。在主干线路方向上多为直线杆和耐张杆,尽量避免在转角杆上分支。在分支线路上,相当于终端杆,能够承受分支线路的全部拉力。

(6)跨越杆 K:用作跨越公路、铁路、河流、架空管道、电力线路、通信线路等的电杆。施工时,必须满足规范规定的交叉跨越要求。配电线路与公路、铁路、河流、架空管道、索道交叉的最小垂直距离(单位:m)如表 3.7.1。

表 3.7.1　最小垂直距离

电路电压(kV)	铁路	公路	河流	架空管道	索道
1 ~ 10	7.5	7.0	1.5	3.0	2.0
1 以下	7.5	6.0	1.0	1.5	1.5

(7)接户杆或进户杆。

接户杆:高压线路的终端杆,电源引入、引出的杆塔。

进户杆:任一杆都可作为接户或进户杆。

(四)横担

架空线路的横担较为简单,它是装在电杆的上端,用来安装绝缘子,固定开关设备及避雷器等,应具有一定的长度及机械强度。

1.横担分类。

按材质可分为木横担、铁横担、陶瓷横担。

铁横担:镀锌角钢制成的铁横担,坚固耐用,使用广泛。

陶瓷横担:具有较高的绝缘能力。

木横担:已不使用。

2.横担组装。

（1）为施工方便，一般都在地面上将电杆顶部的横担、金具等全部组装完毕，然后整体立杆。

（2）横担的安装位置，对于直线杆应安装在受电侧。

（3）对于转角杆、分支杆、终端杆以及受导线张力不平衡的地方，应安装在张力反方向侧。

（4）多层横担应装在同一侧，横担应装得水平并与线路方向垂直。

导线排列形式不同影响横担的组装形式，有三角形排列、扁三角排列、水平排列、垂直排列，如图3.7.4所示。

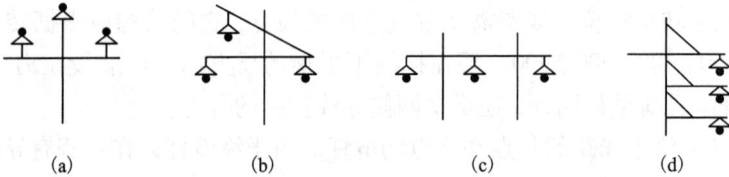

图3.7.4　横担组装形式

（a）三角形排列；（b）扁三角排列；（c）水平排列；（d）垂直排列

（五）绝缘子（俗称瓷瓶）

用来固定导线，并使导线与导线间、导线与横担、导线与电杆间保持绝缘，同时也承受导线的垂直荷重和水平荷重。因此，要求绝缘子必须具有良好的绝缘性能和足够的机械强度。

架空配电线路常用绝缘子有：针式绝缘子、蝶式绝缘子、悬式绝缘子、拉紧绝缘子。

绝缘子有高压（6 kV、10 kV、35 kV）和低压（1 kV）之分。

（1）针式绝缘子，主要用在直线杆上；

（2）蝶式绝缘子，主要用在耐张杆上。

（六）电杆拉线

拉线在架空线路中，是用来平衡电杆各方向的拉力，防止电杆弯曲或倾倒的。因此，在承力杆上（终端杆、转角杆、耐张杆），均须安装拉线见图3.7.5。

常用拉线有：普通拉线、水平拉线、弓型拉线等，其中拉线规格又有 35 mm^2、70 mm^2、120 mm^2 等。

（1）普通拉线。

位置：用在终端杆、转角杆、分支杆及耐张杆等处。

作用：平衡拉力。

（2）人字拉线（抗风拉线）。

由两根普通拉线组成，垂直线路方向装设在直线杆的两侧，增强抗风能力。

（3）水平拉线（高桩拉线、过道拉线）。

当电杆距离道路太近，不能就地安装拉线或需跨越其他障碍物时，采用水平拉线。即在道路的另一侧立一根拉线杆和一条普通拉线。

（4）弓形拉线（自身拉线）。

为防止电杆弯曲，但因地形限制不能安装普通拉线时，则可采用弓形拉线。

(5)V 形拉线(丫形拉线)。

分为垂直 V 形和水平 V 形或丫形拉线。主要用在电杆较高,横担较多,架设线根数较多的电杆上。在拉力的合力点上下两处各安装一条拉线,其下部则合为一条。此种称垂直 V 形。在 H 形杆上则安装成水平 V 形。

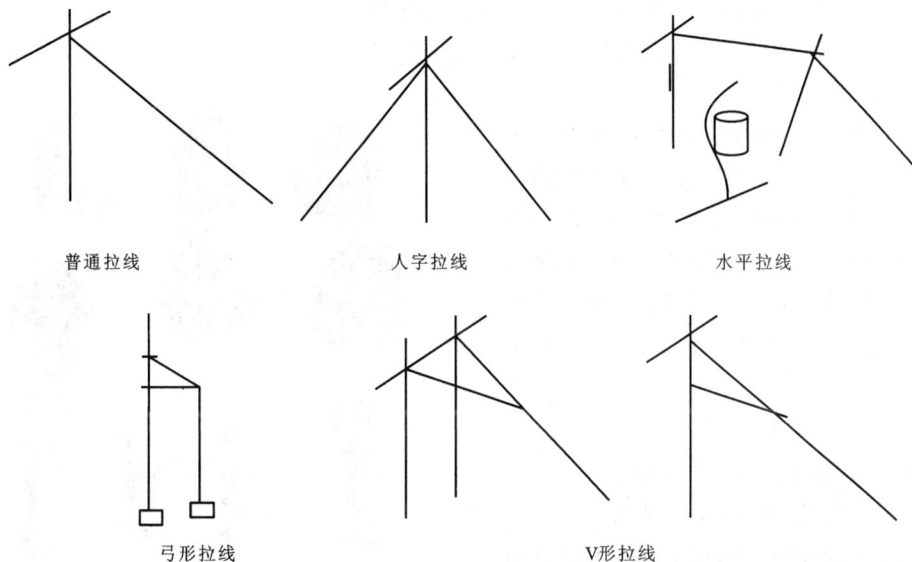

| 普通拉线 | 人字拉线 | 水平拉线 |

| 弓形拉线 | V形拉线 |

图 3.7.5　电杆拉线形式

(七)导线架设

导线的主要作用是传导电流,还要承受正常的拉力和气候影响,因此,要求导线应有一定的机械强度和耐腐蚀性能。

架空配电线路导线主要使用绝缘线和裸线两类,在市区或者居民区应尽量使用绝缘线,以保证安全。

架空导线在结构上可分为三类:单股导线、多股导线、复合材料多股绞线。

架空配电线路常用裸线种类有铝绞线、钢芯铝绞线等。

架空导线型号由汉语拼音字母和数字两部分组成,字母在前,数字在后见表 3.7.2。

表 3.7.2　架空导线型号

导线种类	代表符号	导线型号举例	型号含义
单股铝线	L	L－10	标称截面 10 mm² 的单股铝线
多股铝绞线	LJ	LG－16	标称截面 16 mm² 的多股铝绞线
钢芯铝绞线	LGJ	LGJ－35/6	铝线部分标称截面 35 mm² 的,钢芯部分标称截面 6 mm² 的钢芯铝绞线
单股铜线	T	T－6	标称截面 6 mm² 的单股铜线
多股铜绞线	TJ	TJ－50	标称截面 50 mm² 的多股铜绞线
钢绞线	GJ	GJ－25	标称截面 25 mm² 的钢绞线

（1）裸铜绞线 TJ：

具有较高的导线性能和足够的机械性能，抵抗气候影响及空气中各种化学杂质的侵蚀性能强，是理想的导线。但铜资源少，价格高。

（2）裸铝绞线 LJ：导电良好，重量轻，但机械强度小。

（3）钢芯铝绞线 LGJ：广泛应用于高压架空线路中。

（4）铝合金线 HLJ：具有上述线路没有的诸多优点。

（八）金具（铁件）

在敷设架空线路中，横担的组装、绝缘子的安装、导线架设及电杆拉线的制作等都需要一些金属附件，这些金属附件统称为线路金具。例如横担固定金具（穿心螺栓、环形抱箍等）、线路金具（挂板、线夹等）、拉线金具（心形环、花篮螺栓等）见图3.7.6。

图 3.7.6　金具

（九）架空线路施工要点

1.架空线路施工的一般步骤。

（1）熟悉图纸，明确施工要求。

（2）按照设计图纸的规定，准备材料与机具。

（3）按照设计图纸要求，结合施工现场的实际情况，确定杆位。

（4）按照杆位，进行基础施工（根据坑口尺寸挖坑）。

（5）组装电杆，即将横担及其附属绝缘子、金具、电杆组装在一起。

（6）立杆。

（7）制作并安装拉线与撑杆。（撑杆用于混凝土电杆的立起。对于 10 m 以下的钢筋混凝土电杆可用三副撑杆轮换着将电杆顶起，使杆根滑入坑内。

（8）放线、架设、紧线、绑线与连线。

（9）进行架空线路运行前的检查与试验。

2.施工要点：

（1）混凝土电杆的埋设深度为杆高的 1/6。

混凝土电杆卡盘的安装方向应沿着线路方向左右交替。横担的方向应安装在靠负荷的一侧。

（2）架空线在电杆上的排列次序。

1）高压线路：均为三角排列，线间水平距离为 1.4 m。面向载荷从左侧起，导线排列相序为 A、B、C。

2）低压线路：均为水平排列，线间水平距离为 0.4 m，靠近电杆两侧的导线距电杆中心距离增大到 0.3 m。面向负荷从左侧起，导线排列顺序为 L1、N、L2、L3，其中，N 为中性线。电杆上的中性线，设计中规定靠近电杆。（如图 3.7.7 所示）

（3）架空线路所用的横担及所有金属配件一律采用镀锌产品，有些产品局部无法镀锌时要做防锈处理。

（4）架空线路为多层架设时，由上而下的顺序是：高压→动力→照明→路灯。

（5）拉线和电杆的夹角不应小于 45°，如受当地条件限制，最少也不得小于 30°。

（6）向一级负荷供电的双电源线路，不可同杆架设。

（7）高、低压线路的档距——相邻两基杆的水平距离见表 3.7.3。

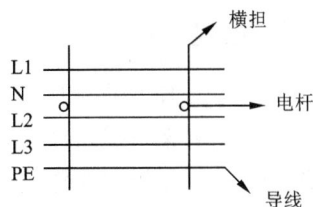

图 3.7.7　低压线路导线排列顺序

表 3.7.3　架空线路档距（单位：m）

	高压	低压
城区	40~50	30~45
居住区	35~50	30~40
非居住区	50~100	40~60

（8）直线杆横担一般安装在受电侧，90°角转角杆和终端杆一般应采用双横担，但当采用单横担时，应装于拉线侧。

（9）低压进户线一般应从靠近建筑物而又便于引线的一根电杆上引下来，但从电杆到建筑物上导线第一支持点的距离不宜大于 25 m。

架空线路工程图常用图形符号

图形符号	说明	图形符号	说明
	架空线路		单横担
	双横担		拉线一般符号
	单接腿杆		双接腿杆
	高桩拉线		有 V 形拉线的电杆
	规划设计的变电所		杆上规划设计的变电站
	运行的变电所		杆上运行的变电站

二、电缆工程

(一)电缆配电线路的优缺点

电缆线路和架空线路在电力系统中的作用完全相同,都作为传送和分配电能之用,电缆线路的基建费用是架空线路的 5~6 倍,与架空线路相比,具有以下优点:

1. 不受外界气候的干扰以及风、鸟害等的扰乱和影响,供电可靠。

2. 有很长的使用寿命(一般长达 30~40 年或更长),安装敷设位置隐蔽,又较少进行维护,线路安全性高。

3. 一般埋于土壤中或敷设于室内、沟道、竖井中,因此不用杆塔,不占用道路空间;

4. 具有向超高压、大容量发展的更为有利的条件,如低温、超导电力电缆。

因此,电力电缆多用于对环境要求较高的城市供电线路,在现代建筑设施中得到广泛应用。它与架空线路相比,又具有以下缺点:

1. 制造工艺复杂,成本高,投资费用大。

2. 敷设后更动困难,发生故障寻找困难。

3. 检修技术复杂,费用大。

(二)电缆的分类

1. 电缆按其结构及作用可分为:电力电缆、控制电缆 K、电话电缆 H、信号电缆 P 和射频同轴电缆;

2. 按电压可分为:低压电缆(小于 1 kV)、高压电缆;

3. 电缆按芯数分有三芯、四芯、五芯等。

4. 电力系统中最常用的有两类:电力电缆、控制电缆。其中电力电缆传送电能,用控制电缆传送电信号。

(1)电力电缆。

线芯截面积大($10~500$ m^2),线芯数少。

1)电力电缆按照芯数分类:有单芯、双芯、三芯、四芯等几种。

单芯电缆一般用来输送直流电、单相交流电或则高压静电发生器的引出线;

双芯电缆用于输送直流电和单相交流电;

三芯电缆用于三相交流电网中,是应用最广泛的一种;

四芯电缆用于中性点接地的三相四线制系统中。

2)电力电缆按照所采用的绝缘材料分类:

纸绝缘电力电缆 Z、塑料电力电缆 V、橡皮绝缘 X 电力电缆、聚乙烯绝缘 Y 电力电缆、交联聚乙烯绝缘 YJ 电力电缆。

纸绝缘电力电缆,有油浸、不滴油浸渍两种。

特点:油浸纸绝缘电力电缆具有使用寿命长、耐压强度高、热稳定性好等优点,且制造运行经验丰富,是传统的主要产品,目前在工程上应用较多。

缺点:工艺要求复杂,敷设时容许弯曲半径不能太小,且低温时敷设困难,敷设有位差时,造成低端漏油,高端绝缘击穿。不滴油浸渍绝缘电力电缆则避免了油的流淌问题,特别适合垂直敷设和在热带地区使用。

聚氯乙烯绝缘电力电缆、聚乙烯绝缘 Y 电力电缆、交联聚乙烯绝缘 YJ 电力电缆,习惯简称为塑料电缆。

特点：没有敷设位差限制，制造工艺简单；电缆的敷设、维护、连接都比较方便，因此，目前在工程上得到了越来越广泛的应用，特别是在1 kV以下电力系统中已基本取代了油浸纸绝缘电力电缆。

橡皮绝缘电力电缆多使用在500 V及以下的电力线路中。

（2）控制电缆。

控制电缆的特点是线芯数多，截面积小，一般为1.5~10 mm²，均为多芯电缆，芯数4~37芯。在配电装置中传输操作电流信号，连接电力仪表，继电保护和自动控制等回路用，属于低压电缆。

运行电压一般在交流500 V或直流1000 V以下，电流不大，是间断性负荷。

（三）电缆的基本结构

电缆主要由导体、绝缘层、保护层三部分组成，见图3.7.8。

1.导体——用来传导电流的，常采用铜或铝作电缆导体。

2.绝缘层——包在导体外面起绝缘作用。绝缘层所用材料有纸绝缘、橡皮绝缘和塑料绝缘三种。

3.保护层——分为内护层和外护层两部分。

内护层主要起保护绝缘层的作用。所用材料为铅包、铝包、聚氯乙烯套和聚乙烯套等。

外护层是用来保护内护层的，防止内护层受到机械损伤或者化学腐蚀等，包括铠装层和外被层两部分。

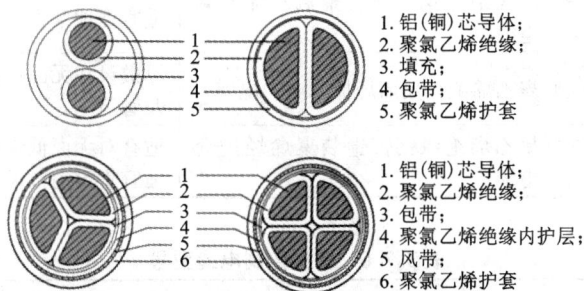

图3.7.8 电缆结构

绝缘的区分可以用颜色或数序进行识别，颜色与数序对应如表3.7.4：

表3.7.4 颜色与数序对应表

序号	电缆芯数	主线芯颜色	中性芯线颜色	主线芯数序	中性芯线数序
1	2	红	浅蓝	1	0
2	3	红、黄、绿	—	1、2、3	—
3	4	红、黄、绿	浅蓝	1、2、3	0

（四）电缆的型号表示方法

我国电缆产品的型号均采用汉语拼音和阿拉伯数字组成，按照电缆结构的排列顺序为：绝缘材料、导体材料、内护层、外护层。

用汉语拼音的大写字母表示绝缘种类、导体材料、内护层材料和结构特点；用阿拉伯数字表示外护层构成，有两位数字，无数字表示无铠装层、无外被层，第一位数字表示铠装类型，第二位数字表示外被层类型。

电缆型号、额定电压和规格表示方法是在型号后再加上说明额定电压、芯数和标称截面积的阿拉伯数字（见表 3.7.5 ～ 表 3.7.6）。

例如 VV42 – 10 3×50 表示铜芯、聚氯乙烯绝缘、粗钢线铠装、聚氯乙烯护套、额定电压 10 kV、3 芯、标称截面积 50 mm^2 的电力电缆。

另外阻燃电缆在代号前加 ZR；耐火电缆在代号前加 NH。

表 3.7.5　常见的电力电缆型号

常见型号		名称	用途
铜芯	铝芯		
YJV	YJLV	交联聚乙烯绝缘聚氯乙烯护套电力电缆	可敷设在室内、隧道及管道中。
YJV$_{22}$	YJLV$_{22}$	交联聚乙烯绝缘钢带铠装聚氯乙烯护套电力电缆	适宜埋地敷设，不适宜管道内敷设。
VV	VLV	聚氯乙烯绝缘聚氯乙烯护套电力电缆	可敷设在室内、隧道及管道中。
VV$_{22}$	VLV$_{22}$	聚氯乙烯绝缘钢带铠装聚氯乙烯护套电力电缆	适宜埋地敷设，不适宜管道内敷设。
YJY	YJLY	交联聚乙烯绝缘聚烯烃护套电力电缆	可敷设在无卤低烟有要求的室内、隧道及管道中。
YJY$_{23}$	YJLY$_{23}$	交联聚乙烯绝缘钢带铠装聚烯烃护套电力电缆	适宜对无卤低烟有要求时埋地敷设，不适宜管道内敷设。

表 3.7.6　常见控制电缆型号

型号	名称	芯数	标称截面
KVV	铜芯聚氯乙烯聚氯乙烯护套控制电缆		
KVVP	铜芯聚氯乙烯聚氯乙烯护套编织屏蔽控制电缆		
KVVPP2	铜芯聚氯乙烯聚氯乙烯护套铜带屏蔽控制电缆		
KVV22	铜芯聚氯乙烯聚氯乙烯护套钢带铠装控制电缆		
KPR	铜芯聚氯乙烯聚氯乙烯护套控制软电缆	2～61 根	0.5～10 mm^2
KVVRP	铜芯聚氯乙烯聚氯乙烯护套编织屏蔽控制软电缆		
KVVP – 22	铜芯聚氯乙烯聚氯乙烯护套铜丝编织屏蔽控制电缆钢带铠装		
KVVP2 – 22	铜芯聚氯乙烯聚氯乙烯护套铜带屏蔽钢带铠装控制电缆		

（五）电缆头

1.电缆终端头、电缆中间头.

电缆敷设好后，为使其成为一个连续的线路，各线段必须连接为一个整体，这些连接点则称为接头。

电缆线路两末端的接头称为终端头，中间的接头称为中间头。使电缆保持密封，使线路畅通，并保证电缆连接头处的绝缘等级，使其安全可靠的运行。

2.电缆头的分类.

电力电缆头分为终端头和中间接头。

（1）按线芯材料可分为铝芯电力电缆头和铜芯电缆头；

（2）按安装场所为户内式和户外式；

（3）按电缆头制作材料分为：干包式、环氧树脂浇注式和热缩式三类。

1）干包式电力电缆头。

制作、安装方法：不用任何绝缘浇注剂，而是用软"手套"和聚氯乙烯带干包成型。

特点：体积小、重量轻、工艺简单、成本低廉。

适用于户内低压橡皮电力电缆。

2）环氧树脂浇注式电缆头。

是由环氧树脂外壳和套管，配以出线金具，经组装后浇注环氧树脂复合物而成。

环氧树脂是一种优良的绝缘材料，特别具有机械强度高、成形容易、阻油能力强和粘接性优良等特点，因而获得了广泛应用，主要应用油浸纸绝缘电缆。

3）热缩式电缆头。

是近几年推出的一种新型电力电缆终端头，以橡塑共混的高分子材料加工成型，然后在高能射线的作用下，使原来的线性分子结构交联成网状结构。生产时将具有网状结构的高分子材料加热到结晶熔点以上，使分子链"冻结"成定型产品。施工时，对热缩型产品加热，"冻结"的分子链突然松弛，从而自然收缩，如有被裹的物体，它就紧紧包覆在物体的外面。

适用于 $0.5 \sim 10 \, kV$ 交联聚乙烯电缆及各种类型的电力电缆。定额内区分户内式、户外式和终端头、中间头，并区分高压（10 kV 以下）和低压（1 kV 以下）。

（六）电缆敷设

电缆结构是导电、绝缘及其保护层都融于一个整体之中，所以电缆线路工程实际就是电缆的敷设问题。

电缆可以敷设于室外，也可以敷设在室内。敷设方式主要有：直接埋地敷设、电缆沟内敷设、电缆隧道内敷设、电缆桥架敷设、电缆线槽敷设、电缆竖井内敷设等。

电缆工程敷设方式的选择，应视工程条件、环境特点和电缆类型、数量等因素，且要满足运行可靠、便于维护的要求和技术经济合理的原则来选择，其中埋地敷设是最常用、最经济的一种敷设方式。

1.埋地敷设。

电缆直埋是指沿已确定的电缆线路挖掘沟道，将电缆埋在挖好的地下沟道内，因此电缆直接埋设在地下不需要其他设施，故施工简单，成本低，电缆的散热性能好见图3.7.9。

一般沿同一路径敷设的电缆根数较少（8 根以下），敷设的距离较长时多采用此类方法。

（1）埋地敷设电缆的程序如下：

测量画线—开挖电缆沟—铺沙或软土（10 mm 厚）—敷设电缆—盖沙或软土（10 mm 厚）—盖砖或保护板—回填土—设置标桩。

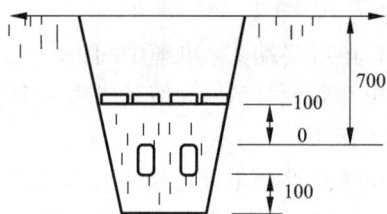

图 3.7.9　电缆埋设示意图

（2）埋地敷设的电缆要求：

①必须使用铠装及防腐层保护的电缆。

②埋地敷设沟深度为 0.8 m，埋深不应小于 0.7 m，农田中埋设深度不应小于 1 m。

③当遇到障碍物或冻土层较深的地方，则应适当加深，使电缆埋设于冻土层之下。当无法埋深时，要采取措施，防止电缆受到损伤。

④当电缆与铁路、公路、城市街道、厂区道路交叉时，应敷设于坚固的保护管或隧道内。

⑤电缆保护管顶面距轨底或公路面的距离不应小于 1 米。保护管的两端宜伸出路基两边各 2 米，伸出排水沟 0.5 米，跨城市街道宜伸出车道路面。

⑥多根电缆同敷于一沟时，10 kV 以下电缆平行距离平均为 0.17 m，10 kV 以上为 0.35 m。

⑦电缆埋地敷设时，要留有电缆全长的 1.5% ~2.5% 曲折弯长度。

⑧不同使用部门的电缆、不同电压等级的电缆设于同一电缆沟内时，电缆与电缆之间用砖或隔板隔开，电缆间的平行距离可降为 0.1 m。若电缆与电缆之间不隔开，电缆间的平行距离不小于 0.5 m。

2. 电缆沟敷设。

当电缆根数大于 6 时，宜采用电缆沟或者电缆隧道内敷设。电缆隧道是尺寸较大的电缆沟，是用砖砌或用混凝土浇灌而成的，沟顶部用钢筋混凝土盖板盖住。

沟内装有电缆支架，电缆均挂在支架上如图 3.7.10 所示，支架可以为单侧，也可以是双侧。

3. 电缆明敷设。

电缆明敷是直接敷设在构架上，也可以使用支架或者钢索敷设，一般在车间、厂房内，在安装的支架上用卡子将电缆固定。

4. 电缆穿保护管敷设。

先将保护管敷设好，再将电缆穿入管内，管内径不应小于电缆外径的 1.5 倍，敷设时要有 0.1% 的坡度。

电缆保护管的管材有多种，定额中列有铸铁管、混凝土管、石棉水泥管、钢管、塑料管。

图 3.7.10　电缆沟

5. 电缆桥架敷设。

电缆桥架也称为电缆托架，有的没有托盘，有的加个盖。桥架的高度一般为 50 ~ 100 mm。现正广泛应用于宾馆饭店、办公大楼、工矿企业的供配电线路中，特别是在高层建筑中。

常用桥架有槽式电缆桥架、梯级式电缆桥架、托盘式电缆桥架和组合桥架等四大类。

前三种桥架备有护罩，需要配护罩时可在订货时注明或按照护罩型号订货，其所有配件均通用。

（1）槽式电缆桥架。

槽式电缆桥架是一种全封闭型电缆桥架，它最适用于敷设计算机电缆、通信电缆、热电偶电缆及其他高灵敏系统的控制电缆等，它对控制电缆的屏蔽干扰和重腐蚀环境中电缆的防护都有较好的效果。

槽式电缆桥架敷设是在专用支架上先放电缆槽，放入电缆后可以在上面加盖板，既美观又清洁。型号有 DQJ - C，XQJ - C。

（2）梯级式电缆桥架。

具有重量轻、成本低、造型别致、安装方便、散热、透气性好等优点，它适用于一般直径较大的电缆敷设，特别适用于高、低动力电缆的敷设。型号有 DQJ - T、XQJ - T。

（3）托盘式电缆桥架。

是石油、化工、电力、轻工、电视、电讯等方面应用最广泛的一种理想敷设装置，它具有重量轻、载荷大、造型美观、结构简单、安装方便等优点，它既适合用于动力电缆的安装，也适用于控制电缆的敷设。型号有 DQJ - P、XQJ - P。

（4）组合式电缆桥架。

是一种最新型桥架，是电缆桥架系列中的第二代产品。它适用各项工程各个单位、各种电缆的敷设，它具有结构简单、配置灵活、安装方便、型式新颖等优点。

组合式电缆桥架只要采用宽 100、150、200 mm 的三种基型就可以组装成所需要尺寸的电缆桥架，它不需生产弯通、三通等配件就可以根据现场安装需要任意转向、变宽、分支、引上、引下。在任意部位，不需要打孔，焊接后就可用管引出，它既可方便工程设计，又方便生产运输，更方便安装施工，是目前电缆桥架中最理想的产品。

（5）支架。

支架是支撑电缆桥架和电缆的主要部件，它由立柱、立柱底座、托臂等组成。

表 3.7.7　常用电缆图例

序号	图形符号	说明
1		电缆桥架 * 为注明回路及电缆截面芯数
2		电缆穿保护，可加注文字符号表示其规格数量
3		电缆中间接线盒
4		电缆分支接线盒
5		电缆密封终端头（示例为带一根三芯电缆）
6		人孔一般符号
7		手孔的一般符号

三、控制设备及低压电器

1. 高压隔离开关(图3.7.11)。

高压隔离开关为了保证人员和设备的安全,在对设备和线路进行检修时,需要电路中有一个明显的断开点,高压隔离开关就起到这样一个作用,把设备和线路同带电线路隔离开。

隔离开关没有设置灭弧装置,所以,不能在线路中带负荷操作,否则可能会造成严重的事故。

图3.7.11 高压隔离开关

2. 高压熔断器(图3.7.12)。

熔断器是一个线路保护器件,当线路中电流过大时,就会把线路断开,从而保护线路和设备。

由于它结构简单、价格便宜、使用方便,在三级负荷变配电系统中应用比较多。

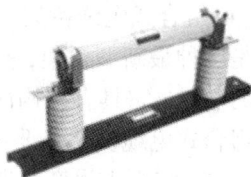

图3.7.12 高压熔断器

3. 高压负荷开关(图3.7.13)。

高压负荷开关是一个开关器件,主要用在高压线路中,负责接通和断开正常工作的负荷电流,但由于灭弧能力不强,故不能切断断路电流,它必须和高压熔断器串联使用,由熔断器切断断路电流。

4. 高压开关柜(图3.7.14)。

高压开关柜是按照一定的接线方将有关的一、二次设备组装而成的一种高压成套配电装置。高压开关柜里面的设备可以进行不同的组合,所以可以组成几十种主接线。

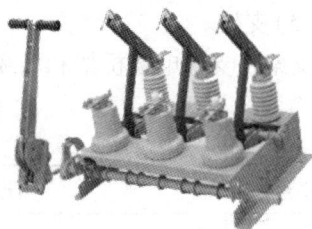

图3.7.13 高压负荷开关

图3.7.14 高压开关柜

高压开关柜有固定式和手车式两大类，固定式高压开关柜中所有的电器都是固定安装、固定接线，具有简单、经济的特点，应用广泛。而手车式高压开关柜的优势在于主要设备可以拉出柜外，同时推入备用设备，从而提高了开关柜的安全性和可靠性，缺点是价格较贵。

5. 低压断路器(图 3.7.15)。

低压断路器也称空气开关或自动空气开关，它是一种用于低压线路的开关设备，具有良好的灭弧装置，能够在电流或电压超过额定值时自动切断线路，起到保护线路和设备的作用。

图 3.7.15　低压断路器

由于它既可以作为开关，又能够保护线路，而且在断开线路时没有其他损耗(熔断器断开线路后，需要更换熔断丝)，因此渐渐地取代了闸刀开关和熔断器的组合，广泛地应用于现代的建筑电气中。

6. 低压隔离开关(图 3.7.16)。

在安装或检修时，为了保证线路和设备绝对不带电，在低压线路中通过安装隔离开关，以达到线路和设备隔离的目的。由于其触点可见，所以很容易判断线路是闭合还是断开，方便线路安装和维修。低压隔离开关一般安装在配电柜或配电箱内，起到保护人员和设备安全的作用。

7. HK2 开启式负荷开关(图 3.7.17)。

HK2 系列开启式负荷开关适用于交流 50 Hz，额定电压单相 220 V、三相 380 V，额定

图 3.7.16　低压隔离开关

电流至 100 A 的电路中作为不频繁地接通与分断有负载电路与小容量线路的短路保护器之用。目前已广泛用于工业、农业矿山、交通等各行各业及家庭用电，具有操作方便、结构简单等优点。

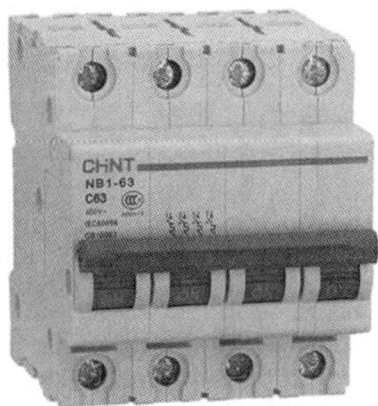

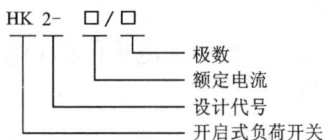

图 3.7.17　HK2 开启式负荷开关

8. 铁壳开关(图 3.7.18)。

铁壳开关外部是一个坚固的铁外壳，为了安全，开关手柄与箱盖有连锁机构，开关合闸后，铁壳盖不能打开，所以其安全性相对较高。

图 3.7.18　铁壳开关

9. 低压熔断器(图 3.7.19)。

低压熔断器是一种线路保护器件,它串联在线路中,当线路中电流超过额定值后,自身熔断从而断开线路。

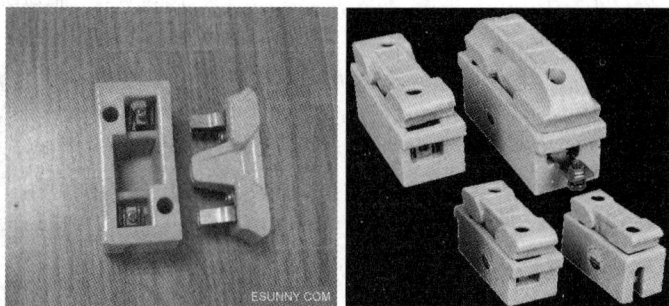

图 3.7.19　低压熔断器

10. 低压配电柜。

低压开关柜又称低压配电柜,是按一定的接线方案要求将有关的设备组装而成的成套装置。一般作为动力和照明等用电设备的配电设备。

按结构分有固定式和抽屉式两大类型。其外形尺寸一般为(600~800)mm × 2200 mm × 600 mm(宽×高×深)。

11. 配电箱(盘)、柜。

(1)根据用途不同可分为电力配电箱(盘)(图 3.7.20)、照明配电(盘)(图 3.7.21)、漏电保护计量照明配电箱等。

①电力配电箱(动力配电箱)用于发电厂、工矿企业、高层建筑物,作为交流 50 Hz、电压 500 V 以下的三相三线或三相四线电力系统动力配电用。

型号很多:XL - 3 型、XL - 4 型、XL - 10 型、XL - 11 型、XL - 12 型、XL - 14 型和 XL - 15 型均属于老产品,目前仍在继续生产和使用。

②照明配电箱适用于工业及民用建筑在交流 50 Hz、额定电压 500 V 以下的照明和小动力控制回路中,作线路的过载、短路保护以及线路的正常转换之用。

244

图 3.7.20 XL-21 型动力配电箱

③漏电保护计量照明配电箱(图 3.7.22)主要适用于工厂企业、宾馆大厦、医院、民用住宅等处,可根据实际需要选用。

(2)根据安装方式可分为(封闭悬挂式)明装和(嵌入式)暗装和落地安装等。

(3)根据制作材质可分为铁制、木制及塑料制品。

(4)按产品划分有定型产品(标准配电箱、盘)、非定型成套配电箱(非标准配电箱、盘)及现场制作组装的配电(盘)。

12. 接线端子板(图 3.7.23)与端子箱(图 3.7.24)。

端子板是指接线端子的安装板面。所谓端子箱,是指箱体内只设有接线端子板,而无开关、熔断器、电能表等器件。

图 3.7.21 住宅户内配电箱,PZ 系列

图 3.7.22 漏电保护计量照明配电箱

图 3.7.23 接线端子板

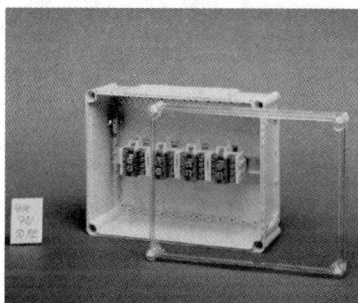

图 3.7.24 端子箱

13. 互感器(图3.7.25)。

在高压线路中测量电压或电流值，因为电压电流值都非常大，直接测量非常危险。实际测量时，通常通过一种设备将较大的电压和电流转换成较小的电压和电流，然后再进行测量，这样比较安全，这种转换电压和电流的设备就被称为互感器。用来转换电压的互感器称为电压互感器，用来转换电流的互感器称为电流互感器。

14. 接触器(图3.7.26)。

首先设想一种情况：要断开高压线路，由工作人员在现场亲手断开线路，那么线路中高压电产生的巨大的电弧足可以令人致命，这样的话，还有谁会去操作呢？实际中，通常采用接触器来操作，它可以用较小的电压控制高电压线路。

接触器中的线圈在通电(线圈中通的是低电压)时，就可以改变其配套的开关的状态，这样就可以控制开关的闭合，从而控制线路的通断，实现用低电压设备控制高电压线路的功能，并且还可以用按钮来实现远程控制，所以广泛地应用于需要实现自动控制的电力设备电路，与热继电器、熔断器等配合实现过负荷、短路保护等功能的场合。

15. 热继电器(图3.7.27)。

热继电器是一种保护器件，当主线路中电流过大时，就会自动切断主线路，从而保护主线路上的设备和元件。热继电器通常用在电动机中。

16. 漏电保护器(图3.7.28)。

漏电保护器可以防止线路漏电。当发生线路漏电(比如断开的火线接入了大地)或人发生触电时，漏电保护器就会自动切断线路，防止电能的大量流失以及保护人员的安全。

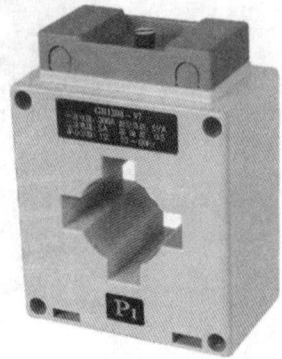

图3.7.25 互感器

图3.7.26 接触器

图3.7.27 热继电器

图3.7.28 漏电保护器

四、配管、配线

（一）室内配线工程

敷设在建筑物内的配线，统称室内配线，也称室内配线工程。根据房屋建筑结构及要求的不同，室内配线又分为明配和暗配两种。

明配是敷设于墙壁、顶棚的表面等处。明配符号：E。

暗配是敷设于墙壁、顶棚、地面及楼板等处的内部，一般是先预埋管子，以后再向管内穿线。暗配符号：C。

导线标注最后一个字母为敷设方式：E 或 C。

例：如 BV－4×6G25WE。

（二）导线敷设方式

1. 塑料管配线：硬塑料管配线 PV（图 3.7.29）、半硬塑料管配线 PVC（图 3.7.30）。

硬塑料管代号 PV，特点是耐腐蚀性能较好，但是不耐高温，属非阻燃型管。含氧气指数低于27%，不符合防火规范的要求。

阻燃型半硬塑料管代号 PVC，适用于建筑工程暗敷设使用，塑料管外壁应有间距不大于1 m 的连续阻燃标记。

2. 钢管配线。

①厚壁钢管：有水煤气管 G、焊接钢管 SC。分镀锌管（图 3.7.31）和非镀锌管（图 3.7.32）（俗称黑铁管）两种，其管径以内径计算。特点：抗压强度高，镀锌钢管还有耐腐蚀的优点。

②薄壁钢管：电线管，即薄壁管，管径以外径计算，代号 TC。

3. 普利卡金属套管配线。

一般敷设在较小型电动机的接线盒与钢管口的连接处，用来保护电缆或导线不受机械损伤。

4. 线槽配线：金属线槽配线 MR（图 3.7.33）、塑料线槽配线 PR（图 3.7.34）。

当导线的数量较多时，多用线槽配线（穿管线最多8根）。按材质分，线槽有金属线槽和塑料线槽。

举例说明：导线标注为 BV 4X6 － PR 25X10。

5. 钢索配线：M。

6. 塑料护套线配线：AL PL。

例：如 BV－4×6G25WE，导线型号表示方法详见表3.7.8。

图 3.7.29　PV 硬质塑料管

图 3.7.30　PVC 半硬质塑料管

图 3.7.31　不镀锌钢管

图 3.7.32　镀锌钢管

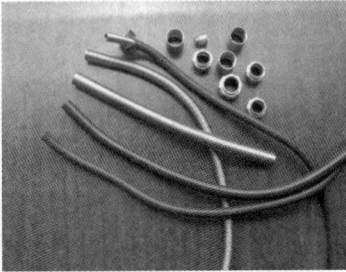

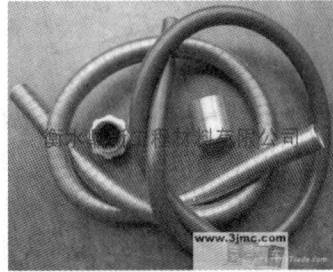

图 3.7.33　金属线槽 MR　尺寸为 宽×高

图 3.7.34　塑料线槽 PR　尺寸为 宽×高

$$b-c×d-e-f\ E或C$$

导线型号

导线的根数

导线的截面积

导线的敷设方式和材料规格

导线的敷设部位

部位代号	部位代号
地面(板)F	
墙W	
柱C	
梁B	
顶棚CE	
吊顶SC	

导线敷设表示方法

表 3.7.8 导线型号表示方法表

型 号	名 称
BXF(BLXF)	氯丁橡胶绝缘铜(铝)芯线
BX(BLX)	橡胶绝缘铜(铝)芯线
BXR	铜芯橡胶软线
BV(BLV)	聚氯乙烯绝缘铜(铝)芯线
BVR	聚氯乙烯绝缘铜(铝)芯软线
BVV(BLVV)	铜(铝)芯聚氯乙烯绝缘和护套线
RVB	铜芯聚氯乙烯绝缘平行软线
RVS	铜芯聚氯乙烯绝缘绞型软线
RV	铜芯聚氯乙烯绝缘软线
RX、RXS	铜芯、橡胶棉纱编织软线

五、照明灯具安装工程

(一)灯具的分类

灯具的品种繁多,形状各异,各具特色,可以按不同的方式加以分类。

1.按照防护形式可分为:防水防尘灯、安全灯和普通灯。

2.按照灯具的安装方式可将灯具分为壁灯、吊灯、吸顶灯、嵌入式灯。

(1)吸顶式灯具(图 3.7.34):

图 3.7.34 吸顶式灯具

照明器吸附在顶棚上,适用于顶棚比较光洁且房间不高的建筑内。这种安装方式常有一个较亮的顶棚,但易产生眩光,光通利用率不高。

(2)嵌入式灯具(图 3.7.35):

照明器的大部分或全部嵌入顶棚内,只露出发光面。适用于低矮的房间。一般来说顶棚较暗,照明效率不高。若顶棚反射比较高,则可以改善照明效果。

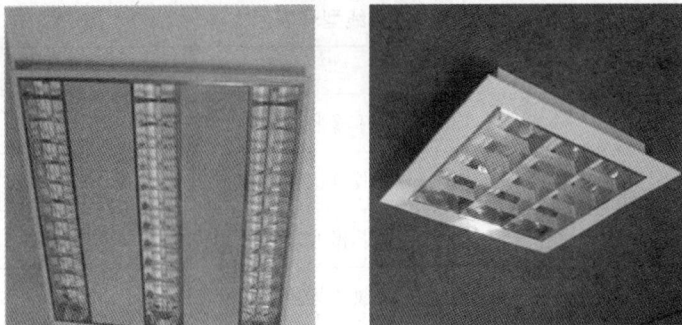

图 3.7.35　嵌入式灯具

（3）嵌墙型灯具（图 3.7.36）：

照明器的大部分或全部嵌入墙内或底板面上，只露出很小的发光面。这种照明器常作为地灯，用于室内作起夜灯用，或作为走廊和楼梯的深夜照明灯，以避免影响他人的夜间休息，其布置图如图 3.7.37。

图 3.7.36　嵌墙型灯具

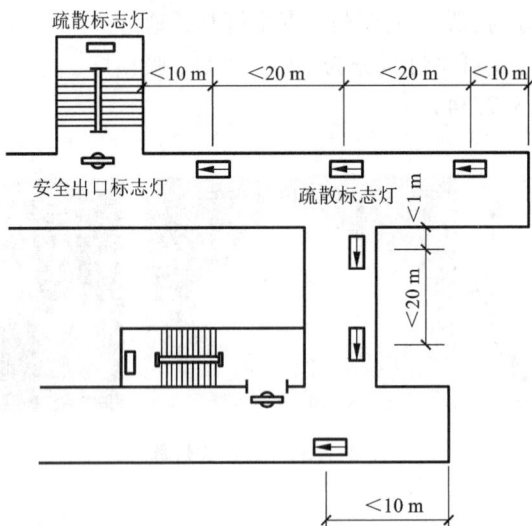

图 3.7.37　嵌墙型灯具布置图

（4）悬吊式灯具（图 3.7.38）：

照明器挂吊在顶棚上。根据挂吊的材料不同可分为线吊式、链吊式和管吊式。这种照明器离工作面近，常用于建筑物内的一般照明。

250

图 3.7.38　悬吊式灯具

(5)壁式灯具(图 3.7.39):

照明器吸附在墙壁上。壁灯不能作为一般照明的主要照明器,只能作为辅助照明,富有装饰效果。由于安装高度较低,易成为眩光源,故多采用小功率光源。

图 3.7.39　壁式灯具

(二)灯具的安装

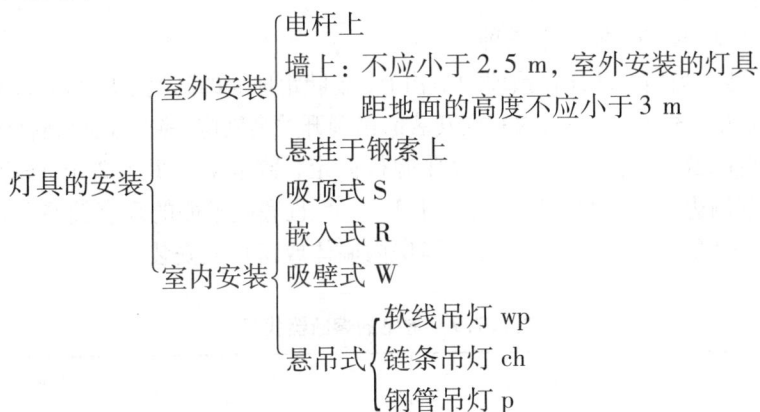

$$
\text{灯具的安装}
\begin{cases}
\text{室外安装}
\begin{cases}
\text{电杆上}\\
\text{墙上:不应小于 2.5 m, 室外安装的灯具}\\
\qquad\text{距地面的高度不应小于 3 m}\\
\text{悬挂于钢索上}
\end{cases}\\
\text{室内安装}
\begin{cases}
\text{吸顶式 S}\\
\text{嵌入式 R}\\
\text{吸壁式 W}\\
\text{悬吊式}
\begin{cases}
\text{软线吊灯 wp}\\
\text{链条吊灯 ch}\\
\text{钢管吊灯 p}
\end{cases}
\end{cases}
\end{cases}
$$

在照明平面图中灯具标注方法:

$$a - b\frac{c * d}{e}f$$

式中：a——灯具的套数；

b——灯具的型号；

c——灯泡或灯管的个数；

d——单个光源的容量（W）（灯泡容量）；

e——灯具的安装高度（m）；

f——灯具的安装方式。

$$24 - PKY \times 506\frac{2 \times 40}{2.8}Ch\Omega$$

表示这部分平面图中有 24 套灯具，型号为普通开启式荧光灯，编号 506（从图册可查出是控照式或开启式）荧光灯，两根灯管，每根为 40 W，安装高度为 2.8 m，Ch 表示是链吊式安装。

$$6 - \frac{40}{-}$$

表示 6 套吸顶灯，每个灯是 40 W（吸顶灯一般不用标出安装高度，所以画一杠即可）。

表 3.7.9 ~ 表 3.7.14 为常用灯具及导线敷设方式符号。

（三）开关、插座的安装

1. 开关分明装、暗装两种情况。

2. 开关安装位置便于操作，开关边缘距门框边缘的距离 0.15 ~ 0.2 m，开关距地面高度 1.3 m；拉线开关距地面高度 2 ~ 3 m，层高小于 3 m 时，拉线开关距顶板不小于 100 mm，拉线出口垂直向下。

3. 插座分明装、暗装两种情况。

4. 插座安装高度：

①一般应在距室内地坪 0.3 m 处埋设，特殊场所暗装的高度应不小于 0.15 m；潮湿场所其安装高度应不低于 1.5 m。

②托儿所、幼儿园及小学等儿童活动场所安装高度不小于 1.8 m。

③住宅内插座盒距地 1.8 m 及以上时，可采用普通型插座。若使用安全插座时，安装高度可为 0.3 m。

（四）风扇的安装

1. 风扇分吊扇、壁扇、换气扇三种。

2. 将吊扇托起，吊扇的环挂在预埋的吊钩上，扇叶距地面的高度不应低于 2.5 m；吊扇调速开关安装高度应为 1.3 m。同一室内并列安装的吊扇开关高度应一致，且控制有序不错位。

3. 壁扇底座在墙上，采用尼龙塞或膨胀螺栓固定，数量不应少于 2 个，且直径不应小于 8 mm；壁扇的下侧边线距地面高度不宜小于 1.8 m，且底座平面的垂直偏差不宜大于 2 mm。

4. 换气扇一般在公共场所、卫生间及厨房内墙体或窗户上安装。

表 3.7.9　常见的熔断器代号

瓷插式	螺旋式	封闭式	有填料封闭式
RCI – A	RL1	RM10	RT0

表 3.7.10　常用灯具文字符号

名称	文字符号	名称	文字符号
水晶底罩灯	J	玻璃平盘罩灯	P
搪瓷伞形罩灯	S	荧光灯	Y
圆筒形罩灯	T	壁灯	B
碗形罩灯	W	花灯	H

表 3.7.11　导线敷设方式的标注符号

名　称	文字符号
导线或电缆穿焊接钢管敷设	SC
穿电线管敷设	TC
穿硬聚氯乙烯管敷设	PC
穿阻燃半硬聚氯乙烯管敷设	FPC
用绝缘子(瓷瓶或瓷柱)敷设	K
用塑料线槽敷设	PR
用钢线槽敷设	SR
用电缆桥架敷设	CT
用瓷夹板敷设	PL
用塑料夹敷设	PCL
穿蛇皮管敷设	CP
穿阻燃塑料管敷设	PVC

表 3.7.12　导线敷设部位的标注符号

名　称	文字符号
沿钢索敷设	SR
沿屋架或跨屋架敷设	BE
沿柱或跨柱敷设	CLE
沿墙面敷设	WE
沿顶棚面或顶板面敷设	CE
在能进入的吊顶内敷设	ACE
暗敷设在横梁内	BC
暗敷设在柱内	CLC
暗敷设在墙内	WC
暗敷设在地面或地板内	FC
暗敷设在屋面或顶板内	CC
暗敷设在不能进入的吊顶内	ACC

表 3.7.13　灯具安装方式和光源种类的文字符号

灯具安装方式的文字符号		光源种类的文字符号	
名　称	文字符号	名　称	文字符号
线吊式(自在线吊式)	CP	白炽灯	IN
固定线吊式	CP1	荧光灯	FL
防水线吊式	CP2	钠灯	Na
吊线器式	CP3	碘灯	I
链吊式	Ch	氙灯	Xe
管吊式	P	氖灯	Ne
壁装式	W	汞灯	Hg
吸顶或直附式	S	电发光灯	EL
嵌入式	R	紫外线灯	UV
顶棚内安装	CR	—	—
墙壁内安装	WR	—	—
台上安装	T	—	—
支架上安装	SP	—	—
柱上安装	CL	—	—
座装	HM	—	—

表 3.7.14　常用电力及照明平面图图形符号

图形符号	名　　称	图形符号	名　　称
	多种电源配电箱(屏)		带接地插孔的三相插座(防爆)
	动力或动力—照明配电箱		开关一般符号
	信号板信号箱(屏)		单极开关(明装)
	照明配电箱(屏)		单极开关(暗装)
	单相插座(明装)		单极开关(密闭、防水)
	单相插座(暗装)		单极开关(防爆)
	单相插座(密闭、防水)		单极拉线开关
	单相插座(防爆)		单极双控拉线开关
	带接地插孔的三相插座(明装)		双极开关(明装)
	带接地插孔的三相插座(暗装)		双极开关(暗装)
	带接地插孔的三相插座 (密闭、防水)		双极开关(密闭、防水)
	双极开关(防爆)		分线盒一般符号
	灯或信号灯一般符号		室内分线盒
	防水防尘灯		室外分线盒
	壁灯		电铃
	球形灯	A	电流表
	花灯	V	电压表
	局部照明灯	Wh	电度表
	顶棚灯		熔断器一般符号
	荧光灯一般符号		接地一般符号
	三管荧光灯		多极开关一般符号(单线表示)
	避雷器		多极开关(多线表示)
	避雷针		动合(常开)触点 注:也可作开关一般符号

254

六、防雷接地装置工程

（一）建筑防雷

1.雷电的形成及其危害。

雷电是一种常见的自然现象，它产生强烈的闪光和雷鸣，雷电产生的根本原因是由雷云放电引起的。而雷云是由于大气中的饱和水蒸气在强烈的上升作用下，所形成的一部分带正电荷、一部分带负电荷的云块。当雷云接近地面时，由于静电感应的作用，大地会感应出与雷云极性相反的电荷。随着异性电荷的不断积累，雷云与大地之间的电场强度不断增大。当当电场强度超过空气可能承受的击穿强度时，极性相反的电荷通过一定的电离通道互相中和，产生强烈的光和热。放电通道发出的强光，就是我们通常称为的"闪电"，而通道发出的热，使空气突然膨胀，发出霹雳的轰鸣，这就是所谓的"雷鸣"。

雷电的发生会造成极大的危害，因此应对建筑物和电气设备采取相应的防雷措施。雷电对建筑物和电气设备的危害，主要有如下途径：

（1）直击雷。

雷云直接对建筑物放电，其强大的雷电流通过建筑物流入大地，从而产生破坏性很大的热效应和机械效应，往往会引起火灾，建筑物崩塌和危及人身、设备的安全。

（2）感应雷击。

感应雷击是由雷电的强大电场和磁场变化造成的，所以感应雷击有静电感应雷击和电磁感应雷击两种。

静电感应雷击是由于建筑物处于雷云与大地所形成的电场之中，在建筑物顶部或屋面会感应积聚与雷云所带电荷极性相反的电荷。当雷云向其他的地方放电后，建筑物顶部或屋面上的电荷如不能立即导入大地，那么就会产生很高的对地电位，这会引起室内的金属结构与接地不良的金属器件之间放电产生火花而形成爆炸，此外静电感应引起的局部电位也会危及人身安全。

电磁感应震击是由于雷电流有极大的幅值和陡度，在它的周围的空间形成强大的剧烈变化的磁场，这会使建筑物内的金属管道感应出很高的感应电势，如这些金属管道没有良好连接，就会在间隙之间产生放电火花而产生事故。

（3）沿架空线路侵入的雷电波。

在架空线路遭受直击雷或感应雷击时，高电位的雷电波将沿线路侵入室内，对室内的电气设备放电，形成破坏。

2.防雷原理和设备。

（1）防直击雷。

采用避雷针、避雷带或避雷网，一般优先考虑采用避雷针。当建筑上不允许装设高出屋顶的避雷针，同时屋顶面积不大时，可采用避雷带。若屋顶面积较大时，采用避雷网。

关于采用避雷针防直击雷的作用原理，曾有两种不同看法。有人认为，避雷针在雷云感应下产生间端无声放电，能中和雷云中所带电荷，从而避免了直接雷击。但实测证明避雷针的无声放电电流一般仅有几毫安。几千根避雷针在几十分钟内无声放电的总电量，才相当于一次中等雷击释放的电量。因此，避雷针在雷云电场作用下，以无声放电产生的避雷作用是微不足道的。另外一些人认为，避雷针的作用是接受雷电，并把雷电流安全地引入地下。这后一种看法已被大量科学实验和雷击事故的调查材料所证明。

避雷针的防雷作用不在于避雷，而在于接受雷电流。因此，已被人们广泛采用的避雷针这一惯用名词，应正确地称作接闪器。避雷针、避雷带和避雷网是接闪器的三种形式。

接闪器引来雷电流，通过引下线和接地体安全地引导入地下，使接闪器下面一定范围内的建筑物免遭直接雷击，感范围就是避雷针的保护范围。

对于防雷装置只有正确设计、合理安装和适时维护才能起到应用的作用。否则不仅不能保护建筑物，甚至会招来更多的雷击事故。

(2)防间接雷。

雷云通过静电感应效应在建筑物上产生很高的感应电压，可通过将建筑物的金属屋顶、房屋中的大型金属物品，全部加以良好的接地处理来消除。雷电流通过电磁效应在周围空间产生强大电磁场，使金属间隙因感应电动势而产生火花放电，使金属回路因感应效应电流而产生的发热，可用将相互靠近的金属物体全部可靠地连成一体并加以接地的办法来消除。

雷云对输电线路感应产生的高电压，通常转化称高电位侵入的形式，对建筑物和电气设备造成危险。

(3)防高电位侵入。

雷电波可能沿着各种金属导体、管路，特别是沿着天线或架空线引入室内，对人身和设备造成严重危害。对这些高电位的侵入，特别是对沿架空线引入雷电波的防护问题比较复杂，通常采用以下几个方法：

1)配电线路全部采用地下电缆。

2)进户线采用50~100 m长的一段电缆。

3)在架空线进户处，加装避雷器或放电保护间隙。

上述三个方法中以第一种方法最安全可靠，但费用高，故只适用于特殊重要的民用建筑和易燃易爆的大型工业建筑。后两种方法不能完全避免雷电波的引入，但可能引入的高电位限制在安全范围内，故在实际中得到广泛采用。

3.建筑物的防雷措施。

根据雷电对建筑物的危害途径，建筑物的防雷措施也有如下三种：

(1)直击雷的防护措施。

防直击雷的保护装置是由接闪器、引下线和接地装置组成。其作用是将雷电引向接闪器放电，并把雷电流通过引下线和接地装置导入大地，从而保护建筑物免受直击雷害。

1)接闪器。

接闪器由下列两种形式之一或任意组合而成：

①独立避雷针。

避雷针是最早使用的一种接闪器，它采用圆钢或焊钢管制成。

②直接装在建筑物上的避雷针、避雷带或避雷网。

避雷带和避雷网是采用圆钢或扁钢制成，避雷带沿雷击率较大的屋角、屋檐、女儿墙和屋脊敷设，当采用避雷带保护时，还应根据建筑物的防雷等级，在屋面上装设避雷网络。由于避雷带比避雷针更安全，也不会影响建筑物的立面观感，所以在布置接闪器时优先采用避雷带和避雷网。

2)引下线。

接闪器通过引下线与接地装置连接，引下线采用圆钢或扁钢制成。引下线沿建筑物外墙敷设，并以最短路径与接地装置连接。对建筑艺术要求较高者，其引下线也可暗敷。当建筑物钢筋混凝土的钢筋具有贯通性连接焊接并符合规范要求时，竖向钢筋可作为引下线。实际上在近代的大型钢筋混凝土建筑物中，都是利用其纵向的结构钢筋作为引下线。

3）接地装置。

接地装置的作用是将雷电流散泄到大地中，接地装置一般由垂直接地体和连接它们的水平接地体组成，接地装置宜采用角钢、圆钢、钢管制成。建筑物基础内的钢筋网亦可作为接地装置，与引下线一样，在大型的钢筋混凝土建筑物中都是利用基础钢筋作为接地装置。它无论在性能上、经济上、可靠性方面都明显地比另设的接地装置更好。

（2）感应雷击的防护措施。

根据感应雷击产生的原因，对感应连接的防护措施主要有：

1）应将建筑物内垂直的金属管道及类似的金属物在底部与防雷装置连接。

2）对于平行敷设的金属管道，当它们彼此的净空距离小于 100 mm 时，必须进行导电性的跨接。

（3）对雷电波侵入的防护措施。

当采用架空线向建筑物供电时，在进户处装设避雷器，而防止雷电波侵入的最佳方法是：将进入建筑物的各种线路及进水管道全线埋地引入，并在进户端将电缆的金属外皮、金属管道与接地装置连接。

（4）建筑物的防雷等级划分。

根据建筑物的重要性，使用性质、发生雷电事故的可能性及后果中将建筑物的防雷分为三级。

1）一级防雷的建筑物。

①具有特别重要用途的建筑物，如国家级的会堂、重要办公楼、大型展馆、大型铁路旅客站、国家航空港、通信枢纽、国宾馆、大型旅游建筑等。

②国家级重点文物保护的建筑物和构筑物。

③高度超过 100 m 的建筑物。

2）二级防雷的建筑物。

①重要的或人员密集的大型建筑物，如部、省级办公楼，省级会堂，体育、交通、通信、广播等建筑，大型商店、影剧院等。

②省级重点文物保护的建筑物和构筑物。19 层以上的住宅建筑和超过 50 m 高的其他民用建筑物。

3）三级防雷建筑物。

主要是指确认需要防雷的建筑物，和历史上雷害事故严重的地区或雷害事故较多地区的较重要的建筑物。

（二）接地装置

1. 安全电压。

（1）安全电压的定义。

发生触电时的危险程度与通过人体电流的大小、电流的频率、通电时间的长短、电流在人体的路径等多方面因素有关。通过人体的电流为 10 mA 时，人会感到不能忍受，但还能自行脱离电流；电流为 30～50 mA 时，会引起心脏跳动不规则，时间过长心脏则停止跳动。

通过人体电流的大小取决于加在人体上的电压和人体电阻，人体电阻因人而异，差别很大，一般在 80 至几万欧姆。

考虑到使人致死的电流和人体的最不利情况下的电阻，我国规定了安全电压不超过 36 V。常用的有 36 V、24 V、12 V。

一般手提行灯的供电电压不应超过 36 V，但如果作业地点狭窄、潮湿，且工作者接触有良好接地的大块金属时，则应使用不超过 12 V 的手提灯。

（2）安全电压的条件。

1）因人而异。

手有老茧、身心健康、情绪乐观的人电阻大，较安全。皮肤细嫩、情绪悲观、疲劳过度的人电阻小，较危险。

2）与触电时间长短有关。

触电时间越长、情绪紧张、发热出汗，人体电阻减小，危险越大，若可迅速脱离电压则危险小。

3）与皮肤接触的面积和压力大小有关

接触面积和压力越大越危险，反之较安全。

4）与工作环境有关。

低矮潮湿、仰卧操作、不易脱离现场的情况下触电危险大，安全电压取 12 V，其他条件较好的场所可取 24 V 和 36 V。

（3）保护接地与保护接零。

2. 接地的种类。

（1）什么是"地"。

电气上所谓的"地"指电位等于零的地方。一般认为，电气设备的任何部分与大地作良好的连接就称为接地。接地点与真正的零电位之间的电压就称为接地电压。而接地短路电流是指设备的绝缘损坏，外壳对地短路以后，经过短路点流入大地的电流。单相短路电流大于 500 A 称为大接地短路系统，小于 500 A 称为小接地短路系统。变压器或发电机三相绕组的连接点称为中性点，如果中性点接地，则称为零点，由中性点引出的导线称为中线或工作接地。

（2）接地的种类。

设备的接地一般可分为保护性接地和功能性接地。保护性接地又可分为接地和接零两种形式。接地的种类按其作用不同可分为以下几种：

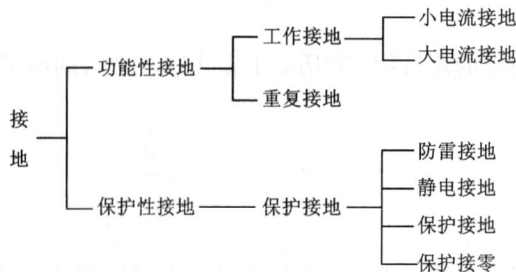

```
                              ┌── 小电流接地
               ┌─ 工作接地 ──┤
      ┌─ 功能性接地 ─┤         └── 大电流接地
      │        └─ 重复接地
接地 ─┤
      │                      ┌── 防雷接地
      │                      ├── 静电接地
      └─ 保护性接地 ── 保护接地 ─┤
                              ├── 保护接地
                              └── 保护接零
```

（1）工作接地（图3.7.40）。

①工作接地的定义。

由于电气系统的运行需要，在电源中性点与接地装置作金属连接称为工作接地。

②工作接地的意义。

有利于安全，当电气设备有一相对地漏电时，其他两相对地电压是相电压，如果没有工作接地，有一相故障接地则其他两相对地电压是线电压。

在高电压系统，有中性点接地可以使继电保护设备准确地工作，并能消除单相电弧接地过电压。中性点接地可以防止零点电压偏移，保持三相电压基本平衡。可以降低电气设备的绝缘水平。一旦高压窜入低压，当

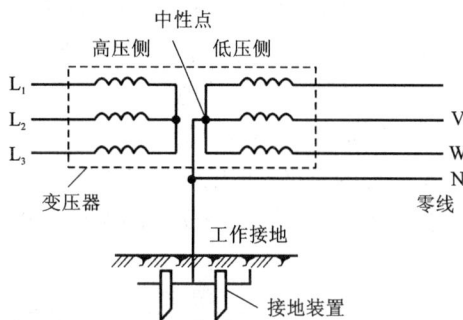

图3.7.40　工作接地示意图

接地电阻小于4时，中性点对地电压不大于120 V。以前高压输电可以用一相工作接地，能把大地当作一根导线是为了节省材料，现在不允许这么做。

（2）重复接地（图3.7.41）。

①重复接地的定义。

在工作接地以外，在专用保护线 PE 上一处或多处再次与接地装置相连接称为重复接地。

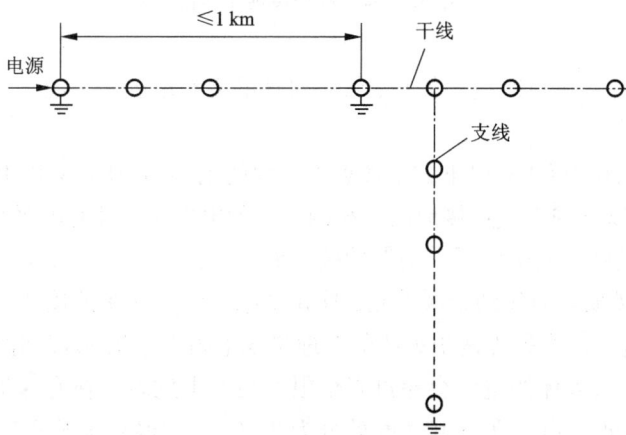

图3.7.41　重复接地示意图

在供电线路的终端或供电线路每次进入建筑物处都应该做重复接地。

②重复接地的作用。

一旦中性线断了，可以保护人身安全，大大降低触电的危险程度。它与工作接地电阻相并联，降低了接地电阻的总值，使工作零线对地电压偏移减小。增大故障电流，使自动脱扣器工作更可靠。当三相负载不平衡时，能使三相负载电压更稳定平衡。

③重复接地的应用要点。

重复接地电阻一般规定不得大于10。当与防雷接地合一时，不得大于4，在 TNC 供电系

统中如果干线上有 4 极漏电开关时，工作零线不能重复接地，因为漏电开关不允许后面的中线有重复接地，在 TNS 供电系统中的 PE 线存在重复接地，而在 TT 供电系统中有保护接地，也有重复接地。

在常用的 TNS 供电系统中，有总配电箱，供电线路终点及每一个建筑物的进户线都必须作重复接地。在装有漏电电流动作保护装置后的 PEN 线在不允许设重复接地，中性线除电源中性点外，不应再重复接地。

（3）保护接地（图 3.7.42）。

保护接地的定义：把电气设备的金属外壳及与外壳相连的金属构架用接地装置与大地可靠地连接起来，以保证人身安全的保护方式，叫保护接地，简称接地。

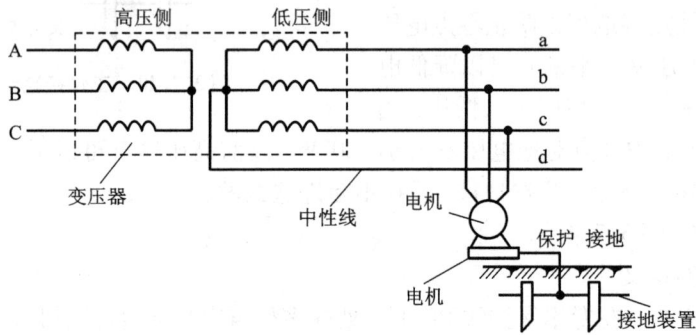

图 3.7.42　保护接地示意图

在 IT 供电系统中当供电距离比较长，线路对地的发布电容较大时，人体触及带电的设备外壳时，也有危险。

保护接地一般用在 1000 V 以下的中性点不接地的电网与 1000 V 以上的电网中。保护接零一般用在 1000 V 以下的中性点接地的三相四线制的电网中，目前供照明用的 380/220 V 中性点接地的三相四线制电网中广泛采用保护接零措施。在中性点不接地的系统中，假设电动机的 A 组绕组因绝缘损坏而碰到金属外壳，外壳带电，在没有保护接地的情况下，当人体接触外壳时，电流经过人体和另外两根火线的对地绝缘电阻 R_e、R_c 形成回路。如果另外两根火线对地绝缘不好，流入人体的电流会超过安全限度而发生危险。在有保护接地的情况下，当人体接触带电的外壳时，电流在 A 相碰壳处分为两路，一路经接地装置的电阻 R_d，一路经人体电阻 R_r，这两路汇合后再经另外两根火线的对地绝缘电阻 R_e 和 R_c 构成回路。由于 $R_e \leqslant R_c$，所以通过人体的电流很小，这就避免了触电危险。

根据电气安装规程规定，在 1000 V 以下中性点接地系统中，用电设备不允许采用保护接地。这是因为当某一绝缘破损与金属外壳接触时，电流 I_d 便会经过大地回到变压器的中性点，而这时流过保险丝的电流很可能小于保险丝的熔断电流，保险丝不断，金属外壳仍与电源相连。金属外壳对地的电压 U_d 等于 I_d 在 R_d 上的电压降，而 $I_d = U/(R_c + R_d)$，$U_d = UR_d//(R_0 + R_d)$。

在一般三相四线制系统中，U 相是 220 V，通常都超过 4，即使 R_0 与 R_d 一样，也按 4 计，金属外壳的对地电压也是 110 V，超过安全电压。

(4)保护接零(图3.7.43)。

保护接零的定义:把电气设备的金属外壳相连的金属构架与中性点接地的电力系统的零线连接起来,以保护人身安全的保护方式,叫保护接零,简称接零。

1000 V以下中性点接地系统中,应该采取保护接零。一旦某一根绝缘破损与金属外壳接触,就会形成单相短路,电流很大,于是保险丝熔断,电动机脱离电源,从而避免了触电危险。

许多单相家用电器的电源线接到三脚插头上,三脚插头的粗脚连着家用电器的金属外壳。这种插头要插到单相三孔插座上,插座的粗孔应该用导线与电源的中

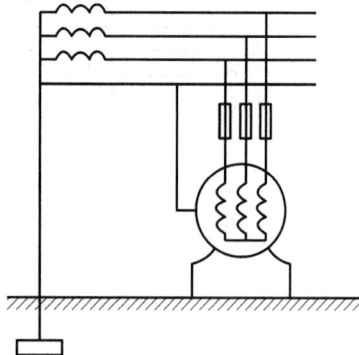

图3.7.43 保护接零示意图

线相连。绝不允许在插座内将粗孔与接工作中线的孔相连。因为一旦家用电器的工作中线断线,发生外壳带电时,保险丝不熔断,将会引起触电事故。

在三相四线制中性点接地的380/220 V照明供电系统中,由于普遍采用保护接零,若保护接零的中线切断,可能造成触电事故,所以一般只在相线上装熔断器,不允许在中线上装熔断器。但是单相双线照明供电线路中,由于接触的大多数是不熟悉电气的人,有时可能由于修理或延长线路而将相线和中线接错,所以中线和相线上都装保险丝。

(5)保护接地和保护接零的区别。

保护接地和保护接零都是维护人身安全的技术措施,其不同处是:

①保护原理不同。

低压系统保护接地的基本原理是限制漏电设备对地电压,使其不超过某一安全范围;高压系统的保护接地,除限制对地电压外,在某种情况下,还有促成系统中保护装置动作的作用。保护接零的主要作用是借接零线路使设备形成单相短路,促使线路上保护装置迅速动作。

②适用范围不同。

保护接地适用于一般的低压不接地电网及采取其他安全措施的低压接地电网;保护接地也能用于高压不接地电网,不接地电网不必采用保护接零。

③线路结构不同。

保护接地系统除相线外,只有保护接地。保护接零系统除相线外,必须有零线;必要时,保护零线要与工作零线分开;重要的装置也应有地线。

为了防止电气设备因绝缘损坏而使人身遭受触电危险,将电气设备的金属外壳与供电变压器的中性点相连称为接零保护。在中性点非直接接到的低压电力网中,电力装置应采用低压接零保护。在中性点非直接接到的低压电力网中,电力装置应采用低压接地保护。由同一台发电机、同一台变压器或同一段母线供电的低压电力网中,不宜同时采用接地保护与接零保护。

3.低压配电系统接地。

在低压配电系统中,三相电源与三相负载的连接形式有:TN系统、TT系统和IT系统。

(1)TN系统(图3.7.44)。

在此系统中,电源有一点与地直接连接,负荷侧电气装置的外露可导部分侧通过PE线与该点连接。TN系统分为TN-S系统[图3.7.44(a)],TN-C系统[图3.7.44(b)],TN-C-S系统[图3.7.44(c)]。

(a) TN-S系统　　　　　　　　　(b) TN-C系统

(c) TN-C-S系统

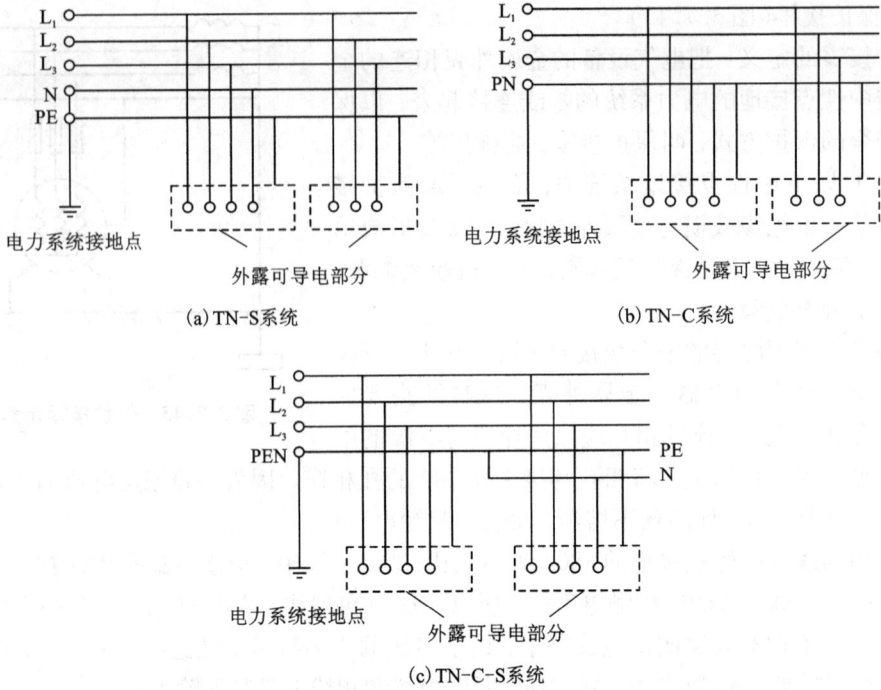

图3.7.44　TN系统

①PE线。

即保护导体，是为防止发生危险而裸露导电部件、外露导电部件、主接地端子、接地电极(接地装置)，电源的接地点或人为中性点等部位进行电气连接的一种导体。

②PEN线。

即中性保护导体，是一种同时具备中性导体和保护导体功能的接地导体。

(2)TT系统(图3.7.45)。

在此系统中，电源有一点与地直接连接，负荷侧电气装置外露可导电部分连接的接地极和电源的接地极无电气联系。

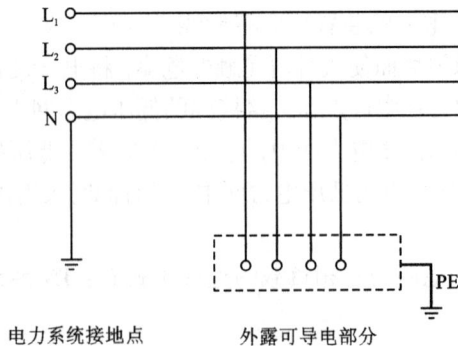

图3.7.45　TT系统示意图

(3)IT 系统(图 3.7.46)。

在此系统中,电源与地绝缘或经阻抗接地,电气装置外露可导电部分侧接地。

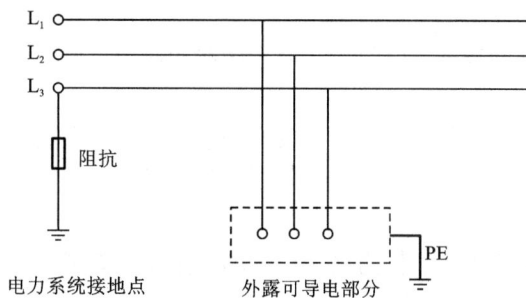

图 3.7.46 IT 系统示意图

七、电气设备安装施工图

(一)建筑电气工程施工图组成

1.电气施工图的组成、内容。

建筑电气施工图的主要内容有系统图、平面图、原理图和安装大样图,还有与之相关的设计计算书等。

(1)图纸目录与设计说明。

包括图纸内容、数量、工程概况、设计依据以及图中未能表达清楚的各有关事项。如供电电源的来源、供电方式、电压等级、线路敷设方式、防雷接地、设备安装高度及安装方式、工程主要技术数据、施工注意事项等。

设计说明一般是一套电气施工图的第一张图纸,主要包括:①工程概况;②设计依据;③设计范围;④供配电设计;⑤照明设计;⑥线路敷设;⑦设备安装;⑧防雷接地;⑨弱电系统;⑩施工注意事项。

识读一套电气施工图,应首先仔细阅读设计说明,通过阅读,可以了解到工程的概况、施工所涉及的内容、设计的依据、施工中的注意事项以及在图纸中未能表达清楚的事宜。

(2)主要材料设备表。

包括工程中所使用的各种设备和材料的名称、型号、规格、数量等,它是编制购置设备、材料计划的重要依据之一。

(3)系统图。

如变配电工程的供配电系统图、照明工程的照明系统图、电缆电视系统图等。系统图反映了系统的基本组成、主要电气设备、元件之间的连接情况以及它们的规格、型号、参数等。

(4)平面布置图。

平面布置图是电气施工图中的重要图纸之一,如变、配电所电气设备安装平面图、照明平面图、防雷接地平面图等,用来表示电气设备的编号、名称、型号及安装位置、线路的起始点、敷设部位、敷设方式及所用导线型号、规格、根数、管径大小等。通过阅读系统图,了解系统基本组成之后,就可以依据平面图编制工程预算和施工方案,然后组织施工。

(5)控制原理图。

包括系统中各所用电气设备的电气控制原理，用以指导电气设备的安装和控制系统的调试运行工作。

（6）安装接线图。

包括电气设备的布置与接线，应与控制原理图对照阅读，进行系统的配线和调校。

（7）安装大样图（详图）。

安装大样图是详细表示电气设备安装方法的图纸，对安装部件的各部位注有具体图形和详细尺寸，是进行安装施工和编制工程材料计划时的重要参考。

（8）计算书。

施工图的设计计算书不外发，作为设计单位的技术资料存档。

（二）建筑电气工程施工图识图

1. 标注。

（1）照明灯具的标注。

灯具的标注是在灯具旁按灯具标注规定标注灯具数量、型号、灯具中的光源数量和容量、悬挂高度和安装方式。灯具光源按发光原理分为热辐射光源（如白炽灯和卤钨灯）和气体放电光源（荧光灯、高压汞灯、金属卤化物灯）。

例如：5—YZ402×40/2.5Ch 表示 5 盏 YZ40 直管型荧光灯，每盏灯具中装设 2 只功率为 40 W 的灯管，灯具的安装高度为 2.5 m，灯具采用链吊式安装方式。如果灯具为吸顶安装，那么安装高度可用"—"号表示。在同一房间内的多盏相同型号、相同安装方式和相同安装高度的灯具，可以标注一处。

例如：20—YU601×60/3CP 表示 20 盏 YU60 型 U 形荧光灯，每盏灯具中装设 1 只功率为 60 W 的 U 形灯管，灯具采用线吊安装，安装高度为 3 m。

（2）配电线路的标注。

配电线路的标注用以表示线路的敷设方式及敷设部位（详见表 3.7.15），采用英文字母表示。

例如：BV(3×50+1×25)SC50—FC 表示线路是铜芯塑料绝缘导线，三根 50 mm²，一根 25 mm²，穿管径为 50 mm 的钢管沿地面暗敷。

又例如：BLV(3×60+2×35)SC70—WC 表示线路为铝芯塑料绝缘导线，三根 60 mm²，两根 35 mm²，穿管径为 70 mm 的钢管沿墙暗敷。

（3）照明配电箱的标注。

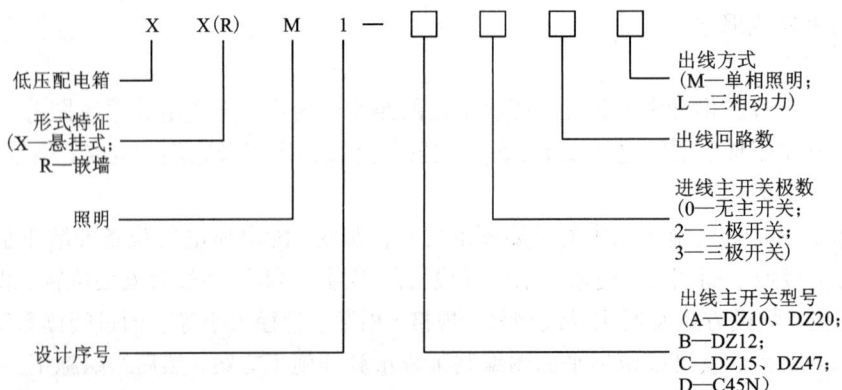

264

例如：型号为 XRM1—A312M 的配电箱，表示该照明配电箱为嵌墙安装，箱内装设一个型号为 DZ20 的进线主开关，单相照明出线开关 12 个。

（4）开关及熔断器的标注。

开关及熔断器的表示，也为图形符号加文字标注。

例如：标注 Q3DZ10—100/3—100/60，表示编号为 3 号的开关设备，其型号为 DZ10—100/3，即装置式 3 极低压空气断路器，其额定电流为 100 A，脱扣器整定电流为 60 A。

表 3.7.15　线路敷设部位符号

符号	中文名称	英文名称	符号	中文名称	英文名称
B	梁	Beam	F	地面（板）	Floor
C	柱	Column	R	构架	Rack
W	墙	Wall	SC	吊顶	Suspended ceiling
CE	顶棚	Ceiling			

2.识读电气照明施工图的步骤。

在掌握了电气施工图的基本知识的基础上，再来看电气施工图，就应该按照一定的顺序进行，才能比较快速地读懂图纸，从而实现识图的目的。

一套建筑电气施工图所包含的内容较多，图纸往往很多张。一般按以下的顺序依次来阅读和相互对照参考。

（1）识读标题栏图纸目录。

了解工程名称、项目名称、设计日期等。

（2）识读设计说明。

了解工程总体概括及设计依据，了解图纸中未能表达清楚的有关事项。如供电电源、电压等级、线路敷设方式及敷设部位，设备安装高度及安装方式、防雷接地措施，补充使用的非标准图形符号，施工时应注意的事项。有些分项局部问题是在各分项工程的图纸上说明的，看分项工程图纸时，也要看设计说明。

（3）识读材料表。

了解该工程所使用的设备，材料的型号，规格及数量，以便编制购置主要设备、材料等，了解图例符号，以便识读平面图。

（4）识读系统图。

各分项工程的图纸中一般均包含有系统图。如变配电工程的供电系统图，电力工程的电力系统图、电气照明工程的照明系统图，电话系统图以及电视电缆系统图。识读系统图的目的是了解系统的基本组成，主要电气设备、元件等连接关系及它们的规格、型号、参数等，从而掌握该系统的基本情况。

（5）识读电路图和接线图。

连接各系统中用电设备的电气自动控制原理，用来指导设备的安装和控制系统的调试工作。识读图纸时，应依据功能关系从上到下或从左到右一个回路一个回路地识读。在进行控制系统的配线和调校工作中，还可配合阅读接线图和端子图进行。

（6）识读平面布置图。

平面布置图是建筑电气施工图的重要图纸之一。识读平面布置图时，连接设备安装位置、安装方式、安装容量，了解线路敷设部位、敷设方式及所用导线型号、规格、数量、管径等。

识读建筑电气施工图的顺序，没有统一的规定，可根据需要，自行掌握，并应用有所侧重。有时一张图纸反复识读多遍。为了更好地利用图纸指导施工，使之符合安装质量要求，识读图纸时，还应配合识读有关施工及验收规范、质量评定标准以及全国通用电气装置标准图集，详细了解安装技术及具体安装方法。

任务 3 - 7 - 2 基价使用

一、工作任务布置

编制某综合楼电气工程施工图预算。

【工程基本概况】

本项目为某综合楼电气工程(图 D - 1 ~ D - 11)，该楼共六层，地下一层，地面五层。

【工作任务要求】

按照 2010 年版《广东省安装工程综合定额》的有关内容，列项并计算工程量。

二、学习相关新知识点

电气设备安装工程相关定额与工程量计算：

1. 电气设备安装工程相关的定额介绍；

2. 第二册和第十三册定额相关费用的规定；

3. 工程量计算规则。

建筑电气施工设计通用说明

一、电源设置

低压电源由本变电所供给

二、线路的敷设

1．380/220V 低压配电回路中，使用绝缘导线，其额定电压应不低于500V，电力电缆的额定电压应不低于1000V。

采用阻燃ZR（难燃NR）塑料绝缘铜芯导线、电缆。

2．电力电缆线路，按国标D164 按图中有关内容进行施工。电缆的弯曲半径，应不小于其外径的15倍；

3．凡穿管和在线槽内敷设导线，在管内和槽板内导线不得有接头，电线管的弯曲半径，应不小于其外径的6倍。管路的弯曲段不得使用水管弯头；管路的分支处不得使用水管三通，金属管的连接处，应加接地跨接线，管内导线间的绝缘电阻应不小于0.5M

A．管敷线采用难燃PVC塑料管明敷；

B．管敷线采用电线管暗敷；

C．防爆线路采用镀锌厚钢管配线；

D．不同电压等级，不同回路的导线不宜共管、共槽敷设。

三、电器安装

1．装在电缆井内，各种机房内，车间内的配电箱，采用明装挂墙式，其底边距本层地板高度为1.6~1.8m，当箱体高度大于80cm时，箱体的水平中线距地为1.6m。

2．装在走廊、梯间、客房、住宅、办公室、实验室、教室、病房内的配电箱，嵌入墙内安装。其底边距本层地板的高度为1.82m，电度表箱装在配电箱上部，当为单独安装时，其安装高度为1.7~1.9m。

3．插座的计算容量及安装高度，除平面图上标注外，均按每个插座300W，安装高度为0.3m。

4．实验室与开水间的插座箱，安装高度为1.5m。

5．配电设备，控制设备，用电设备，均应标注与设计图上相同的编号、符号或用途，方便操作与维修。

6．漏电开关的安装，漏电开关后的N线不准重复接地，不同支路不准共用（或同误动作），不准作保护线用（或同拒动）。应另敷设保护线（PE）或用漏电开关前的合用线（PEN）；漏电开关保护的380/220V移动设备宜用五芯线插座、插头。

7．本工程楼梯灯采用节能开关。

8．本工程日光灯采用电子镇流器（必须经检验符合国家标准的产品）。

9．本工程采用电子节能灯泡，灯管（采用经检验符合国家标准的产品）。

四、建筑物防雷

1．建筑物防雷等级的划分

本工程属于民用建筑第二类防雷

2．避雷带采用ø10镀锌圆钢，其支持卡子的间距应不大于1m，可以利用女儿墙顶的钢扶手作为避雷带。

3．凡突出屋面的金属物体（如爬梯、水管、透气管等），均应与就近的避雷带相连。凡突出屋面的非金属物体（如烟囱等），应加独立小针，并与就近的避雷带相连。

4．利用竖向结构主钢筋作防雷引下线，按平面图中指定的部位将柱内或剪力墙内靠外墙侧的两条主钢筋，由基础至天面，凡接驳处均加电焊，并在天面外引ø12圆钢（L=1.5m），与避雷带相连。

五、接地

1．电气保安的方式

本工程采用接地保护

2．电气设备的接地

本工程的接地（零）线，保护线（平面图中一般不标出），其允许载流量应不小于相线的1/2，末端支路导线截面积应不小于铜芯1.5mm²。采用TNP方式时N线只能在始端接地，不能重复接地。

3．等电位连接措施：用电设备外壳与装置外可导电体进行等电位连接，可以减少它们之间可能出现的危险电位

等电位连接：主水泵房的进出水总管，空调主机房的冷冻水管，总冷却水管，采暖热水总管，变配电房的金属门窗，沟盖板，平台，独立防雷系统的建筑物钢筋和金属构件采用BV16mm 或ø10镀锌圆钢与配供电系统最近的保护干线（PE）或接地（零）干线（PEN）连通（可用螺栓或电焊条连接）。

4．本工程的电气保安，建筑防雷，共用接地装置，其接地电阻应不小于1Ω

当火灾自动报警系统单独设置接地装置时，其接地电阻应不小于4Ω

5．本工程利用建筑物基础钢筋作接地装置，按平面图中指定的桩台、地梁及柱位，参照DSB24图，将有关钢筋在连接处加电焊。外露的接地点、测试点，应涂红色油漆，并加挂薄铁皮制成的标志牌，写明用途。

6．本工程采用人工接地装置，按平面图上指定的位置，参照DT5211图埋设接地体。

7．在防雷与接地工程中，所用的各类金属体，接驳处均应加电焊，焊缝长度，圆钢为其直径的6倍，扁钢为其宽度的2倍接驳处外露在空气中时，焊接后应作防锈处理。接地装置应有测试记录，隐蔽工程应有施工记录，作为工程验收的依据。

图纸目录

序号	图例	图纸名称	备注
1	D-1	建筑电气施工设计通用说明	
2	D-2	地下室电照平面图	
3	D-3	首层电照平面图	
4	D-4	首层插座平面图	
5	D-5	二~五层平面图电照	
6	D-6	二~五层插座平面图	
7	D-7	天面防雷装置图	
8	D-8	防雷接地装置图	
9	D-9	天面电照平面图	
10	D-10	照明配电系统图	
11	D-11	照明电缆走向示意图	

建筑电气图例

序号	图例	名称与型号、规格	备注
1		单管日光灯　1X40W	吸顶安装
2		嵌入式格栅吸顶灯　2X40W	/
3		吸顶灯　1X32W	吸顶安装
4		筒灯　2X18W	/
5		吸顶灯　1X60W	/
6		镜前灯　1X32W	壁上安装，装高2.5m
7		出口指示灯　2X8W	/
8		诱导灯　2X8W	/
9		嵌入式格栅吸顶灯　3X40W	/
10		应急灯　在其位置安装一个单相三极插座	装高2.2m
11		100W声控开关	装高1.4m
12		单联单控开关10A250V B31/1	装高1.4m
13		双联单控开关10A250V B32/1	装高1.4m
14		三联单控开关10A250V B33/1	装高1.4m
15		四联单控开关10A250V B34/1	装高1.4m
16		五联单控开关10A250V B35/1	装高1.4m
17		二极及三极插座（带保护门）10A250V B4/10US	装高0.3m
18		照明配电箱	/
19		裸座头灯　1X60W	/

描图		综合楼	
设计			
校对		建筑电气施工设计通用说明	
审核			
专业负责人			
工程负责人		比例	设计阶段
审定		日期	档案号　D-1

图D-1　建筑电气施工设计通用说明

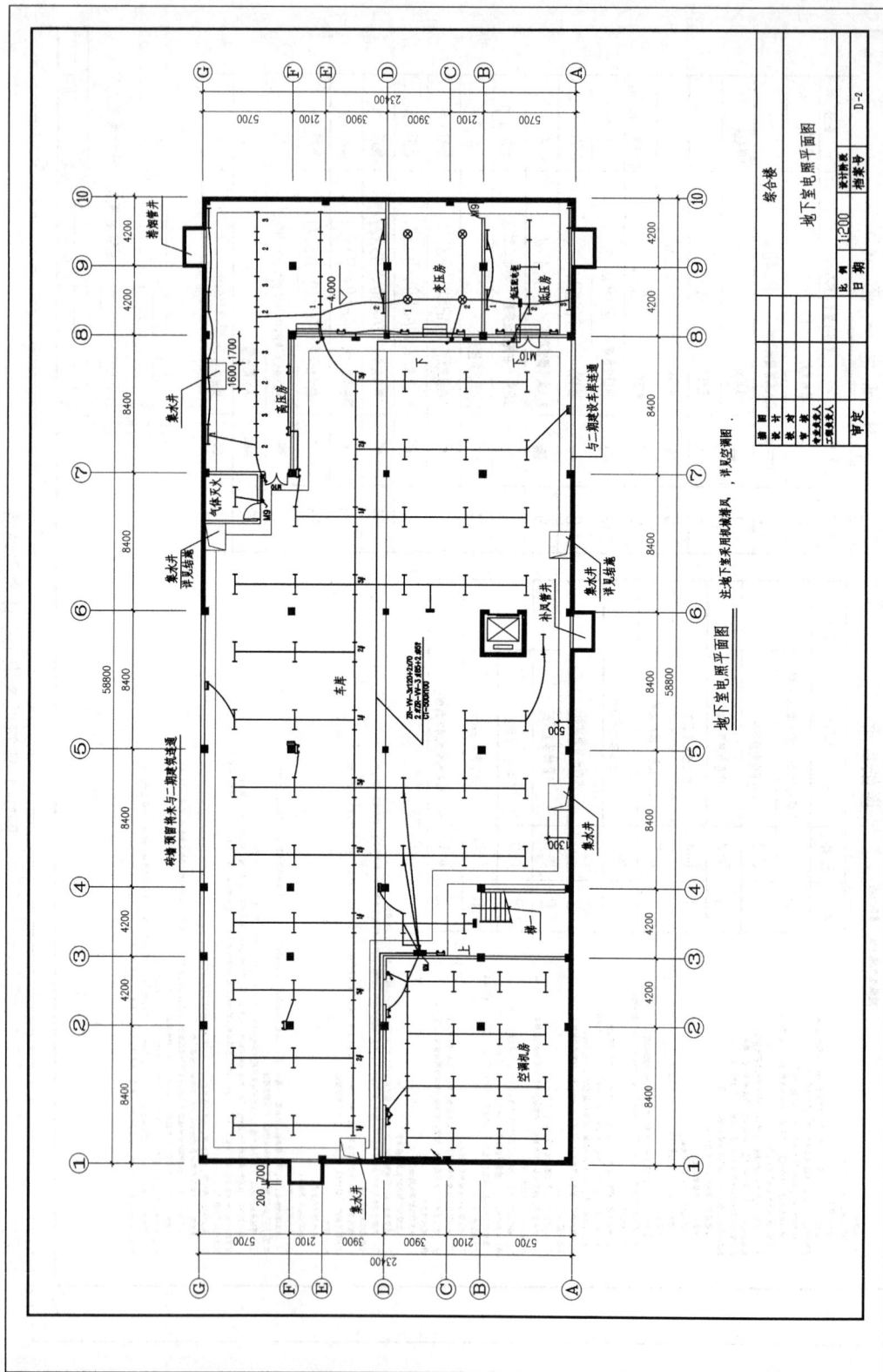

图D-2 地下室电照平面图

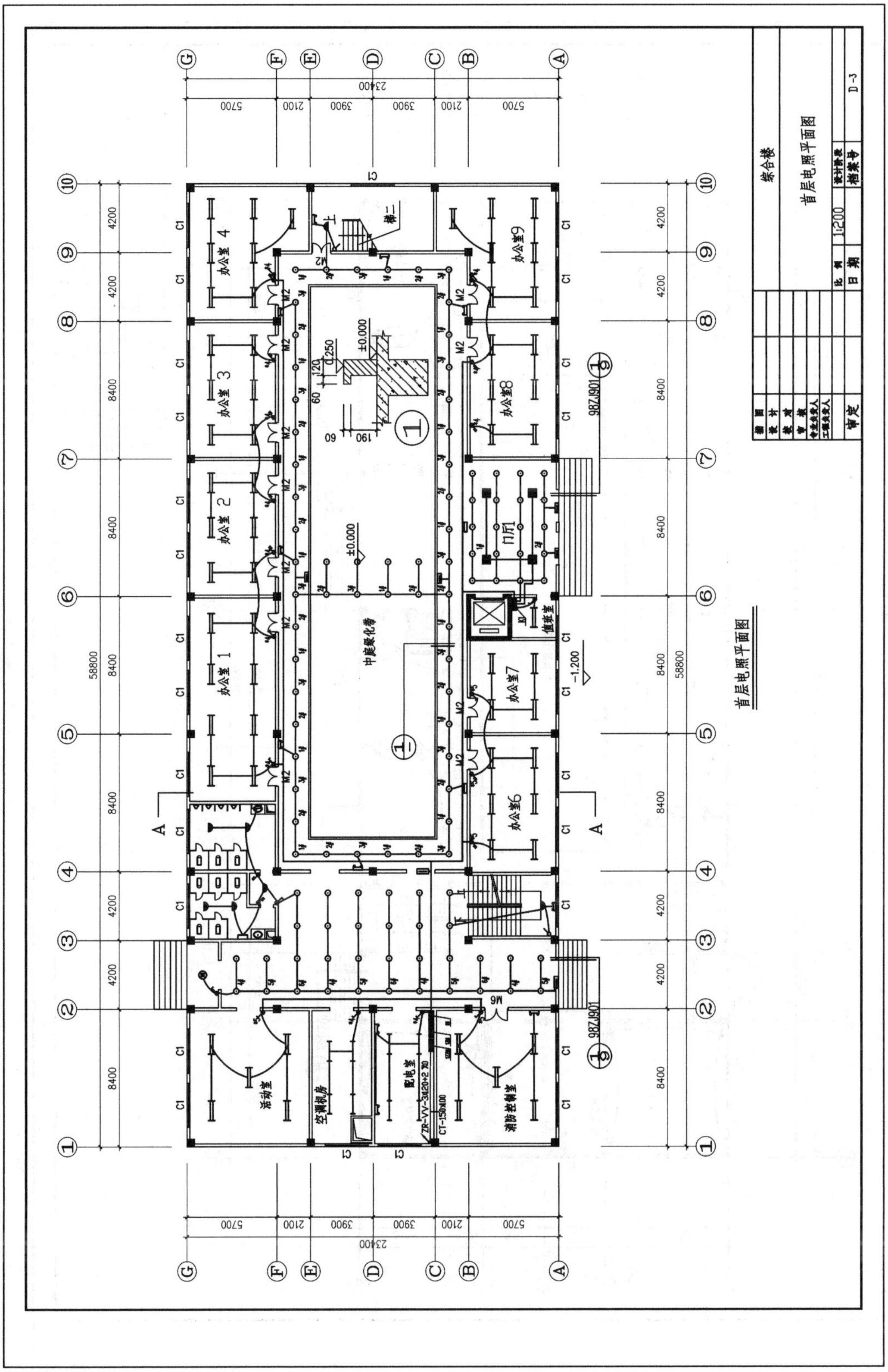

图D-3 首层电照平面图

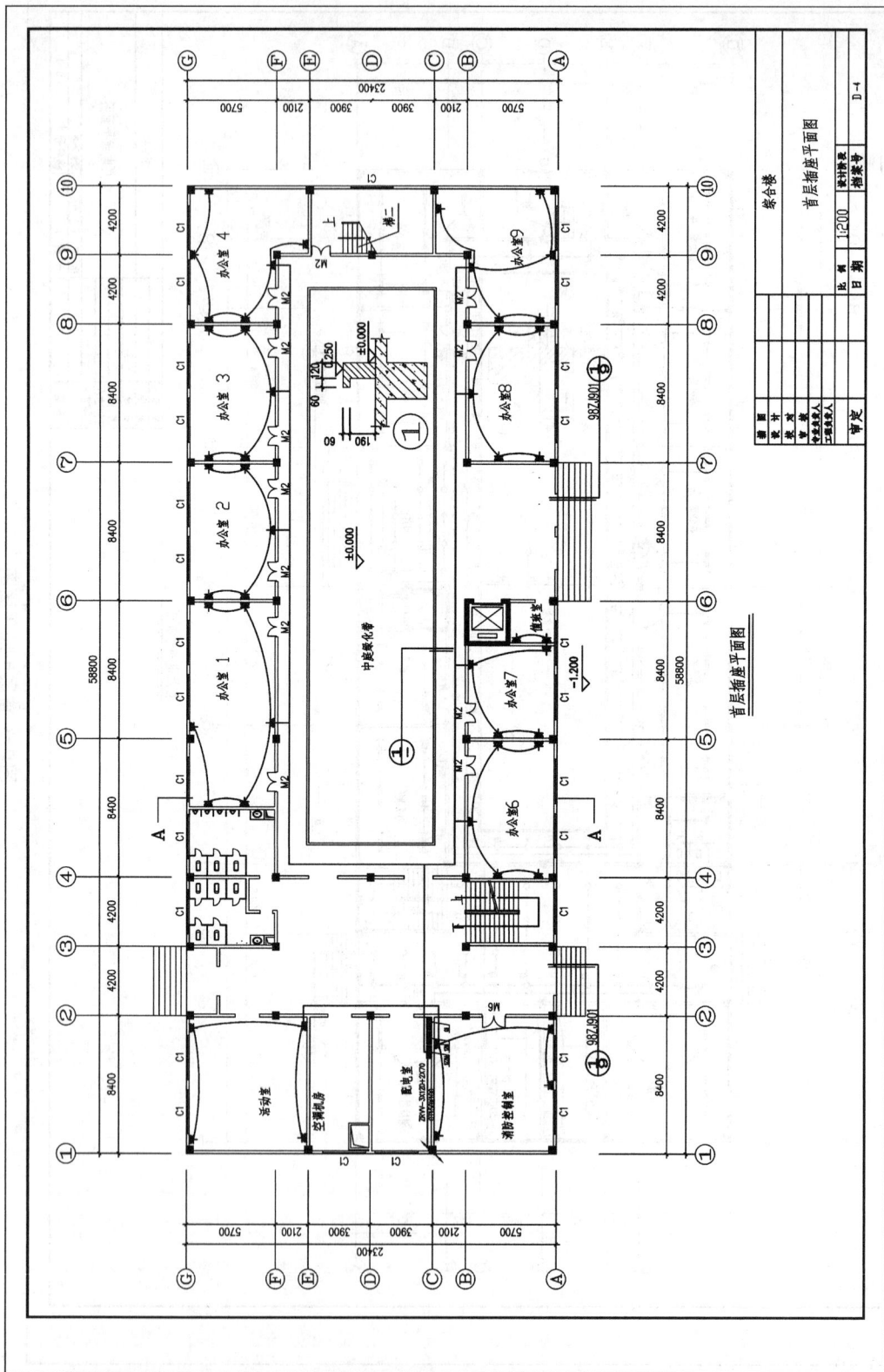

图D-4 首层插座平面图

首层插座平面图

办公室4
办公室3
办公室2
办公室1
办公室9
办公室8
办公室7
办公室6

中庭棄化巷

活动室
空调机房
配电室
消防器材室

±0.000
±0.000
−1.200

综合楼
首层插座平面图
1:200
桂林市
楼某寺
D-4

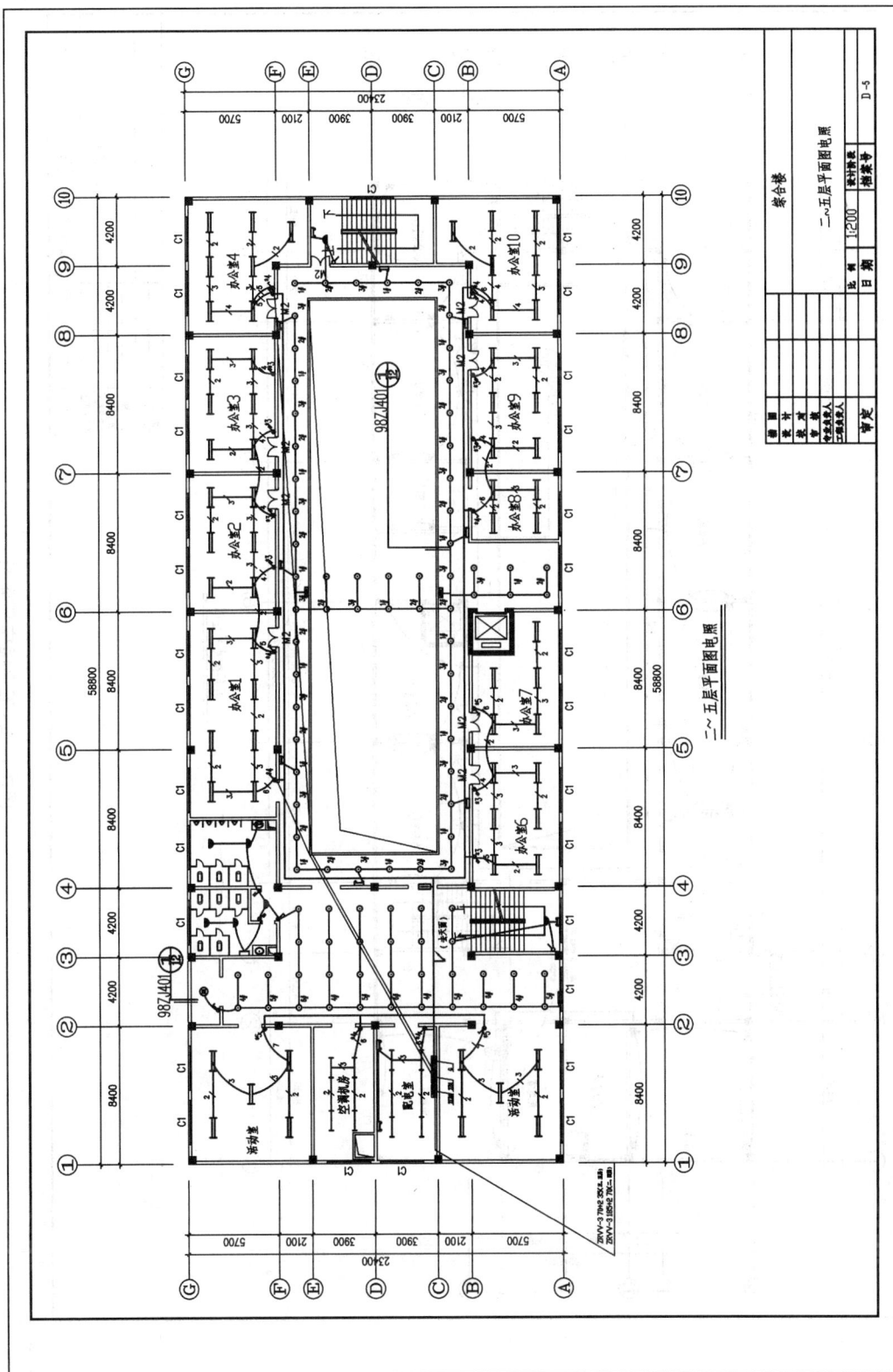

图D-5 二~五层平面图电照

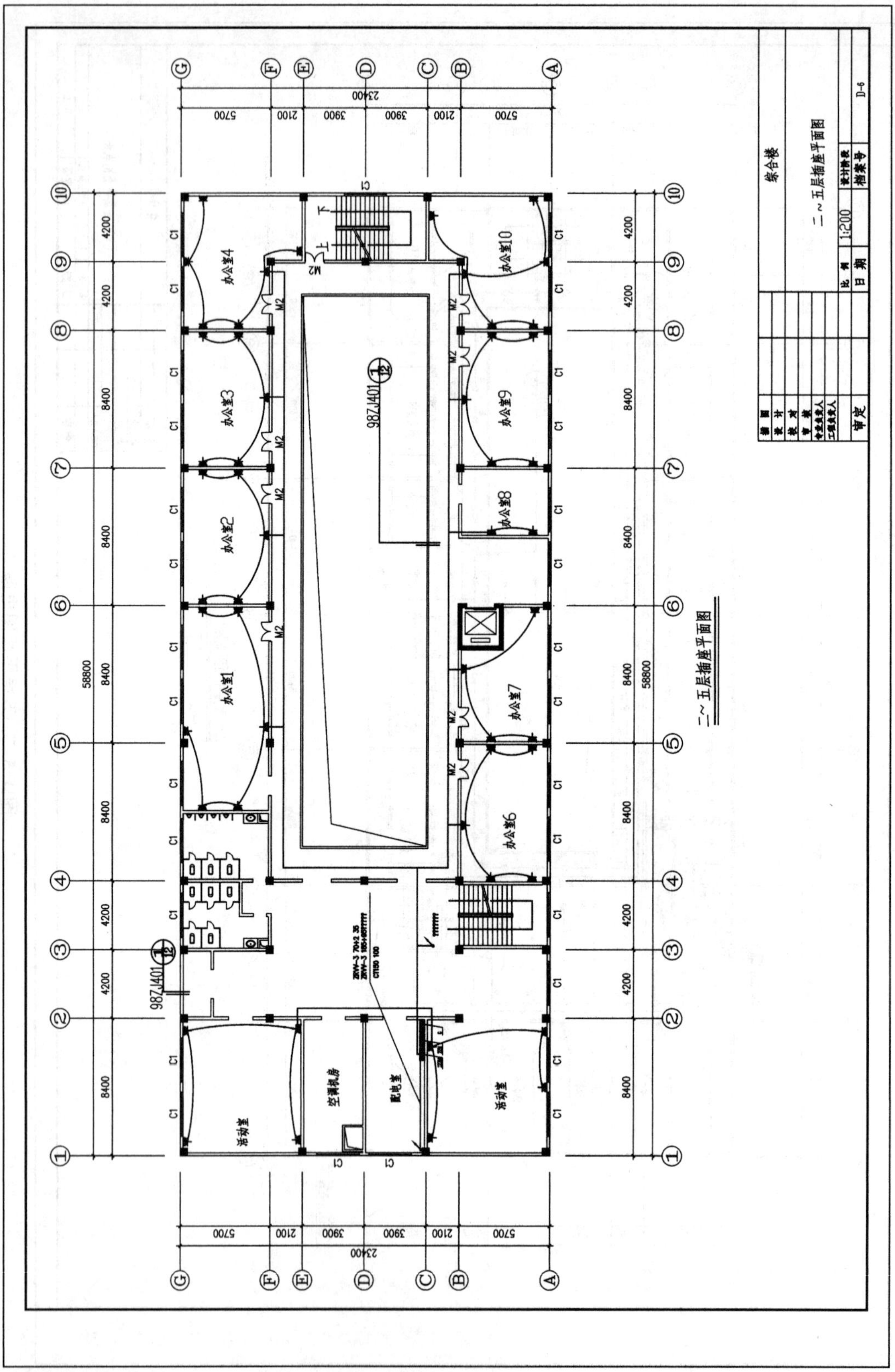

二～五层插座平面图

图D-6 二～五层插座平面图

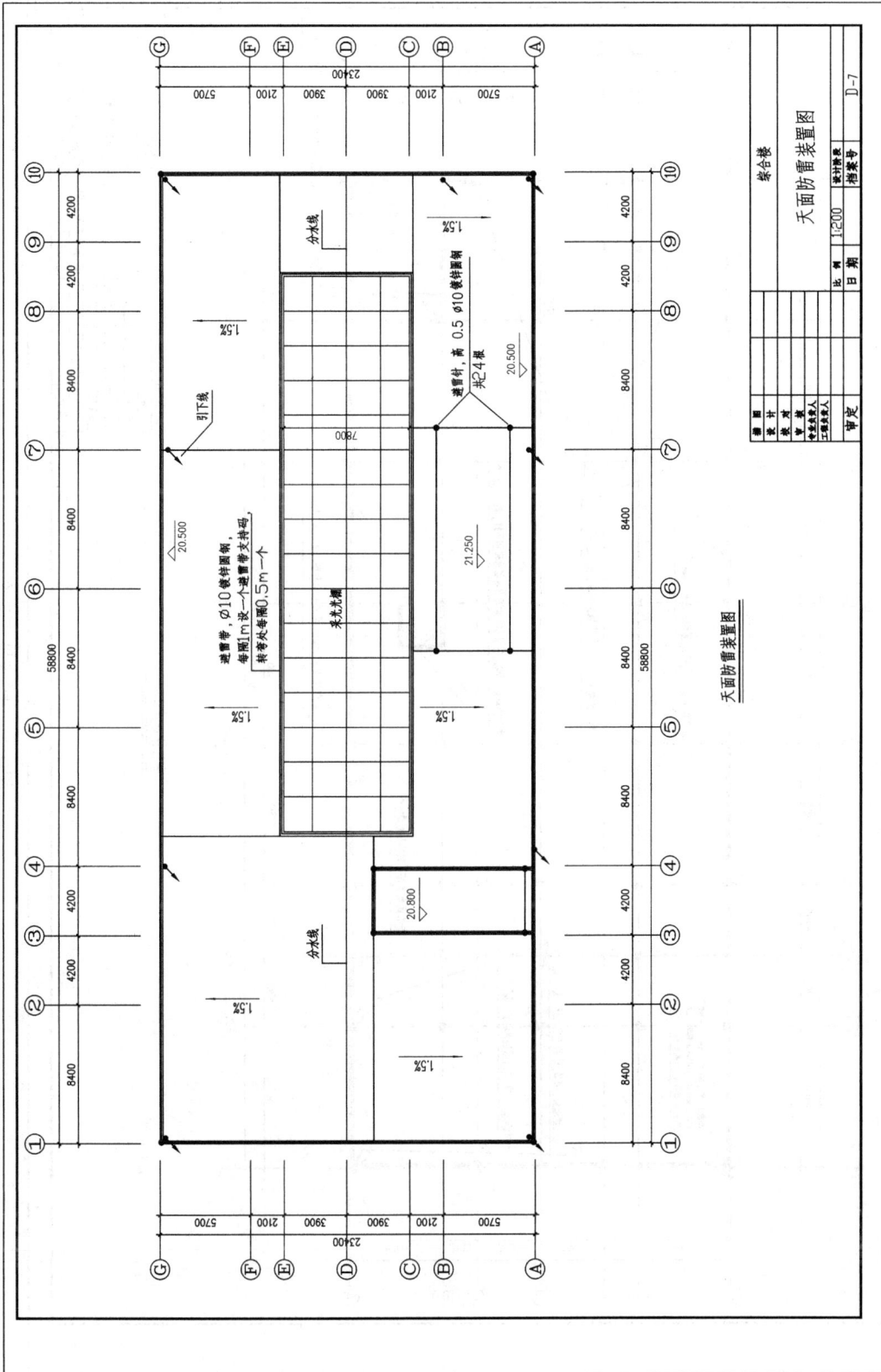

图D-7 天面防雷装置图

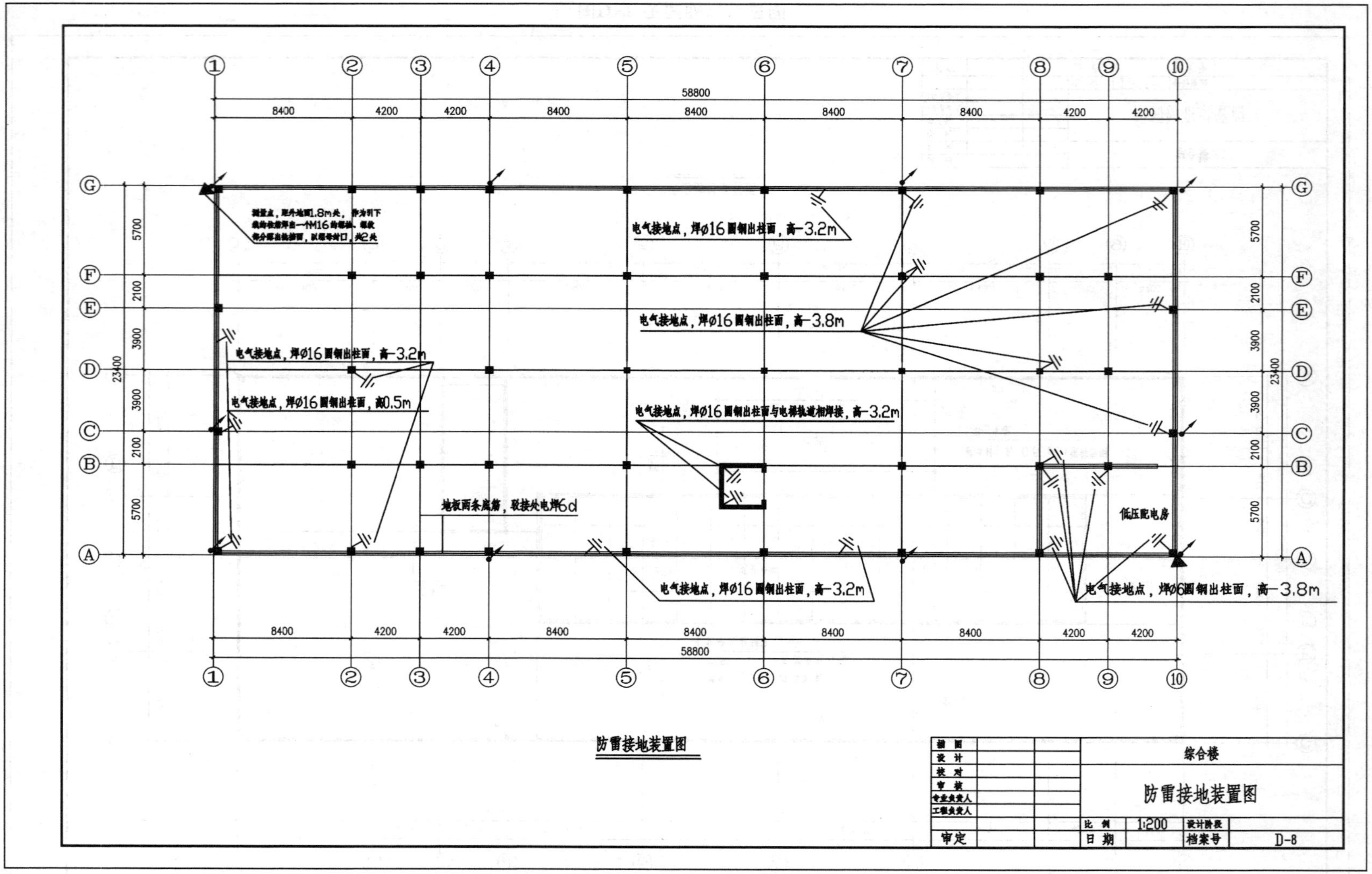

电气接地点，焊ϕ16圆钢出柱面，高-3.2m
电气接地点，焊ϕ16圆钢出柱面，高-3.8m
电气接地点，焊ϕ16圆钢出柱面，高-3.2m
电气接地点，焊ϕ16圆钢出柱面，高0.5m
电气接地点，焊ϕ16圆钢出柱面与电梯轨道相焊接，高-3.2m
地板两条底筋，双接处电焊6d
低压配电房
电气接地点，焊ϕ16圆钢出柱面，高-3.2m
电气接地点，焊ϕ6圆钢出柱面，高-3.8m
58800
8400
4200
4200
8400
8400
8400
8400
4200
4200
23400
5700
2100
3900
3900
2100
5700
防雷接地装置图
综合楼
防雷接地装置图
比 例 1:200
日 期
审定
D-8

图D-8 防雷接地装置图

天面电照平面图

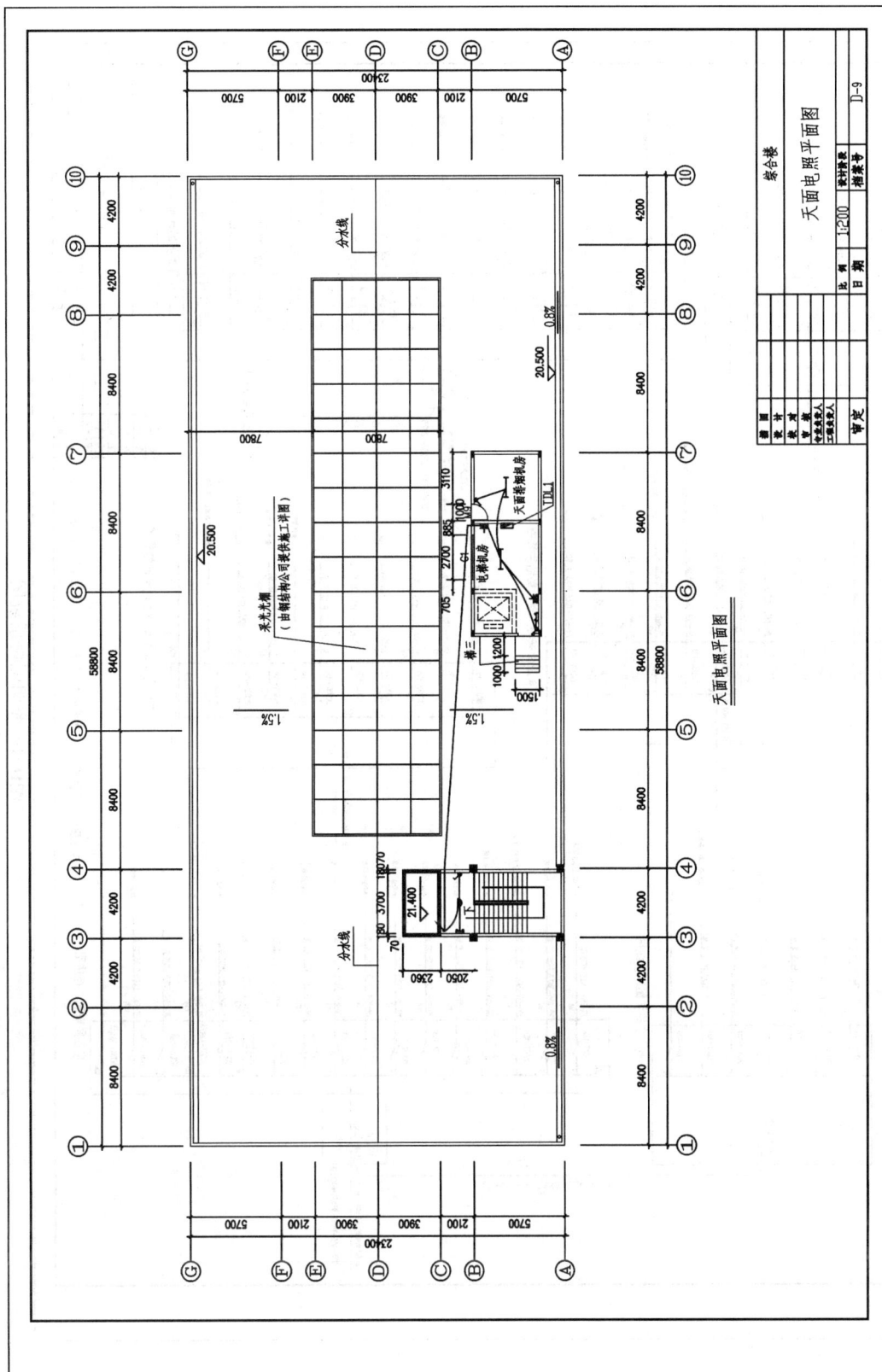

图D-9 天面电照平面图

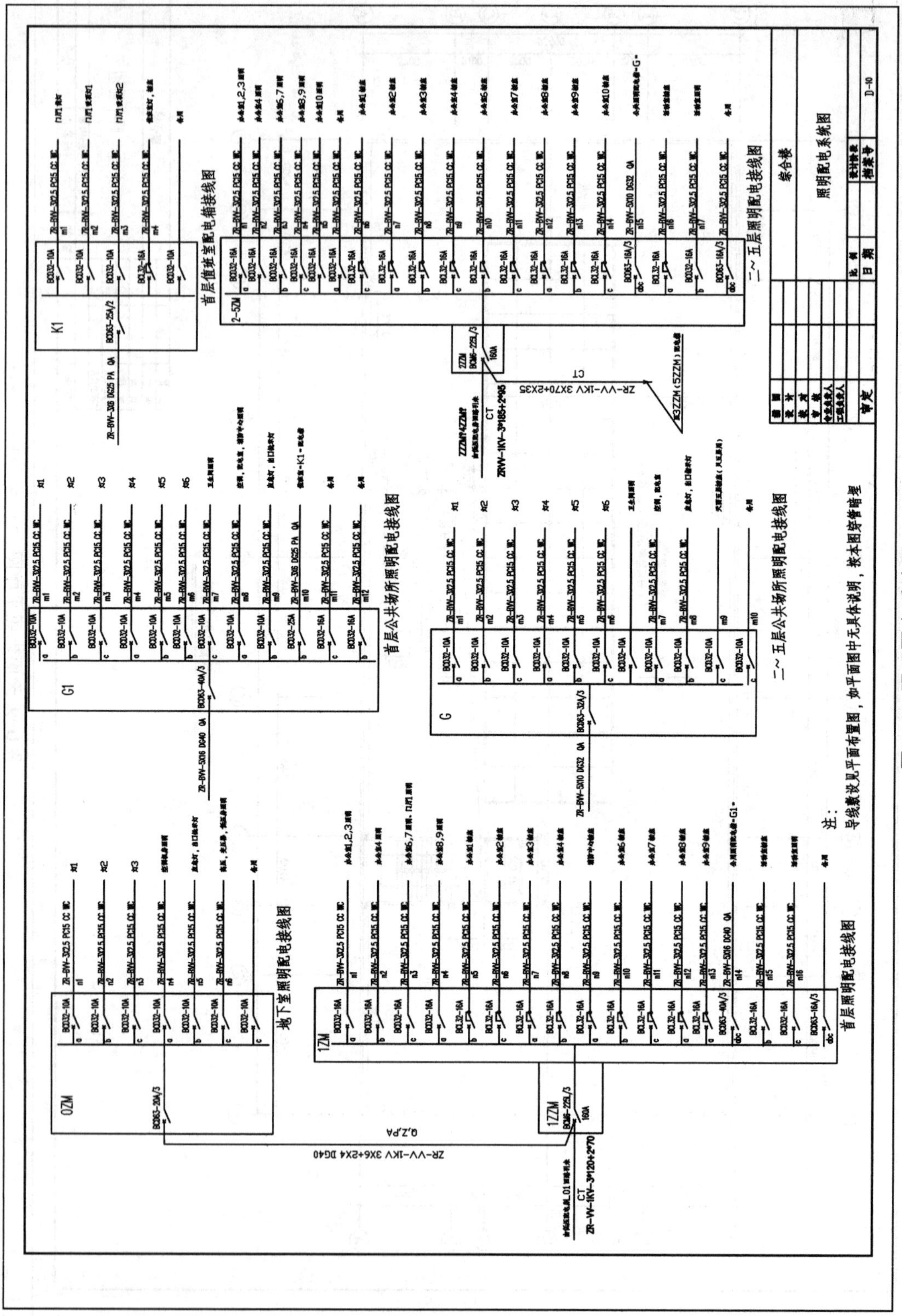

图D-10 照明配电系统图

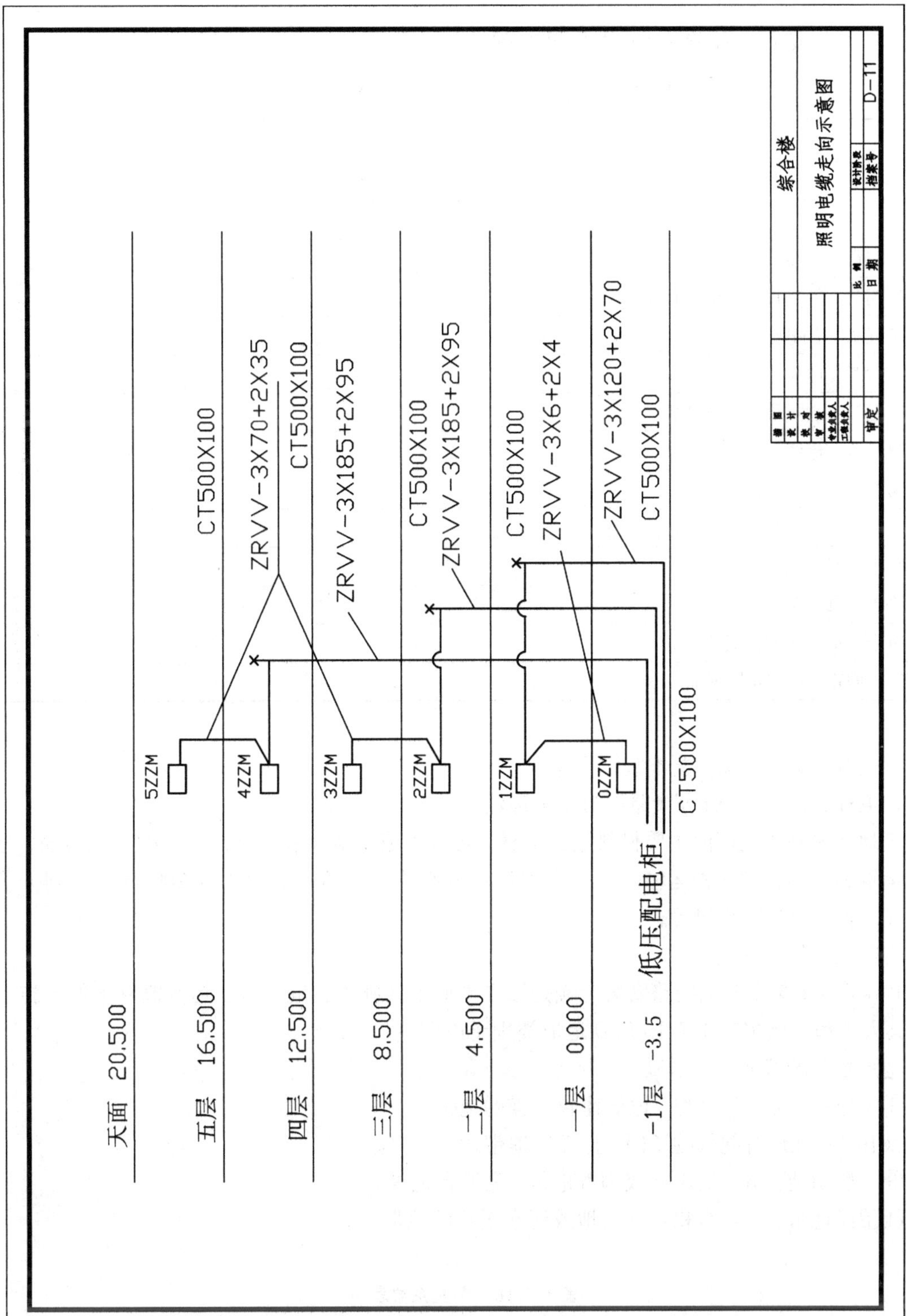

图D-11 照明电缆走向示意图

三、电气设备安装工程相关的定额

第二册《电气设备安装工程》定额项目设置内容

章目
第一章 变压器
第二章 配电装置
第三章 母线、绝缘子
第四章 控制设备及低压设备
第五章 蓄电池
第六章 电机
第七章 起重设备电气装置
第八章 电缆
第九章 防雷及接地装置
第十章 10 kV 以下架空配电线路
第十一章 电气调整试验
第十二章 配管、配线
第十三章 照明器具
第十四章 电梯电气装置

（一）10 kV 以下架空配电线路工程

1. 电杆、导线、金具等线路器材工地运输。

工地运输是指定额内主要材料从集中材料堆放点或工地仓库运至杆位上的工地运输，分人力运输和汽车运输两种运输方式。人力运输按平均运距 200 m 以内和 200 m 以上划分子目，汽车运输分为装卸和运输。

定额地形划分规定：

10 kV 以下架空输电线路安装定额是以在平原地区施工为准，如在其他地形条件下施工时，其人工和机械按表 3.7.16 所列地形类别予以调整。

地形划分的特征：

①平地：地形比较平坦、地面比较干燥的地带。

②丘陵：地形有起伏的矮冈、土丘等地带。

③一般山地：指一般山岭或沟谷地带、高原台地等。

④沼泽地带：指经常积水的田地或泥水淤积的地带。

表 3.7.16 调整系数表

地形类别	丘陵（市区）	一般山区、沼泽地带
调整系数	1.20	1.60

2. 杆基土石方。

实际工程中，全线地形分几种类型时，可按各种类型长度所占半分比求出综合系数进行计算。常见的土质可分为普通土、坚土、松砂土、岩石、泥水、流沙等。

注意事项：

①不论是开挖电杆坑或拉线盘坑，只是区分不同土质执行同一定额。土石方工程已综合考虑了线路复测、分坑、挖方和土方的回填夯实工作。

②各类土质的放坡系数按表 3.7.17 计算。

表 3.7.17　各类土质的放坡系数

土质	普通土、水坑	坚土	松砂土	泥水、流沙、岩石
放坡系数	1:0.3	1:0.25	1:0.2	不放坡

③施工操作裕度按底拉盘宽度每边增加 0.1 m。

④冻土厚度大于 300 mm 时，冻土层的挖方量按坚土定额乘以系数 2.5。其他土层仍按土质性质执行定额。

⑤杆坑土质按一个坑的主要土质而定，如一个坑大部分为普通土，少量为坚土，则该坑应全部按普通土计算。

⑥带卡盘的电杆坑，如原计算的尺寸不能满足卡盘尺寸时，因卡盘超长而增加的土(石)方量另计。

⑦电杆埋深是杆长的六分之一，临时供电杆长 1/10 ± 0.6 m。

3. 电杆组立。

架空配电线路一次施工工程量按 5 根以上考虑，如 5 根以内者，其全部人工和机械应乘以 1.3 系数。

(二)电缆工程

1. 定额内容及适用范围：

本部分定额为《广东省安装工程综合定额》第二册第八章。主要设置了电力电缆、控制电缆各种方式的敷设；各式电缆头的制作安装；电缆沟(路面)挖填；电缆沟铺沙、盖砖及移动盖板；保护管敷设及顶管；电缆桥架；电缆槽架；电缆防护等项目，共 22 节 273 个子目，定额编号从 2-556～2-828。

本章定额的适用范围：10 kV 以下电力电缆及控制电缆敷设。

2. 电缆工程定额中有关问题说明：

(1)本节的电缆敷设定额适用于 10 kV 以下的电力电缆和控制电缆敷设。

(2)电缆在一般山区、丘陵地区敷设时，其定额人工乘以系数 1.3。该地段所需的施工材料、加固定桩、夹具等按实另计。

(3)电缆敷设定额未考虑因波形敷设增加长度、弧度增加长度、电缆绕梁(柱)增加长度以及电缆与设备连接、电缆接头等必要的预留长度，该增加长度应计入工程量之内。

(4)电力电缆敷设定额均按 3 芯(包括三芯连地)考虑的，5 芯电力电缆敷设定额乘以系数 1.3，6 芯电力电缆乘以系数 1.6，每增加一芯定额增加 30%，以此类推。

（5）电缆沟挖填方定额亦适用于电气管道沟等的挖填方工作。

（6）移动盖板或揭或盖，定额均按一次考虑，如又揭又盖，则按两次计算。

（7）直径 ϕ100 以下的电缆保护管敷设执行本册配管配线章有关定额

（8）本章电缆敷设系综合定额，已将裸包电缆、铠装电缆、屏蔽电缆等因素考虑在内，因此凡 10 kV 以下的电力电缆和控制电缆均不分结构形式和型号，一律按相应的电缆截面和芯数执行定额。

（9）电缆防火堵洞每处按 0.25 m² 以内考虑。电缆刷色相漆按一遍考虑。

（10）桥架安装.

①桥架安装包括运输、组合、螺栓或焊接固定，弯头制作，附件安装，切割口防腐，桥式或托板式开孔，上管件隔板安装，盖板及钢制梯式桥架盖板安装。

②桥架支撑架定额适用于立柱、托臂及其他各种支撑架的安装。本定额已经综合考虑了采用螺栓、焊接和膨胀螺栓三种固定方式，实际施工中，不论采用何种固定方式，定额均不凿调整。

③玻璃钢梯式桥架和铝合金梯式桥架定额均按不带盖考虑，如这两种桥架带盖，分别执行玻璃钢槽式桥架定额和铝合金槽式桥架定额。

④钢制桥架主结构设计厚度大于 3 mm 时，定额人工、机械乘以系数 1.2。

⑤不锈钢桥架按本章钢制桥架定额乘以系数 1.1。

⑥桥架、托臂、立柱、隔板、盖板为外购件成品。连接用螺栓和连接件随桥架成套购买，计算重量可按桥架总重的 70% 计算。

（11）本章定额未包括下列工作内容：

①隔热层、保护层的制作与安装。

②电缆冬季施工的加温工作和在其他特殊施工条件下的施工措施费和施工降效增加费。

③电缆头制作安装的固定支架及防护（防雨）罩。

（三）配管、配线

1. 配管、配线定额项目设置。

配管项目：

（1）电线管敷设；

（2）钢管敷设；

（3）防爆钢管敷设；

（4）可挠金属套管敷设；

（5）塑料管敷设；

（6）金属软管敷设。

配线项目：

（1）管内穿线；

（2）鼓形绝缘子配线；

（3）针式绝缘子配线；

（4）碟式绝缘子配线；

（5）塑料槽板配线；

（6）塑料护套线明敷设；

（7）金属线槽安装；

（8）金属线槽内配线；

（9）钢索架设；

（10）母线拉紧装置及钢索拉紧装置制作、安装；

（11）车间带型母线安装；

（12）动力配管混凝土地面刨沟；

（13）墙体剔槽；

（14）接线箱安装；

（15）接线盒安装。

2. 配管、配线定额内有关问题说明。

（1）本章包括电气工程中各种敷设形式的配管、配线、钢索架设、车间带形母线安装及其拉紧装置制作与安装，接线箱、盒安装以及地面刨沟、墙体剔槽等项目。

（2）配管工程均未包括接线箱、盒及支架制作、安装，另执行相应项目。

（3）钢管敷设、防暴钢管敷设中的接地跨接线，定额综合了焊接和采用专用接地卡子两种方式。

（4）刚性阻燃管暗配定额是按切割墙体考虑的，其余暗配管均按配合土建预留、预埋考虑，如果设计或工艺要求需按切割墙体考虑的，另套墙体剔槽定额。

（5）铜母线安装执行钢母线安装定额。

（6）金属线槽安装定额亦适用于线槽在地面内暗敷设。

（7）鼓形绝缘子（沿钢结构及钢索）、针式绝缘子、蝶式绝缘子的配线、金属线槽及车间带形母线的安装均已包括支架安装，支架制作另计。

（8）连接设备导线预留长度应计入导线敷设工程量。其导线预留长度见表 3.7.18。

表 3.7.18　连接设备导线预留长度（每一根线）

序号	项目	预留长度	说明
1	各种开关箱、柜、板	高＋宽	盘面尺寸
2	单独安装（无箱、盘）的铁壳开关、闸刀开关、启动器、母线槽进出线盒等	0.3 m	以安装对象中心算
3	由地坪管子出口引至动力接线箱	1 m	以管口计算
4	电源与管内导线连接（管内穿线与软、硬母线接头）	1.5 m	以管口计算
5	出户线	1.5 m	以管口计算

（四）照明灯具安装工程

1. 照明灯具安装工程定额内子目设置。

本节包括普通灯具安装、装饰灯具安装、荧光灯具安装、工厂灯及防水防尘灯安装、医院灯具安装，以及各种开关、按钮、插座、电铃、风扇等电器安装共 10 节 371 个子目。

由于照明灯具种类繁多，因而根据它们的用途及发光方法，将其安装预算定额分为七大类。在各大类灯具中，再按照各种灯具的安装特点，将基本相同的灯具划为同一小类。

2. 照明灯具安装工程定额中有关问题说明。

（1）各种灯具的引导线、各种灯具元器件的配线，除另注明外，均已综合考虑在定额内。

（2）各型灯具的支架制作安装，除另注明者外，均未考虑在定额内。

（3）装饰灯具、路灯、投光灯、碘钨灯、氙气灯、烟囱或水塔指示灯，均已考虑了一般工程的高空作业因素，其他器具安装高度如超过 5 m，则应按册说明中规定的超高系数另行计算。

（4）装饰灯具定额项目与示意图号配套使用（见消耗量定额附录）。

（5）风扇安装未包括风扇调速开关安装，可另外执行开关安装相应项目，吊风扇安装只预留吊钩时，人工乘以系数 0.4，其余不变。

（6）地面防水插座安装按暗插座相应定额人工乘以系数 1.2，其接线盒执行防暴接线盒定额。

（7）本章仅列高度在 6 m 以内的金属灯柱安装项目，其他不同材质、不同高度的灯柱（杆）安装可执行第十章相应定额。灯柱穿线执行定额第二册电气设备安装工程中第十二章配管、配线定额相应子目。

（8）灯具安装定额内已经包括利用摇表测量绝缘及一般灯具的试亮工作。

（五）防雷接地装置工程

1. 防雷及接地装置工程定额内所包含子目。

本节定额适用于建筑物、构筑物的防雷接地，变配电系统接地、设备接地以及避雷针的接地装置。共 7 节 69 个子目。

2. 防雷及接地装置工程定额有关问题说明。

（1）户外接地母线敷设定额系按自然地坪和一般土质综合考虑，包括地沟的挖填土和夯实工作，挖沟的沟底按 0.4 m，上宽 0.5 m，沟深为 0.75 m，每米沟长的土方量为 0.34 m² 计算。执行本定额时不应再计算土方量，如遇有石方、矿渣、积水、障碍物等情况时可另行计算。

（2）本章定额不适于采用爆破法施工敷设接地线、安装接地极，也不包括高土壤电阻率地区采用换土或化学处理的接地装置及接地电阻的测定工作。

（3）本章定额中，避雷针的安装、半导体少长针消雷装置安装均已考虑了高空作业的因素。

（4）避雷针安装定额是按成品考虑计入的。

（5）独立避雷针的加工制作执行本册"一般铁构件"制作定额。

（6）平屋顶上烟囱及凸起的构筑物所作避雷针，执行"避雷网安装"项目。

（7）利用钢绞线作接地引下线时，配管、穿钢绞线执行本册第十二章中同规格的相应项目。

（8）防雷均压环安装定额是按利用建筑物圈梁内主筋作为防雷接地连接线考虑的。如果采用单独扁钢或者圆钢明敷作均压环时，可执行"接地母线明敷"项目。

（9）接地极按在现场制作考虑，长度 2.5 m，安装包括打入地下并与主接地网焊接。

（10）避雷网安装定额中支架间距按 1 m 考虑，采用焊接，避雷线按主材考虑。沿混凝块敷设定额已经考虑了混凝土礅的现场浇制。

任务 3 - 7 - 3　工程量计算规则

一、10 kV 以下架空配电线路工程工程量计算

(一)线路器材等运输工程量的计算

运输量应根据施工图设计将各类器材分类汇总,按定额规定的运输量和包装系数计算。线路器材等运输工程量以"10 t·km"为计算单位。运输量计算公式如下:

工程运输量 = 施工图设计用量×(1 + 损耗量)(各种材料的损耗率详见表 3.7.19)

预算运输重量 = 工程运输量 + 包装物重量(不需要包装的可不计包装物重量)

运输重量详见表 3.7.20。

表 3.7.19　各种材料的损耗率

混凝土制品	0.5%
木杆材料	1.0%
绝缘子	2.0%
金具	1.0%
裸软导线	1.3%
绝缘导线	1.8%
拉线材料	1.5%

表 3.7.20　运输重量表

材料名称		单位	运输重量(kg)	备注
混凝土制品	人工浇制	m³	2600	包括钢筋
	离心浇制	m³	2800	包括钢筋
线材	导线	kg	$W×1.15$	有线盘
	钢绞线	kg	$W×1.07$	无线盘
木杆材料		m³	500	包括木横担
金具、绝缘子		kg	$W×1.07$	
螺栓		kg	$W×1.07$	

备注:1. W 为理论重量;2. 未列入者均按净重计算。

例 1　有一架空线路工程共有 4 根电杆,人工费合计为 900 元,是在山区施工,求人工增加费是多少?

解:$900×1.60×1.3 - 900 = 972$ 元

(1)本例题是以广东省平原地区条件为准,如在山区或者沼泽地区施工,可以把架空线路工程人工费的总和乘以系数 1.60 作为补偿。另外本计算是按照 5 根以上施工工程情况测算的,如实际情况是 5 根或者不足 5 根,由于施工效率降低,需要补偿外线的全部人工费的

30%。具体方法就是把以上人工费的总和再乘以系数1.3。

（2）值得注意的是，当这两种系数都要考虑时，其人工费是累计计算的，而不是分别都用900作为基数。

（二）杆坑土石方量计算

1.按杆基施工图尺寸，以"m³"计量。如图3.7.47所示杆坑的土石方量计算公式为：

$$V = (h/6) \times [a \times b + (a + a_1) \times (b + b_1) + a_1 \times b_1]$$

$$a、b = 底拉盘底宽 + 2 \times 每边操作裕度$$

$$a_1、b_1 = a(b) + 2h \times 放坡系数$$

式中：V——土石方体积，m³；

h——坑深，m；

$a、b$——坑底宽，m；

$a_1、b_1$——坑口宽，m。

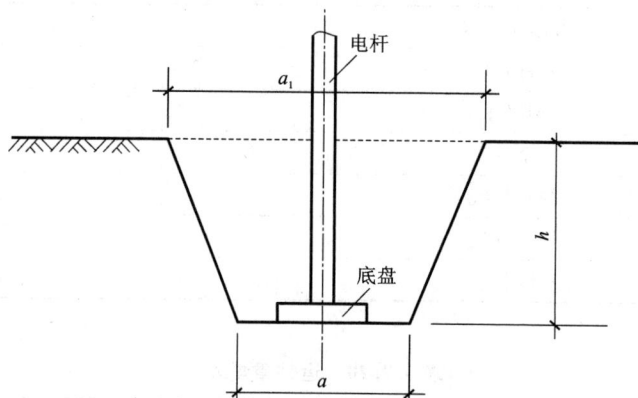

图3.7.47 杆坑

2.无底盘、卡盘的电杆坑挖土量。

其挖方体积： $$V = 0.8 \times 0.8 \times h$$

式中：h——坑深，m。

3.电杆坑的马道上土石方量。

按每坑0.2 m³计算。

4.底盘、卡盘、拉线盘安装。

按设计用量以"块"为计量单位。

5.木杆根部防腐。

以"根"为计量单位。

（三）电杆组立工程量计算

架空配电线路一次施工工程量按5根以上考虑，如5根以内者，其全部人工和机械应乘以系数1.3。

杆塔组立，分别杆塔形式和高度按设计数量以"根"为计量单位。

①混凝土组立人工水平按人力、半机械化、机械化综合取定。

②立木电杆每根考虑一个地横木，规格为φ200×1200，其材料按主要材料考虑。

284

（四）横担安装工程量计算

按施工图设计规定，分不同形式以"组"或"根"为计量单位。横担安装是按单根考虑的，如果双杆横担安装，基价乘以系数 2.0。

（五）拉线制作、安装工程量计算

按施工图设计规定，拉线分别不同形式，以"根"为计量单位。定额按单根拉线考虑，若安装 V 形、Y 形或双拼型拉线时，按 2 根计算。拉线长度按设计全根长度计算，设计无规定时可按表 3.7.21 计算。

表 3.7.21　拉线长度　　　　　　　　　　单位：m/每根

项目		普通拉线	V(Y)形拉线	弓型拉线
杆高(m)	8	11.47	22.94	9.33
	9	12.61	25.22	10.10
	10	13.74	27.48	10.92
	11	15.10	30.20	11.82
	12	16.14	32.28	12.62
	13	18.69	37.38	13.42
	14	19.68	39.36	15.12
水平拉线		26.47		

（六）导线架设工程量计算

根据导线截面积的不同，区分导线类型（裸铝绞线、裸钢芯铝绞线、绝缘铝绞线、绝缘铜绞线），以"km/单线"为计量单位。其中导线、金具是未计价材料。

工程量计算公式：导线长度 = 线路总长度 × (1 + 1%) + ∑预留长度

其中：1% 为线路导线的弛度。

线路总长 = 线路单根导线长度 × 导线根数

导线架设预留长度见表 3.7.22。

表 3.7.22　导线架设预留长度

项目名称		预留长度（米）
10 kV 以下高压	转角	2.5
	分支、终端	2.0
1 kV 以下低压	分支、终端	0.5
	交叉跳线转角	1.5
与设备连接		0.5
进户线		2.5

（六）导线跨越及进户线架设工程量计算

（1）导线跨越.

定额根据跨越对象跨越电力线、通信线或公路，跨越铁路；跨越河流分项。定额单位为"处"。工作内容包括越线架的搭、拆和运输，以及因跨越施工难度增加而增加工作量。

①每个跨越间距按50米以内考虑（电力、公路、通信线；铁路；河流）；

②$50 \text{ m} < L < 100 \text{ m}$ 时，按两处计算，以此类推。

③一次跨越两个障碍物时，按两处跨越，依此类推。

（2）进户线架设。

定额根据导线截面的不同规格划分项目，以"100 m/单根"为计量单位。

①导线、绝缘子、横担本身价值另行计算。

②进户管及管内穿线，按室内配管配线另行计算。

（七）杆上变配电设备安装计算

（1）杆上变压器安装。

以"台"为计量单位，依据变压器容量规格分别套用定额。

（2）杆上配电设备安装。

跌落式熔断器、避雷器、隔离开关分别以"组"为单位计算；油开关、配电箱分别以"台"为计量单位。

例2 今有一外线工程，平面图如图3.7.48所示。电杆高12 m，档距均为50 m，工地运输为人力运输，设预算运输量为200吨，平均运距为5公里；底盘的规格为0.8 m×0.8 m，杆抗如图3.7.49。

求：1）列预算项目；2）计算各项工程量见表3.7.23。

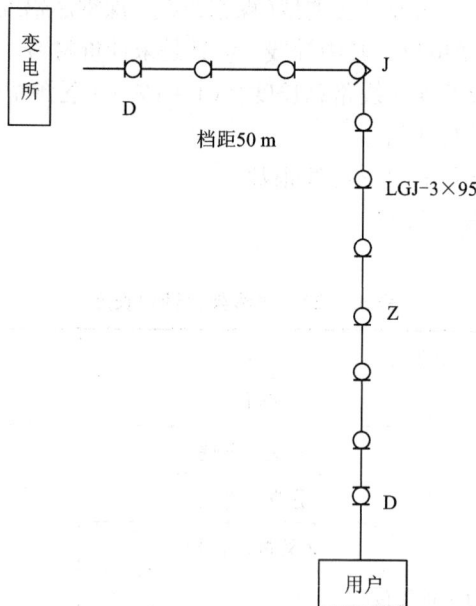

图3.7.48 外线工程平面图

表 3.7.23　10 kV 以下架空配电线路工程量计算书

工程名称：　　　　　　　　　　　　　　　　　　　　　　　　　　　第 1 页共 1 页

项目名称	单位	数量	计算式
工程运输量	t·km	1000	$200 \times 5 = 1000$
杆坑土石方量	m³	58.96	$2/6[1 \times 1 + (1 + 2.2) \times (1 + 2.2) + 2.2 \times 2.2] \times 11 = 58.96$
底盘的安装	块	11	$1 \times 11 = 11$
卡盘的安装	块	11	$1 \times 11 = 11$
拉盘的安装	块	3	$1 \times 3 = 3$（终端杆 D：2 块、转角杆 J：1 块）
普通拉线安装（截面 35 mm²）：	根	3	$1 \times 3 = 3$（终端杆 D：2 根、转角杆 J：1 根）
混凝土电杆的组立（12 m 高）	根	11	$1 \times 11 = 11$
横担安装：10 kV 以下单横担	组	8	$1 \times 8 = 8$
横担安装：10 kV 以下双横担	组	3	$1 \times 3 = 3$
导线架设	m	1534.5	$[500 \times (1 + 1\%) + (2.5 + 2 + 2)] \times 3 = 1534.5$

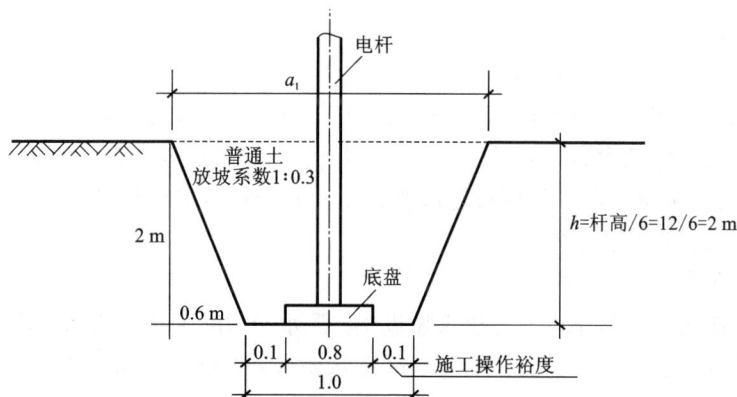

图 3.7.49　杆抗

二、电缆工程工程量计算

1.电缆长度及敷设工程量计算。

(1)电缆长度计算。

电缆敷设按单根延长米计算,如,一个沟内(或架上)敷设3根各长100 m的电缆时,应按300 m计算,依此类推。

计算时注意:电缆敷设定额没有考虑因波形敷设增加长度、弛度增加长度、电缆绕梁(柱)增加长度以及电缆与设备连接、电缆接头等必要的预留长度,因此该长度也是电缆敷设长度的组成部分。

每条电缆敷设长度 = (水平长度 + 垂直长度 + 预留长度) × (1 + 2.5% 曲折弯余量)

式中:2.5%——电缆曲折弯余量系数;

电缆敷设长度应根据敷设路径的水平和垂直敷设长度,按表3.7.24的规定增加预留长度。

表 3.7.24 电缆敷设的预留长度

序号	项 目	预留长度(附加)	说 明
1	电缆敷设弛度、波形弯度、交叉	2.5%	按电缆全长计算
2	电缆进入建筑物	2.0 m	规范规定最小值
3	电缆进入沟内或吊架时引上(下)	1.5 m	规范规定最小值
4	变电所进线、出线	1.5 m	规范规定最小值
5	电力电缆终端头	1.5 m	检修余量最小值
6	电缆中间接头盒	两端各留2.0 m	检修余量最小值
7	电缆进控制、保护屏及模拟盘等	高 + 宽	按盘面尺寸
8	高压开关柜及低压配电盘、箱	2.0 m	盘下进出线
9	电缆至电动机	0.5 m	从电机接线盒算起
10	厂用变压器	3.0 m	从地坪算起
11	电缆绕过梁柱等增加长度	按实计算	按被绕物的断面情况计算增加长度
12	电梯电缆与电缆架固定点	每处0.5 m	规范最小值

(2)电缆敷设。

电力电缆敷设区分敷设方式(直埋、穿管、沿竖直通道等其他敷设方式)和电缆线芯材质(是铜芯还是铝芯),均按照电缆截面规格大小,以"100 m"为计量单位。

控制电缆敷设区分敷设方式(直埋、穿管、沿竖直通道等其他敷设方式)。按照电缆芯数,以"100 m"为计量单位。主材应按电缆敷设量及其损耗量另行计算。

2.电缆直埋时,工程量计算。

(1)电缆沟挖填及人工开挖路面。

电缆沟挖填应区分一般土沟、含建筑垃圾土、泥水土、冻土和石方等,均以"m³"为单位计算。直埋电缆的挖、填土(石)方工程量,除特殊要求外,可按表3.7.25计算土方量。

表 3.7.25 土方量表

项目	电缆根数	
	1 ~ 2	每增加1根
每米沟长挖方量(m³)	0.45	0.153

288

说明：

1)两根以内的电缆沟，系按上口宽度 600 mm，下口宽度 400 mm，深度 900 mm 计算。

2)每增加一根电缆，其宽度增加 170 mm。

3)以上土方量系按埋深从自然地坪起算，如设计埋深超过 900 mm 时，多挖土方量另行计算。

而电缆经过道路，人工开挖路面时，则区分路面结构特征(混凝土路面、沥青路面和砂石路面)及其开挖路面的厚度，以"m²"为计量单位计算工程量。

(2)电缆沟内铺沙、盖砖及移动盖板。

定额子目区分"铺砂盖砖"和"铺砂盖保护板"，按照电缆沟内敷设"1~2 根"电缆作为基本定额子目，以"每增 1 根"电缆为辅助定额子目，以"100 m"为单位计算。

电缆采用电缆沟敷设时，需要盖(或揭)电缆沟水泥盖板，应区分每块盖板的长度按每盖(或揭)一次，以延长米"100 m"为单位计算，但是如又揭又盖，则按两次计算。

电缆沟盖板费用在定额中未包括，应另行计算。

3.电缆保护管敷设。

电缆保护管敷设应按管道材质(铸铁管、混凝土管、石棉水泥管、钢管及塑料管)并区分管径大小的不同，分别以"10 m"为单位计算。

电缆保护管长度，按设计规定长度计算外，遇有下列情况，应按表 3.7.26 的规定增加保护管长度。

表 3.7.26　保护管增加长度

项目	增加
横穿道路	路基宽度两端增加 2 m
垂直敷设	管口距地面增加 2 m
穿建筑物外墙	按基础外缘以外增加 1 m
穿排水沟	按沟壁外缘以外增加 0.5 m

备注：(1)钢管敷设管径 100 mm 以下套用"配管配线"项目。

(2)电缆保护管埋地敷设土方量，凡有施工图注明的，按施工图计算；无施工图的，一般按沟深 0.9 m，沟宽按最外边的保护管两侧边缘外各增加 0.3 m 工作面计算。

计算公式为：

$$V = (D + 2 \times 0.3)hL$$

式中：D——保护管外径(m)；

h——沟深(m)；

L——沟长(m)；

0.3——工作面尺寸(m)。

4.电缆桥架安装工程量计算。

常用桥架有钢制桥架、玻璃钢桥架、铝合金桥架和组合桥架四大类。

(1)钢制桥架、玻璃钢桥架、铝合金桥架安装，又分别有槽式桥架、梯式桥架和托盘式桥架等三种，均区分桥架规格(宽 + 高)，以"10 m"为计量单位，不扣除弯头、三通、四通等所占长度。其中桥架、盖板和隔板的主材费另计。

另外需注意：

1) 不锈钢桥架按本章钢制桥架定额乘以系数 1.1。

2) 钢制桥架主结构设计厚度大于 3 mm 时，定额人工、机械乘以系数 1.2。

3) 玻璃钢梯式桥架和铝合金梯式桥架定额均按不带盖考虑，如这两种桥架带盖板，则分别执行玻璃钢槽式桥架和铝合金槽式桥架项目的定额。

(2) 组合桥架以每片长度 2 m 为一个基型片，需要在施工现场将基型片进行组合成桥架，以"100 片"为计量单位计算，主材费另计。

(3) 桥架支撑架以"100 kg"为计量单位。适用于立柱、托臂及其他各种支撑架的安装。本定额已综合考虑了采用螺栓、焊接和膨胀螺栓三种固定方式，实际施工中，不论采用何种固定方式，定额均不作调整。

(4) 桥架、托臂、立柱、隔板、盖板为外购件成品，连接用螺栓和连接件随桥架成套购买，计算重量可按桥架总重的 7% 计算。

5. 电缆终端头与中间头的制作、安装。

(1) 电力电缆终端头及中间头均以"个"为计量单位。

电力电缆和控制电缆均按一根电缆有两个终端头考虑。中间电缆头设计有图示的，按设计确定；设计没有规定的，按实际情况计算（或按平均 250 m 一个中间头考虑）。

(2) 控制电缆头制作、安装按电缆"终端头"和"中间头"芯数 6、14、24、37 以内，分别以"个"为单位计算。保护盒及套管另行计算。

6. 电缆防火堵洞、阻燃槽盒安装及电缆防护工程量计算。

(1) 电缆防火堵洞每处按 0.25 m² 以内考虑；防火涂料以"10 kg"为计量单位，防火隔板安装以"m²"为计量单位，阻燃槽盒安装以"10 m"为计量单位。

(2) 电缆防腐、缠石棉绳、刷漆、缠麻层、剥皮均以"10 m"为计量单位。

7. 电缆支架计算。

电缆支架、吊架、槽架制作安装以"t"为单位计算，套用铁件制作安装定额。

8. 电缆不同敷设方法预算费用组成。

(1) 电力电缆埋地敷设施工图预算费用组成。

电力电缆埋地敷设施工图预算费用计算包括以下五项费用：电缆沟挖填人工开挖路面、电缆沟铺沙盖砖、电力电缆埋地敷设费用、电缆中间接头制作安装、电缆终端头制作安装。下面就每一项费用工程量计算和定额的套用进行详细的说明。

1) 电缆沟挖填、人工开挖路面。

定额分不同土质以"m³"为单位，电缆沟挖填工程量计算公式：

$$V = 1/2(\text{电缆沟上底} + \text{下底}) \times \text{电缆沟深} \times \text{电缆线路长度}$$

例 3　某电缆沟上口宽度 600 mm，下口宽度为 400 mm，深度按 900 mm，电缆线路长度为 100 m，求电缆沟挖填土石量为多少？

解：计算电缆沟挖填土石方量

$$V = 1/2(0.4 + 0.6) \times 0.9 \times 100 = 0.45 \times 100 = 45 \text{ m}^3$$

2) 电缆沟铺沙盖砖。

定额单位为：100 m。电缆沟铺沙盖砖工程量计算方法：

计算电缆沟铺沙盖砖工程量 = 施工图线路长度;

计算定额单位数 = 工程量/定额单位;

计算工程费用 = 定额单位数 × 基价单价;

当电缆埋设根数为 n 根时:

n 根电缆沟的铺沙盖砖基价单价为:1~2 根基价 + $(n-2)$ × 每增加一根基价单价。

例 4　若电缆埋设根数为 3 根时,3 根电缆沟铺沙盖砖基价单价为:1~2 根基价 + 每增加一根基价单价 = 1266.22 + 465.09 = 1731.31 元。

若电缆埋地敷设电缆根数为 5 根,线路总长度为 100 m,求此工程的铺沙盖砖工程施工费为多少?

解:(1)计算电缆沟铺沙盖砖工程量 = 施工图线路长度 = 100 m

(2)计算定额单位数 = 工程量/定额单位 = 100/100 = 1

(3)工程费用 = 定额单位数 × 基价单价

计算 5 根电缆沟铺沙盖砖基价单价为:

1~2 根基价 + (5-2) × 每增加一根基价单价 = 1266.22 + 3 × 465.09 = 2661.49 元

电缆沟铺沙盖砖工程费用 = 定额单位数 × 基价单价 = 1 × 2661.49 = 2661.49 元

3)电力电缆埋地敷设费用。

电缆敷设按单根延长米计算,定额单位为:100 m。电缆主材为未计价材料,在直接费中单独计算电缆主材费,每敷设 100 m 电缆实际消耗电缆数量为 101 m,即敷设一个定额单位的电缆实际消耗电缆为 101 m。

工程中实际消耗的电缆数量计算公式为:实际消耗电缆长度 = 定额单位数 × 101

例 5　已知如图 3.7.50 电缆敷设采用电缆埋地敷设线路长度为 100 m,电缆根数为 5 根,电缆预算价格每米单价为 300 元,求电缆敷设直接费?

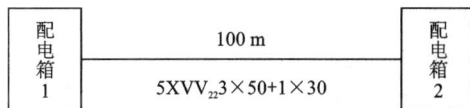

```
┌────┐              100 m              ┌────┐
│配电 │                               │配电 │
│箱   ├──────────────────────────────┤箱   │
│1    │     5XVV₂₃3×50+1×30           │2    │
└────┘                               └────┘
```

图 3.7.50　电缆敷设图

解:电缆埋地敷设工程直接费包括电缆敷设费和电缆主材费,计算过程如下:

按图中计算电缆敷设工程量,并考虑电缆在各处预留长度,查预留长度系数表得系数分别为:进建筑物 2.0 m;变电所进线、出线 1.5 m;电缆进入沟内 1.5 m;高压开关柜及低压配电箱 2.0 m;电力电缆终端头 1.5 m。

(1)电缆埋地敷设工程量:

$L = (100 + 2.0 × 2 + 1.5 × 2 + 1.5 × 2 + 2.0 × 2 + 1.5 × 2) × (1 + 2.5\%) × 5 = 599.65$ m;

(2)计算定额单位数。

定额单位为 100 m,定额单位数为:599.65/100 = 5.9965;

(3)计算电缆埋地敷设费。

电缆埋地敷设工程费 = 定额单位数 × 基价单价 = 5.9965 × 625.73 = 3752.19 元;

(4)计算电缆主材费。

电缆主材费计算公式 = 定额单位数 × 101 × 电缆预算价格每米单价 = 5.9965 × 101 × 300 = 181693.95 元;

(5)此工程电缆敷设直接费。

工程直接费 = 工程安装施工费 + 主材费 = 3752.19 + 181693.95 = 185446.14 元。

4)电缆中间接头制作、安装

电力电缆中间头以"个"为计量单位,工程量确定根据设计图中所示中间电缆头个数为准计算;设计没有规定的,按实际情况计算,或按平均250 m一个中间头考虑。根据施工方法套定额计算制作安装费及主材费。

5)电缆终端头制作、安装。

电缆终端头制作安装定额单位是"个",确定工程量时,一根电缆按两个终端头计算,根据具体的施工发放套定额计算制作安装费和主材费。

例6 如五根电缆终端头制作安装工程量为10个;制作安装方法为户内热缩式,求制作安装费。

解:套定额可计算出,制作安装费为:1964.14 元。

(2)电力电缆穿保护管敷设施工图预算费用组成。

电力电缆穿保护管敷设施工图预算费用计算包括以下五项费用:电缆沟挖填人工开挖路面、电力电缆保护管敷设及顶管、电力电缆穿管敷设、电缆中间接头制作安装、电缆终端头制作安装。下面就每一项费用工程量计算和定额的套用进行详细的说明。

电缆沟挖填、电力电缆穿管敷设、电缆中间头终端头制作安装等工程量计算与前面所讲的内容相同,套定额时根据不同施工方法分别进行套用。直接费的组成同样包括:施工费和主材费。

电力电缆保护管的敷设以"10 m"为定额单位,保护管分不同材质和管径分别套定额,管材有混凝土管、石棉水泥管、铸铁管、钢管、塑料管等。顶管安装分别以"根"为单位,分别分为长10 m、20 m两种规格进行套用定额。

电缆保护管的敷设工程量 = 线路长度 + 垂直长度

(3)电缆沿沟支架敷设施工图预算。

电缆沿沟支架敷设施工图预算费用计算包括以下五项费用:电缆沟挖填人工开挖路面、电缆沟盖揭保护板、支架的制作安装、电力电缆敷设费用、电缆中间接头制作安装、电缆终端头制作安装。各费用计算方法与前面所述内容相似,只是在预算中要注意,保护板的主材费和电缆沟的砌筑在本册定额中没涉及,费用按土建预算考虑。

支架的制作、安装工程量计算与线路的长度、电缆固定点间距及支架层数有关:

支架制作安装工程量 = 线路长度/电缆固定点间距 × 支架层数 × 每根支架的重量。

套用第二册第四章铁构件制作、安装定额,根据工程量和定额计算支架制作、安装费,并另计支架主材费。

(4)电缆沿支架敷设施工图预算方法。

电缆沿沟支架敷设施工图预算费用计算包括以下四项费用:支架的制作安装、电力电缆敷设费用、电缆中间接头制作安装、电缆终端头制作安装。各费用计算方法与前面所述内容相似。

(5)电缆沿钢索敷设施工图预算。

电缆沿钢索敷设施工图预算费用计算包括以下四项费用：钢索架设、电力电缆敷设费用、电缆中间接头制作安装、电缆终端头制作安装。钢索架设工程量计算根据电缆平行还是垂直敷设两种方法来计算。

电缆平行钢索敷设：钢索架设工程量 = 线路长度；

电缆垂直钢索敷设：钢索架设工程量 = 线路长度/固定点间距 × 每根钢索长度

钢索架设套用第二册第十二章钢索架设定额，并另计主材费。

（6）电缆桥架敷设施工图预算。

电缆桥架敷设施工图预算费用计算包括以下四项费用：电缆桥架安装、电力电缆敷设费用、电缆中间接头制作安装、电缆终端头制作安装。各费用计算方法与前面所述内容相似。

例 7　某电缆敷设工程，采用电缆沟铺砂盖砖直埋，并列敷设 5 根 VV29（4 × 50）电力电缆，如图 3.7.51 所示，变电所配电柜至室内部分电缆穿 SC50 钢管做保护，共 5 m 长。室外电缆敷设共 100 m 长，中间穿过热力管沟，在配电间有 10 m 穿 SC50 钢管保护。试列出预算项目和工程量。

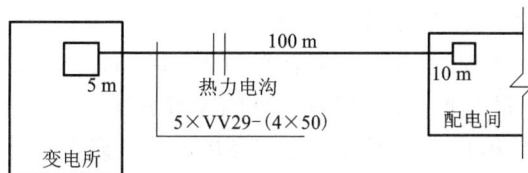

图 3.7.51　电缆敷设

表 3.7.27　电缆工程工程量计算书

工程名称：　　　　　　　　　　　　　　　　　　　　　　　　　　　　　第 1 页共 1 页

项目名称	单位	数量	计算式
电缆沟挖填土方量	m³	102.375	$[0.45 + (5 - 2) \times 0.153] \times 100 + (0.05 \times 5 + 0.3 \times 2)$ $\times 0.9 \times 15 = 102.375$
电缆沟铺砂盖砖	m	100	
电缆沟铺砂盖砖（每增加一根）	m	400	$(5 - 1) \times 100 = 400$
电缆保护管 SC50 敷设	m	85	$(5 + 10 + 1.0 \times 2) \times 5 = 85$
钢管主材	m	85.425	$8.5 \times 10.05 = 85.425$
电缆敷设	m	599.625	$(100 + 2.0 \times 2 + 1.5 \times 2 + 1.5 \times 2 + 2.0 \times 2 + 1.5 \times 2)$ $\times (1 + 2.5\%) \times 5 = 599.625$
电缆主材	m	691.47	$(0.85 + 5.99625) \times 101 = 691.47$
电缆终端头制作安装	个	10	$2 \times 5 = 10$

解：（1）预算工程项目：

电缆敷设工程分为电缆沟挖填土方量、电缆敷设、电缆沟铺沙盖砖、保护管敷设、电缆终端头制作等项。

（2）计算工程量：

1）电缆沟挖填土方量工程量：$[0.45 + (5 - 2) \times 0.153] \times 100 + (0.05 \times 5 + 0.3 \times 2) \times 0.9 \times 15 = 102.375 \ m^3$

2）电缆沟铺沙盖砖工程量：100 m

每增加一根工程量：$(100 \times 4) \ m = 400 \ m$

3）按图中计算电缆敷设工程量，并考虑电缆在各处预留长度，查预留长度系数表得系数分别为：进建筑物 2.0 m；变电所进线、出线 1.5 m；电缆进入沟内 1.5 m；高压开关柜及低压配电箱 2.0 m；电力电缆终端头 1.5 m。

电缆埋地敷设工程量：

$L = (100 + 2.0 \times 2 + 1.5 \times 2 + 1.5 \times 2 + 2.0 \times 2 + 1.5 \times 2) \times (1 + 2.5\%) = 599.625 \ m$

定额单位为 100 m，定额单位数为：599.625/100 = 5.99625

4）电缆保护管 SC50 工程量：$(5 + 10 + 1.0 \times 2) \times 5 = 85 \ m$；定额单位为 10 m，定额单位数为 85/10 = 8.5。

保护管主材为未计价材料：敷设一个定额单位的保护管实际消耗钢管的长度为 10.05 m，此工程中所消耗的钢管主材长度 = 定额单位数 $\times 10.05 = 8.5 \times 10.05 = 85.425$。

5）电缆穿保护管敷设工程量：85 m；定额单位为：100 m，定额数量为：0.85。

注意：电缆敷设工程量中要考虑电缆在各处的预留长度，而不考虑电缆的施工损耗。

电缆敷设定额单位为 100 m，每敷设一个定额单位的电缆实际消耗电缆的数量为 101 m，电缆总的定额单位数为 5.99625 + 0.85 = 6.84625，实际消耗 VV29（4×50）电缆总长度为 $6.84625 \times 101 = 691.47 \ m$

（3）工程量计算书见表 3.7.27。

三、控制设备及低压电器工程量计算

1. 配电箱、柜、板安装工程量计算。

（1）成套配电箱/柜安装。

不区分动力箱和照明箱，只区分安装方式（落地式和悬挂嵌入式）均以"台"为单位套用有关定额项目。对于悬挂式配电箱，还应区分半周长套用不同定额项目。半周长指配电箱"长 + 宽"的长度，如配电箱长为 700 mm，宽为 400 mm；其半周长为 1100 mm，在 1000 mm 与 1500 mm 之间，则应套上限半周长 1500 mm 以内定额子目。

插座箱、电表箱安装可按成套配电箱的安装定额执行。

计算时注意：

1）成套配电箱安装所需要的基础槽钢或角钢制作、安装应另行计算，套相应定额。

2）成套配电箱端子板外部接线或焊、压接线端子的工程量套相应定额子目。

（2）木制配电箱制作及配电板制作、安装工程量。

木制配电箱制作区分半周长，以"套"为计量单位计算工程量。另外木制配电箱制作定额不包括箱内配电板的制作和各种电气元件的安装及箱内配线等工作；木制配电箱制作定额已包括了主材费用，不得另行计算。

配电板制作区分不同材质（木板、塑料板、胶木板），按配电板图示外形尺寸，以"块"为计量单位。另外配电板制作定额中均已包括其主材费用，不得另外计算。配电板安装则区分

半周长,以"块"为单位计算工程量。

2.控制开关、控制器、启动器、电阻器、变阻器类安装。

(1)控制开关、熔断器、限位开关、按钮、电笛均区分不同类别,分别以"个"为单位套用定额子目。

(2)控制器、接触器、启动器等安装。

按不同类别分别以"台"为计量单位。其中控制器区分主令控制器、鼓形和凸轮控制器,应分别计算工程量;接触器安装不区分接触器类型和规格与磁力起动器安装均套用同一定额子目。

(3)电阻器、变阻器安装。

分别以"箱/台"为计量单位计算工程量。

(4)水位电气信号装置安装。

区分机械式、电子式、液位式分别以"套"为单位套用定额子目。

3.盘、柜配线。

(1)盘、柜配线是指盘、柜内组装电气元件间的连接导线,区分导线截面以"10 m"为计量单位计算工程量。盘、柜配线只适用于盘、柜内组装电气元件之间的连配线,不适用于工厂的修、配、改工程。

计算工程量时,可按下式计算:$L = (B + H) \times n$

其中:L——盘、柜配线总长度(m);

　　　B——盘、柜一边长(m);

　　　H——盘、柜一边宽(m);

　　　n——盘、柜配线回路数(即导线根数)。

(2)盘、箱、柜的外部进出线预留长度按表 3.7.28 计算。

表 3.7.28　盘、箱、柜的外部进出线预留长度(m/根)

序号	项　目	预留长度	说明
1	各种箱、柜、盘、板、盒	高 + 宽	盘面尺寸
2	单独安装的铁壳开关、自动开关、刀开关、启动器、箱式电阻器、变阻器	0.5	从安装对象中心算起
3	继电器、控制开关、信号灯、按钮、熔断器等小电器	0.3	从安装对象中心算起
4	分支接头	0.2	分支线预留

4.端子板安装及外部接线端子板安装。

(1)端子箱安装。

所谓端子箱,是指箱体内只设有接线端子板,而无开关、熔断器、电能表等器件。端子箱安装应区分户内和户外两种形式,以"台"为单位计算工程量。主材费另计。

(2)端子板安装及外部接线。

端子板安装以"组"为计量单位,安装 10 个头为一组。端子板外部接线有端子和无端子两种形式,按照导线截面规格,以"10 个"为单位套用有关定额子目。各种配电箱、盘安装均未包括端子板的外部接线工作内容，应根据按设备盘、箱、柜、台的外部接线图上端子板的规格、数量，另套"端子板外部接线"定额。

（3）焊、压接线端子工程量。

焊、压接线端子是指截面以上多股单芯导线与设备或电源连接时必须加装的接线端子。接线端子按材质有铜接线端子和铝接线端子，铜接线端子有焊接和压接两种形式，铝接线端子只有压接。工程量计算区分导线材质和导线截面积，分别以"个"为计量单位。

另外注意，接线端子（俗称接线鼻子）已经包括在定额内，不得另行计算。焊（压）接线端子定额只适用于导线。电缆终端头制作安装定额中已包括压接线端子，不得重复计算。

5.基础槽钢和角钢制作安装工程量。

高压开关柜、低压开关柜（屏）和控制屏、继电信号屏等，以及落地式动力、照明配电箱安装，均需设置在基础槽钢或角钢上。工程量计算区分基础槽钢和角钢，分别以"10 m"为计量单位计算工程量。其设计长度如图3.7.52所示，按下式计算：

$$L = 2\left(\sum A + B\right)$$

其中：L——基础槽钢或角钢设计长度（m）；

$\sum A$——单列屏（柜）总长度（m）；

B——屏（柜）深（或厚）度（m）。

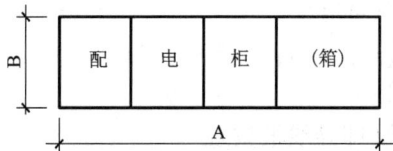

图3.7.52　配电柜（箱）

例8　设有高压开关柜 GFC – 10A 计20台，预留5台，安装在同一型钢基础上，柜宽800 mm，深1250 mm，求基础型钢长度。

解：$L = 2 \times (25 \times 0.8 + 1.25) = 42.5$ m

四、配管、配线工程量计算

配管、配线工程量的计算，应弄清每层之间的供电关系，注意引上管和引下管。防止漏算干线支线线路。计算可"先管后线"，可按照回路编号依次进行，也可按管径大小排列顺序计算。管内穿线根数在配管计算时，用符号表示，以利于简化和校核。

1.配管工程量计算。

（1）一般规定。

各种配管应区别不同敷设方式（明敷设和暗敷设）、敷设位置、管材材质、规格，以"100 m"为单位计算工程量，不扣除管路中间的接线箱（盒）、灯头盒、开关盒所占长度。

各种配管工程均不包括管子本身的材料价值，应按施工图设计用量乘以定额规定消耗系数和工程所在地材料预算价格另行计算。

（2）计算方法。

配管计算的方法可采用顺序计算方法、分片划块计算方法、分层计算方法。顺序计算方法：从起点到终点，从配电箱起按各个回路进行计算。即从配电箱（盘、板）→用电设备＋规定预留长度。分片划块计算方法：计算工程量时，按建筑平面形状特点及系统图的组成特点分片划块分别计算，然后分类汇总。分层计算方法：在一个分项工程中，如遇有多层或高层建筑物时，可采用由底层至顶层分层计算的方法进行计算。

$$配管长度 = 配管水平方向长度 + 配管垂直向长度$$

1）水平方向敷设的线管工程量计算。

水平方向敷设的线管以平面图的线管走向和敷设部位为依据，并借用建筑物平面图所标墙、柱轴线尺寸和实际到达尺寸进行线管长度的计算。如图 3.7.53 所示。

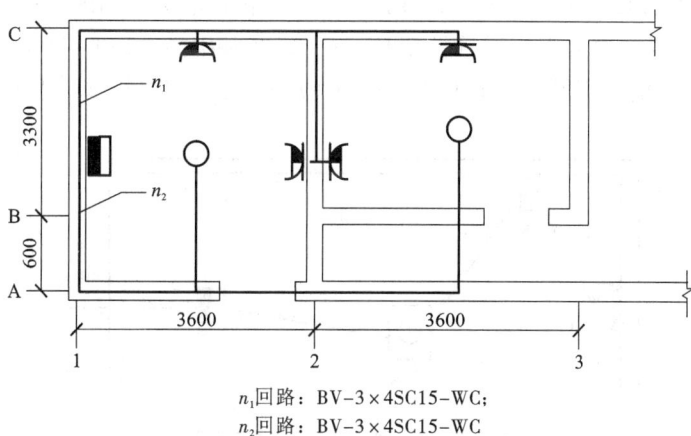

n_1 回路：BV-3×4SC15-WC;
n_2 回路：BV-3×4SC15-WC

图 3.7.53　线管水平长度计算示意图

当线管沿墙暗敷时（WC），按相关墙轴线尺寸计算该配管长度。如 n_1 回路，沿 B－C，1－3 等轴线长度计算工程量，其工程量为 $(3.3 + 0.6) \div 2 [B － C$ 轴间配管长度$] + 3.6[1 － 2$ 轴间配管长度$] + 3.6 \div 2[2 － 3$ 轴间配管长度$] + (3.3 + 0.6) \div 2[$引向插座配管长度$] = 9.3$ m。

n_2 回路配管的水平长度 $= (3.3 + 0.6) \div 2 + 3.6 + (3.3 + 0.6) \div 2 + 3.6 \div 2 + (0.6 + 3.3 \div 2) = 11.55$ m。

2）垂直方向敷设的管（沿墙、柱引上或引下）

垂直方向敷设的管（沿墙、柱引上或引下），无论明装还是暗装，其工程量计算都与楼层高度及箱、柜、盘、开关等设备的安装高度有关。如图 3.7.54 所示。一般来说，拉线开关距顶棚 200 － 300 mm，开关插座距地面距离为 1300 mm，配电箱底部距地面距离为 1500 mm。但在此要注意从设计图纸或安装规范中查找有关数据。

由上图可知，拉线开关 1 配管长度为 200～300 mm，开关 2 配管长度为 $(H - h_1)$，插座 3 的配管长度为 $(H - h_2)$，配电箱 4 的配管长度为 $(H - h_3)$，配电柜 5 的配管长度为 $(H - h_4)$。

3）当线路埋地敷设时（FC）配管工程量。

水平方向的配管长度按墙、柱轴线尺寸及设备定位尺寸进行计算；穿出地面向设备或向墙上电气设备配管时，按配管埋设的深度和引向墙、柱的高度进行计算。

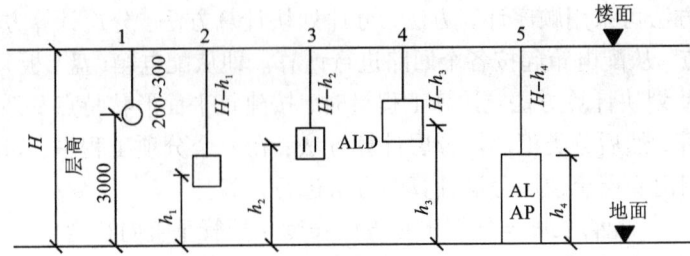

图 3.7.54　线管垂直长度示意图

若电源架空引入，穿管进入配电箱（AP），再进入设备，又连开关箱（AK），再连照明箱（AL）。水平方向配管长度为 $L_1 + L_2 + L_3 + L_4$，均算至各中心处，如图 3.7.55 所示。垂直方向配管长度为 $(h_1 + h)$［电源引下线管长度］+ $(h +$ 设备基础高 + $150 \sim 200$ mm）［引向设备线管长度］+ $(h + h_2)$［引向刀开关线管长度］+ $(h + h_3)$［引向配电箱线管长度］。如图 3.7.56 所示。

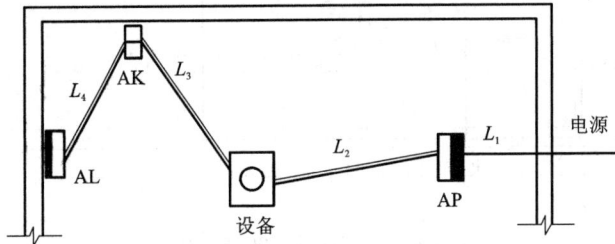

图 3.7.55　线管水平长度示意图

若电源架空引入，穿管进入配电箱（AP），再进入设备，又连开关（AK），最后进照明箱（AL）。

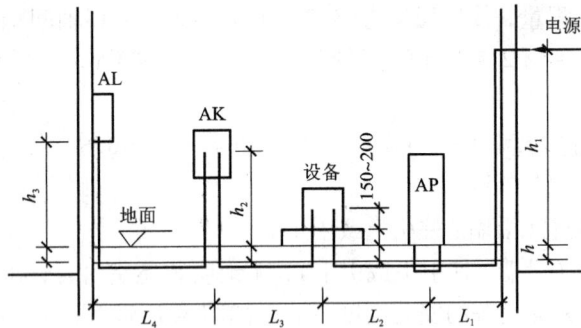

图 3.7.56　埋地管出地长度计算示意图

水平方向配管长度：$L_1 + L_2 + L_3 + L_4$，均算至其各中心处；

垂直方向配管长度：$(h_1 + h)$［电源引下线管长度］+ $(h +$ 设备基础高）［引向设备线管长度］+ $(h + h_2)$［引向刀开关线管长度］+ $(h + h_3)$［引向配电箱线管长度］。

（3）计算配管工程时的注意事项。

1）配管工程均未包括接线箱、盒及支架的制作、安装，发生时可按"铁钩件制作安装"定

298

额相关子目。

2)钢管、防爆钢管敷设中接地跨接按焊接盒采用专用接地卡子综合考虑。

3)钢索配管项目中未包括钢索架设及拉紧装置制作盒安装,接线盒安装,发生时其工程量另行计算。

2.配管接线箱、盒安装工程量计算。

接线箱是集中各种导线接头的箱子,将接头集中在接线箱内便于管理、维护。接线盒是集中安置各种导线接头的盒子,体积比接线箱小。

(1)接线箱安装工程量。

应区分明装盒安装,按接线箱半周长,以"10 个"为计量单位计算工程量。接线箱本身价值需另行计算,接线箱安装亦适用等电位箱等的安装。

(2)接线盒安装工程量。

应区别安装形式(明装、暗装、钢索上)以及接线盒类型,以"个"为计量单位计算工程量。接线盒价值另行计算。

明装接线盒包括普通接线盒、防爆接线盒安装两个子目;暗装接线盒包括接线盒、开关盒安装两个子目。接线盒安装亦适用于插座底盒的安装。

(3)计算工程量时注意事项。

1)接线盒一般发生在管线分支处或管线转弯。例如:①安装电器部位(开关,插座,灯具,配电箱);②线路分支或导线规格改变处;③水平敷设转弯处。如图 3.7.58(a)、(b)所示。

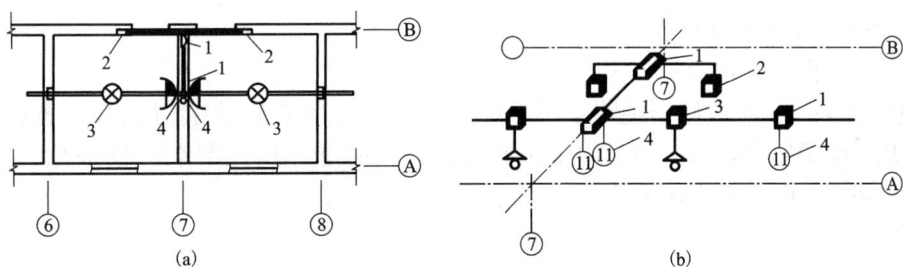

图 3.7.58　接线盒

(a)平面位置图;(b)透视图

1—接线盒;2—开关盒;3—灯头盒;4—插座盒

2)线管敷设长度超过下列情况之一时,中间应加接线盒。

a.管子长度每超过 30 m 无弯时;

b.管子长度每超过 20 m 中间有一个弯时;

c.管子长度每超过 15 m 中间有两个弯时;

d.管子长度每超过 8 m 有三个弯时。

3)两个接线盒对于暗配管其直角弯不得超过三个,明配管不得超过四个。

3.管内穿线工程量计算。

(1)一般规定。

管内穿线的工程量,应区别线路性质(照明线路和动力线路)、导线材质、导线截面,以单线"100 m"为计量单位计算。导线价值另行计算。

1)照明和动力线路的分支接头线的长度已综合考虑在定额中,不得另行计算。

2)照明线路只编制了截面4平方毫米以下的子目,截面4平方毫米以上照明线路按动力线路定额计算。

(2)管内穿线长度计算方法。

管内穿线长度 =(配管长度 + 导线预留长度)× 同截面导线根数

计算时注意:

1)灯具、明暗开关、插座、按钮等的预留线,已分别综合在相应定额内,不另行计算。

2)配线进入开关箱、柜、板的预留线,按表3.7.29规定的长度,分别计入相应的工程量。

表3.7.29　导线预留长度

序号	项目	预留长度/m	说明
1	各种开关箱、柜、板	宽 + 高	盘面尺寸
2	单独安装(无箱、盘)的铁壳开头、闸刀开头、启动器、母线槽进出线盒	0.3	从安装对象中心算起
3	由地面管子出口引至动力接线箱	1.0	从管口算起
4	由电源与管内导线连接(管内穿线与硬、软母线接头)	1.5	从管口算起
5	出户线(或进户线)	1.5	从管口算起

4.线路敷设工程量计算。

(1)绝缘子配线工程量。

绝缘子配线工程量应区别绝缘子形式(针式、鼓式、蝶式)、绝缘子配线位置(沿屋架、梁、柱、墙,跨屋架、梁、柱、木结构;顶棚内、砖、混凝土结构;沿钢支架及钢索)以及导线截面积,以线路"100 m"为计量单位计算。

其中:

1)导线材料价值不包括在定额内,应另行计算。

2)支架制作及其主材应按铁构件制作定额计算。

3)钢索架设及拉紧装置的制作安装定额应按相应定额另行计算。

(2)槽板配线工程量。

槽板配线工程量应区别槽板材质配线位置(木结构、砖、混凝土)、导线截面和线式(二线、三线),以线路"100 m"为计量单位计算。

其中:

1)木制槽板执行塑料槽板配线。

2)导线、木槽板、塑料槽板按设计用量乘以定额消耗指标另行计算。

(3)塑料护套线明敷设工程量。

塑料护套线明敷设工程量,应区别导线截面、导线芯数(二芯、三芯)、敷设位置(木结构、钢结构、砖混结构、沿钢索),以单根线路"100 m"为计量单位计算。

(4)线槽工程量计算。

1)线槽安装工程量。

应区别不同的宽度，以"100 m"为计量单位计算。

2）线槽配线工程量。

应区别导线截面，以单根线路按"100 m"计算工程量。

5.其他分项工程量计算。

（1）钢索架设工程量。

钢索架设工程量应区别圆钢、钢索直径（$\phi 6$、$\phi 9$），按图示墙（柱）内缘距离计算工程量，不扣除拉紧装置所占长度。

（2）母线拉紧装置制作安装。

母线拉紧装置及钢索拉紧装置制作安装工程量，应区别母线截面、花篮螺栓直径（$\phi 12$、$\phi 16$、$\phi 18$），以"套"为计量单位计算。

（3）车间带形母线安装工程量。

车间带形母线安装工程量，应区别母线材质（铝、钢）、母线截面、安装位置（沿屋架、梁、柱、墙，跨屋架、梁、柱）以"延长米"为计量单位计算。

（4）动力配管混凝土地面刨沟、剔槽工程量。

动力配管混凝土地面刨沟工程量，应区别管子直径，以"延长米"为计量单位计算。

例9 已知某车间动力配电平面图如图3.7.59所示，其中：①动力配电箱落地式安装，配电箱基础高出地面0.1 m；②钢管埋入地坪下，埋深为0.3 m；③控制盘明装，底边距地1.2 m；④引至设备的钢管管口距地面0.5 m。试求：①此配管工程的配管工程量；②计算此工程中6 mm^2穿线工程量。其中动力配电箱和控制盘的（宽+高）分别为1.5 m，设备处的导线预留为1.0 m。

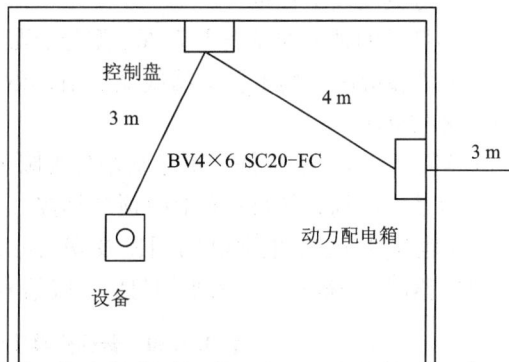

图3.7.59 某车间动力配电平面图

解：计算工程量。

（1）配管工程量（SC20）：

1）SC20的水平管长度为：3 + 4 = 7 m

2）SC20的垂直管长度为：（0.1 + 0.3）［出配电箱］+（1.2 + 0.3）× 2［进出控制箱］+（0.5 + 0.3）［到设备］= 4.2 m

3）SC20钢管工程量为：7 + 4.2 = 11.2 m

（2）管内穿线工程量（BV6）。

（配管的长度 + 预留长度）× 导线的根数 = （11.2 + 2 × 1.5 + 1）× 4 = 60.8（m）

五、照明器具工程量计算

（一）照明工程量计算要点

照明工程量根据该项工程电气设计施工图的照明平面图、照明系统图以及设备材料表等进行计算。

照明线路的工程量按施工图上标明的敷设方式和导线的型号、规格及比例尺寸量出其长度进行计算。照明设备、用电设备的安装工程量,是根据施工图上标明的图例、文字符号分别统计出来的。

为了准确计算照明线路工程量,不仅要熟悉照明的施工图,还应熟悉或查阅建筑施工图上的有关主要尺寸。因为一般电气施工图只有平面图,没有立面图,故需要根据建筑施工图的立面图和电气照明施工图的平面图配合计算。

照明线路的工程量计算,一般先计算干线,后算支线,按不同的敷设方式、不同型号和规格的导线分别进行计算。

(二)照明灯具工程量计算程序

根据照明平面图和系统图,按进户线、总配电箱、向各照明分配电箱配线、经各照明配电箱配向灯具、用电器具的顺序逐项进行计算,这样既可以加快看图时间,提高计算速度,又可以避免漏算和重复计算。

(三)照明灯具工程量计算方法

工程量的计算采用列表方式进行计算。照明工程量的计算、一般宜按一定顺序自电源侧逐一向用电侧进行,要求列出简单明了的计算式,可以防止漏项、重复,以便于复核。

(四)各种灯具安装的工程量计算规则

1.普通灯具安装工程量。

应区别灯具的种类详见表3.7.30、型号、规格,以"10套"为单位计算工程量。计算时注意:软线吊灯和链吊灯均不包括吊线盒价值,必须另行计算。其预算定额按吸顶灯具和其他普通灯具分类立项。

(1)吸顶灯具安装:根据灯罩形状划分为圆球形、半圆球形、方形三种。圆球形、半圆球形按灯罩直径大小划分子目;方形吸顶灯具按灯罩形式(矩形罩、大口方罩)划分子目。

(2)其他灯具安装:根据灯的用途及安装方式立项,分为软线吊灯、吊链灯、防水防尘灯、一般弯脖灯、一般壁灯、大平门灯、一般信号灯及座灯头项目。

表3.7.30 普通灯具安装定额适用范围表

定额名称	灯具种类
圆球吸顶灯	材质为玻璃的螺口、卡口圆球独立吸顶灯
半圆球吸顶灯	材质为玻璃的独立的半圆球吸顶灯、扁圆罩吸顶灯、平圆形吸顶灯
方形吸顶灯	材质为玻璃的独立的矩形罩吸顶灯、方形罩吸顶灯、大口方罩吸顶灯
软线吊灯	利用软线为垂吊材料、独立的,材质为玻璃、塑料、搪瓷,形状如碗伞、平盘灯罩组成的各式软线吊灯
吊链灯	利用吊链作辅助悬吊材料、独立的,材质为玻璃、塑料罩的各式吊链灯
防水吊灯 M	一般防水吊灯
一般弯脖灯	圆球弯脖灯、风雨壁灯
一般墙壁灯	各种材质的一般壁灯、镜前灯
软线吊灯头	一般吊灯头
节能座灯头	一般节能座灯头
座灯头	一般塑胶、瓷质座灯头
吊花灯	一般花灯

2. 装饰灯具安装的工程量。

为了减少因为产品规格、型号不统一而发生的争议，定额采用灯具彩色图片与定额子目对照方法编制，以便认定，给定额使用带来极大方便。

施工图设计的艺术装饰吊灯的头数与定额规定不相同时，可以按照插入法进行换算。装饰灯具的种类详见表 3.7.31。

（1）吊式艺术装饰灯具。

应根据装饰灯具示意图集所示，区别不同装饰物以及灯体直径和灯体垂吊长度，以"10套"为计量单位计算。灯体直径为装饰物的最大外缘直径，灯体垂吊长度为灯座底部到灯梢之间的总长度。

（2）吸顶式艺术装饰灯具。

应根据装饰灯具示意图集所示，区别不同装饰物、吸盘的几何形状、灯体直径、灯体周长和灯体垂吊长度，以"10套"为计量单位计算。灯体直径为吸盘最大外缘直径；灯体半周长为矩形吸盘的半周长；吸顶式艺术装饰灯具的灯体垂吊长度为吸盘到灯梢之间的总长度。

（3）荧光艺术装饰灯具。

应根据装饰灯具示意图集所示，区别不同安装形式和计量单位计算。

1）组合荧光灯带安装的工程量，应根据装饰灯具示意图集所示，区别安装形式、灯管数量，以"10 m"为计量单位计算。灯具的设计数量与定额不符时可以按设计量加损耗量调整主材。

2）内藏组合式灯安装的工程量，应根据装饰灯具示意图集所示，区别灯具组合形式，以"10 m"为计量单位计算。

3）发光棚安装的工程量，应根据装饰灯具示意图集所示，以"10 m"或"10 m²"为计量单位，发光棚灯具按设计用量加损耗量计算。

（4）几何形状组合艺术装饰灯具。

应根据装饰灯具示意图集所示，区别不同安装形式及灯具的不同形式，以"10套"为计量单位计算。

（5）标志、诱导装饰灯具。

应区别装饰灯具示意图集所示，区别不同安装形式（吸顶式、吊杆式、墙壁式、嵌入式），以"10套"为计量单位。

（6）水下艺术装饰灯。

应根据装饰灯具示意图集所示，区别不同安装形式、不同灯具直径，以"10套"为计量单位计算。

（7）点光源艺术装饰灯具。

应根据装饰灯具示意图集所示，区别不同安装形式、不同灯具直径，以"10套"为单位分别进行计算。

（8）草坪灯具。

应根据装饰灯具示意图集所示，区别不同安装形式，以"10套"为单位分别计算工程量。

（9）歌舞厅灯具。

应根据装饰灯具示意图所示，区别不同灯具形式，分别以"10套"为单位为计量单位计算。

表 3.7.31　装饰灯具安装定额适用范围表

定额名称	灯具种类(形式)
吊式艺术装饰灯具	不同材质、不同灯体垂吊长度、不同灯体直径的蜡烛灯、挂片灯、串珠(穗)、串棒灯、吊杆式组合灯、玻璃罩(带装饰)灯
吸顶式艺术装饰灯具	不同材质、不同灯体垂吊长度、不同灯体几何形状的串珠(穗)、串棒灯、挂片、挂碗、挂吊碟灯、玻璃(带装饰)灯
荧光艺术装饰灯具	不同安装形式、不同灯管数量的组合荧光灯光带，不同几何组合形式的内藏组合式灯，不同几何尺寸、不同灯具形式的发光棚，不同形式的立体广告灯箱、荧光灯光沿
几何形状组合艺术灯具	不同固定形式、不同灯具形式的繁星灯、钻石星灯、礼花灯、玻璃罩钢架组合灯、凸片灯、反射挂灯，筒形钢架灯、U形组合灯、弧形管组合灯
标志、诱导装饰灯具	不同安装形式的标志灯、诱导灯
水下艺术装饰灯具	简易形彩灯、密封型彩灯、喷水池灯、幻光型灯
点光源艺术装饰灯具	不同安装形式、不同灯体直径的筒灯、牛眼灯、射灯、轨道射灯
草坪灯具	各种立柱式、墙壁式的草坪灯
歌舞厅灯具	各种安装形式的变色转盘灯、雷达射灯、幻影转彩灯、维纳斯旋转彩灯、卫星旋转效果灯、飞碟旋转效果灯、多头转灯、滚筒灯、频闪灯、太阳灯、雨灯、歌星灯、边界灯、射灯、泡泡发生器、迷你满天星彩灯、迷你单立(盘彩灯)、多头宇宙灯、镜面球灯、蛇光管

3. 荧光灯具安装工程量。

应区别灯具的安装形式、灯具种类详见表 3.7.32、灯管数量，以"10套"为计量单位计算。

荧光灯具安装预算定额按组装型和成套型分项。凡采购来的灯具是分件的，安装时需要在现场组装的灯具称为组装型。凡不需要在现场组装的灯具称为成套型灯具。定额中的整套灯具均为未计价材料。

表 3.7.32　荧光灯具安装定额适用范围

定额名称	灯具种类
组装型荧光灯	单管、双管、三管吊链式、吸顶式、现场组装独立荧光灯
成套型荧光灯	单管、双管、三管吊链式、吊管式、吸顶式、成套独立荧光灯

4. 工厂灯具安装的工程量。

工厂灯具的种类见表 3.7.33，应区别不同安装形式，以"10套"为计量单位计算。

表 3.7.33　工厂灯及防水防尘灯安装定额适用范围表

定额名称	灯 具 种 类
直杆工厂吊灯	配照(GC1－A)、广照(GC3－A)、深照(GC5－A)、斜照(GC7－A)、圆球(GC17－A)、双罩(GC19－A)
吊链式工厂灯	配照(GC1－B)、深照(GC3－B)、斜照(GC5－C)、圆球(GC7－B)、双罩(GC19－A)、广照(GC19－B)
吸顶式工厂灯	配照(GC1－C)、广照(GC3－C)、深照(GC5－C)、斜照(GC7－C)、双罩(GC19－C)
弯杆式工厂灯	配照(GC1－D/E)、广照(GC3－D/E)、深照(GC5－D/E)、斜照(GC7－D/E)、双罩(GC19－C)、局部深罩(GC26－F/H)
悬挂式工厂灯	配照(GC21－2)、深照(GC23－2)
防水防尘灯	广照(GC9－A、B、C)、广照保护网(GC11－A、B、C)、散照(GC15－A、B、C、D、E、F、G)

5.工厂其他灯具安装的工程量。

工厂其他灯具的种类见表 3.7.34,应区别不同灯具类型、安装高度,以"10 套"为计量单位计算。

表 3.7.34　工厂其他灯具安装定额适用范围表

定额名称	灯 具 种 类
防潮灯	扁形防潮灯(GC－31)、防潮灯(GC－33)
腰形舱顶灯	腰形舱顶灯 CCD－1
碘钨灯	DW 型、220 V、300~1000 W
管形氙气灯	自然冷却式 200 V/380 V、20 kW 内
投光灯	TG 型室外投光灯
高压水银灯镇流器	外附式镇流器具 125~450 W
安全灯	(AOB－1、2、3)、(AOC－1、2)型安全灯
防爆灯	CB C－200 型防爆灯
高压水银防爆灯	CB C－125/250 型高压水银防爆灯
防爆荧光灯	CB C－1/2 单/双管防爆型荧光灯

6.医院灯具安装的工程量。

应区别灯具种类详见表 3.7.35,以"10 套"或套"为计量单位计算。

表 3.7.35　医院灯具安装定额适用范围表

定额名称	灯 具 种 类
病房指示灯	病房指示灯
病房暗脚灯	病房暗脚灯
无影灯	3~12 孔管式无影灯

7. 路灯安装工程量。

立金属杆，按杆高，以"根"为计量单位。路灯种类详见表3.7.36，路灯按悬挑灯架区别不同形式，按臂长以"10套"为计量单位。工厂厂区内、住宅小区内路灯安装执行本册定额，城市道路的路灯安装执行《广东省市政工程预算定额》。

表 3.7.36　路灯安装定额适用范围表

定额名称	灯 具 种 类
单臂悬挑灯架 1. 抱箍式 2. 顶套式	单抱箍臂长 1.2、3 m 以内，双抱箍臂长 3、5 m 以内、5 m 以上双拉梗臂长 3.5 m 以内、5 m 以上 双臂架臂长 3、5 m 以内、5 m 以上 成套型臂长 3、5 m 以内、5 m 以上 组装型臂长 3、5 m 以内、5 m 以上
双臂悬挑灯架 1. 成套型 2. 组装型	对称式 2.5、5 m 以内、5 m 以上 非对称式 2.5、5 m 以内、5 m 以上 对称式 2.5、5 m 以内、5 m 以上 非对称式 2.5、5 m 以内、5 m 以上
路灯灯具	敞开式、双光源式、密封式、悬吊式
大马路弯灯	臂长 1200 mm 以下、臂长 1200 mm 以上
庭院路灯	柱灯三火以下、七火以下

8. 开关、按钮、插座安装的工程量。

(1)开关、按钮安装工程量。

应区别开关、按钮安装形式，开关、按钮种类，开关极数以及单控与双控，以"10套"为计量单位计算。

(2)插座安装工程量。

应区别电源相数、额定电流、插座安装形式、插座插孔个数，以"10套"为计量单位计算。

9. 安全变压器、电铃、风扇安装工程量。

(1)安全变压器安装的工程量。

应区别安全变压器容量，以"台"为计量单位计算。

(2)电铃、电铃号牌箱安装的工程量。

应区别电铃直径、电铃号牌箱规格(号)，以"套"为计量单位计算。

(3)门铃安装工程量。

应区别门铃安装形式，以"10个"为计量单位计算。

(4)风扇安装的工程量。

应区别风扇种类，以"台"为计量单位计算。

10. 其他电器安装工程量。

(1)盘管风机三速开关、请勿打扰灯、须刨插座、钥匙取电器、自动干手装置、卫生洁具自动感应器安装的工程量，均以"10套"为计量单位计算。

(2)红外线浴霸安装的工程量，区分光源个数以"套"为计量单位计算。

六、防雷接地工程量计算

1.接地极(板)制作安装工程量。

接地极包括钢管、角钢、圆钢、铜板、钢板接地极。接地极制作安装项目已包含制作和安装两项内容。工作内容：下料、尖端加工、刷漆焊接、打入地下。定额中不包括钢管、角钢、圆钢、钢板、镀锌扁钢、紫铜板、裸铜线价值，需另行计算。

(1)钢管、角钢、圆钢接地极。

以根为计量单位，并区分普通土、坚土分别套相应定额，设计无规定时，每根长度按2.5 m计算。

(2)铜板、钢板接地极。

以"块"为计量单位计算工程量，区分不同土质套用相应定额子目。

2.接地母线敷设工程量。

按施工图设计长度另加3.9%附加长度(指转弯、上下波动、避绕障碍物、搭接头所占长度)，以"10 m"为计量单位计算工程量。并区分明敷、暗敷两种敷设方式分别套用定额子目。

计算公式：接地母线长度 = 按施工图设计尺寸计算的长度 × (1 + 3.9%)

计算时注意如下问题：

(1)工作内容包括：挖地沟、接地线平直、下料、测位、打眼、埋卡子、敷设焊接、回填土、夯实、刷漆。

(2)接地母线一般采用镀锌圆钢、镀锌扁钢或铜绞线，其材料本身价值另行计算。

(3)母线地沟内的挖方量是按(自然沟底宽0.4 m，上口宽0.5 m，深0.75 m)每 m 沟长0.34 m³综合在定额内的。如设计要求埋设深度与定额不同或沟内遇有石方、矿渣、积水、障碍物等情况时，应另行调整土方量。

3.接地跨接线安装工程量。

接地跨接线是指接地母线遇有障碍(如建筑物伸缩缝等)需跨越时相连接的连接线或利用金属构件、金属管道作为接地线时，需要焊接的连接线。如图3.7.60所示。金属管道敷设中通过箱、盘、盒等断开点，焊接的连接线已包括在管道敷设定额中，不得算为跨接线。

工作内容：下料、钻空、挖填土、固定刷漆。

接地跨接线以"10处"为单位计算工作量。按规范规定凡需要作接地跨接线的工程内容，每跨接一次按一处计算。户外配电装置构架均需接地，每副构架按"一处"计算。

4.避雷针制作、安装工程量。

(1)避雷针制作，以"根"为计量单位，独立避雷针的加工制作应执行"一般铁构件制作"定额或按成品计算。

避雷针制作区分不同材质(钢管、圆钢)，按照不同高度分别套用相应定额。

(2)避雷针安装，以"根"为计量单位。区分不同安装位置和针长套用相应定额。

1)装在烟囱上，区分安装高度(25 m、50 m、100 m、150 m、250 mm以内)套用相应定额。

2)装在建筑物上，区分平屋面上和墙上，并区分针高(2 m、5 m、7 m、10 m、12 m、14 m以内)套用相应定额。

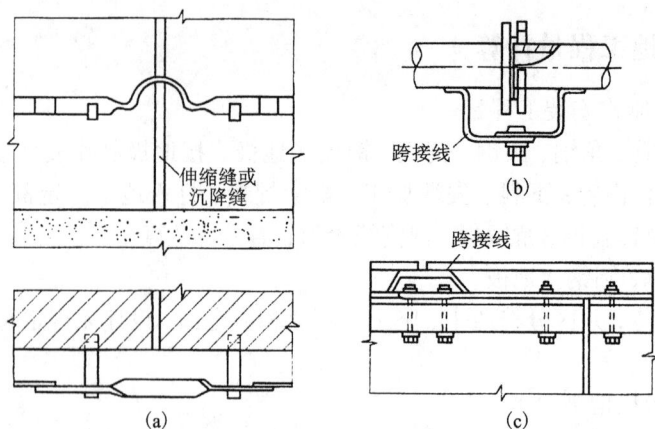

图 3.7.60 接地跨接线安装示意图

(a)伸缩(沉降)缝跨接;(b)法兰盘跨接;(c)钢轨跨接

3)装在金属容器上,区分容器顶上和容器壁上,并区分针长(3 m、7 m 以内)套用相应定额。

4)装在构筑物上,区分杆上、水泥杆上、金属构架上套用相应定额。

计算时应注意:

1)避雷针拉线安装,以"三根"为一组,以"三组"为计量单位。

2)独立避雷针安装区分不同高度以"基"为计量单位。

5.引下线敷设工程量。

工作内容:平直、下料、测位、打眼、埋卡子、焊接、固定刷漆。

防雷引下线敷设区分利用金属构件引下;沿建筑物、构筑物引下;利用建筑物内主筋引下,均以"10 m"为计量单位。

(1)利用建筑物内主筋引下敷设。

每一根柱内按焊接两根主筋考虑,如果焊接主筋数超过两根时,按比例调整。

(2)沿建筑物、构筑物引下线敷设。

其长度按垂直规定长度另加3.9%的附加长度(指转弯、避绕障碍物搭接头所占长度)

计算公式:引下线长度 = 按施工图设计的引下线敷设长度×(1 +3.9%)

另外,引下线支持卡子的制作与埋设已包含在定额内,不得另计。

(3)断接卡子制作,断接卡子箱安装。

断接卡子:便于测量引下线的接地电阻,供测量检查用。

断接卡子制作安装以"10 套"为计量单位,按设计规定装设的断接卡子数量计算。

断接卡子箱安装以"个"为计量单位。

6.避雷网(带)安装工程量。

(1)避雷网安装区分安装位置(沿混凝土块敷设,沿折板支架敷设,沿女儿墙支架敷设,沿屋面敷设,沿坡屋顶、屋脊敷设),以"10 m"为计量单位计算。

避雷带(网)计算公式:避雷带(网)长度 = 按施工图设计长度的尺寸×(1 +3.9%)

308

式中：3.9%——避雷网转弯、避绕障碍物及搭接头所占长度附加值。

（2）均压环敷设时工程量。

1）主要考虑利用圈梁内主筋作均压环接地连线，按焊接两根主筋考虑，超过两根时，可按比例调整。以"10 m"为计量单位，按设计需要作均压接地的各层圈梁中心线长度，以延长米计算。

2）具体焊接数量（层数），可根据图纸的说明计算；若无说明，则按有关规范规定的要求计算。

（3）柱子主筋与圈梁钢筋焊接工程量。

每处按两根主筋与两根圈梁钢筋分别焊接连接考虑。如果焊接主筋和圈梁钢筋超过两根时，可按比例调整，需要连接的柱子主筋和圈梁钢筋处数按设计规定计算。按设计规定以"10 处"为计量单位。

7. 半导体少长针消雷装置安装。

半导体少长针消雷装置是一种新型的防直击雷产品，它是利用金属针状电极的尖端放电原理，使雷云电荷被中和，从而避免发生雷击现象。

以"套"为计量单位，按设计高度分别执行相应定额。其中装置本身由设备制造厂成套供货。

9. 接地装置调试（即接地网接地电阻测试）。

（编制在定额第 11 章"电气调整试验"）按实验次数，即不论"组"或"系统"，只要作一次接地电阻测试就计算一次。

例 10　某住宅防雷接地平面布置如图 3.7.61 所示。避雷网在平屋顶四周沿檐沟外折板支架敷设，其余沿混凝土块敷设。折板上口距室外地坪 19 m。避雷引下线均沿外墙引下，并在距室外地坪 0.5 m 处设置接地电阻测试断接卡子，土壤为普通土。列项并计算工程量。

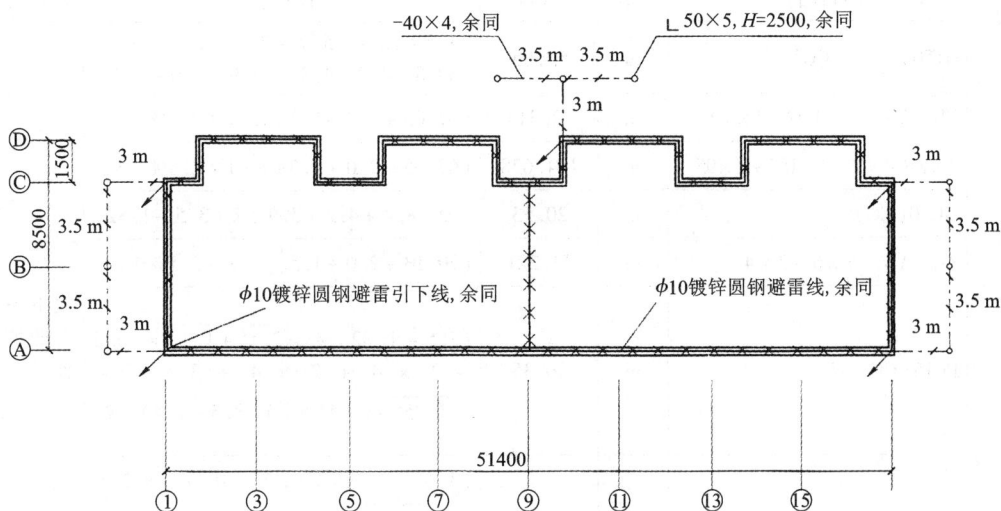

图 3.7.61　某住宅防雷接地平面布置图

解：计算过程见表 3.7.37。

表 3.7.37 防雷接地工程量计算书

工程名称：某住宅防雷接地工程   第　页共　页

项目名称	单位	数量	计算式
接地极制作、安装 $L50 \times 5$, $H = 2500$	根	9	$1 \times 9 = 9$
接地母线敷设 -40×4	m	43.898	$[3.5 \times 6 + (3 + 0.75 + 0.5) \times 5] \times (1 + 3.9\%) = 43.898$
避雷引下线敷设 $\phi 10$ 镀锌圆钢	m	96.108	$(19 - 0.5) \times 5 \times (1 + 3.9\%) = 96.108$
避雷带沿混凝土块敷设 $\phi 10$ 镀锌圆钢	m	7.273	$7 \times (1 + 3.9\%) = 7.273$
避雷网在平屋顶四周沿檐沟外折板支架敷设 $\phi 10$ 镀锌圆钢	m	133.823	$[(51.4 + 8.5) \times 2 + 1.5 \times 6] \times (1 + 3.9\%) = 133.823$
断接卡子制作安装	套	5	$1 \times 5 = 5$（每根引下线一套测试引下线电阻）
接地装置调试	组	3	$1 \times 3 = 3$（按每组接地电阻测试计算）

七、解决与实施工作任务

电气设备安装工程施工图预算案例讲解。

（一）电力照明工程工程量计算，见表 3.7.38

表 3.7.38 电气照明工程工程量计算书

工程名称：   第　页共　页

序号	项目名称	单位	数量	计算式	部位提要
1	CT500 × 100（CC）	m	67.05	$(4.2 \div 2) + (5.7 \div 2 + 2.1 + 3.9) + (58.8 - 4.2 - 4.2) + 3.9 + 4.0 - 2.2$	
	ZR − VV − 3 × 120 + 2 × 70	m	72.314	$(67.05 + 2.0 + 1.5) \times (1 + 2.5\%)$	
	2 × ZR − VV − 3 × 185 + 2 × 95	m	144.628	$(67.05 + 2.0 + 1.5) \times (1 + 2.5\%) \times 2$	
2	DG40（CC）	m	20.13	$3.9 + 8.4 + 4.2 + 3.9 \div 2 + 3.5 - 1.82$	地下室电力照明工程
	ZR − VV − 3 × 6 + 2 × 4	m	24.221	$(20.13 + 2.0 + 1.5) \times (1 + 2.5\%)$	
3	PC15（CC、n4）	m	56.35	$(3.5 - 1.82) + \sqrt{2.1^2 + 1.3^2} + 3 \times 5 + 3 \times 4 + 3 \times 4 + 3 \times 2 + \sqrt{1.35^2 + 0.65^2} \times 2 + (3.5 - 1.4) \times 2$	
	ZR − BVV − 2.5CC WC	m	168.29	$(3.5 - 1.82 + 0.5 + 0.3) \times 2 + \sqrt{2.1^2 + 1.3^2} \times 2 + 3 \times 5 \times 2 + 3 \times 4 \times 3 + 3 \times 4 \times 4 + 3 \times 2 \times 5 + \sqrt{1.35^2 + 0.65^2} \times 2 \times 2 + (3.5 - 1.4) \times 2 \times 2$	

续上表

序号	项目名称	单位	数量	计算式	部位提要
4	PC15(CC、n1)	m	88.15	$(3.5-1.82)+\sqrt{2.1^2+1.3^2}+4\times6$ $+4\times4+4\times4+4\times3+4\times3+4$	
	ZR – BVV – 2.5CC WC	m	329.9	$(3.5-1.82+0.5+0.3)\times2+$ $\sqrt{2.1^2+1.3^2}\times2+4\times6\times2+4\times4\times3$ $+4\times4\times4+4\times3\times5+4\times3\times6+4\times7$	
5	PC15(CC、n2)	m	91.92	$(3.5-1.82)+\sqrt{6.1^2+1.3^2}+4\times5$ $+4\times5+4\times7+4\times3+4$	
	ZR – BVV – 2.5CC WC	m	313.43	$(3.5-1.82+0.5+0.3)\times2+$ $\sqrt{6.1^2+1.3^2}\times2+4\times5\times2+4\times5\times3$ $+4\times7\times4+4\times3\times5+4\times6$	
6	PC15(CC、n3)	m	120.109	$(3.5-1.82)+\sqrt{10.1^2+1.3^2}+4\times6$ $+\sqrt{4^2+1.425^2}+4\times6+4\times6+4\times4$ $+4\times3+4$	
	ZR – BVV – 2.5CC WC	m	429.818	$(3.5-1.82+0.5+0.3)\times2+$ $\sqrt{10.1^2+1.3^2}\times2+4\times6\times2+$ $\sqrt{10.1^2+1.425^2}\times2+4\times6\times3+4\times6$ $\times4+4\times4\times5+4\times3\times6+4\times7$	地下室电力照明工程
7	PC15(CC、n5)	m	65.388	$8.4+2.1+3.9+3.9+2.1+5.7-0.7$ $+(2.1-0.65)\times3+\sqrt{2^2+1.7^2}\times2+$ $\sqrt{1.5^2+1.35^2}+\sqrt{2^2+1.45^2}+1\times2+$ $(3.5-2.2)\times13+(3.5-2.5)\times7$	
	ZR – BVV – 3×2.5CC WC	m	196.164	65.388×3	
8	PC15(CC、n6)	m	73.03	$\sqrt{2.1^2+1.95^2}+(4.2+4.2+2.1)+$ $(2.1+5.7)+\sqrt{2.1^2+1.9^2}+4.2\times2$ $+4+\sqrt{2.1^2+1.9^2}+1\times2+4.2+3.9$ $+0.6+3.9+4.2+4.2+4.2+3.9+$ $0.6+1.05+1.05$	
	ZR – BVV – 2.5CC WC	m	200.988	$\sqrt{2.1^2+1.95^2}\times2+(4.2+4.2+2.1)\times2+(2.1+5.7)\times3+$ $\sqrt{2.1^2+1.9^2}\times4+4.2\times2\times2+4\times3$ $+\sqrt{2.1^2+1.9^2}\times4+1\times2\times2+4.2\times$ $2+3.9\times3+0.6\times4+3.9\times2+4.2\times2$ $+4.2\times3+4.2\times4+3.9\times5+0.6\times6$ $+1.05\times2+1.05\times2$	
9	ZM	台	1		
10	BCD63 – 20A/3	个	1		
11	BCD32 – 10A	个	7		
12	单管日光灯 1×40W	个	96		

续上表

序号	项目名称	单位	数量	计算式	部位提要
13	吸顶灯 1×60W	个	4		
14	出口指示灯 2×8W	个	7		地下室电力照明工程
15	应急灯	个	13		
16	单相三极插座	个	13		
17	单联单控开关	个	1		
18	双联单控开关	个	3		
19	三联单控开关	个	3		
20	CT500×100(CC)	m	4.5	层高	
	ZR-VV-3×120+2×70	m	4.613	$4.5×(1+2.5\%)$	
	2×ZR-VV-3×185+2×95	m	9.226	$4.5×(1+2.5\%)×2$	
21	CT150×100(CC)	m	11.08	$8.4+(4.5-1.82)$	
	ZR-VV-3×120+2×70	m	14.945	$(11.08+2.0+1.5)×(1+2.5\%)$	
22	DG40(CC)	m	15.58	$8.4+(4.5-1.82)+4.5$	
	ZR-VV-3×6+2×4	m	19.557	$(15.58+2.0+1.5)×(1+2.5\%)$	
23	PC15(CC、n1)	m	110.51	$[(4.5-1.82)+4.2+4.2+3.9+3.9+2.1+8.4-2.1]+[2.7×3+2.7×4+\sqrt{1.5^2+1.5^2}+(4.5-1.4)+\sqrt{1.5^2+1.5^2}+(4.5-1.4)]+3+[2.7×2+2.7×3+\sqrt{1.5^2+1.5^2}×2+(4.5-1.4)×2]+3+[2.7×2+2.7×3+\sqrt{1.5^2+1.5^2}×2+(4.5-1.4)×2]$	首层电力照明工程
	ZR-BVV-2.5CC WC	m	327.94	$[(27.28+0.5+0.3)×2]+[2.7×3×2+2.7×4×3+\sqrt{1.5^2+1.5^2}×6+(4.5-1.4)×6+\sqrt{1.5^2+1.5^2}×5+(4.5-1.4)×5]+3×2+[2.7×2×2+2.7×3×3+\sqrt{1.5^2+1.5^2}×2×4+(4.5-1.4)×2×4]+3×2+[2.7×2×2+2.7×3×3+\sqrt{1.5^2+1.5^2}×2×4+(4.5-1.4)×2×4]$	
24	PC15(CC、n2)	m	83.93	$(4.5-1.82)+4.2+4.2+3.9+3.9+2.1+8.4×4+2.1+[2.7×2+\sqrt{2.1^2+2.55^2}+2.7×2+2.7+\sqrt{1.5^2+1.5^2}×2+(4.5-1.4)×2]$	
	ZR-BVV-2.5CC WC	m	211.58	$(56.68+0.5+0.3)×2+[2.7×2×2+\sqrt{2.1^2+2.55^2}×2+2.7×2×3+2.7×4+\sqrt{1.5^2+1.5^2}×2×5+(4.5-1.4)×2×5]$	

续上表

序号	项目名称	单位	数量	计算式	部位提要
25	PC15（CC、n3）	m	55.54	$(4.5-1.82)+4.2+4.2+2.1+2.1+[2.7\times2+2.7\times3+\sqrt{1.5^2+1.5^2}+(4.5-1.4)+\sqrt{1.5^2+1.5^2}+(4.5-1.4)]+3+[2.7\times2+2.7+\sqrt{1.5^2+1.5^2}+(4.5-1.4)]$	
	ZR－BVV－2.5CC WC	m	170.48	$(15.28+0.5+0.3)\times2+[2.7\times2\times2+2.7\times3\times3+\sqrt{1.5^2+1.5^2}\times5+(4.5-1.4)\times5+\sqrt{1.5^2+1.5^2}\times4+(4.5-1.4)\times4]+3\times2+[2.7\times2\times2+2.7\times3+\sqrt{1.5^2+1.5^2}\times6+(4.5-1.4)\times6]$	
26	PC15（CC、n4）	m	98.87	$(4.5-1.82)+4.2+4.2+2.1+8.4\times4-2.1+[2.7\times2+2.7\times3+\sqrt{1.5^2+1.5^2}+(4.5-1.4)+\sqrt{1.5^2+1.5^2}+(4.5-1.4)]+3+[2.7\times2+\sqrt{2.1^2+2.55^2}+2.7\times2+2.7+\sqrt{1.5^2+1.5^2}\times2+(4.5-1.4)\times2]$	首层电力照明工程
	ZR－BVV－3×2.5CC WC	m	275.67	$(44.68+0.5+0.3)\times2+[2.7\times2\times2+2.7\times3\times3+\sqrt{1.5^2+1.5^2}\times5+(4.5-1.4)\times5+\sqrt{1.5^2+1.5^2}\times4+(4.5-1.4)\times4]+3\times2+[2.7\times2\times2+\sqrt{2.1^2+2.55^2}\times2+2.7\times2\times3+2.7\times4+\sqrt{1.5^2+1.5^2}\times2\times5+(4.5-1.4)\times2\times5]$	
27	PC15（CC、n5）	m	85.08	$(4.5-1.82)+4.2+4.2+3.9+3.9+2.1+4.2+(4.2+8.4)\div2+(4.2+8.4)+5.7+(4.2+8.4)\div2+5.7-1.9+(4.5-0.3)\times6$	
	ZR－BVV－3×2.5CC WC	m	257.64	$(85.08+0.5+0.3)\times3$	
28	PC15（CC、n6）	m	78.98	$(4.5-1.82)+4.2+4.2+3.9+3.9+2.1+8.4\times3-4.2+8.4+(5.7-1.9)\times2+(4.5-0.3)\times5$	
	ZR－BVV－3×2.5CC WC	m	239.34	$(78.98+0.5+0.3)\times3$	
29	PC15（CC、n7）	m	87.38	$(4.5-1.82)+4.2+4.2+3.9+3.9+2.1+8.4\times4-4.2+8.4+(5.7-1.9)\times2+(4.5-0.3)\times5$	
	ZR－BVV－3×2.5CC WC	m	264.54	$(87.38+0.5+0.3)\times3$	

序号	项目名称	单位	数量	计算式	部位提要
30	PC15(CC、n8)	m	106.28	$(4.5-1.82)+4.2+4.2+3.9+3.9+2.1+8.4\times5-4.2+4.2+5.7+8.4+1.9+2.1+(4.5-0.3)\times6$	
	ZR-BVV-3×2.5CC WC	m	321.24	$(106.28+0.5+0.3)\times3$	
31	PC15(CC、n9)	m	39.88	$(4.5-1.82)+8.4+2.1+5.7+4.2(4.5-0.3)\times4$	
	ZR-BVV-3×2.5CC WC	m	122.04	$(39.88+0.5+0.3)\times3$	
32	PC15(CC、n10)	m	54.38	$(4.5-1.82)+4.2+4.2+2.1+8.4-4.2+8.4+(5.7-1.9)\times2+(4.5-0.3)\times5$	
	ZR-BVV-3×2.5CC WC	m	165.54	$(54.38+0.5+0.3)\times3$	
33	PC15(CC、n11)	m	58.38	$(4.5-1.82)+4.2+4.2+2.1+8.4+4.2+4.2+5.7-1.9+2.1+5.7+(4.5-0.3)\times4$	
	ZR-BVV-3×2.5CC WC	m	177.54	$(58.38+0.5+0.3)\times3$	
34	PC15(CC、n12)	m	79.58	$(4.5-1.82)+4.2+4.2+2.1+8.4\times4-4.2+8.4+(5.7-1.9)\times2+(4.5-0.3)\times5$	首层电力照明工程
	ZR-BVV-3×2.5CC WC	m	241.14	$(79.58+0.5+0.3)\times3$	
35	PC15(CC、n13)	m	100.38	$(4.5-1.82)+4.2+4.2+2.1+8.4\times5-4.2+4.2+5.7-1.9+2.1+4.2+5.7+4.2+(4.5-0.3)\times6$	
	ZR-BVV-3×2.5CC WC	m	303.54	$(100.38+0.5+0.3)\times3$	
36	PC15(CC、n15)	m	51.88	$(4.5-1.82)+3.9+3.9+2.1+5.7+8.4+8.4+(4.5-0.3)\times4$	
	ZR-BVV-3×2.5CC WC	m	158.04	$(51.88+0.5+0.3)\times3$	
37	PC15(CC、n16)	m	34.19	$(4.5-1.82)+3.9+3.9+2.1+0.9+4.2\times2+\sqrt{2.1^2+1.95^2}\times2+\sqrt{1.5^2+1.5^2}+(4.5-1.4)$	
	ZR-BVV-2.5CC WC	m	99.1	$(13.48+0.5+0.3)\times2+4.2\times2\times2+\sqrt{2.1^2+1.95^2}\times2\times3+\sqrt{1.5^2+1.5^2}\times7+(4.5-1.4)\times7$	
38	DG40(CC、n14)	m	5.36	$(4.5-1.82)\times2$	
	ZR-BVV-5×16CC WC	m	34.8	$[5.36+(0.5+0.3)\times2]\times5$	
39	PC15(CC、m1)	m	104.18	$(4.5-1.82)+4.2+4.2+1.1+2\times46$	
	ZR-BVV-2.5CC WC	m	209.96	$(104.18+0.5+0.3)\times2$	

续上表

序号	项目名称	单位	数量	计算式	部位提要
40	PC15(CC、m2)	m	106.18	$(4.5-1.82)+4.2+4.2+1.1+2\times47$	
	ZR - BVV - 2.5CC WC	m	213.96	$(106.18+0.5+0.3)\times2$	
41	PC15(CC、m3)	m	104.18	$(4.5-1.82)+4.2+4.2+1.1+2\times46$	
	ZR - BVV - 2.5CC WC	m	209.96	$(104.18+0.5+0.3)\times2$	
42	PC15(CC、m4)	m	37.78	$(4.5-1.82)+1.1+2\times17$	
	ZR - BVV - 2.5CC WC	m	77.16	$(37.78+0.5+0.3)\times2$	
43	PC15(CC、m5)	m	37.78	$(4.5-1.82)+1.1+2\times17$	
	ZR - BVV - 2.5CC WC	m	77.16	$(37.78+0.5+0.3)\times2$	
44	PC15(CC、m6)	m	29.78	$(4.5-1.82)+1.1+2\times13$	
	ZR - BVV - 2.5CC WC	m	61.16	$(29.78+0.5+0.3)\times2$	
45	PC15②~③轴吸顶灯	m	5.281	$0.9+\sqrt{1^2+0.8^2}+(4.5-1.4)$	
	ZR - BVV - 2.5CC WC	m	10.562	5.281×2	
46	PC15 楼梯灯	m	19.3	$(1.1+2.1)+(3.6+2.1)+2.1\times2+(4.5-1.4)\times2$	
	ZR - BVV - 2.5CC WC	m	38.6	19.3×2	
47	PC15(CC、m7)	m	30.68	$\sqrt{1^2+1^2}\times4+(4.5-1.4)+2.7\times2+\sqrt{2.1^2+1.5^2}\times2+\sqrt{2.1^2+1.5^2}\times2+(4.5-1.4)\times2$	首层电力照明工程
	ZR - BVV - 2.5CC WC	m	72.72	$\sqrt{1^2+1^2}\times4\times2+(4.5-1.4)\times2+2.7\times2\times2+\sqrt{2.1^2+1.5^2}\times2\times2+\sqrt{2.1^2+1.5^2}\times2\times3+(4.5-1.4)\times2\times3$	
48	PC15(CC、m8)	m	65.56	$(4.5-1.82)+3.9+1.5+4.2\times2+3.8+\sqrt{2.1^2+0.85^2}+(4.5-1.4)+4.2\times2+3.8+\sqrt{2.1^2+0.85^2}+(4.5-1.4)+2.1+0.9+4.2\times2+\sqrt{2.1^2+1.95^2}\times2+\sqrt{1.5^2+1.5^2}+(4.5-1.4)$	
	ZR - BVV - 3×2.5CC WC	m	216.29	$(8.08+0.5+0.3)\times2+4.2\times2\times2+3.8\times3+\sqrt{2.1^2+0.85^2}\times6+(4.5-1.4)\times6+4.2\times2\times2+3.8\times3+\sqrt{2.1^2+0.85^2}\times6+(4.5-1.4)\times6+(2.1+1.5)\times2+4.2\times2\times2+\sqrt{2.1^2+1.95^2}\times2\times3+\sqrt{1.5^2+1.5^2}\times7+(4.5-1.4)\times7$	

序号	项目名称	单位	数量	计算式	部位提要
49	PC15(CC、m9)	m	65.05	$0.65 + 4.2 + 1.1 \times 12 + (4.5 - 2.2) \times 13 + (4.5 - 2.5) \times 6 + 0.9 + 1.05 \times 2 + 2.1$	
	ZR – BVV – 3×2.5CC WC	m	195.15	65.05×3	
50	DG25(CC、m10)	m	30.56	$(4.5 - 1.82) \times 2 + 4.2 \times 2 + 8.4 \times 2$	
	ZR – BVV – 3×6CC WC	m	96.48	$[30.56 + (0.5 + 0.3) \times 2] \times 3$	
51	PC15(CC、k1 m1)	m	32.38	$(4.5 - 1.82) + 1.2 + 1.5 \times 19$	
	ZR – BVV – 3×2.5CC WC	m	99.54	$(32.38 + 0.5 + 0.3) \times 3$	
52	PC15(CC、k1 m2)	m	11.98	$(4.5 - 1.82) + 2.1 + 4.2 + 3$	
	ZR – BVV – 3×2.5CC WC	m	38.34	$(11.98 + 0.5 + 0.3) \times 3$	
53	PC15(CC、k1 m3)	m	8.98	$(4.5 - 1.82) + 2.1 + 4.2$	
	ZR – BVV – 3×2.5CC WC	m	29.34	$(8.98 + 0.5 + 0.3) \times 3$	
54	PC15(CC、k1 m4)	m	32.66	$(4.5 - 1.82) + 1.9 + 2.1 + 4.5 - 1.4 + (4.5 - 1.82) + (1.9 + 2.1) \times 2 + 3.8 + (4.5 - 0.3) \times 2$	
	ZR – BVV – 3×2.5CC WC	m	100.38	$(32.66 + 0.5 + 0.3) \times 3$	首层电力照明工程
55	ZZM	台	1		
56	ZM	台	1		
57	G1	台	1		
58	K1	台	1		
59	BCM6 – 225L/3	个	1		
60	BCD32 – 16A	个	7		
61	BCL32 – 16A	个	11		
62	BCD63 – 40A/3	个	1		
63	BCD63 – 16A/3	个	1		
64	BCD63 – 25A/2	个	1		
65	BCD32 – 10A	个	13		
66	单管日光灯 1×40W	个	8		
67	吸顶灯 1×32W	个	7		
68	嵌入式格栅吸顶灯 2×40W	个	61		
69	镜前灯 1×32W	个	2		
70	嵌入式格栅吸顶灯 3×40W	个	4		

续上表

序号	项目名称	单位	数量	计算式	部位提要
71	筒灯 2×18 W	个	108		
72	出口指示灯 2×8 W	个	6		
73	应急灯	个	13		
74	单相三极插座	个	13		
75	单联单控开关	个	1		
76	双联单控开关	个	4		首层电力照明工程
77	三联单控开关	个	4		
78	四联单控开关	个	11		
79	五联单控开关	个	2		
80	二极及三极插座	个	52		
81	100W 声控开关	个	2		
82	吸顶灯 1×60W	个	1		
83	CT500 $\times$ 100（CC）	m	16	4.0×4	
84	$2 \times$ ZR $-$ VV $-3 \times 185 + 2 \times 95$	m	16.4	$4 \times (1 + 2.5\%) \times 2 + 8 \times (1 + 2.5\%)$	
	ZR $-$ VV $-3 \times 70 + 2 \times 35$	m	4.1	$4 \times (1 + 2.5\%)$	
	ZR $-$ VV $-3 \times 70 + 2 \times 35$	m	4.1	$4 \times (1 + 2.5\%)$	
85	CT150 $\times$ 100（CC）	m	10.58	$8.4 + (4.5 - 1.82)$	
	ZR $-$ VV $-3 \times 185 + 2 \times 95$	m	14.432	$(10.58 + 2.0 + 1.5) \times (1 + 2.5\%)$	二 ~ 五层电力照明工程
	ZR $-$ VV $-3 \times 70 + 2 \times 35$	m	14.432	$(10.58 + 2.0 + 1.5) \times (1 + 2.5\%)$	
86	CT150 $\times$ 100（CC）	m	10.58	$8.4 + (4.5 - 1.82)$	
	ZR $-$ VV $-3 \times 70 + 2 \times 35$	m	14.432	$(10.58 + 2.0 + 1.5) \times (1 + 2.5\%)$	
87	CT150 $\times$ 100（CC）	m	10.58	$8.4 + (4.0 - 1.82)$	
	ZR $-$ VV $-3 \times 185 + 2 \times 95$	m	14.432	$(10.58 + 2.0 + 1.5) \times (1 + 2.5\%)$	
	ZR $-$ VV $-3 \times 70 + 2 \times 35$	m	14.432	$(10.58 + 2.0 + 1.5) \times (1 + 2.5\%)$	
88	CT150 $\times$ 100（CC）	m	10.58	$8.4 + (4.0 - 1.82)$	
	ZR $-$ VV $-3 \times 70 + 2 \times 35$	m	14.432	$(10.58 + 2.0 + 1.5) \times (1 + 2.5\%)$	

续上表

序号	项目名称	单位	数量	计算式	部位提要
89	PC15(CC、n1)	m	658.29	$\{[(4-1.82)+4.2+4.2+3.9+3.9+2.1+8.4-2.1]+[2.7\times3+2.7\times4+\sqrt{1.5^2+1.5^2}+(4.0-1.4)+\sqrt{1.5^2+1.5^2}+(4.0-1.4)]+3+[2.7\times2+2.7\times3+\sqrt{1.5^2+1.5^2}\times2+(4.0-1.4)\times2]+3+[2.7\times2+2.7\times3+\sqrt{1.5^2+1.5^2}\times2+(4.0-1.4)\times2]\}\times4$	
	ZR－BVV－2.5CC WC	m	1253.74	$\{[(26.78+0.5+0.3)\times2]+[2.7\times3\times2+2.7\times4\times3+\sqrt{1.5^2+1.5^2}\times6+(4.0-1.4)\times6+\sqrt{1.5^2+1.5^2}\times5+(4.0-1.4)\times5]+3\times2+[2.7\times2\times2+2.7\times3\times3+\sqrt{1.5^2+1.5^2}\times2\times4+(4.0-1.4)\times2\times4]+3\times2+[2.7\times2\times2+2.7\times3\times3+\sqrt{1.5^2+1.5^2}\times2\times4+(4.0-1.4)\times2\times4]\}\times4$	二～五层电力照明工程
90	PC15(CC、n2)	m	329.70	$\{(4-1.82)+4.2+4.2+3.9+3.9+2.1+8.4\times4+2.1+[2.7\times2+\sqrt{2.1^2+2.55^2}+2.7\times2+2.7+\sqrt{1.5^2+1.5^2}\times2+(4-1.4)\times2]\}\times4$	
	ZR－BVV－2.5CC WC	m	822.32	$\{(56.18+0.5+0.3)\times2+[2.7\times2\times2+\sqrt{2.1^2+2.55^2}\times2+2.7\times2\times3+2.7\times4+\sqrt{1.5^2+1.5^2}\times2\times5+(4.0-1.4)\times2\times5]\}\times4$	
91	PC15(CC、n3)	m	224.98	$\{(4-1.82)+4.2+4.2+2.1+2.1+[2.7\times2+2.7\times3+\sqrt{1.5^2+1.5^2}+(4.0-1.4)+\sqrt{1.5^2+1.5^2}+(4.0-1.4)]+3+[2.7\times2+2.7\times2+\sqrt{1.5^2+1.5^2}+(4.0-1.4)]\}\times4$	
	ZR－BVV－2.5CC WC	m	680.32	$\{(14.78+0.5+0.3)\times2+[2.7\times2\times2+2.7\times3\times3+\sqrt{1.5^2+1.5^2}\times5+(4.0-1.4)\times5+\sqrt{1.5^2+1.5^2}\times4+(4.0-1.4)\times4]+3\times2+[2.7\times2\times2+2.7\times2\times3+\sqrt{1.5^2+1.5^2}\times6+(4.0-1.4)\times6]\}\times4$	

续上表

序号	项目名称	单位	数量	计算式	部位提要
92	PC15(CC、n4)	m	298.18	$\{(4-1.82)+4.2+4.2+2.1+8.4+6.3+[2.7\times3+2.7\times2+\sqrt{1.5^2+1.5^2}\times2+(4.0-1.4)\times2]+3+[2.7\times2+2.7+\sqrt{1.5^2+1.5^2}+(4.0-1.4)]\}\times4$	
	ZR-BVV-2.5CC WC	m	786.23	$\{(35.78+0.5+0.3)\times2+[2.7\times3\times2+2.7\times2\times3+\sqrt{1.5^2+1.5^2}\times2\times4+(4.0-1.4)\times2\times4]+3\times2+[2.7\times2\times2+2.7\times3+\sqrt{1.5^2+1.5^2}\times6+(4.0-1.4)\times6]\}\times4$	
93	PC15(CC、n5)	m	298.50	$\{(4-1.82)+4.2+4.2+2.1+2.1+8.4\times4+[2.7\times2+\sqrt{2.1^2+2.55^2}+2.7+2.7\times2+\sqrt{1.5^2+1.5^2}+(4-1.4)+\sqrt{1.5^2+1.5^2}+(4-1.4)]\}\times4$	二～五层电力照明工程
	ZR-BVV-2.5CC WC	m	770.72	$\{(48.38+0.5+0.3)\times2+[2.7\times2\times2+\sqrt{2.1^2+2.55^2}\times2+2.7\times3+2.7\times2\times4+\sqrt{1.5^2+1.5^2}\times4+(4.0-1.4)\times4+\sqrt{1.5^2+1.5^2}\times6+(4.0-1.4)\times6]\}\times4$	
94	PC15(CC、n6)	m	326.32	$[(4-1.82)+4.2+4.2+3.9+3.9+2.1+4.2+(4.2+8.4)\div2+(4.2+8.4)+5.7+(4.2+8.4)\div2+5.7-1.9+(4.0-0.3)\times6]\times4$	
	ZR-BVV-3×2.5CC WC	m	981.36	$(326.32+0.5+0.3)\times3$	
95	PC15(CC、n7)	m	303.92	$[(4-1.82)+4.2+4.2+3.9+3.9+2.1+8.4\times3-4.2+8.4+(5.7-1.9)\times2+(4.0-0.3)\times5]\times4$	
	ZR-BVV-3×2.5CC WC	m	914.16	$(303.92+0.5+0.3)\times3$	
96	PC15(CC、n8)	m	337.52	$[(4-1.82)+4.2+4.2+3.9+3.9+2.1+8.4\times4-4.2+8.4+(5.7-1.9)\times2+(4.0-0.3)\times5]\times4$	
	ZR-BVV-3×2.5CC WC	m	1014.96	$(337.52+0.5+0.3)\times3$	
97	PC15(CC、n9)	m	411.12	$[(4-1.82)+4.2+4.2+3.9+3.9+2.1+8.4\times5-4.2+4.2+5.7+8.4+1.9+2.1+(4.0-0.3)\times6]\times4$	
	ZR-BVV-3×2.5CC WC	m	1235.76	$(411.12+0.5+0.3)\times3$	

序号	项目名称	单位	数量	计算式	部位提要
98	PC15（CC、n10）	m	205.52	$[(4-1.82)+4.2+4.2+2.1+8.4-4.2+8.4+(5.7-1.9)\times2+(4.0-0.3)\times5]\times4$	
	ZR-BVV-3×2.5CC WC	m	618.96	$(205.52+0.5+0.3)\times3$	
99	PC15（CC、n11）	m	231.92	$[(4-1.82)+4.2+4.2+2.1+8.4+8.4-4.2+8.4+(5.7-1.9)+5.7+(4.0-0.3)\times4]\times4$	
	ZR-BVV-3×2.5CC WC	m	698.16	$(231.92+0.5+0.3)\times3$	
100	PC15（CC、n12）	m	179.52	$[(4-1.82)+4.2+4.2+2.1+8.4+8.4\times2-4.2+(5.7-1.9)+(4.0-0.3)\times2]\times4$	
	ZR-BVV-3×2.5CC WC	m	540.96	$(179.52+0.5+0.3)\times3$	
101	PC15（CC、n13）	m	306.32	$[(4-1.82)+4.2+4.2+2.1+8.4+8.4\times3-4.2+8.4+(5.7-1.9)\times2+(4.0-0.3)\times5]\times4$	
	ZR-BVV-3×2.5CC WC	m	921.36	$(306.32+0.5+0.3)\times3$	
102	PC15（CC、n14）	m	387.52	$[(4-1.82)+4.2+4.2+2.1+8.4+8.4\times4-4.2+8.4+(5.7-1.9)+5.7+2.1+4.2+(4.0-0.3)\times6]\times4$	二～五层电力照明工程
	ZR-BVV-3×2.5CC WC	m	1164.96	$(387.52+0.5+0.3)\times3$	
103	PC15（CC、n16）	m	338.32	$[(4-1.82)+3.9+3.9+2.1+5.7+8.4+8.4+(4.0-0.3)\times4+2.1+5.7+8.4+4.2+(4.0-0.3)\times4]\times4$	
	ZR-BVV-3×2.5CC WC	m	1017.36	$(338.32+0.5+0.3)\times3$	
104	PC15（CC、n17）	m	214.74	$[(4-1.82)+3.9+3.9+2.1+0.9+4.2\times2+\sqrt{2.1^2+1.95^2}\times2+\sqrt{1.5^2+1.5^2}+(4.0-1.4)+2.1+0.9+4.2\times2+\sqrt{2.1^2+1.95^2}\times2+\sqrt{1.5^2+1.5^2}+(4.0-1.4)]\times4$	
	ZR-BVV-2.5CC WC	m	684.59	$[(12.98+0.5+0.3)\times2+4.2\times2\times2+\sqrt{2.1^2+1.95^2}\times2\times3+\sqrt{1.5^2+1.5^2}\times7+(4.5-1.4)\times7+3.0\times2+4.2\times2\times2+\sqrt{2.1^2+1.95^2}\times2\times3+\sqrt{1.5^2+1.5^2}\times7+(4.0-1.4)\times7]\times4$	

续上表

序号	项目名称	单位	数量	计算式	部位提要
105	DG32(CC、n14)	m	17.44	$(4.0-1.82)\times2\times4$	
	ZR–BVV–5×10CC WC	m	95.2	$[17.44+(0.5+0.3)\times2]\times5$	
106	PC15(CC、m1)	m	414.72	$[(4.0-1.82)+4.2+4.2+1.1+2\times46]\times4$	
	ZR–BVV–2.5CC WC	m	831.04	$(414.72+0.5+0.3)\times2$	
107	PC15(CC、m2)	m	422.72	$[(4.0-1.82)+4.2+4.2+1.1+2\times47]\times4$	
	ZR–BVV–2.5CC WC	m	847.04	$(422.72+0.5+0.3)\times2$	
108	PC15(CC、m3)	m	414.72	$[(4.0-1.82)+4.2+4.2+1.1+2\times46]\times4$	
	ZR–BVV–2.5CC WC	m	831.04	$(414.72+0.5+0.3)\times2$	
109	PC15(CC、m4)	m	149.12	$[(4.0-1.82)+1.1+2\times17]\times4$	
	ZR–BVV–2.5CC WC	m	299.84	$(149.12+0.5+0.3)\times2$	
110	PC15(CC、m5)	m	149.12	$[(4.0-1.82)+1.1+2\times17]\times4$	
	ZR–BVV–2.5CC WC	m	299.84	$(149.12+0.5+0.3)\times2$	二～五层电力照明工程
111	PC15(CC、m6)	m	117.12	$[(4.0-1.82)+1.1+2\times13]\times4$	
	ZR–BVV–2.5CC WC	m	235.84	$(117.12+0.5+0.3)\times2$	
112	PC15②～③轴吸顶灯	m	19.124	$[0.9+\sqrt{1^2+0.8^2}+(4.0-1.4)]\times4$	
	ZR–BVV–2.5CC WC	m	38.248	19.124×2	
113	PC15 楼梯灯	m	73.2	$[(1.1+2.1)+(3.6+2.1)+2.1\times2+(4.0-1.4)\times2]\times4$	
	ZR–BVV–2.5CC WC	m	146.4	73.2×2	
114	PC15(CC、卫生间照明)	m	116.72	$[\sqrt{1^2+1^2}\times4+(4.0-1.4)+2.7\times2+\sqrt{2.1^2+1.5^2}\times2+\sqrt{2.1^2+1.5^2}\times2+(4.0-1.4)\times2]\times4$	
	ZR–BVV–2.5CC WC	m	274.88	$[\sqrt{1^2+1^2}\times4\times2+(4.0-1.4)\times2+2.7\times2\times2+\sqrt{2.1^2+1.5^2}\times2\times2+\sqrt{2.1^2+1.5^2}\times2\times3+(4.0-1.4)\times2\times3]\times4$	
115	PC15(CC、m7)	m	172.84	$[(4.0-1.82)+3.9+1.5+4.2\times2+3.8+\sqrt{2.1^2+0.85^2}+(4.0-1.4)+1.5+4.2\times2+3.8+\sqrt{2.1^2+0.85^2}+(4.0-1.4)]\times4$	
	ZR–BVV–3×2.5CC WC	m	526.18	$[(7.58+0.5+0.3)\times2+4.2\times2\times2+3.8\times3+\sqrt{2.1^2+0.85^2}\times6+(4.0-1.4)\times6+4.2\times2\times2+3.8\times3+\sqrt{2.1^2+0.85^2}\times6+(4.0-1.4)\times6]\times4$	

序号	项目名称	单位	数量	计算式	部位提要
116	PC15(CC、m8)	m	187	$[0.65+4.2+1.1\times13+(4.0-2.2)$ $\times12+(4.0-2.5)\times4]\times4$	
	ZR-BVV-3×2.5CC WC	m	561	187×3	
117	ZZM	台	4		
118	ZM	台	4		
119	G	台	4		
120	BCM6-225L/3	个	4		
121	BCD32-16A	个	28		
122	BCL32-16A	个	40		
123	BCD63-32A/3	个	4		
124	BCD63-16A/3	个	8		
125	BCD32-10A	个	44		
126	单管日光灯 1×40W	个	32		
127	吸顶灯 1×32W	个	28		二～五层电力照明工程
128	嵌入式格栅吸顶灯 2×40W	个	260		
129	镜前灯 1×32W	个	8		
130	筒灯 2×18W	个	376		
131	出口指示灯 2×8W	个	16		
132	应急灯	个	48		
133	单相三极插座	个	48		
134	单联单控开关	个	4		
135	双联单控开关	个	16		
136	三联单控开关	个	16		
137	四联单控开关	个	44		
138	五联单控开关	个	8		
139	二极及三极插座	个	208		
140	100W 声控开关	个	8		
141	吸顶灯 1×60W	个	4		

续上表

序号	项目名称	单位	数量	计算式	部位提要
142	PC15(CC、m9)	m	76.631	$(4.0-1.82)+4.2+4.0+4.2\times2+\sqrt{2.1^2+1.025^2}+(4-1.4)+(4-2.2)+\sqrt{2.05^2+21^2}+\sqrt{4.35^2+4.2^2}+(4.0-0.3)\times2+\sqrt{2.175^2+4.2^2}+(4.0-1.4)+4.2+\sqrt{2.175^2+1.1^2}+(4.0-1.4)$	天面电力照明工程
	ZR－BVV－3×2.5CC WC	m	229.893	76.631×3	
143	单管日光灯 1×40W	个	2		
144	吸顶灯 1×32W	个	1		
145	应急灯	个	2		
146	单相三极插座	个	2		
147	二极及三极插座	个	2		
148	单联单控开关	个	3		

（二）防雷接地工程工程量计算，见表3.7.39

表 3.7.39　防雷接地工程量计算书

工程名称：某住宅防雷接地工程　　　　　　　　　　　　　　　　　　　　第　页共　页

项目名称	单位	数量	计算式
避雷引下线敷设(ϕ16 主筋)	m	216	$(20.5+3.5)\times9$
避雷针(高 0.5 m，ϕ10 镀锌圆钢)	根	24	
避雷带(ϕ10 镀锌圆钢)	m	251.854	$(58.8+23.4+4\times7.8+7.8)\times2\times(1+3.9\%)$
断接卡子制作安装	套	9	$1\times9=9$ 每根引下线一套测试引下线电阻)
接地网调试	组	21	$1\times21=21$(按每组接地电阻测试计算)

八、自我检查与评价

课内实训：编制某娱乐中心电气设备安装工程施工图预算。

练习题

一、选择题

1. 导线架设工程量计算根据导线截面积的不同，区分导线类型（裸铝绞线、裸钢芯铝绞线、绝缘铝绞线、绝缘铜绞线），以"（　　　）"为计量单位。其中导线、金具是未计价材料。

A. m/单线   B. 10 m/单线   C. 100 m/单线   D. km/单线

2. 杆上变压器安装工程量以"(　　)"为计量单位,依据变压器容量规格分别套用定额。

A. 组   B. 个   C. 台   D. 副

3. 电缆敷设按单根延长米计算,如,一个沟内(或架上)敷设3根各长100 m的电缆时,应按(　　)计算,依此类推。

A. 100 m   B. 200 m   C. 300 m   D. 500 m

4. 电力电缆保护管的敷设以"(　　)"为定额单位,保护管分不同材质和管径分别套定额,管材有混凝土管、石棉水泥管、铸铁管、钢管、塑料管等。

A. m   B. 10 m   C. 100 m   D. 1000 m

5. 成套配电箱/柜安装不区分动力箱和照明箱,只区分安装方式(落地式和悬挂嵌入式)均以"(　　)"为单位套用有关定额项目。

A. 组   B. 个   C. 台   D. 副

6. 盘、柜配线是指盘、柜内组装电气元件间的连接导线,区分导线截面以"(　　)"为计量单位计算工程量。

A. m   B. 10 m   C. 100 m   D. 1000 m

7. 各种配管应区别不同敷设方式(明敷设和暗敷设)、敷设位置、管材材质、规格,以"(　　)"为单位计算工程量,不扣除管路中间的接线箱(盒)、灯头盒、开关盒所占长度。

A. m   B. 10 m   C. 100 m   D. 1000 m

8. 荧光灯具安装工程量应区别灯具的安装形式、灯具种类、灯管数量,以"(　　)"为计量单位计算。

A. 套   B. 10 套   C. 100 套   D. 1000 套

9. 避雷网安装区分安装位置(沿混凝土块敷设、沿折板支架敷设、沿着女儿墙支架敷设、沿屋面敷设、沿坡屋顶、屋脊敷设),以"(　　)"为计量单位计算。

A. m   B. 10 m   C. 100 m   D. 1000 m

10. 防雷引下线敷设区分利用金属构件引下;沿建筑物、构筑物引下;利用建筑物内主筋引下,均以"(　　)"为计量单位。

A. m   B. 10 m   C. 100 m   D. 1000 m

二、思考题

1. 简要叙述配管、配线定额内有关问题说明。

2. 简要叙述防雷及接地装置工程定额有关问题说明。

3. 简要叙述配管、配线定额项目设置。

4. 简要叙述电缆工程定额中有关问题说明。

三、计算题

1. 图3.7.62为某工程电气照明平面图,三相四线制,采用BV2.5照明导线。该建筑物层高3.44米,配电箱M1规格500 mm×300 mm,距地高度1.5 m,线管为PVC管VG15,暗敷设,开关距地1.5 m,插座距地面0.3 m。计算工程量并查出定额编号。

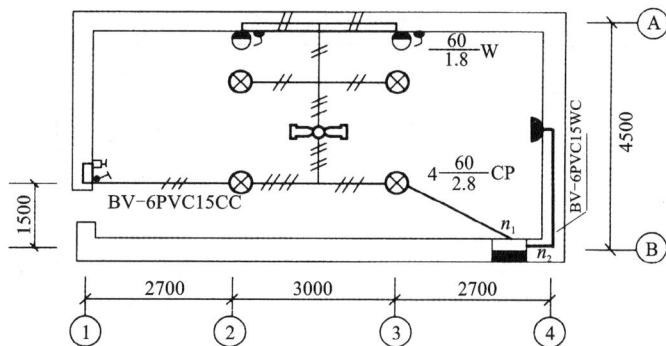

图 3.7.62 某工程电气照明平面图

2.某电缆沟上口宽度 900 mm,下口宽度为 700 mm,深度按 900 mm,电缆线路长度为 500 m,求电缆沟挖填施工费为多少?

参考答案:

一、选择题:D C C B C B C B B B

职业活动训练

编制某住宅楼电气设备安装工程施工图(图 3.7.63～图 3.7.70)预算:

【工作任务要求】

1.按照 2010 年版《广东省安装工程综合定额》的有关内容,计算工程量。

2.套用 2010 年版《广东省安装工程综合定额》,计算直接工程费。

(本题主材,只计算其消耗量,暂不计主材费;本题也暂不计管道保温内容)

图纸目录	××××建筑工程勘察设计研究院							工程编号 2000－0001
	工程名称	××××小区						共 1 页第 1 页
	子项名称	××号住宅楼						
序号	图纸编号	图纸名称	张数					备注
			0	1	2	3	4	
1	电施1	图纸目录、电气设计说明及主要材料表			1			
2	电施2	配电系统图			1			
3	电施3	电缆电视、电话通信系统图			1			
4	电施4	一层、二～五层照明平面图			1			
5	电施5	一层、二～五层插座平面图			1			
6	电施6	一层、二～五层弱电平面图			1			
7	电施7	屋顶防雷、基础接地平面图			1			

主要设备及材料表

序号	图例	名称	规格	单位	数量	备注
1	▭	动力照明配电箱	按系统图配装	台	1	
2	▶◀	壁龛交接箱	XF6－10－30P	台	2	
3	V	电视设备前端箱		台	1	
4	●	乳白玻璃球形灯	220 V 40 W	盏	106	
5	⊗	防水防尘灯	220 V 40 W	盏	40	
6	⊢——⊣	双管荧光灯	220 V 2×28 W	盏	60	
7	⊗	花灯	220 V 6×25 W	盏	40	
8	✗	暗装单极开关	220 V 10 A	个	158	
9	✗	暗装双极开关	220 V 10 A	个	70	
10	✗	暗装三极开关	220 V 10 A	个	3	
11	▶	双联二孔三孔暗装插座	220 V 10 A	个	3	
12	C	威望炊用防水双联二孔三孔插座	220 V 16 A	个	20	
13	⊤P	抽油烟机、换气扇防水三孔插座	220 V 10 A	个	55	
14	K	空调插座带开关三孔插座	220 V 16 A	个	60	
15	⤙	洗衣机三孔带开关插座	220 V 10 A	个	20	
16	⊣	厨房防水二孔三孔插座	220 V 16 A	个	20	
17	R	卫生间防水电热插座	220 V 16 A	个	35	
18	TV	电视插座		个	40	
19	TP⌂	电话插座		个	65	
20	⋏	带指示灯的延时开关	220 V 10 A	个	10	

电气设计说明

1. 工程概况及设计依据

1.1　本工程为五层普通住宅楼，共两个单元，属三类建筑，建筑面积为×××ｍ²。

1.2　设计依据为××市××规划办公室文件，甲方的有关要求及电气设计相关规范与标准。

2. 设计范围

2.1　照明、动力配电；

2.2　防雷、接地；

3. 负荷级别及电源

3.1　本工程属三类建筑物，按三级负荷供电；

3.2　按小康住宅标准，每户设计容量为 6 kW；

3.3　电源 380/220 V 采用电缆直接埋地进线，一梯一进线，进线电缆选用 YJV－1kV－4×50 由小区变电所引来，过基础穿 SC50 保护，其安装详见 D164 有关规定，并分别引至各梯电表箱 AL1 和 AL2。

4. 线路敷设

4.1　室内线均选用铜芯塑料绝缘导线 BV－500V 穿阻燃 PVC 管沿建筑物墙、地面、顶板暗敷设。插座回路采用单相三线制供电，图中不再标注。

4.2　所有导线的连接均在灯头盒或插座内滚接或分线盒内分接。

5. 设备安装

5.1　灯具仅预留接线盒、灯具型号由用户自理。

5.2　单元电表箱安装于一楼楼梯间，单元电表箱距地 1.2 m。户开关箱暗装，底边距地 1.8 m。

5.3　居室、客厅、门厅插座均选用安全型；空调插座、洗衣机插座选用带开关的三孔插座，卫生间插座、厨房插座、排气扇插座选用密闭防水型插座。

5.4　跷板开关底边距地 1.4 m，声控开关距地 2.0 m。插座除图上标注高度外其余底边距地 0.3 m。

6. 防雷与接地

6.1　本工程为普通住宅，经计算按三类防雷建筑物保护措施设计，采用 φ12 镀锌圆钢在屋面沿屋脊、女儿墙等四周明设网格不大于 20×20(m) 或 24×16(m) 的避雷带，且屋面上所有的金属构件，外露金属管道等均用 φ12 镀锌圆钢与避雷网焊接。

6.2　防雷引下线利用结构柱内两根对角主筋通长焊通，间距不大于 25 m，上连避雷带，下与综合接地装置焊成封闭网。防雷接地施工应符合 86D562 和 86D563 有关规定。

6.3　本工程的接地形式采用 TN－C－S 系统。在 AL1 和 AL2 的两电表箱电源进线处的 PEN 线应进行重复接地，所有电气设备外露或导电部分均应可靠接地，PE 线不得采用串联连接。

6.4　本工程设总电位连接，在 AL1 箱处距地 0.5 m 处设 MEB 箱，应将建筑物的 PE 干线，电气装置的接地极的接地干线、水管、煤气管等金属管道、建筑物的金属构件等导体做等电位连接。卫生间做局部等电位连接，设 LEB 端子板，所有正常不带电的金属构件、物体均用 BV - 1 × 6 mm² 与 LEB 端子板连接。总等电位及局部等电位连接做法按国标 02D501 - 2《等电位连接安装》进行施工，等电位连接端子板如图 3.15 所示。

6.5　接地体利用基础梁最外边两根主筋焊通成不大于 15 × 15(m) 的接地网格。本工程防雷接地、保护接地、弱电接地共用同一接地体，综合接地电阻不大于 1 Ω，实测达不到要求，补打人工接地极。

7. 其他

7.1　应配合土建做好预埋及质检记录。

7.2　施工时应严格按国家有关施工质量验收规范，施工技术操作规程执行。

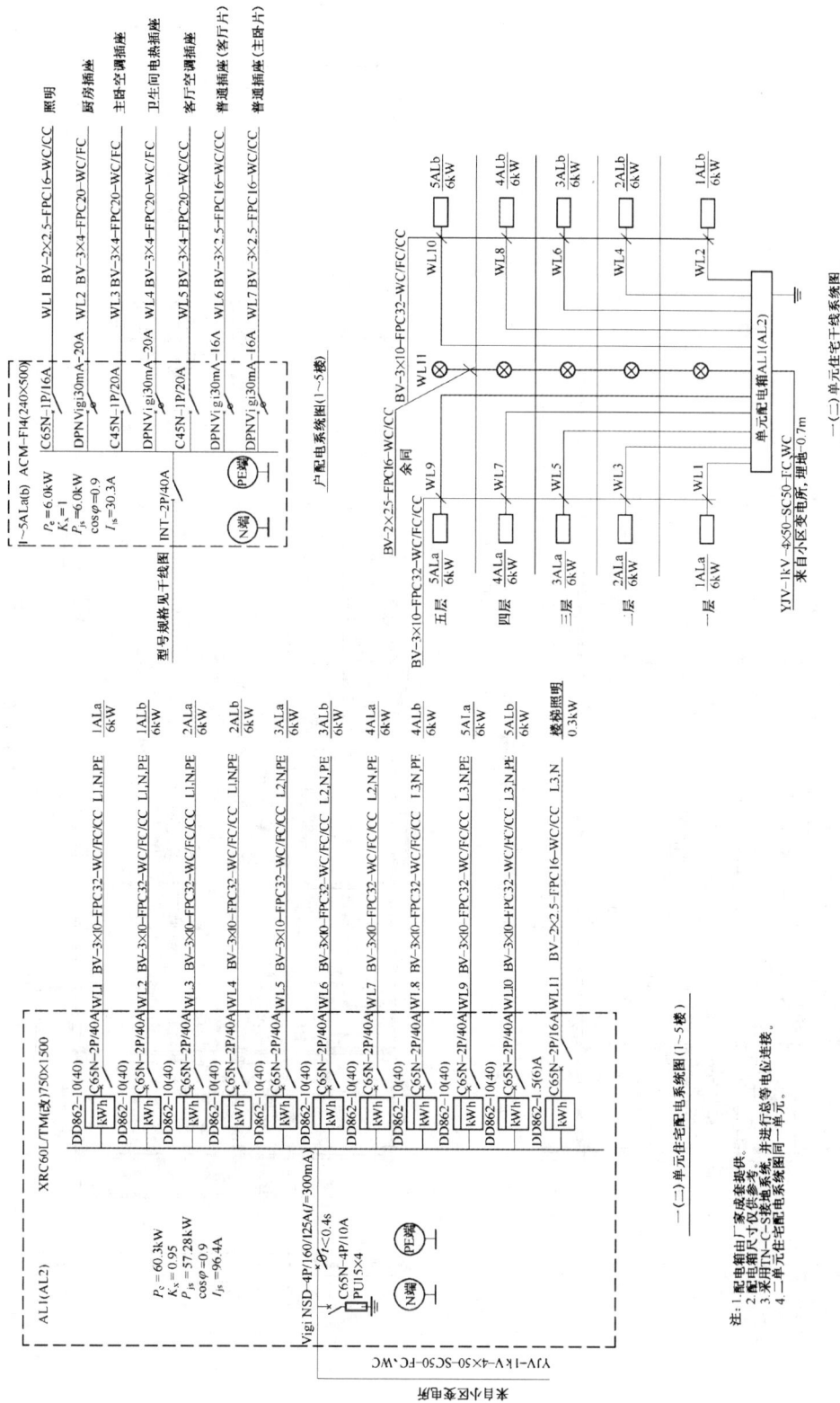

图3.7.63　配电系统图

注:1. 配电箱由厂家成套提供。
　　2. 配电箱尺寸仅供参考。
　　3. 采用TN-C-S接地系统,并进行总等电位连接。
　　4. 二单元住宅配电系统图同一单元。

329

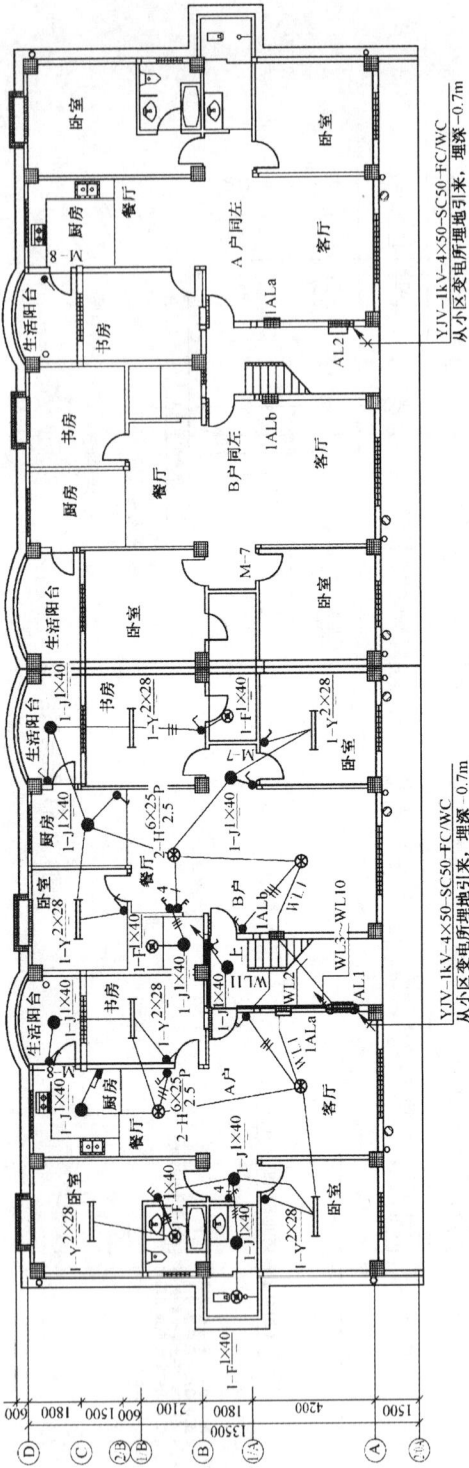

图3.7.64 一层照明平面图 1:100

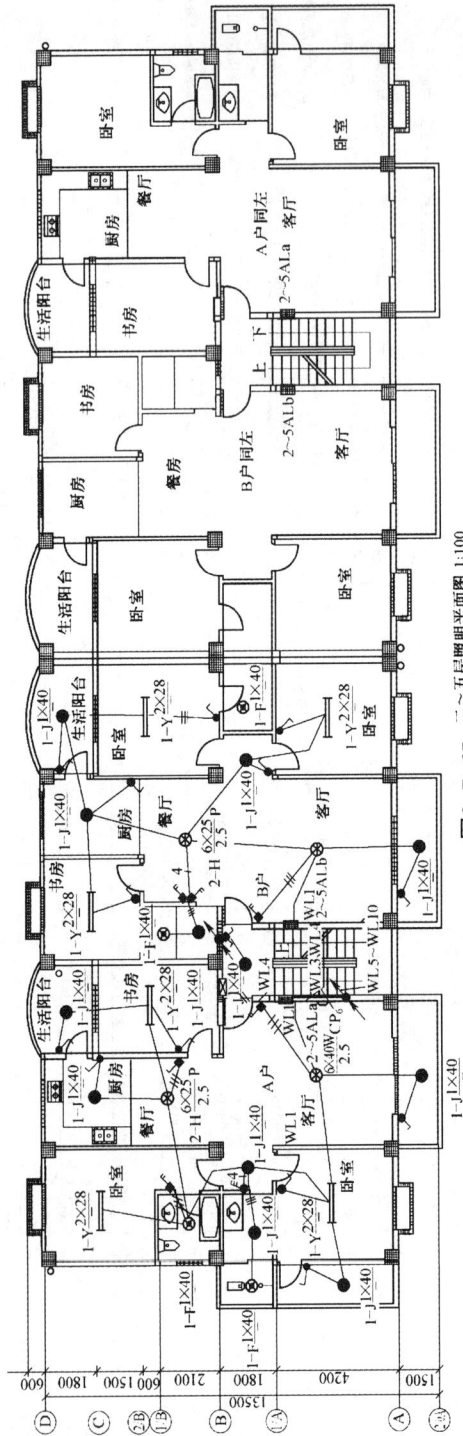

图3.7.65 二~五层照明平面图 1:100

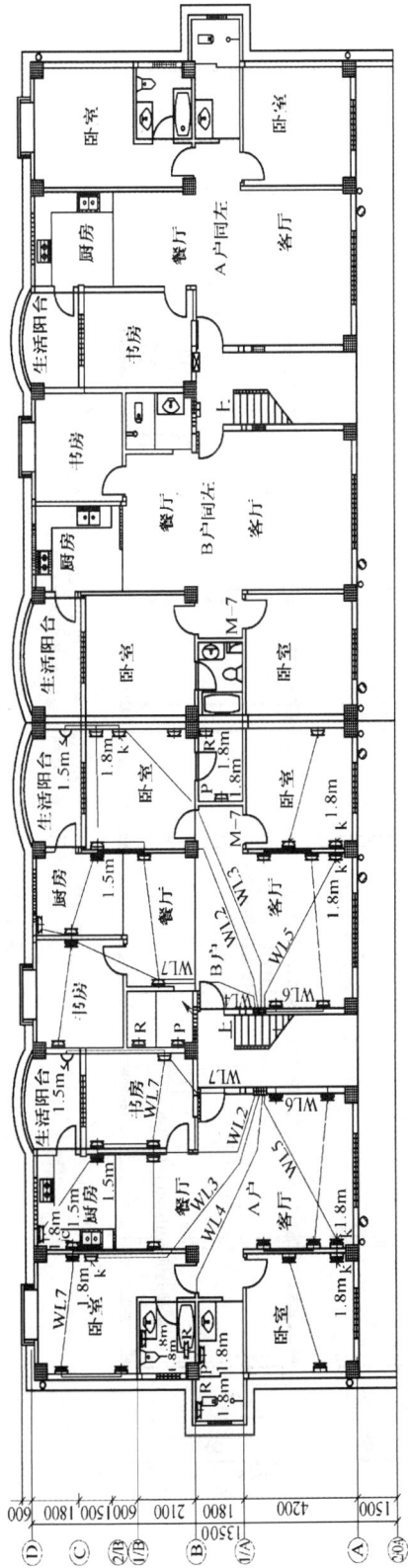

图3.7.66　一层插座平面图 1:100

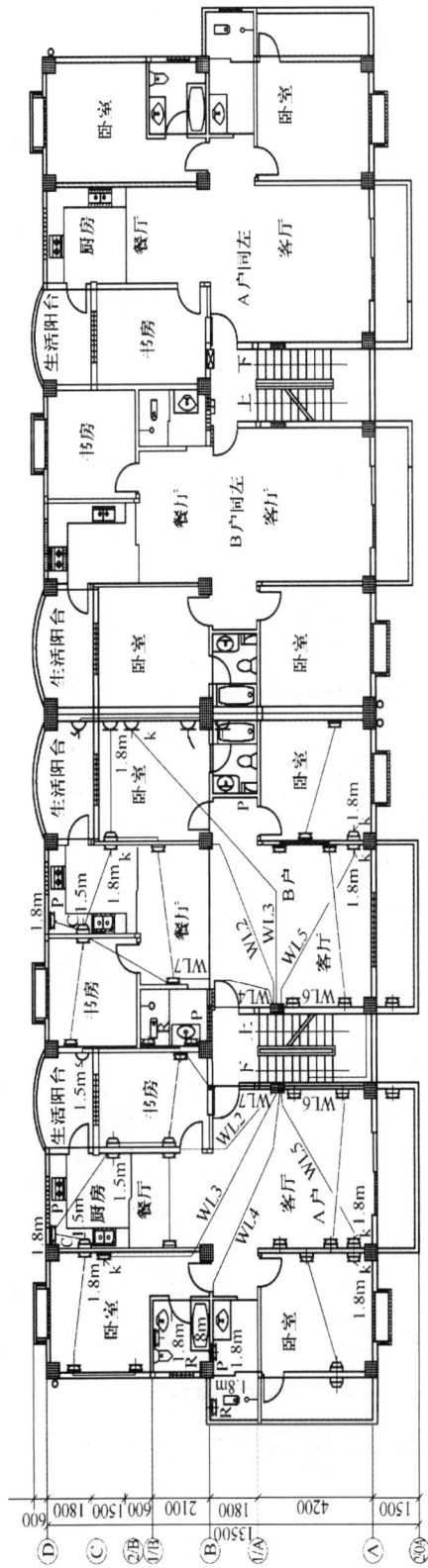

图3.7.67　二～五层插座平面图 1:100

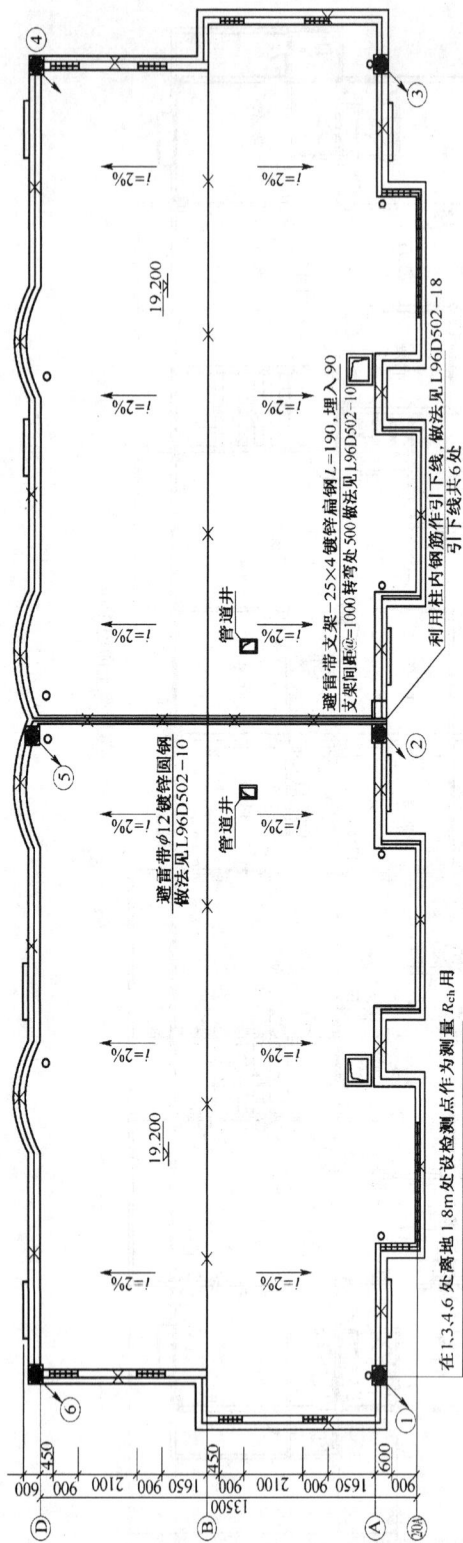

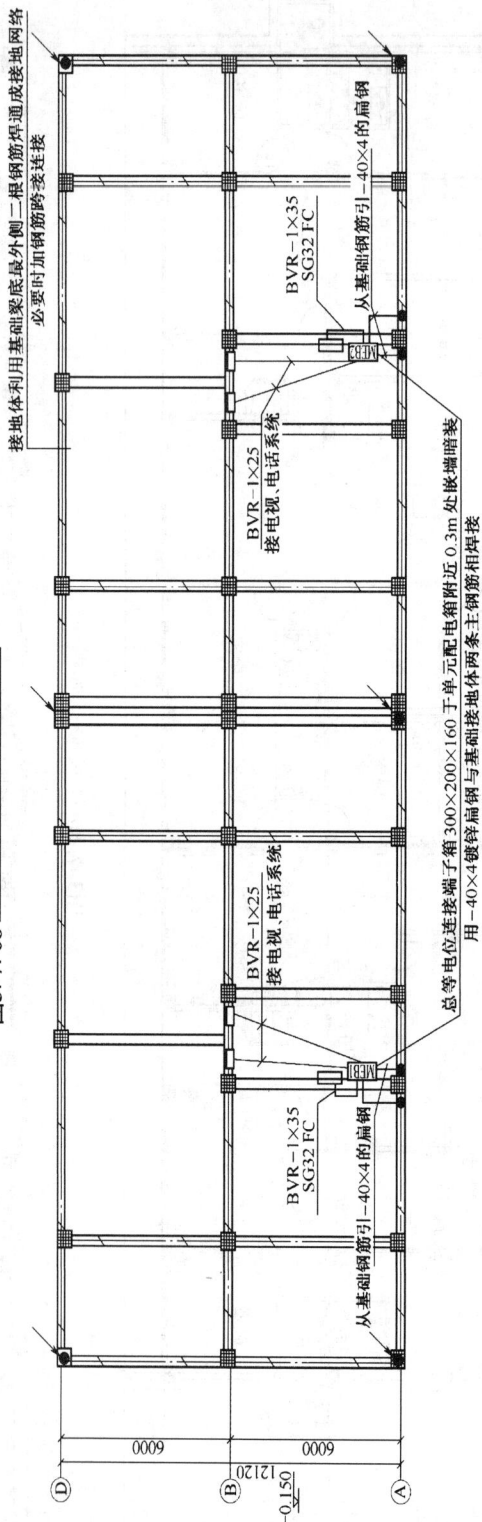

避雷带 ϕ12镀锌圆钢
做法见L96D502—10

管道井

$i=2\%$ $i=2\%$

$i=2\%$ $i=2\%$

$i=2\%$ $i=2\%$

19.200

在1.3.4.6处离地1.8m处设检测点作 R_{ch} 用

19.200

$i=2\%$ $i=2\%$

$i=2\%$ $i=2\%$

$i=2\%$

$i=2\%$ $i=2\%$

$i=2\%$

管道井

避雷带支架—25×4镀锌扁钢 L=190,埋入90
支架间距 $\square$=1000转弯处500做法见L96D502—18

利用柱内钢筋作引下线,做法见L96D502—10
引下线共6处

屋顶防雷接地平面图1:100

图3.7.68

接地体利用基础梁底最外侧二根钢筋焊通成接地网络
必要时加钢筋防雷表连接

BVR—1×25
接电视.电话系统

BVR—1×35
SG32 FC

从基础钢筋引—40×4的扁钢

BVR—1×25
接电视.电话系统

BVR—1×35
SG32 FC

从基础钢筋引—40×4的扁钢

总等电位连接端子箱300×200×160于单元配电箱附近0.3m处嵌端暗装
用—40×4镀锌扁钢与基础接地体两条主钢筋相焊接

基础接地平面示意图1:100

图3.7.69

AL1、AL2配电箱接地线
BVR-1×35 SG32 FC

结构基础主钢筋网接地
-40×4 镀锌扁钢

结构基础主钢筋网接地
-40×4 镀锌扁钢

260

10 15 30 30 30 30 30 30 30 15 10

6-φ6.5

6-φ6.5

4-φ10.5

25

50

25

10 15 30 50 50 50 30 15 10

电话交接箱接地线
BVR-1×25

电视前端箱接地
BVR-1×25

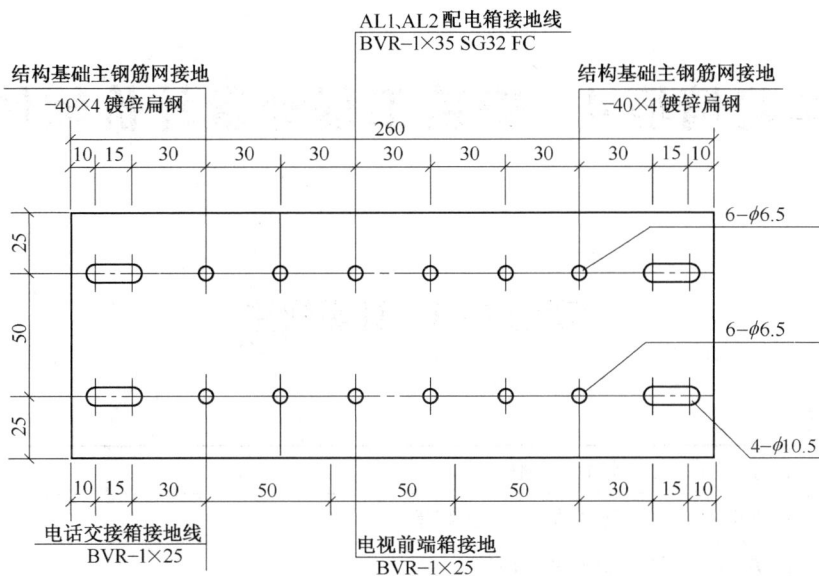

图3.7.70 等电位连接端子板MEB1、2(紫铜板 260×100×4)
箱体为300×200

学习情境4 安装工程计量计价软件

项目4-1 计量软件

教学导航

项目任务	任务4-1-1：计量软件操作	学时	12
	任务4-1-2：计算各清单项目工程量		
教学载体	机房、教学课件及教材相关内容		
教学目标	知识目标	熟悉广联达计价软件操作；掌握编制招标控制价	
	能力目标	能够应用广联达计价软件，编制招标控制价	
过程设计	任务布置及知识引导—学习相关新知识点—解决与实施工作任务—自我检查与评价		
教学方法	项目教学法		

任务4-1-1 计量软件操作

一、任务说明

管道材料：

1. 给水干管采用钢塑复合管，丝接。给水立管及室内支管采用冷水用无规共聚聚丙烯 PP-R 管，管系列选用 S5，热熔连接。

2. 污水立管采用挤压成型的 UPVC 螺旋管，污水横管采用挤出成型的 UPVC 排水管，热熔连接。

3. 生活给水管阀门 DN≤50 采用铜芯截止阀，其余部分采用闸阀，工作压力不低于 1.0 MPa。

4. 卫生间采用有水封地漏，水封高度不得小于 50 mm。地面清扫口采用塑料制品，检查口距地 1.0 m 安装，检查盖应面向便于检查清扫的方位。

根据现行《GB50856—2013 通用安装工程工程量清单计算规范》中计算规则，结合给排水专业施工图纸，新建给排水专业工程中给水管道、排水管道、阀门、卫生器具、潜污泵的构件信息，识别 CAD 图纸中包括的管道、阀门、卫生器具等构件。汇总计算给排水专业工程量，结合给排水专业工程 CAD 图纸信息，对汇总后的工程量进行集中套用做法，并添加清单项目特征描述，最终形成完整的给排水专业工程工程量清单表，并导出给排水专业 Excel 工程量清单表格。

二、任务分析

1. 如何查看 CAD 图纸？如何导入 CAD 图纸至安装算量软件 GQI2015 中？

2. 如何结合 CAD 图纸及计算规范，在软件中设置其计算规则？如何对给排水专业工程中的给水管道、排水管道、阀门、卫生器具、潜污泵等构件进行新建，并结合图纸，对其属性进行修改、添加？如何识别 CAD 图纸中包括的管道、套管、阀门、卫生器具等构件？

3. 如何汇总计算整个给排水专业及各楼层构件工程量？如何对汇总后的工程量进行集中套用做法并添加清单项目特征描述？如何预览报表并导出给排水专业 Excel 工程量清单表格？

三、任务实施

1. 新建工程：左键单击"广联达—安装算量软件 GQI2015"（或者可以直接双击桌面"广联达安装算量 GQI2015"图标）→单击"新建向导"进入"新建工程"（如图 4.1.1），完成案例工程的工程信息及编制信息；

备注：在新建工程中，只需要对工程名称进行明确即可，清单库及定额库前期不明确可以在后期匹配。

2. 工程设置：点击"模块导航栏"工程设置，根据案例工程图纸中"设计说明一"和"结构设计说明"的图纸信息，完成案例工程中给

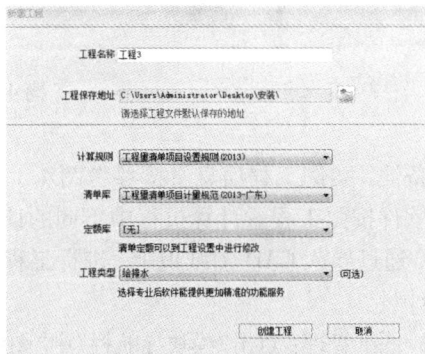

图 4.1.1　新建工程

排水工程有需要设置的参数项：工程信息→楼层设置→设计说明信息→计算设置→其他设置的参数信息填写。

本案例如图 4.1.2 所示。

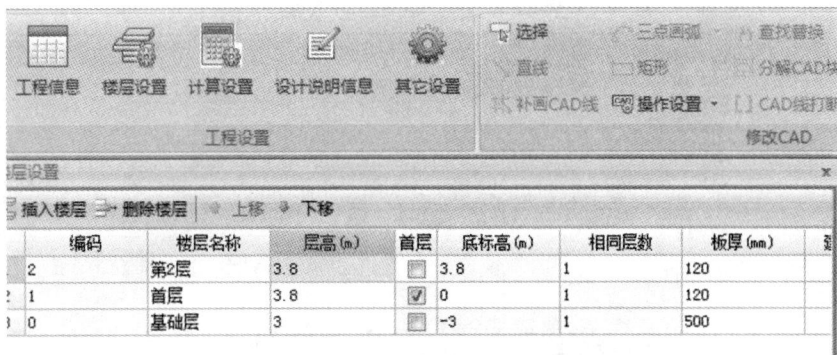

图 4.1.2　楼层标高设置

备注：每次设置完成一个单项后记得点击保存，后续操作都一样。

为避免工程数据丢失，还可以利用"工具"菜单栏中的"选项"，将文件"自动提示保存"的时间间隔由 15（分钟）根据自己的需要调小。

335

图 4.1.3 计算设置

备注：案例工程信息直接参考图 4.1.3 图片信息填写，整个章节都一样。

软件按照工程量计算过程中不同的使用场景，提供多种工程量计量方式：利用绘图输入界面，通过导入 CAD 图纸识别，进行工程量的计量；利用表格输入界面，模拟手工算量过程，快速计量。

3. 图纸管理：点击"模块导航栏"中"图纸管理"界面。点击添加图纸。（图 4.1.4 ~ 图 4.1.5）

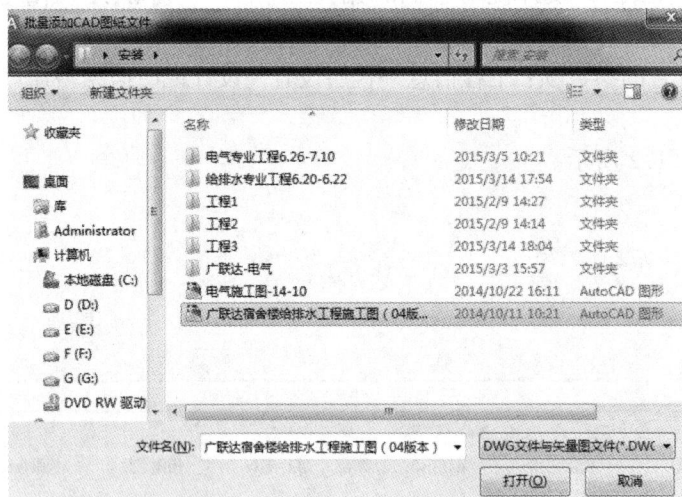

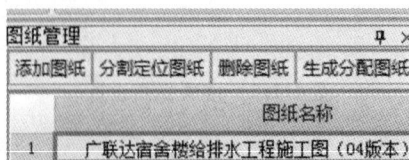

图 4.1.4 图纸管理

界面中,按照操作整体流程进行设计。对于给排水专业,整体操作流程是:分割定位图纸→选择定位点→右键→框选图纸→右键→确定→生成分配图纸。

注:

整个操作流程,亦即按照左侧模块导航栏的构件类型顺序完成识别(点式构件识别→线式构件识别→

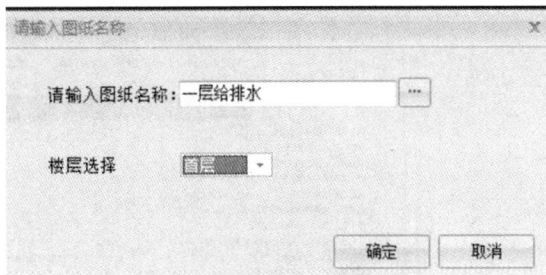

图 4.1.5　楼层选择

依附构件识别→零星构件识别)。依据图纸,先识别包括卫生器具、设备在内的点式构件;再识别管道线式构件。好处在于,先识别出点式构件,再识别线式构件时,软件会按照点式构件与线式构件的标高差,自动生成连接二者间的立向管道。管道识别完毕,进行阀门法兰、管道附件这两种依附于管道上的构件的识别。最后,按照图纸说明,补足套管零星构件的计量。

4.CAD 识别选项:点击"绘图输入"界面,单击"给排水"专业各构件类型(通头管件、零星构件除外)→点击菜单栏"CAD 操作设置"→"CAD 识别"选项,根据图纸设计要求,修改相应的误差值,如图 4.1.6～图 4.1.7 所示

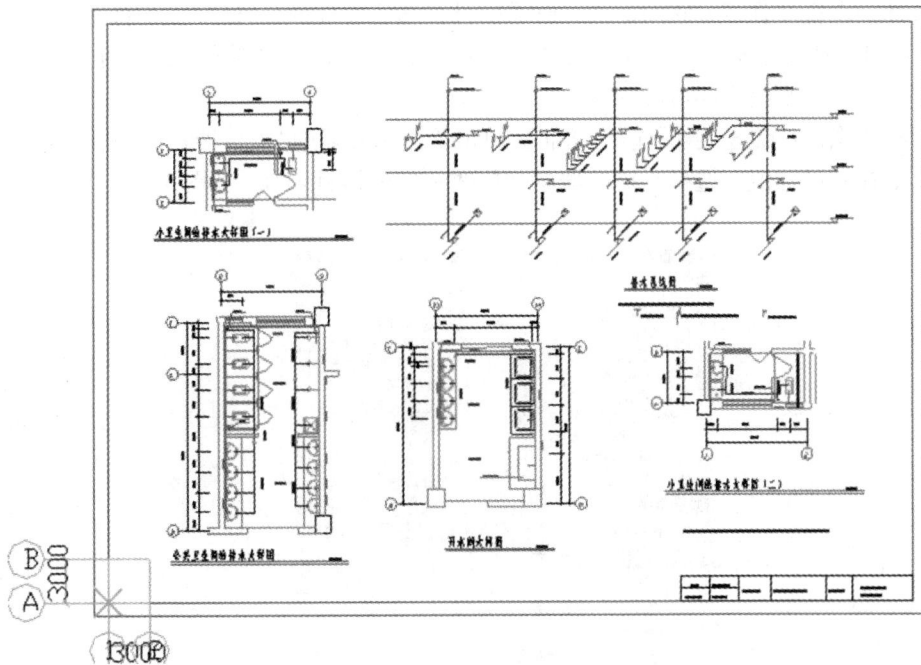

图 4.1.6　绘图输入

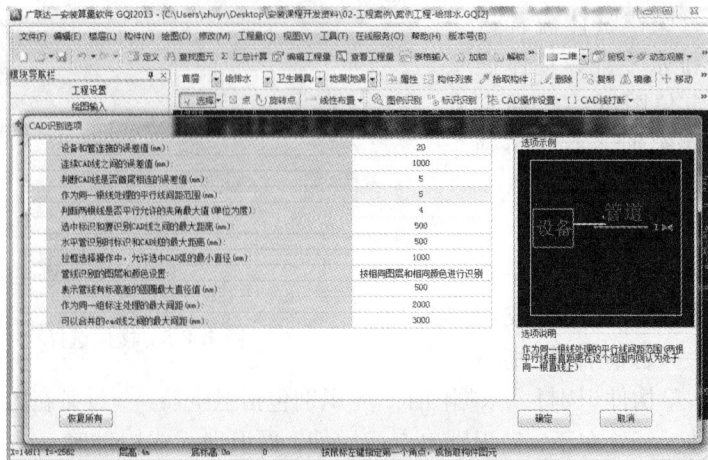

图 4.1.7　CAD 识别

注：对于 CAD 识别选项中，拿捏不准的地方，可以借助相应右侧选项示例及选项说明，进行设置。

以上在其他专业中有同样的介绍，可以说是软件中各个不同专业共有部分的介绍。从操作整体流程连贯性考虑，再次带领大家共同回顾一下。下面具体介绍软件中是如何通过智能识别完成给排水专业工程量的计取的，首先明确一下详细的计取过程：

卫生器具→设备→管道→阀门法兰→管道附件→通头管件→套管(零星构件中)。

当然，也可以通过手动布置图元完成计量(点式图元使用"点""旋转点"布置，线式图元使用"直线""三点画弧"系列功能布置)。

5. 卫生器具识别：点击"绘图输入"界面，单击给排水专业中"卫生器具"构件类型，新建"卫生器具"，在其属性值中选择对应的器具并修改相应的器具名称，如图 4.1.8 所示。

图 4.1.8　卫生器具识别

根据图纸设计要求新建案例工程中存在的卫生器具，在属性编辑器中输入相应的属性值。注意修改卫生器具的类型、距地高度属性，软件中内置有不同类型卫生器具下常用的距地高度，在修改类型属性时，距地高度会联动显示一个常见值，如果与工程中的实际情况不符，还可以进行手动修改。本案例如图4.1.9所示。

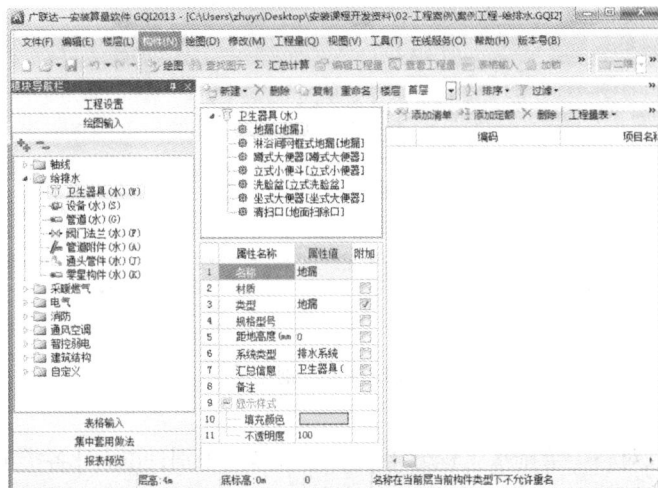

图 4.1.9　图例设置

点击"图例识别"或"标识识别"选项对整个工程中的同类卫生器具分楼层进行自动识别，案例工程中，建议采用"图例识别"更为便捷。本案例识别完毕如图4.1.10所示。

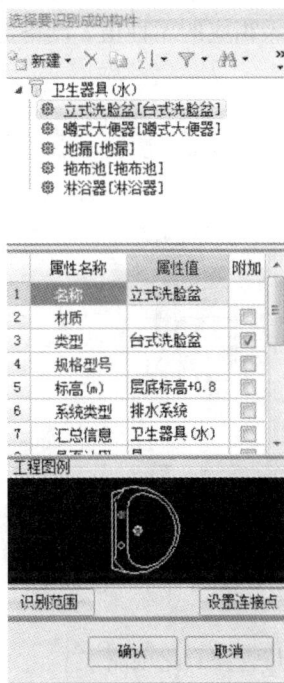

图 4.1.10　图例识别

以洗手盆为例进行识别如图 4.1.11 所示：点击"图例识别"，点击"识别范围"框选识别图纸，另外点中设置连接点，确定。再依次识别蹲式大便器，地漏，拖布池和淋浴器。

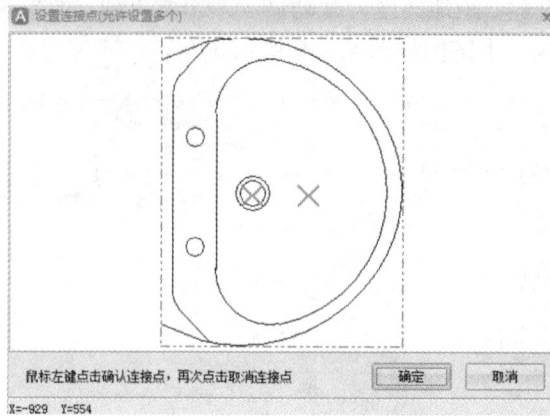

图 4.1.11　识别范围

任务要求：完成对整个给排水工程分楼层卫生器具的识别，并统计各类卫生器具的工程量。

备注：

图例识别：选择一个图例，一次性可以把相同的图元全部识别出来。

标识识别：选择一个图例和一个标识，一次性可以把具有该标识的相同图例图元全部识别出来；在这里，我们推荐采用图例识别。

6. 设备识别：点击"绘图输入"界面，单击给排水专业中"设备"构件类型，根据图纸设计要求新建设备，在属性编辑器中输入相应的属性值，设备选项主要类型如图 4.1.12 所示

图 4.1.12　设备识别

备注：本例题只识别卫生器具与管路，此项略。

7. 管道识别：点击"绘图输入"界面，单击给排水专业中"管道"构件类型。

识别水平管，软件提供有"选择识别"、"自动识别"两种方式识别给排水管。在本案例工

程中,建议大家采用"自动识别"方式进行管道的识别。尤其在没有手动建立管道构件前,通过选择任意一段表示管线的 CAD 线及对应的管径标识,软件会在管道属性栏自动创建不同管径的管道构件,一次性识别该楼层内所有符合识别条件的给排水水平管。案例工程如图 4.1.13 所示。

任务要求:完成对整个给排水专业工程分楼层的管道识别,并统计管道长度工程量。

备注:选择识别:选择一根或多根 CAD 线进行识别。

自动识别:选择一根代表管道的 CAD 线和它的对应管径标注(没有也可以不选),一次性可以把该楼层内整个水路的管线识别完毕。

8.阀门法兰识别:采用点式识别方式。

点击"绘图输入"界面,单击给排水专业中"阀门法兰"构件类型,根据图纸设计要求新建对应的闸阀,在属性编辑器中输入相应的属性值,案例工程如图 4.14 所示。

点击"图例识别"或"标识识别"选项对整个给排水工程中的阀门法兰分楼层进行自动识别,本案例工程建议采用图例识别。

备注:

对于阀门法兰、管道附件这类依附于管道的图元,需要在识别完所依附的管道图元后再进行识别。通过"图例识别""标识识别"识别出的阀门法兰,软件会自动匹配出它的规格型号等属性值。

9.管道附件识别:采用点式识别方式。

点击"绘图输入"界面,单击给排水专业中"管道附件"构件类型,根据图纸设计要求新建相应的管道附件,在属性编辑器中输入相应的属性值,管道附件有如:水表、压力表、水流指示器等。本案例工程略。

10.通头管件识别:

图 4.1.13　管道识别

图 4.1.14　阀门法兰识别

点击"绘图输入"界面,单击给排水专业中"通头管件"构件类型,因为通头多数是在识别管道后会自动生成的,所以,基本不需要自己建立此构件。

如果没有生成通头或者生成通头错误并执行删除命令后,可以点击工具栏"生成通头",拉框选择要生成通头的管道图元,单击右键,在弹出的"生成新通头将会删除原有位置的通头，是否继续"确认窗体中点击"是"软件会自动生成通头。

本案例略。

11. 零星构件识别：

点击"绘图输入"界面，单击给排水专业中"零星构件"构件类型，根据图纸设计要求新建相应的零星构件，在属性编辑器中输入相应的属性值，零星构件有如：一般套管、普通套管、刚性防水套管等。

补充：

在完成了整个给排水工程的工程量计取后，是否想对自己的劳动成果有个更加直观的感受呢？软件提供了三维查看的功能——"动态观察"，也方便大家对工程进一步进行检查。同时，结合"选择楼层"，可以查看整个工程所有楼层的三维显示效果，而非仅仅是当前楼层了（见图4.1.15）。

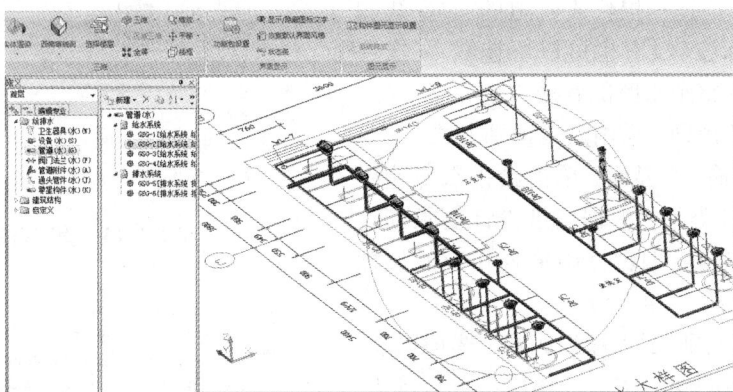

图4.1.15 三维效果显示

12. 汇总计算，报表预览，导出数据。

整个工程量计取完毕，并套取了做法，该导出相应的工程量数据了。

点击"模块导航栏"→"报表预览"，注意先行对整个专业工程进行汇总计算。如图4.1.16所示。

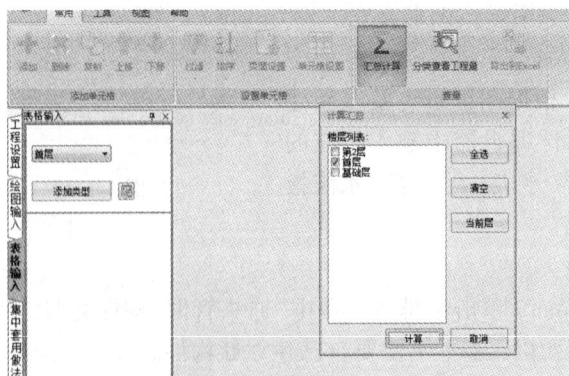

图4.1.16 表格输入

计算完成后，点击"报表预览"即可以查看给排水专业工程的工程量报表，也可以导出 EXCEL 文件(见图 4.1.17)。

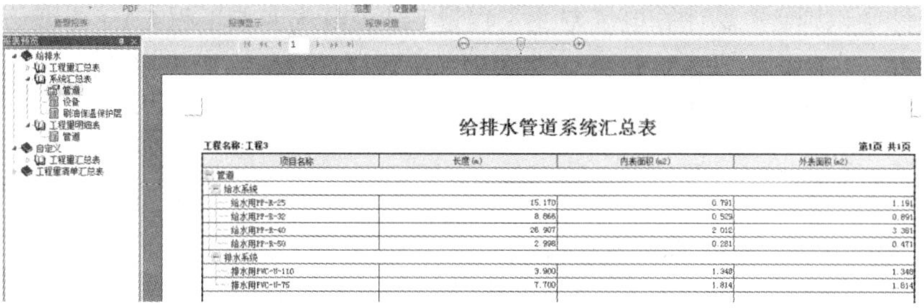

图 4.1.17　报表预览

备注：报表预览可以选择查看所完成的专业工程的工程量，同时也可以导出 EXCEL 文件的形式提交阶段任务作业。同样，像表格输入界面，类似的可以利用"报表显示设置"对表格中需要显示或需要隐藏的工程量进行个性设置；而利用"报表反查"，则可以反查图元数据到相应的绘图界面的各个楼层中。

四、给排水案例工程，安装算量软件导出工程量清单表(表 4.1.1)

表 4.1.1　工程量清单表

工程名称：工程 3 　　　　　　　　　　　　　　　　　　　　　　专业：给排水

序号	编码	项目名称	项目特征	单位	工程量
1	031001006001	塑料管	(略)	m	15.17
2	031001006002	塑料管	(略)	m	8.866
3	031001006003	塑料管	(略)	m	26.907
4	031001006004	塑料管	(略)	m	2.998
5	031001006005	塑料管	(略)	m	3.9
6	031001006006	塑料管	(略)	m	7.7
7	031003002001	螺纹法兰阀门	(略)	个	1
8	031004003001	洗脸盆	(略)	组	8
9	031004006001	大便器	(略)	组	4
10	031004010001	淋浴器	(略)	套	3

任务 4-1-2　计算各清单项目工程量

一、任务说明

按照办公大厦电气施工图，采用广联达软件，根据现行《GB 50856—2013 通用安装工程工程量清单计算规范》中计算规则，结合电气专业施工图纸，新建电气专业工程中钢制水平桥架 200×100 工程量以及竖直桥架 200×100，配管，电缆，配线，配电箱，单管荧光灯、双管荧光灯、防水防尘灯、吸顶灯、壁灯、单向疏散指示灯、双向疏散指示灯、安全出口灯、井道壁灯，单联开关、双联开关、三联开关、单联双控开关，普通插座、防水插座的构件信息，并分别在软件中识别。汇总计算电气专业工程量，结合电气专业工程 CAD 图纸信息，对汇总后的工程量进行集中套用做法，并添加清单项目特征描述，最终形成完整的电气专业工程工程量清单表，并导出电气专业 Excel 工程量清单表格。

二、任务实施

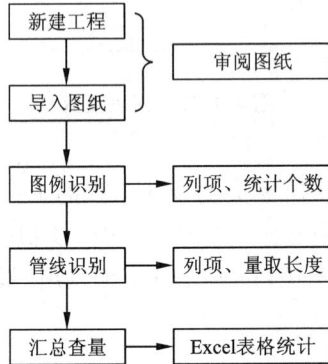

（一）新建工程

1. 双击桌面快捷图标 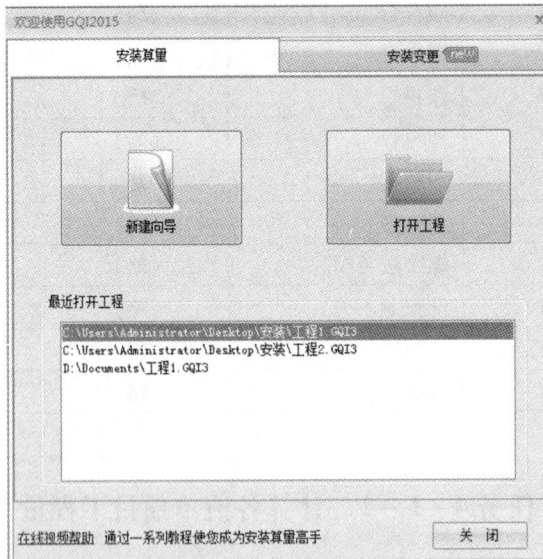，弹出"欢迎使用界面"对话框，如图 4.1.18 所示。

图 4.1.18 新进工程

2. 鼠标左键单击"新建向导"，弹出新建工程第一步，如图 4.1.19 所示：

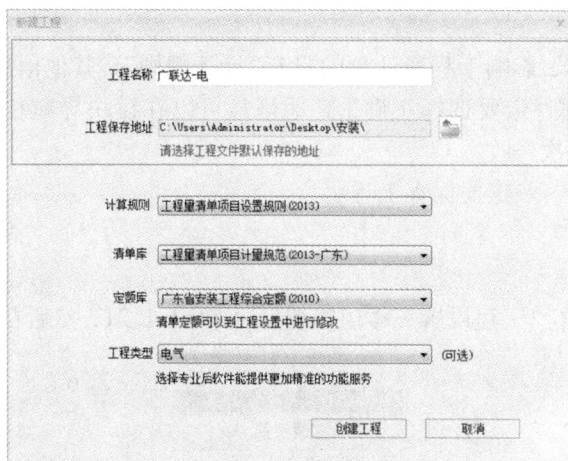

图 4.1.19　新进向导

3. 在工程名称处输入"广联达 – 电气"，然后点击下一步，进入第二步——工程信息的输入，在此输入相关信息，再次点击下一步，进入第三步——编制信息，输入相关信息，点击下一步进入第四步——完成，在此界面进行相关信息的检查，确认无误后，点击完成，进入工程设置界面，如图 4.1.20 所示。

图 4.1.20　工程信息设置

提示：

1.新建工程这四步，影响工程量计算的只有"计算规则"，其他信息只起标识作用，所以新建工程时，计算规则一定要选择正确，其他信息可以在模块导航栏 – 工程设置 – 工程信息，这个界面下进行二次修改。

2.新建工程结束后，一定要保存工程。

（二）工程设置

1.楼层设置。

（1）点击模块导航栏"工程设置—楼层设置"，如图4.1.21，然后在右侧进行楼层设置。

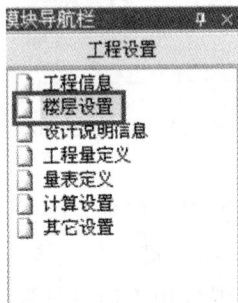

图4.1.21 楼层设置

（2）点击"插入楼层"按钮，进行添加楼层，输入层高信息；如图4.1.22。

图4.1.22 楼层标高设置

按钮说明：

①插入楼层：添加一个新的楼层到楼层列表；

②删除楼层：删除当前选择的楼层；

③上移：可调整楼层顺序，将光标选中的楼层向上移一层，楼层的名称和层高等信息同时上移；

④下移：将光标选中的楼层向下移一层。

其他说明：

①首层和基础层是软件自动建立的，是无法删除的；

②当建筑物有地下室时，基础层指的是最底层地下室以下的部分，当建筑物没有地下室时，可以把首层以下的部分定义为基础层；

③建立地下室层时，将光标放在基础层时，再点击"插入楼层"，这时就可插入第 –1 层；

2. 设计说明信息。

点击模块导航栏"工程设置—设计说明信息"，在此界面设置图纸中设计说明信息中的管线信息，如下图 4.1.23 所示：

图 4.1.23　设计说明信息设置

（三）绘图输入

1. 导入图纸。

（1）点击模块导航栏"绘图输入"，进入绘图输入界面，如图 4.1.24 所示。

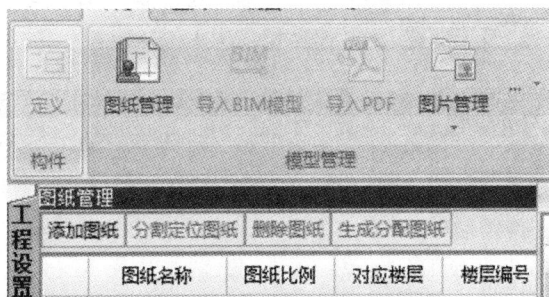

图 4.1.24　绘图输入

（2）鼠标左键点击工具栏—"导入 CAD 图"功能，弹出界面如图 4.1.25 所示。

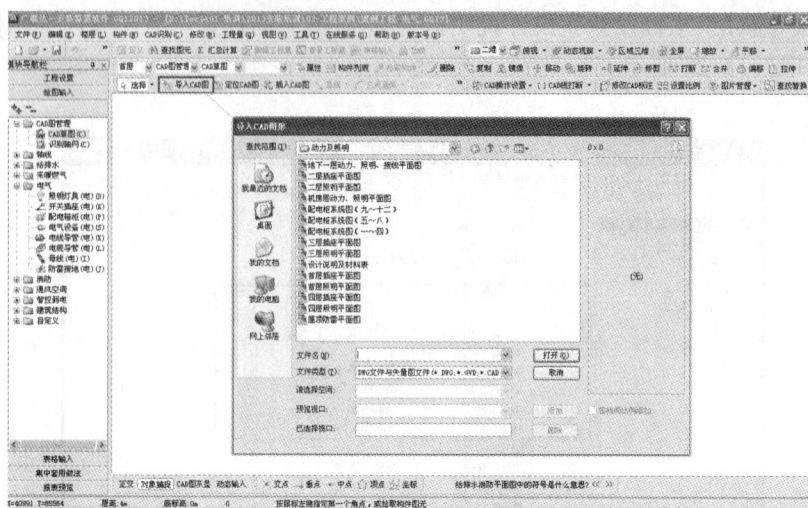

图 4.1.25　导入 CAD 图

（3）左键点选"设计说明及材料表"，在右侧预览框显示 CAD 缩略图，点击右下角"打开"按钮，弹出"请输入原图比例"对话框，默认 1:1，在此我们不用调整，直接点击"确定"按钮，此时，CAD 图导入到软件中。

添加图纸，点中分割定位图纸，下方标题栏点中交点，以 1 轴和轴交点进行图纸定位，点右键，框选该 CAD 图纸，右键，弹出下图对话框。

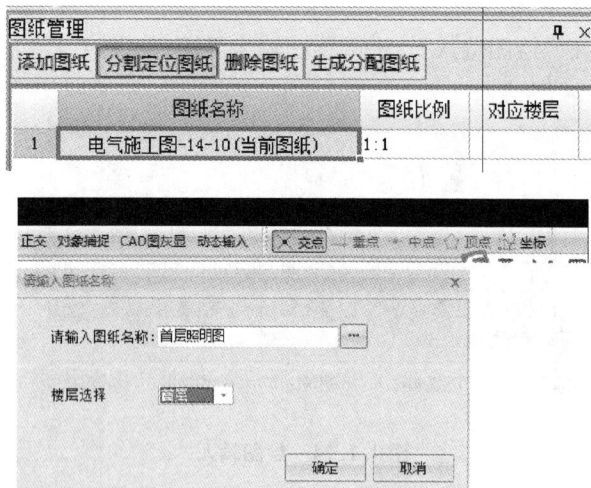

图 4.1.26　分割定位图纸

同样方法把首层插座进行分割定位，点击生成分配图纸，如图 4.1.27 所示。

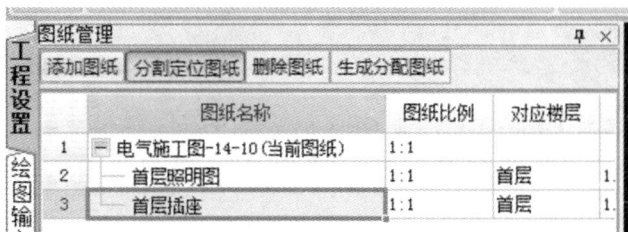

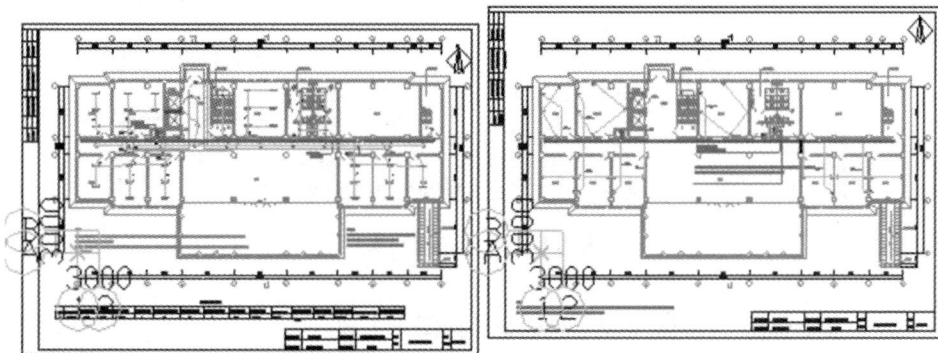

图 4.1.27　生成分配图纸

2. 阅读设计说明信息及了解材料表相关内容。

了解工程概况如楼层高度、系统组成、设备选型及安装、电缆、电线选择及敷设方式、防雷接地施工方式等。

3. 识别材料表。

（1）点击绘图输入；首先识别图例。点中材料表，左键框选 CAD 中材料表，右键，

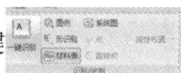

（2）点击工具栏"CAD 操作设置" – "材料表识别"，如下图所示：

图 4.1.28　材料识别

复制列，，图例框选 ，

（3）移动光标到材料表处，鼠标左键点击不放，从左上角到右下角拉一个矩形框，将需要识别的材料表选中框内，这时放开鼠标左键，此时被选在区域呈蓝色选中状态，并且外围有一黄色框，如图 4.1.29 所示。

图 4.1.29　弹出材料表

（4）点击右键，弹出"识别材料表"对话框，如图 4.1.30 所示。

图 4.1.30　识别材料表

（5）下面进行列头选择，名称列选择"设备名称"，如名称被分成两列，这时将光标停在后一列，点击功能"合并列"在弹出的对话框中，选择"是"，此时前后两列内容进行合并，用此种方法，将所有的列进行有效合并。

（6）在选择对应的列头后，对"距地高度"一列进行检查，如北京定额里链吊灯距地高度的导线已包含在定额里，不需要计算此部分立管管线高度，所以将距地高度值调整为"层高"，用此种方法，将所有的数值检查无误；如图 4.1.31 所示。

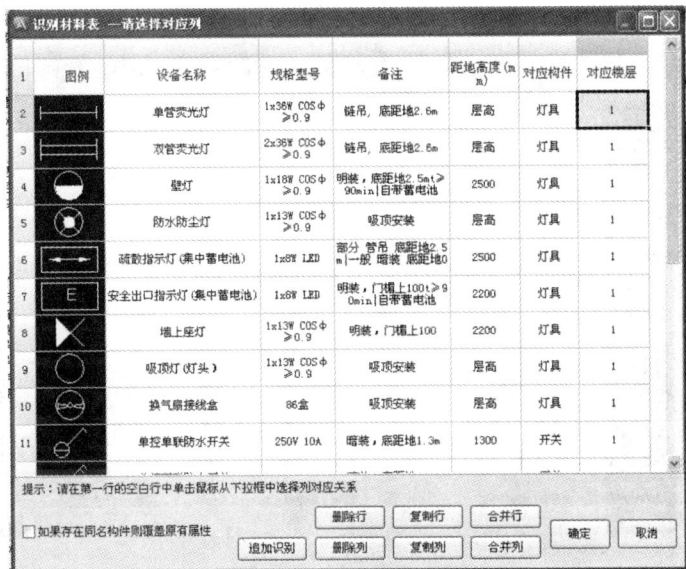

图 4.1.31　检查材料表

(7)在"对应楼层"列,软件默认"1 层",材料表的数据是对应该工程所有楼层的,这时双击该单元格,出现三点按钮,点击三点按钮,弹出对话框"对应楼层",在此界面可以选择楼层,如图 4.1.32 所示。

图 4.1.32　选择对应楼层

选择之后,点击"确定"按钮,这时该单元格楼层信息对应完成,其他单元格也需要同类设置,这时将光标停在该单元格右下方位置,光标变为"＋"字形状,将光标拖拽到下几行,这时其他行也同以上单元格设置。如图 4.1.33 所示。

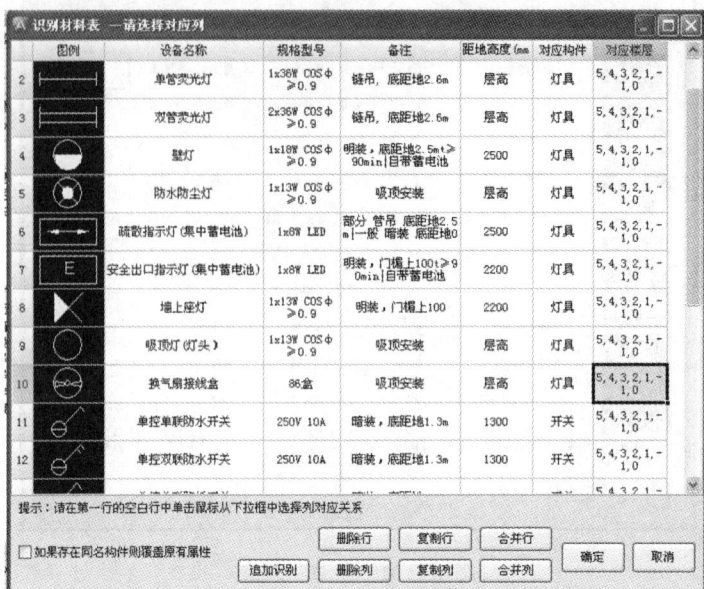

图 4.1.33　单元格设置

(8)将所有列与行的单元格检查无误后，点击右下角"确定"按钮。此时材料表所有构件生成。

4.切换楼层。

点击工具栏首层到-1层，如图 4.1.34 所示。

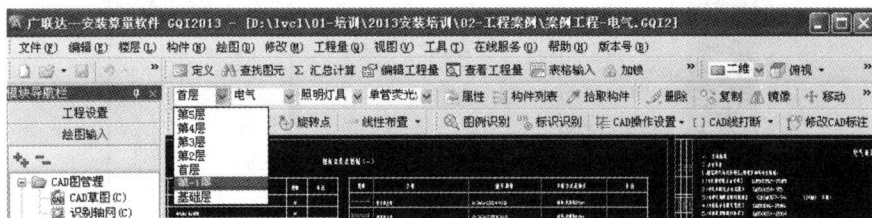

图 4.1.34　切换楼层

5.定位 CAD 图。

(1)点击工具栏"导入 CAD 图"，将"地下一层动力、照明、接线平面图"导入到绘图区；

(2)鼠标点击"菜单栏—工具—设置原点"功能，移动光标到平面图左下角柱子角点处，将柱子左下角作为原点(0,0)，鼠标左键点击，原点设置完成。

说明：设置原点的目的是为了楼层之间跨层图元上下对应。

6.图例识别。

(1)点击模块导航栏"电气—照明灯具"，将光标停在"照明灯具"构件类型；

(2)左键点击工具栏—图例识别功能，如图 4.1.35 所示。

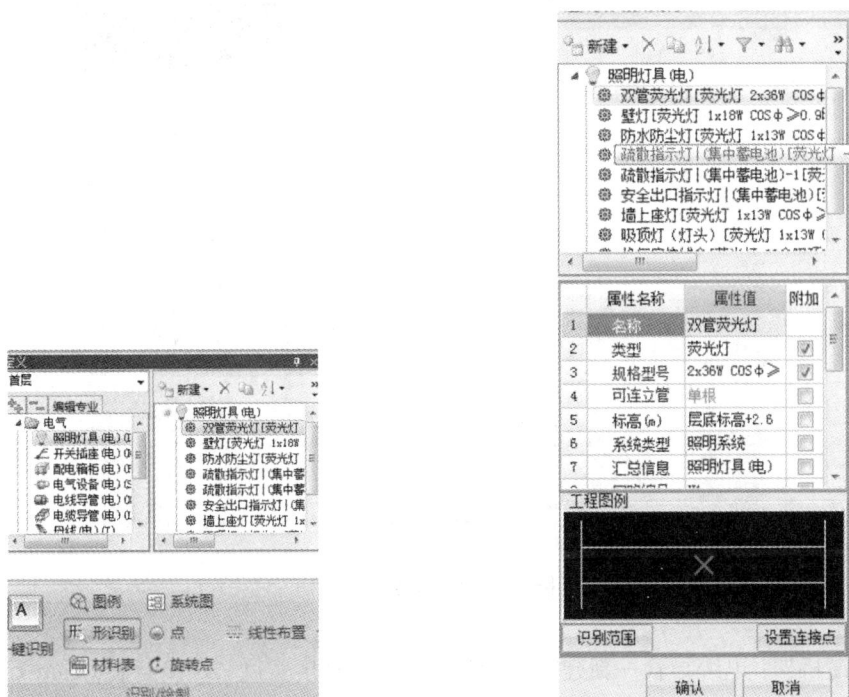

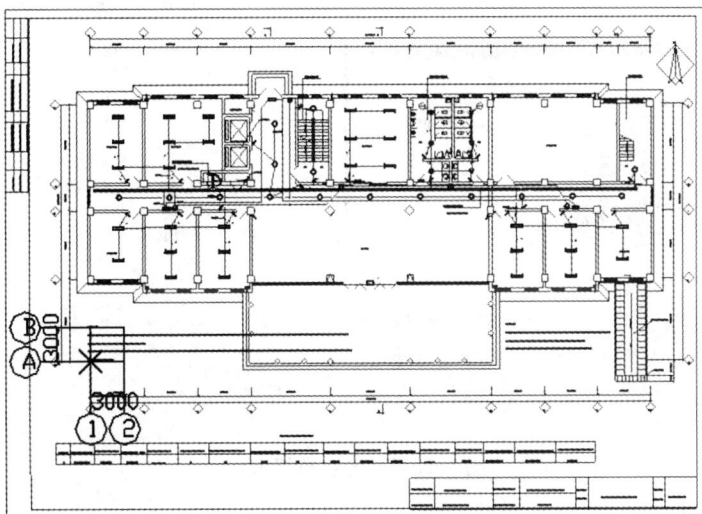

图4.1.35 图例识别

同样方法识别图例中照明灯具、开关和插座。

（3）配电箱识别：点系统图—提取配电箱，选择照明配电箱800×1000×200，右键确定。读系统图，款选系统图导线规格型号，右键，弹出图4.1.36，确定。

注：本题中照明平面图和插座平面图中配电箱为同一配电箱，在识别插座配电箱后，属性编辑中是否计量选择"否"，防止重复计算。

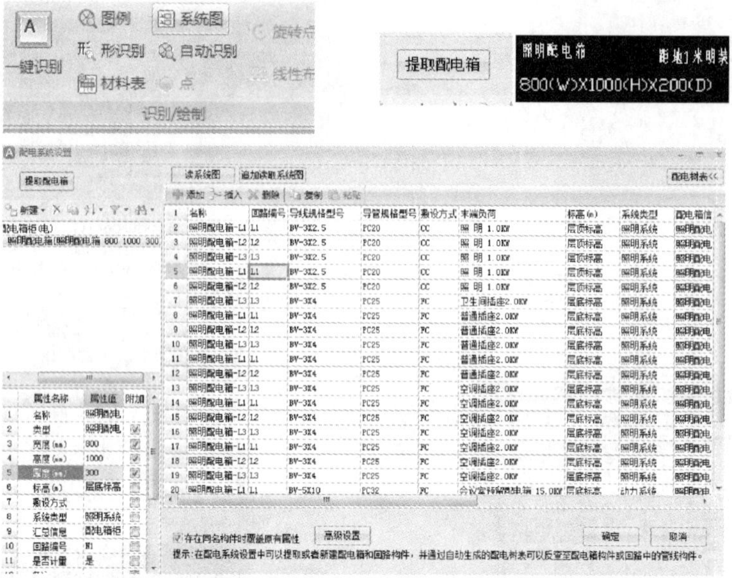

图 4.1.36　配电箱识别

(4)电缆桥架：电缆导管—新建—新建桥架，设置高度宽度，直接绘制(图 4.1.37)。

图 4.1.37　电缆桥架识别

(5)在绘图区移动光标到需要识别的 CAD 图元上，光标变为回字形，点击鼠标左键或拉框选择该 CAD 图元，此时，该图元呈蓝色选中状态如图 4.1.38 所示。

(6)点击右键，弹出"选择要识别成的构件"对话框，在弹出的对话框内选择对应的构件，可以将工程图例与材料表图例进行对应，快速选择需要的构件，确定无误后，点击"确定"按钮。

(7)此时会提示识别的数量，点击"确定"该图元识别完毕。

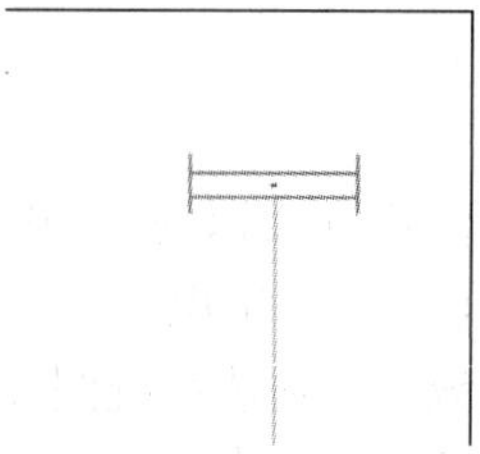

图 4.1.38　CAD 图元识别

采用相同的方法可以将本层所有的灯具、开关、插座、配电箱等点式构件在对应的构件类型下全部识别完成,识别后结果如图4.1.39所示。

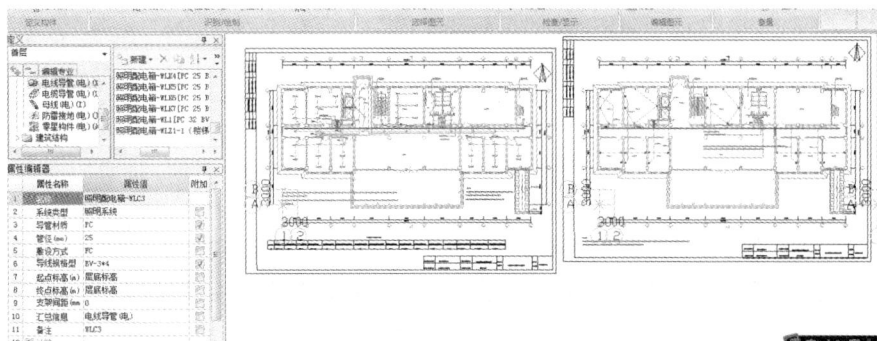

图 4.1.39 图元识别

本层所有点式构件识别后,下面来识别管线。

7.计算桥架。

(1)点击模块导航栏"电气—电缆导管",将光标停在"电缆导管"构件类型处;

(2)点击工具栏—定义,进入定义界面(也可以点击 F2 快捷键),如图4.1.40 所示。

(3)点击"新建—新建桥架",如下图4.1.41 所示。

图 4.1.41 新建桥架

(4)在属性处,按图纸要求输入各属性值,如图 4.1.42 所示,采用相同的方法,按图纸要求新建若干桥架。

(5)点击工具栏—绘图,回到绘图区。

(6)点击工具栏"直线"按钮,移动光标到绘图区,此时光标显示为"田"字形,光标在表示桥架的 CAD 图元处,左键点击,拖动光标,直到另一点找到相交为一黄色框显示,确认后,点击左键,此时SR200×100 绘制完毕。然后点击右键,该段桥架绘制完毕。

图 4.1.42 设置桥架属性

(7)左键点击工具栏"管道编辑—布置立管"功能,移动光标到 CAD 竖向桥架处,点击左键,弹出"立管标高设置"对话框,在此界面输入标高信息,如图4.1.43 所示。

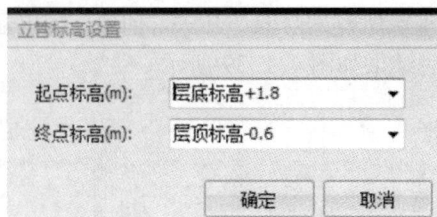

图 4.1.43　立管标高设置

（8）点击"确定"按钮，该桥架立管布置完成。

采用相同的方法可将其他的桥架全部绘制，绘制后如图 4.1.44 所示。

图 4.1.44　形成桥架

8. 回路自动识别。

左键选择模块导航栏"电气—电线导管"构件类型，然后移动光标到工具栏"回路自动识别"功能，左键点击选择，再移动光标在绘图区点选 WLZ8 回路中任意一段 CAD 线条及 WLZ8 回路标识，此时选中的回路为蓝色表示，识别完回路如图 4.1.35 所示。

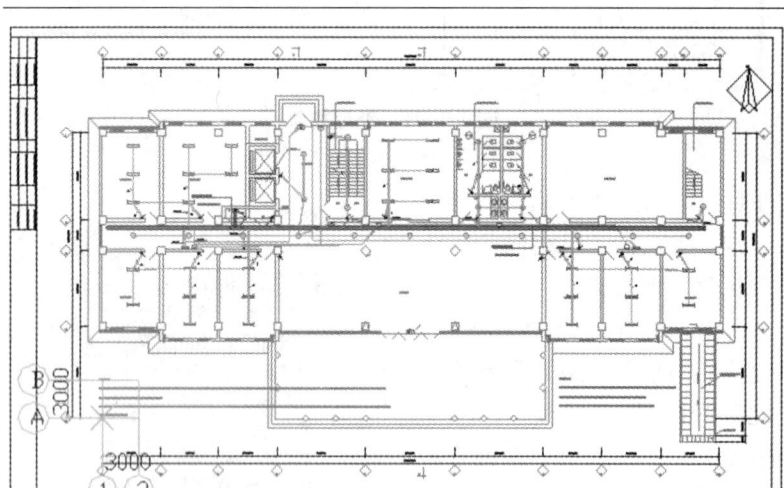

图 4.1.45　回路自动识别

9. 设置起点。

（1）移动光标在工具栏左键点击"设置起点"功能按钮；

（2）移动光标到连接 ALD 的桥架端点处，此时光标形状变为"手"状。

图 4.1.46　设置起点位置

（3）点击左键，弹出"设置起点位置"对话框，在此选择需要设置起点的端点处，点击"确定"按钮，此时在该端点处会有黄色的 X 显示，表示设置成功。如图 4.1.46 所示。

提示：一段桥架只能设置一个起点，当再点击另一端时，一端的起点撤消。

10.选择起点。

"选择起点"功能一般与"设置起点"功能配合使用，只有桥架或线缆设置了起点之后，"选择起点"功能才可使用。

（1）在进行"设置起点"功能之后，左键点击绘图区工具栏中"管道编辑"—"选择起点"功能；

（2）按鼠标左键选择管道，右键确认，弹出"选择起点"对话窗口，如图 4.1.47 所示。

图 4.1.47　选择起点

（3）在对话框中左键选择起点后，起点变为绿色，同时计算路径变为绿色，确认无误后，点击"确定"。这时经过"选择起点"后的管道呈黄色，以示与其他管道区分，方便我们检查。

提示：

使用"选择起点"功能，主要是对于一根管线在该段桥架系统中，起点处有若干个配电箱柜，这样该段导管就会有若干个起点，利用此功能可以在软件分析出的桥架系统中，选择起点，然后根据路径计算导线长度。

11. 检查线缆计算路径。

（1）左键点击工具栏"检查线缆计算路径"功能，如图4.1.48所示。

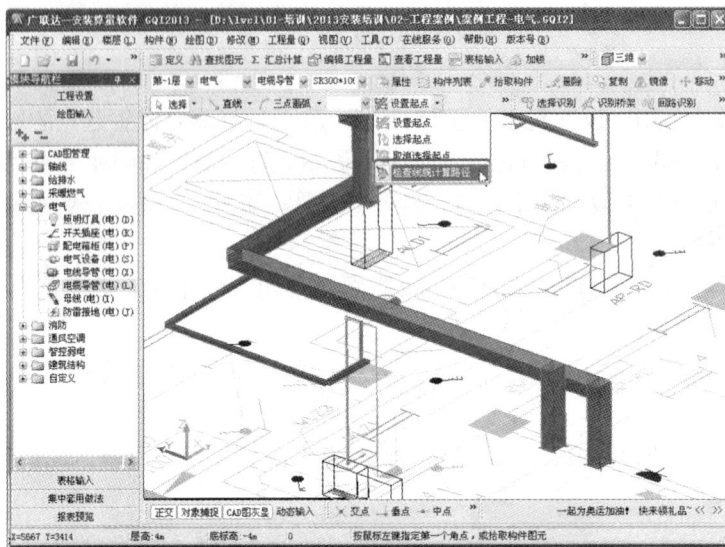

图4.1.48　检查线缆计算路径

（2）在绘图区移动光标到需要查看路径的管线图元上，当光标变为"回字形"时，点击左键，此时该线缆的计算路径如图4.1.49所示，呈绿色通路显示，并且界面下方有工程量结果显示。

图4.1.49　形成桥架工程量

12. 生成接线盒。

（1）鼠标点击导航栏"电气设备"构件类型，然后点击绘图工具栏"生成接线盒"功能，弹出定义构件属性窗口，如图 4.1.50 所示，新建接线盒构件属性。

（2）定义构件后，点击"确定"按钮，弹出选择需要生成接线盒的构件窗口，如图 4.1.51 所示：

图 4.1.50　新建接线盒构件属性

图 4.1.51　生成接线盒

（3）选择好后，点击"确定"，这时软件会自动根据开关、插座、灯具及管线长度生成接线盒个数。

（四）汇总查量

1. 汇总计算。

（1）在主菜单中点击【汇总计算】，或按键盘上的快捷键 F9，弹出汇总计算窗口，如图 4.1.52 所示。

（2）选择需要汇总的楼层，点击"计算"按钮即可。

（3）汇总结束后弹出"汇总完成"的提示窗口。

相关操作：

①在楼层列表中可以选择所要汇总计算的层；

②全选：可以选中当前工程中的所有楼层；

③清空：清空选中的楼层；

④当前层：只汇总当前所在的层；

2. 查看工程量。

（1）汇总计算结束后，左键选择需要查看工程量的构件，此时该图元呈蓝色选中状态，点击"查看工程量"，弹出对应图元工程量界面，界面如图 4.1.53 所示：

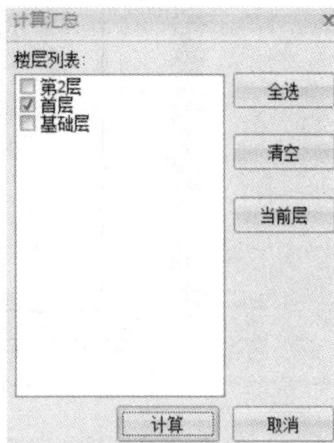

图 4.1.52　汇总计算

(2)在该界面切换不同的页签，会显示相应的工程量信息。

3.分类查看工程量。

(1)汇总计算后，点击菜单栏"工程量—分类查看工程量"，弹出如图4.1.53所示界面，此时显示的是导管在每层的工程量。

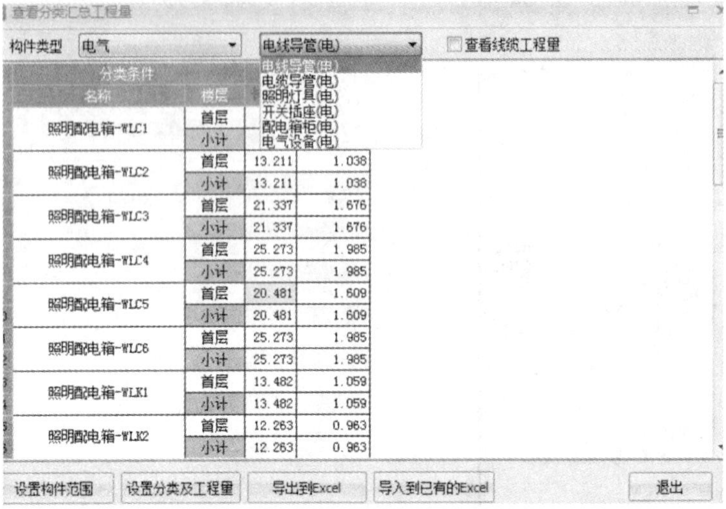

图4.1.53 查看工程量

(2)如现在为招投标阶段，只提取导管的工程量，不考虑楼层信息，这时在此界面内点击"设置分类及工程量"按钮，弹出对话框，如图4.1.54所示，在此界面我们将对应"楼层"使用标志的"对勾"去掉，如果提取工程量只需要长度，也可以将其他内表面积、外表面积等工程量的使用标志"对勾"去掉，这时再点击"确定"按钮，这时汇总工程量界面如图4.1.55所示。

图4.1.54 设置分类及工程量

(3)如果目前阶段是施工对量阶段，需要按楼层、按系统类型、按管径提量，这时仍然点击"设置分类及工程量"按钮，将所需要的条件使用标志"对勾"加上，然后将这些属性进行上移或下移排序，排在第一行的属性为第一汇总条件，第二行的为第二汇总条件，以此类推，

360

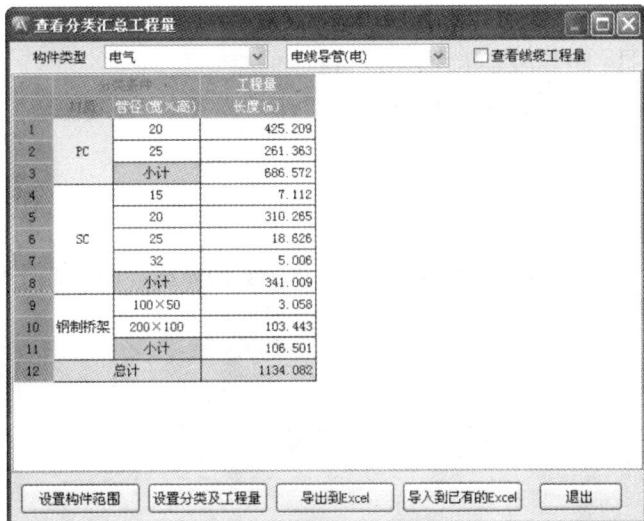

图 4.1.55　汇总工程量

然后点击"确定"按钮，这时软件就会按照我们设定的条件与排列的顺序分别显示其工程量了，如图 4.1.56 所示。

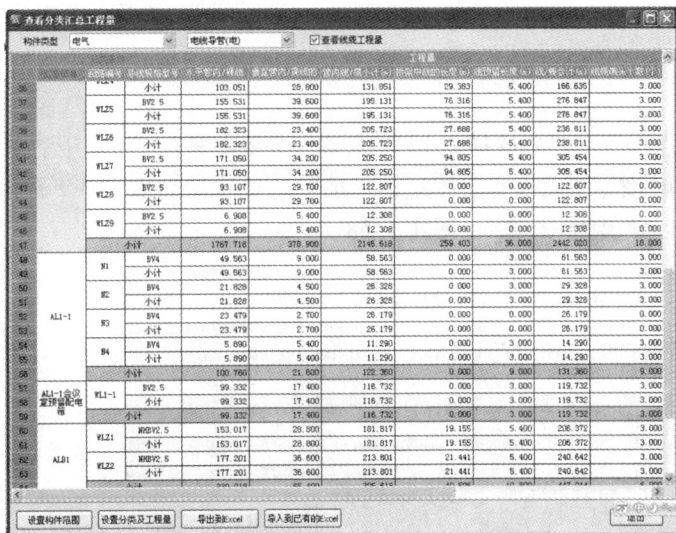

图 4.1.56　楼层工程量

说明：

①【构件类型】：通过下拉选择需要查看工程的构件。

②【设置构件范围】：点击【设置构件范围】可以勾选层数以及构件名称，如果勾选掉了，那么在查看分类汇总工程量界面就不显示了。根据需要选择即可。

③【设置分类及工程量】：点击【设置分类及工程量】可以勾选需要显示的构件属性信息

及相应需要显示的工程量。勾选了界面就会显示，否则不显示。

④【导出到 excel】：将界面显示内容导出到 excel 表中。

⑤【导出到已有的 excel】：点击此功能，界面中的内容会以新建 sheet 表的形式导出到已有的 excel 中。

（五）集中套用做法

1. 自动套做法。

（1）点击模块导航栏—集中套用做法，进入集中套用做法界面，如图 4.1.57 所示.

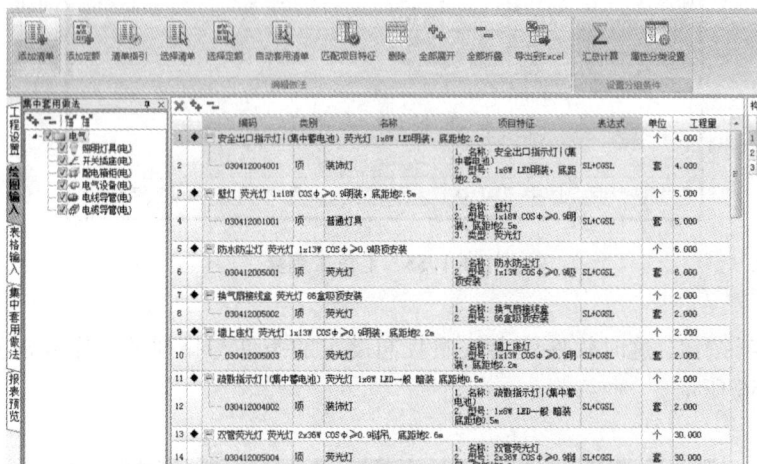

图 4.1.57　集中套用做法

（2）鼠标左键点击工具栏，选择 2013 广东省安装清单—“自动套用清单”功能，弹出自动套用完成界面，此时该界面内所有工程量汇总项的清单自动套取完毕，最后自动匹配项目特征，生成清单，可以导出为 excel，见图 4.1.58。

A	B	C	D	E	F	G	H
	编码	类别	名称	项目特征	表达式	单位	工程量
1	安全出口指示灯 | (集中蓄电池) 荧光灯 1x6W LED明装，底距地2.2m					个	4.000
2	030412004001	项	装饰灯	1. 名称：安全出口指示灯 | (集中蓄电池) 2. 型号：1x6W LED明装，底距地2.2m	SL+CGSL	套	4.000
3	壁灯 荧光灯 1x18W COSΦ≥0.9明装，底距地2.5m					个	5.000
4	030412001001	项	普通灯具	1. 名称：壁灯 2. 型号：1x18W COSΦ≥0.9明装，底距地2.5m 3. 类型：荧光灯	SL+CGSL	套	5.000
5	防水防尘灯 荧光灯 1x13W COSΦ≥0.9吸顶安装					个	6.000
6	030412005001	项	荧光灯	1. 名称：防水防尘灯 2. 型号：1x13W COSΦ≥0.9吸顶安装	SL+CGSL	套	6.000
7	换气扇接线盒 荧光灯 86盒吸顶安装					个	2.000
8	030412005002	项	荧光灯	1. 名称：换气扇接线盒 2. 型号：86盒吸顶安装	SL+CGSL	套	2.000
9	墙上座灯 荧光灯 1x13W COSΦ≥0.9明装，底距地2.2m					个	2.000
10	030412005003	项	荧光灯	1. 名称：墙上座灯 2. 型号：1x13W COSΦ≥0.9明装，底距地2.2m	SL+CGSL	套	2.000
11	疏散指示灯 | (集中蓄电池) 荧光灯 1x6W LED—般 暗装 底距地0.5m					个	2.000
12	030412004002	项	装饰灯	1. 名称：疏散指示灯 | (集中蓄电池) 2. 型号：1x6W LED—般 暗装 底距地0.5m	SL+CGSL	套	2.000
13	双管荧光灯 荧光灯 2x36W COSΦ≥0.9链吊，底距地2.6m					个	30.000
14	030412005004	项	荧光灯	1. 名称：双管荧光灯 2. 型号：2x36W COSΦ≥0.9链吊，底距地2.6m	SL+CGSL	套	30.000
15	吸顶灯（灯头） 荧光灯 1x13W COSΦ≥0.9吸顶安装					个	16.000
16	030412001002	项	普通灯具	1. 名称：吸顶灯（灯头） 2. 型号：1x13W COSΦ≥0.9吸顶安装	SL+CGSL	套	16.000

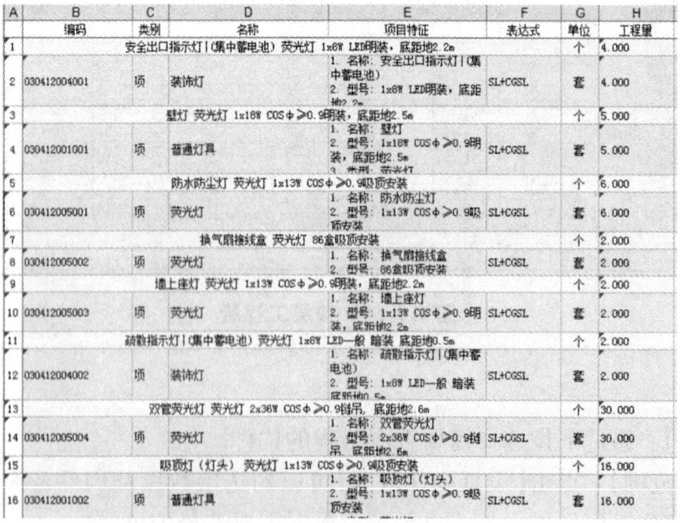

图 4.1.58　工程量导出为 excel

（六）打印报表

将所有的工程量全部识别并且套取做法后，汇总计算，然后点击模块导航栏—报表预览，进入报表预览界面，如图4.1.59所示，在此界面选择需要输入的报表进行打印即可。

电气管线工程量明细表

工程名称：广联达-电　　　　第1页　共9页

项目名称	工程量名称	单位	工程计算式	工程量
电缆				
首层				
照明系统				
照明配电箱-WLC1				
(空)-BV4	水平管内/桥架的长度(m)	m	6.846+5.790	12.637
	垂直管内/桥架的长度(m)	m	0.900L+0.900L+0.900L+9.750L	12.450
	管内线缆小计(m)	m	0.900L+0.900L+0.900L+6.846+5.790+9.750L	25.087
	桥架中线的长度(m)	m	66.908L	66.908
	线预留长度(m)	m	5.400L	5.400
	线/缆合计(m)	m	0.900L+0.900L+0.900L+6.846+5.790+81.958L	97.294
照明配电箱-WLC2				
(空)-BV4	水平管内/桥架的长度(m)	m	11.940+10.765+2.677	25.382
	垂直管内/桥架的长度(m)	m	0.900L+0.900L+0.900L+0.900L+0.900L+9.750L	14.250
	管内线缆小计(m)	m	0.900L+0.900L+0.900L+11.940+10.765+0.900L+0.900L+9.750L+2.677	39.632
	桥架中线的长度(m)	m	32.670L	32.670
	线预留长度(m)	m	5.400L	5.400
	线/缆合计(m)	m	0.900L+0.900L+0.900L+11.940+10.765+0.900L+0.900L+47.820L+2.677	77.702
照明配电箱-WLC3				
(空)-BV4	水平管内/桥架的长度(m)	m	16.837+17.543+10.906+2.676	47.962
	垂直管内/桥架的长度(m)	m	0.900L+0.900L+0.900L+0.900L+0.900L+0.900L+0.900L+9.750L	16.050
	管内线缆小计(m)	m	0.900L+0.900L+0.900L+0.900L+16.837+17.543+10.906+0.900L+0.900L+0.900L+9.750L+2.676	64.012
	桥架中线的长度(m)	m	17.545L	17.545
	线预留长度(m)	m	5.400L	5.400
	线/缆合计(m)	m	0.900L+0.900L+0.900L+0.900L+16.837+17.543+10.906+0.900L+0.900L+0.900L+32.695L+2.676	86.957

图4.1.59　电气管线工程量

项目 4 – 2　计价软件

教学导航

项目任务	任务 4 - 2 - 1：计价软件操作	学时	12
	任务 4 - 2 - 2：编制招标控制价		
教学载体	机房、教学课件及教材相关内容		
教学目标	知识目标	熟悉广联达计价软件操作；掌握编制招标控制价	
	能力目标	能够应用广联达计价软件，编制招标控制价	
过程设计	任务布置及知识引导—学习相关新知识点—解决与实施工作任务—自我检查与评价		
教学方法	项目教学法		

任务 4 – 2 – 1　计价软件操作

一、编制招投标工程量清单计价步骤

（一）新建项目工程

1. 新建项目工程：打开广联达计价软件→在工程文件管理框选择清单计价→在弹出的新建标段框里选清单计价里招标（或投标）→填写地区标准、项目名称、编号、建设单位，点确定。

2. 新建单项工程：在项目管理界面点项目工程名称→点新建→新建单项工程，填写名称的确定→根据需要，新建一个或多个单项工程。

3. 新建单位工程：点单项工程名称→点新建→新建单位工程→在新建单项工程向导框选择清单库、定额库、清单专业（建筑、装修装饰、安装等）、模板类别、名称（土建或安装）、工程类别、纳税地区点确定。

（二）编制分部分项工程量清单

1. 填写工程概况：在项目管理界面选单位工程名→常用功能里点编辑或直接双击单位工程名→进入单位工程主界面→点导航栏工程概况→填写工程信息、工程特征、指标信息。

2. 添加分部、子分部：点导航栏分部分项进入分部分项界面→点工具栏中的添加→添加子分部→添加一个或多个分部→点击名称栏，点选建筑工程（或装饰装修工程、安装工程）或者按照工程顺序自己编写分部名称。

点分部再点添加→添加子分部→添加一个或多个子分部。

3. 添清单项：点分部或子分部栏再点添加→添加一个或多个清单项。

4. 填写清单编码和名称：填写清单有四种方法；

（1）手动填写清单编码，点击名称栏，软件自动填写名称和单位。

（2）查询法，点工具栏查询按钮，用章节查找或条件查找（填入名称查找）双击项目名称，

添加同属性的多个项目时软件有自动排序功能。

（3）简码输入法，将编码 2、4、6、9 位数填好，数字之间用"-"代替，点名称框即可，如果填写下一个清单编码前面的数字相同，只不同的输入，编码相同的清单只输入第九位数就可以。

（4）复制粘贴编号。

5. 添加特征及内容到名称：对清单项的特征及内容尽量详细，选择清单项目→点工具栏属性窗口→点添加特征及内容按钮→编辑属性→选右边添加到清单名称列→点应用规则到所选确定项，添加特征及内容相同的也可用复制粘贴直接填写。

6. 填写清单项工程量表达式。

填写工程量表达式有三种方法：

（1）手动填写。

（2）点击工程量表达式框（…）按钮，在工程量表达式框双击代码，点确定。

（3）点工具栏（*fx*）按钮→在图元公式框选择图形→填写相关尺寸，如果是累加计算式点选择按钮继续填写→点确定。

7. 补充清单项：如需要补充的清单项，先找到合适的分部或子分部添加，编辑代码（如 AB001、BB001）、类别（如补项）、名称、单位。

8. 清单整理（添加分部标题）：点工具栏整理清单按钮，选择部分整理，选专业分部标题或章节分部标题点确定，软件自动将各清单项目分类并加标题，或者按照工程顺序自己编写分部名称。

9. 重新排序：点工具栏整理清单按钮，选择清单排序，点排序框里重新编码，填入起始流水号点确定，软件自动将次序杂乱各清单项目重新排序。

10. 修改到指定专业章节位置：对于补项或者后添加的清单项想要移动到指定位置在空白处点右键选页面显示列设置，在设置框里在指定专业章节位置打√点确定，找到指定专业章节栏点出（…），在章节框选相应章节点确定即可。

（三）分部分项工程量清单组价

1. 添加子目（组价）：在添加完分部分项清单项后还要添加子目（定额），选相应的清单项点工具栏中的添加→添加子目→根据需要添加一个或多个分目。

2. 添加子目的方法：

（1）手动填写子目编码或简码填写（填写后一位或两位数字），点击名称栏，软件自动填写名称和单位。

（2）查询定额库，或填入名称条件查询定额。

（3）清单指引法，点工具栏查询选清单指引，找到相应子目打√，点插入子目或插入清单（插入清单，子目和清单项一起插入）。

3. 调整换算：

（1）系数换算，在子目编码列编码后面乘以系数，对于调人、材、机的，空一格后 r 或 c、j（人、材、机）乘以系数，若人、材、机都调整的，用逗号分开。

（2）标准换算，对于有配合比的子目，点功能区标准换算按钮（或在下边属性窗口点标准换算）在属性窗口里调整配合比。

（3）材料替换：在属性窗口点人、材、机显示，在要替换的材料列点（…）按钮，在查询框找到要替换的材料点替换。

4. 强制修改综合单价：选一清单项点工具栏其他按钮选强制修改综合单价，或选一清单项点右键选强制修改综合单价，在修改框调整综合单价，选择分摊到子目工程或人材机含量点确定。

5. 设置单价构成：点属性窗口看单价构成按钮，在费率列修改相应的费率。

（四）措施项目清单

1. 补充措施项目：点导航栏措施项目按钮，进入措施项目界面，选相应位置，点工具栏添加或补充，编辑代码（补充的如 AB001、BB001）、类别、名称、单位。

2. 组价：

（1）计算公式组价：对于一般都是计算公式组价，软件自动生成公式不用调整。

（2）定额组价：填写定额编码或查询定额库，还有填写工程量。

（3）提取模板子目组价：点工具栏提取模板子目按钮，在提示框提取位置选模板子目放到的位置，在模板类别列选相应的模板类别点确定。

3. 存入模板：编制好措施清单后，点工具栏模板中存为模板，找到合适的位置编辑名称点保存。

（五）其他项目清单

点击导航栏其他项目进入其他项目编辑界面，在功能区点各项名称进入各项目编辑界面。

1. 预留金：招标人要填写预留金。

2. 暂列金额：招标人对于尚未确定或不可预见的材料、设备、服务的采购，施工中可能发生的工程变更、合同约定因素出现时的工程价格调整以及发生的索赔、现场签证确认等费用，都有在暂列金额栏填写，具体要填写名称、计量单位（元）、金额数目。

3. 专业工程暂估价、材料暂估价：招标人支付必然发生但暂时不能确定的材料单价和专业工程金额，填写名称、金额数目。

4. 计日工：计日工是在施工过程中，施工单位完成发包人提出的施工图以外的零星项目或工作，按合同约定的综合单价计价，在计日工费用编辑界面要填写序号、名称、单位、数量、单价软件自动生成合价，如果不知道人材机价格，点工具栏查询人材机按钮在查询/替换框里找到相应的定额，点插入或替换即可。

5. 总承包服务费：总承包服务费是投标人为配合招标人进行工程分包自行采购的设备、材料等进行管理、服务以及施工现场管理、竣工资料汇总整理等服务所需的费用，具体要填写名称、项目价值、服务内容，如果是按费率取费还要填写费率，软件自动生成总承包服务费金额。

其他项目编辑界面编辑框有不计入合价列，如果有不计入造价的清单项要勾选。

（六）人材机汇总

1. 调整市场价：在人材机汇总界面市场价列直接修改，软件自动合价。

2. 市场价存档：点工具栏市场价存档按钮选保存 Excel 市场价文件，找到合适的位置，填写名称点保存，再编制人材机汇总清单时可以调用。

3. 甲供材表：在所有人材机界面相应项供货方式列里选择完全甲供或部分甲供，如果部分甲供还要在甲供数量列填写甲供数量。自动设置主要材料表：点功能区自动设置主要材料表按钮，在提示框里选设置方式点确定。

4. 从人材机汇总选择设置主要材料表：点功能区从人材机汇总选择按钮，在选择框里选选择方式点确定。

5. 编制暂估材料表：

在所有人材机界面是否暂估列勾选。

在暂估材料表界面点击从人材机汇总选择按钮，在选择框里选选择方式或勾选点确定。

（七）费用汇总

工程造价扣除甲供材料费：对于有甲供材的工程其总造价要扣除甲供材，具体有三种方法：

（1）修改工程总造价计算基数：在费用汇总界面最后一行计算基数栏点（…）按钮，在费用代码框点人材机，双击甲供主材费，回到计算基数：在费用汇总界面最后一行计算基数栏点（…）按钮，在费用代码框点人材机，双击甲供主材费，回到计算基数栏，把 JGZCF 前面的加号改成减号。

（2）税前扣减：在费用汇总界面最后第二行计算基数栏点（…）按钮，在费用代码框点人材机，双击甲供主材费，回到计算基数栏，把 JGZCF 前面的加号改成减号点确定。

（3）分部分项清单项材料费扣减：回到分部分项界面选相应的清单项点单价构成按钮，在管理取费文件框计算基数栏点（…）按钮，在费用代码框点人材机，双击甲供主材费，回到计算基数栏，把 JGZCF 前面的加号改成减号。

（八）项目管理

点击工具栏回到项目管理按钮，在项目管理界面进行统一调整人材机和统一调整取费。

1. 统一调整人材机：点"功能区统一调整人材机"按钮，在"设置调整范围"框选调整范围点确定，在市场价格列调整相应人材机的市场价。

2. 统一调整取费：点"功能区统一调整取费"按钮，在"统一调整取费"框选调整范围，在"费率浮动"列调整管理费和利润，点"预览"，检查调整后的总造价，没有异议点调整即可。

检查项目编码：点"功能区检查项目编码"按钮，检查是否存在重复项目编码。

检查清单综合单价：点"功能区检查清单综合单价"按钮，检查清单综合单价是否存在不合理情况。

（九）报表

填写报表说明：在"报表总说明"界面点右键，点"报表设计"填写完鼠标移到框外点左键，关闭确认即可。

（十）用导入 Excel 文件编制清单

1. 从图形算量软件导出 Excel 文件：打开广联达图形算量软件，进入报表预览界面，选择清单定额总汇表，点导出按钮，选导出到 Excel 文件，找到合适的位置保存。

2. 导入 Excel 文件：广联达计价软件新建项目工程和单位工程→进入分部分项界面→点击菜单栏导入导出按钮→选择导入 Excel 文件→在导出框里点选择按钮→找到 Excel 文件点打开，文件便导入识别框→点导入按钮，关闭导入框，数据编辑区出现导入点数据。

3. 整理清单：点工具栏解除清单锁定按钮→再点整理清单按钮，选分部整理→在弹出分部整理框选需要专业分部标题点确定。在整理清单中选清单排序→在弹出的排序框里选清单重新编码点确定。

4. 重新识别导入 Excel 文件：如果发现导入的清单有的列没有数据（如没有工程量），那是因为导入时导入框里这个列没有名称或者名称不对应，先解除清单锁定，删除清单，重新导入 Excel 文件，点没有名头的列识别，修改一下再导入就好了。

二、编制预算定额计价

（一）新建项目

1. 新建工程项目：打开广联达计价软件→在工程文件管理框选定额计价→在新建标段框选定额计价中的预算→选择定额库序列（广东 2010 序列定额），填写项目名称、项目编码，点确定。

2. 新建单项工程：在项目管理界面点项目工程名称→点新建→新建单项工程，填写名称的确定→根据需要，新建一个或多个单项工程。

3. 新建单位工程：点单项工程名称→点新建→新建单位工程→在新建单项工程框选择定额库、定额专业（建筑、装修装饰），填写名称、工程类别、纳税地区点确定。

（二）编制预算书

1. 填写工程概况：在项目管理界面选单位工程名→常用功能里点编辑或直接双击单位工程名→进入单位工程主界面→点导航栏工程概况→填写工程信息、工程特征。

2. 导入清单计价工程：点"导航栏预算书"进入预算书编制界面→点击菜单栏导入导出按钮→选择导入清单计价工程→找到文件点打开→勾选导入措施项目点开始，数据编辑区出现导入的定额项。

3. 整理子目：添加分部标题、重新排序和清单整理操作方法一样。

4. 调整工程量精度：在空白处点右键→选页面显示列设置→在页面显示列设置框里勾选工程量精度点确定→在相应的定额项工程量精度栏填写小数点后想精确的位数点回车。

（三）人材机汇总

设置主要材料表：在人材机汇总界面点主要材料表→在工具栏点自动设置主要材料或从人材机汇总选择方式。

（四）报表

1. 修改标题名称：在报表封面界面点右键→选报表设计→在报表设计器点左下角"页面设计"→修改标题名称（如改成结算书）点左键，关闭点确定。

2. 填写建筑面积、修改造价精度：点右键→选报表设计→在报表设计器点左下角"表体设计"→填写建筑面积（或在工程概况的工程特征里填写），若修改造价精度点表达式字母栏→把左下角编辑表达式里的表达式最后零改成想精确的数目→关闭点确定。

任务 4-2-2　编制招标控制价

一、布置任务书

编制项目 4-1：水电工程的招标控制价。

二、解决与实施工作任务

1.新建项目(图4.2.1)。

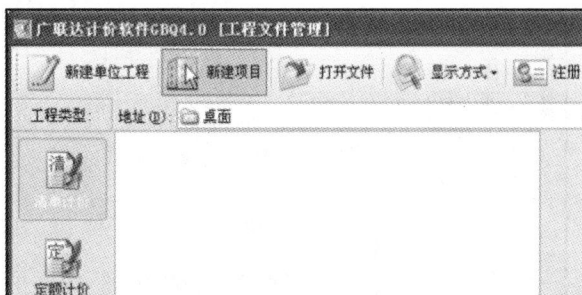

图 4.2.1　新建项目

2.项目名称(图4.2.2)。

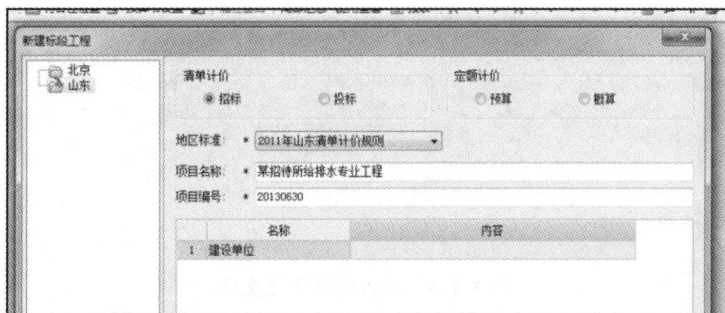

图 4.2.2　新建项目名称

3.新建单项工程(图4.2.3)。

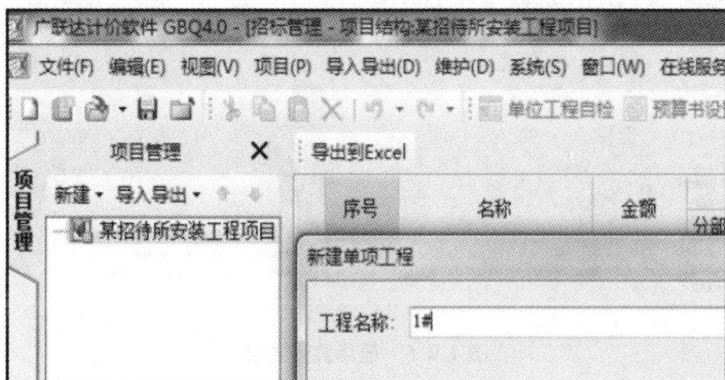

图 4.2.3　新建单项工程

4. 新建单位工程(图4.2.4)。

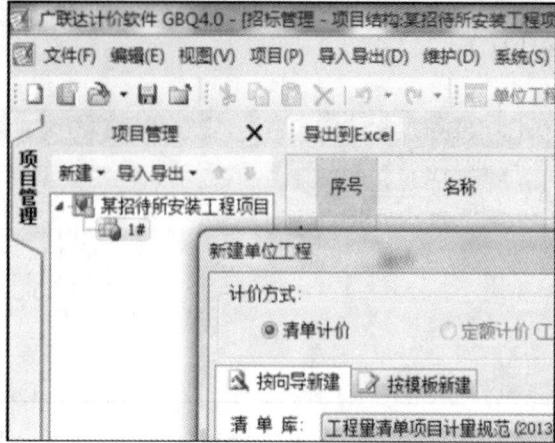

图 4.2.4　新建单位工程

5. 导入安装算量文件(图4.2.5)。

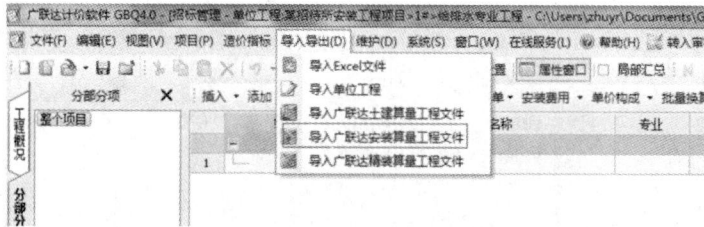

图 4.2.5　导入安装算量文件

6. 显示算量文件(图4.2.6)。

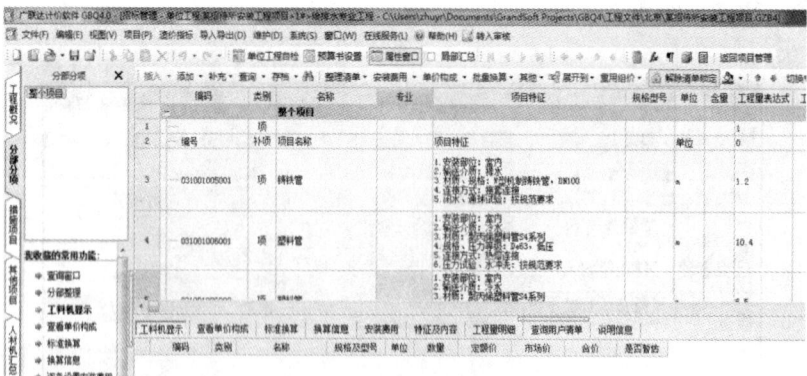

图 4.2.6　显示算量文件

7. 选择分部整理功能(图4.2.7)。

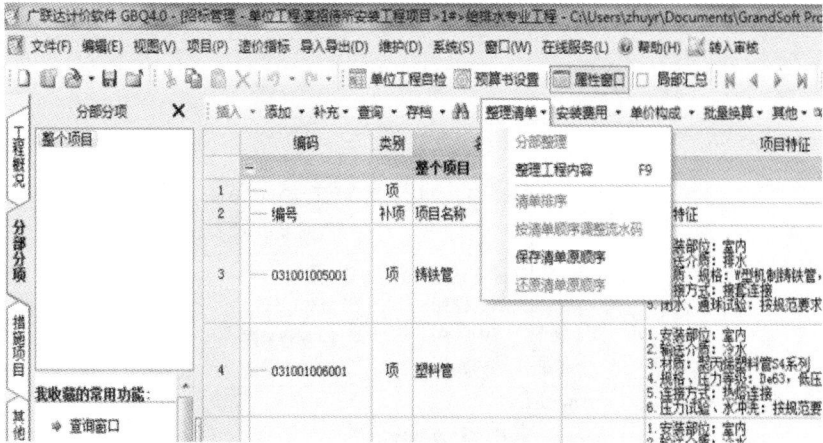

图 4.2.7　选择分部整理功能

8. 显示分部整理界面(图 4.2.8)。

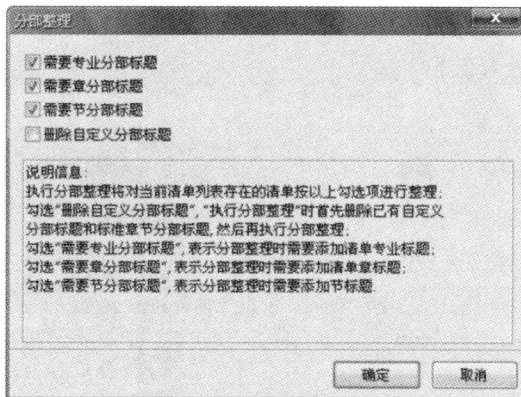

图 4.2.8　显示分部整理界面

9. 完成分部整理(图 4.2.9)。

图 4.2.9　完成分部整理

10. 应用规则到全部清单项(图4.2.10)。

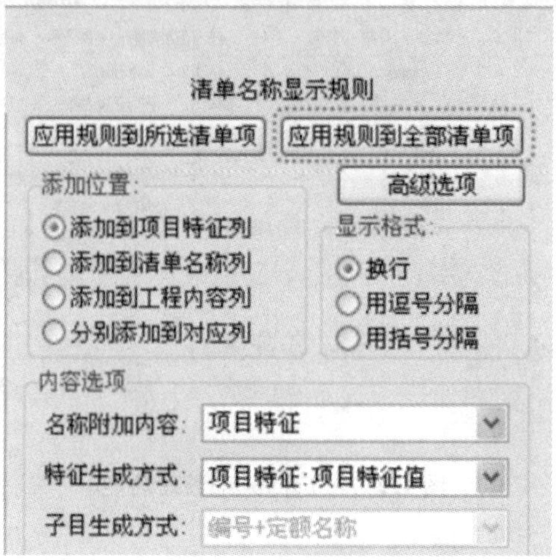

图4.2.10 应用规则到全部清单项

11. 完善项目特征(图4.2.11)。

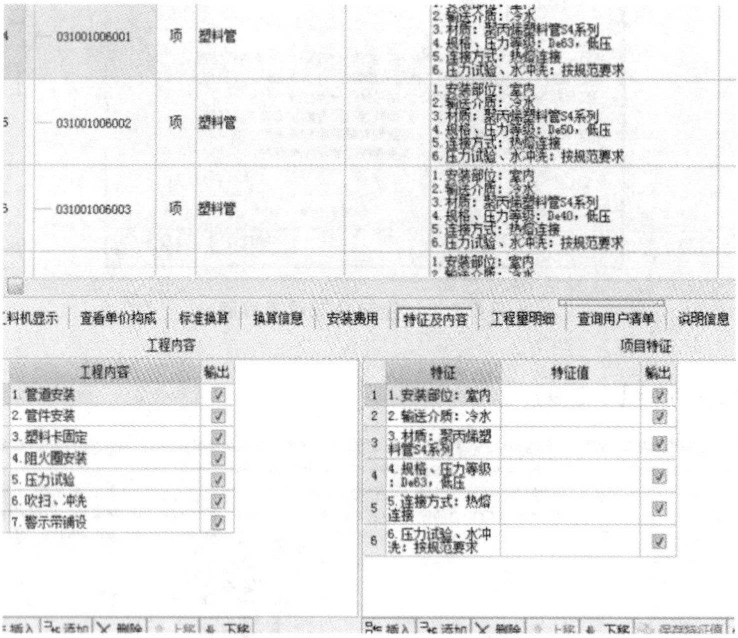

图4.2.11 完善项目特征

12. 添加清单项及子目(图4.2.12)。

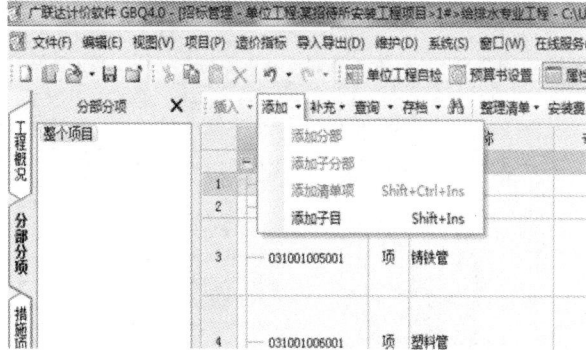

图 4.2.12　添加清单项及子目

13. 插入子目(图 4.2.13)。

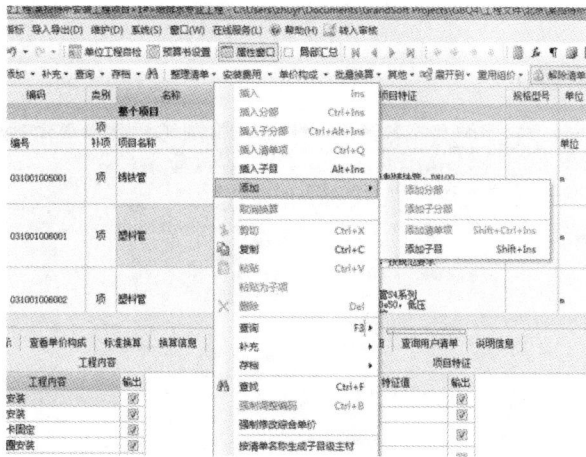

图 4.2.13　插入子目

14. 查询定额(图 4.2.14)。

图 4.2.14　查询定额

15. 套用定额(图4.2.15)。

图 4.2.15　套用定额

16. 替换定额(图4.2.16)

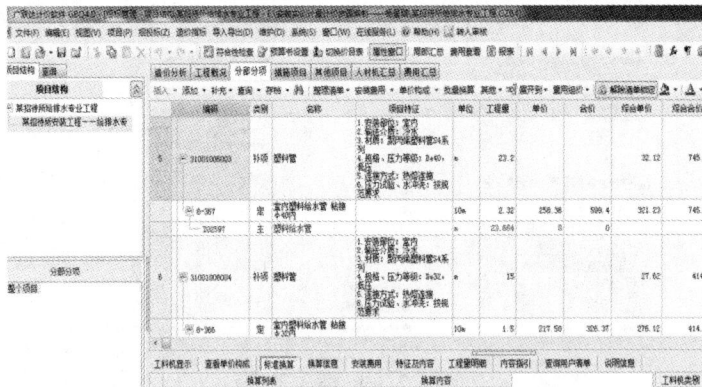

图 4.2.16　替换定额

17. 调整人材机系数(图4.2.17)。

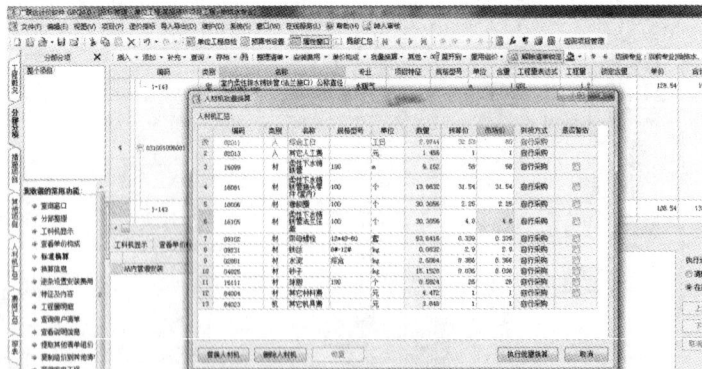

图 4.2.17　调整人材机系数

18. 批量系数换算(图4.2.18)。

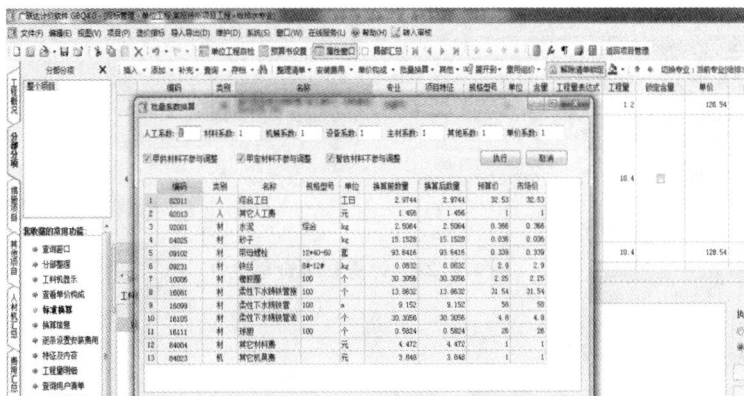

图 4.2.18　批量系数换算

19. 选择人材机批量换算(图4.2.19)。

图 4.2.19　选择人材机批量换算

20. 锁定清单(图4.2.20)。

图 4.2.20　锁定清单

21. 计取措施费(图4.2.21)。

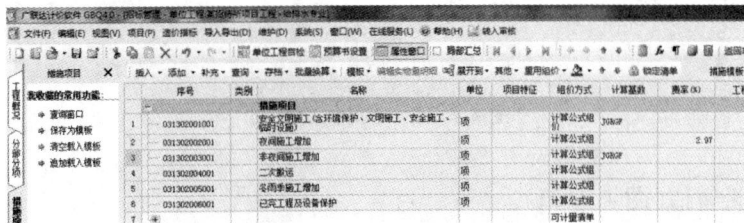

图 4.2.21　计取措施费

22. 暂列金额(图4.2.22)。

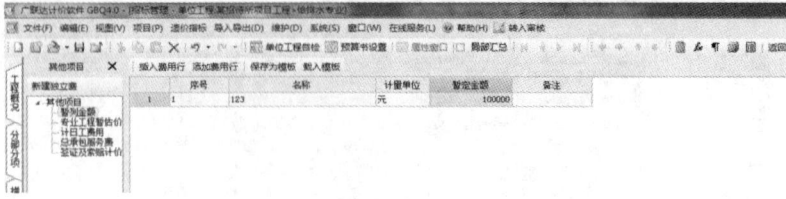

图4.2.22　计算暂列金额

23. 调整市场价(图4.2.23)。

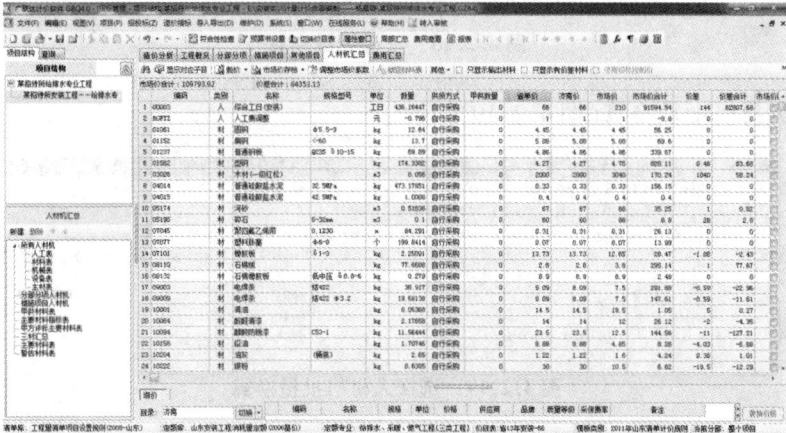

图4.2.23　调整市场价

24. 选择供货方式(图4.2.24)。

图4.2.24　选择供货方式

25. 选择是否暂估(图4.2.25)。

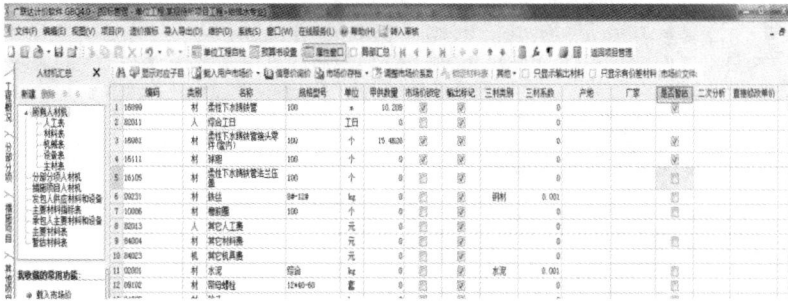

图 4.2.25　选择是否暂估

26. 锁定市场价(图 4.2.26)。

图 4.2.26　锁定市场价

27. 显示对应子目(图 4.2.27)。

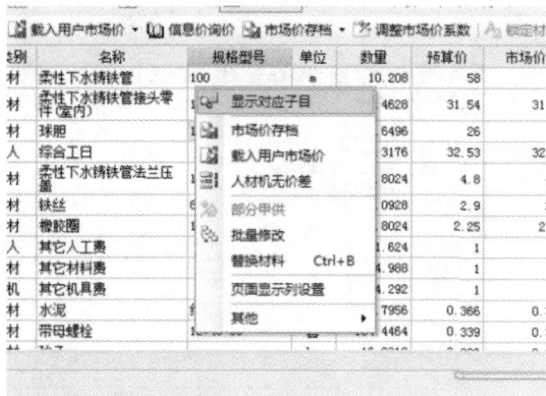

图 4.2.27　显示对应子目

28. 保存市场价(图 4.2.28)。

图 4.2.28 保存市场价

29. 载入市场价(图 4.2.29)。

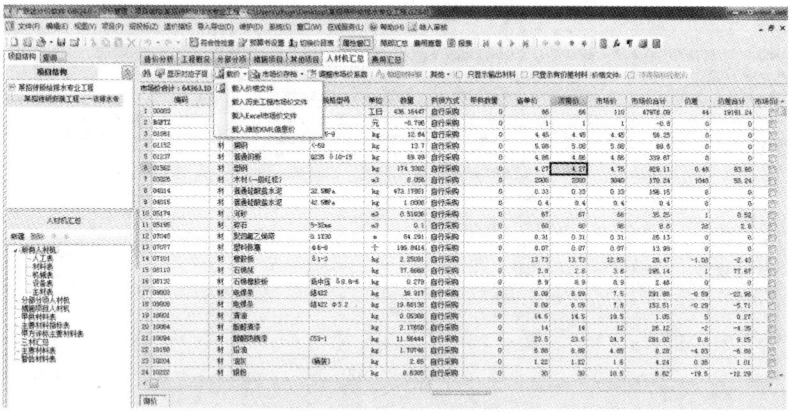

图 4.2.29 载入市场价

30. 导入 Excel 市场价文件(图 4.2.30)。

图 4.2.30 打开市场价文件

31. 识别材料价(图 4.2.31)。

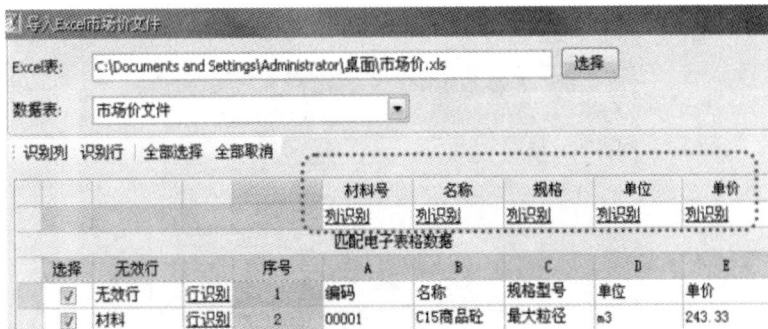

图 4.2.31 识别材料价

32.选择匹配选项(图 4.2.32)。

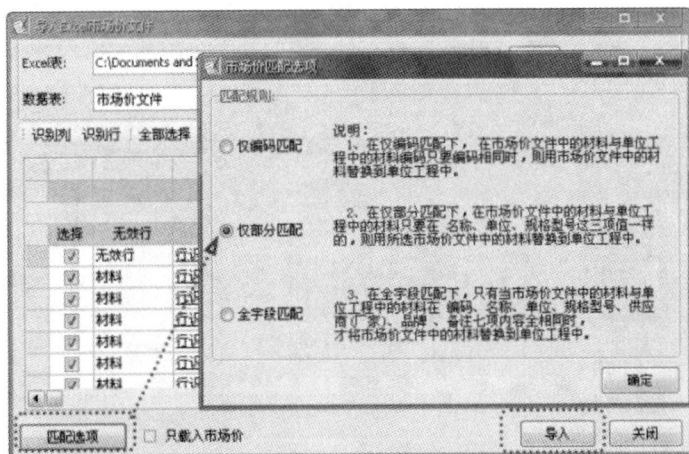

图 4.2.32 匹配市场价

33.批量修改(图 4.2.33)。

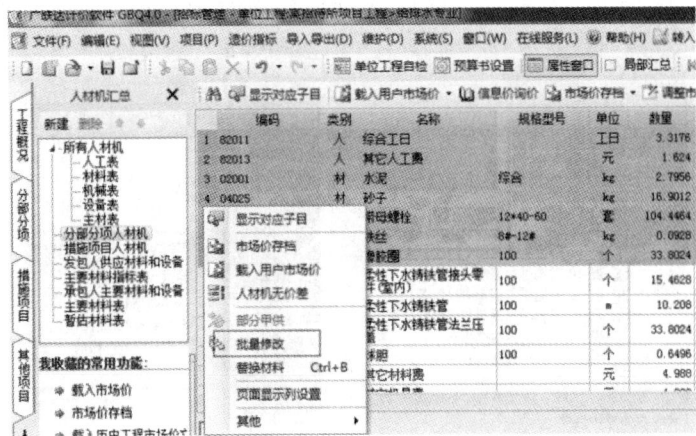

图 4.2.33 批量修改

34. 批量设置人材机属性(图4.2.34)。

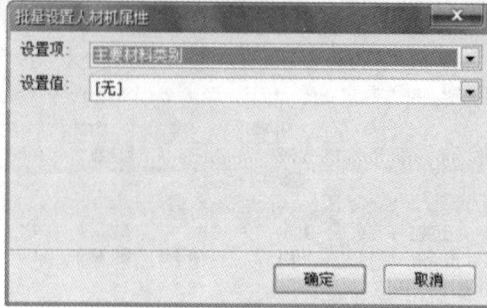

图 4.2.34　批量设置人材机

35. 载入费用模板(图4.2.35)。

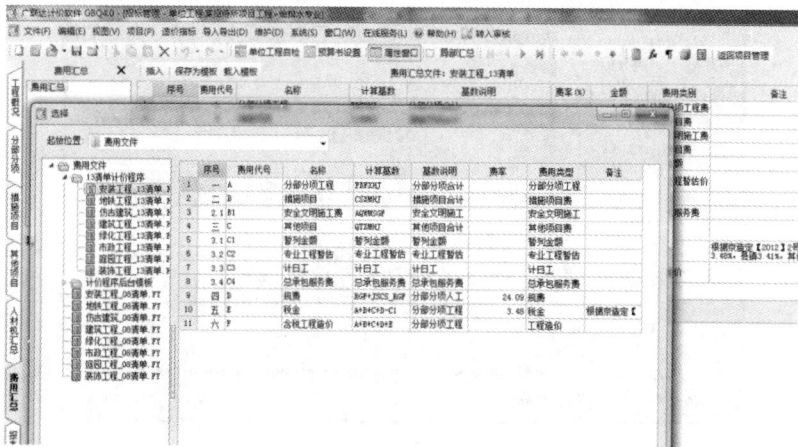

图 4.2.35　载入费用模板

36. 报表设计(图4.2.36)。

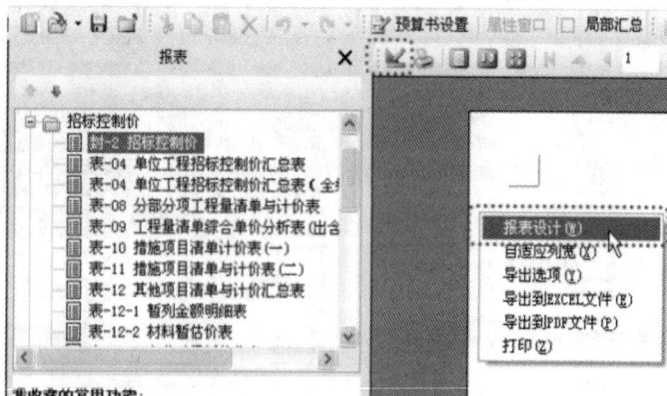

图 4.2.36　报表设计

37. 报表设计器(图4.2.37)。

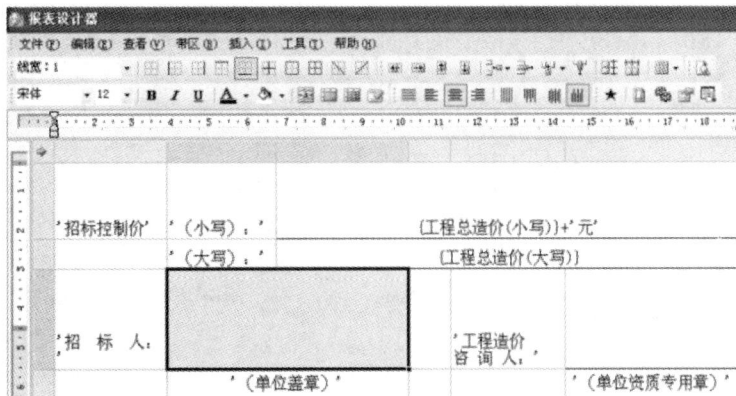

图4.2.37 选择报表设计器

38.调整规费费率(图4.2.38)。

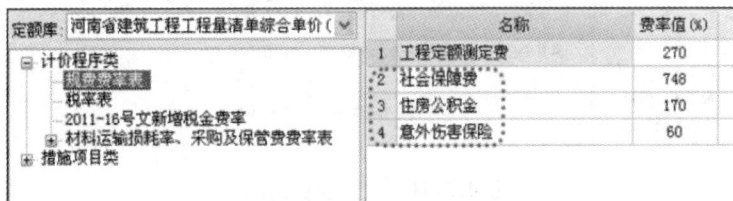

图4.2.38 调整规费费率

39.调取给排水专业工程(图4.2.39)。

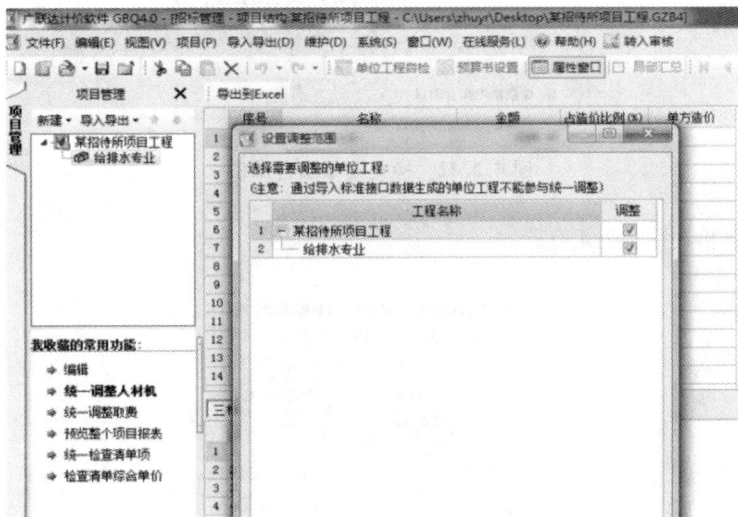

图4.2.39 调取给排水专业工程

40.统一调整人材机价格(图4.2.40)。

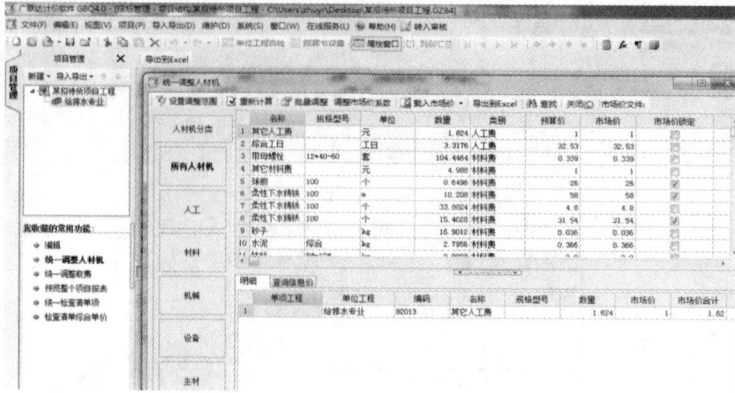

图4.2.40 统一调整人材机价格

41. 检查项目编码(图4.2.41)。

图4.2.41 检查项目编码

42. 检查清单综合单价(图4.2.42)。

图4.2.42 检查清单综合单价

43. 招标书自检(图4.2.43)。

图4.2.43 招标书自检

44. 设置检查项(图 4.2.44)。

图 4.2.44　设置检查项

45. 导出、刻录招标书(图 4.2.45)。

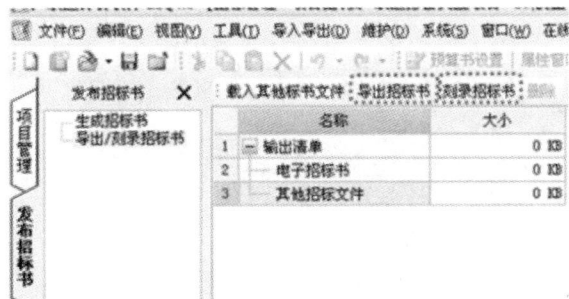

图 4.2.45　导出、刻录招标书

三、自我检查与评价

课内实训:编制某娱乐中心电气设备安装工程招标控制价。

练习题

编制项目 3 - 1 某住宅楼给排水工程的招标控制价。

职业活动训练

编制项目 3-4 某活动中心消防工程的招标控制价。

参考文献

［1］中华人民共和国住房和城乡建设部，中华人民共和国国家质量监督检验检疫总局，建设工程工程量清单计价规范(GB50500—2013)［S］.北京：中国计划出版社，2013.

［2］中华人民共和国住房和城乡建设部，中华人民共和国国家质量监督检验检疫总局，通用安装工程工程量计算规范(GB50856—2013)［S］.北京：中国计划出版社，2013.

［3］规范编制小组.2013 建设工程计价计量规范辅导［M］.北京：中国计划出版社，2013.

［4］广东省定额站.广东省安装工程综合定额［S］.北京：中国计划出版社，2010.

［5］冯钢，等.安装工程计量与计价［M］.北京：北京大学出版社，2014.

［6］于业伟，等.安装工程计量与计价［M］.武汉：武汉理工大学出版社，2013.

［7］赵培森.建筑给排水设备安装手册(上)［M］.北京：中国建筑工业出版社，1997.

［8］程文义.建筑给水排水工程［M］.北京：中国电力工业出版社，2009

［9］陆耀庆.实用供暖通风设计手册［M］.北京：中国建筑工业出版社，2008

［10］张秀德.安装工程定额与预算［M］.北京：中国电力出版社，2004.

［11］北京市建筑设计院.建筑设备施工安装图集(1).北京：中国建筑工业出版社，1982

［12］熊德敏.安装工程计量与预算［M］.北京：高等教育出版社，2008.

［13］管锡珺.安装工程计量与计价［M］.济南：山东科学技术出版社，2009.

［14］吴新伦.安装工程计量与预算［M］.重庆：重庆大学出版社，2002.

［15］曾澄波.建筑设备［M］.武汉：武汉理工大学出版社，2013.

图书在版编目(CIP)数据

安装工程计量与计价/曾澄波,高莉主编. —长沙:中南大学出版社,
2015.6(2021.7重印)

ISBN 978-7-5487-1666-2

Ⅰ.安… Ⅱ.①曾…②高… Ⅲ.①建筑安全工程－工程造价－
高等职业教育－教材 Ⅳ.TU723.3

中国版本图书馆 CIP 数据核字(2015)第 150923 号

安装工程计量与计价
ANZHUANG GONGCHENG JILIANG YU JIJIA

主 编 曾澄波 高 莉

副主编 孟 锋 吴 渝 高 华

鄢维峰 吕杰文 黄桂芳

□责任编辑 谭 平

□责任印制 唐 曦

□出版发行 中南大学出版社

社址:长沙市麓山南路 邮编:410083

发行科电话:0731-88876770 传真:0731-88710482

□印 装 长沙印通印刷有限公司

□开 本 787 mm×1092 mm 1/16 □印张 24.75 □字数 614 千字

□版 次 2015 年 8 月第 1 版 □印次 2021 年 7 月第 4 次印刷

□书 号 ISBN 978-7-5487-1666-2

□定 价 56.00 元

图书出现印装问题,请与经销商调换